Lecciones de métodos numéricos
Sistemas lineales y valores propios

USC , editora

manuais

Vol. 27

Juan M. Viaño

Lecciones de métodos numéricos
Sistemas lineales y valores propios

2026
Universidade de Santiago de Compostela

Viaño Rey, Juan Manuel

Lecciones de métodos numéricos : sistemas lineales y valores propios /Juan M. Viaño.- Santiago de Compostela : Universidade de Santiago de Compostela, Edicións USC, 2026

345 p. ; 17x 24 cm.-(USC Editora. Manuais ; 27)

D.L. C 69-2026. - ISBN : 978-84-10142-98-5

1.Métodos numéricos- Manuais. 2. Análise numérica. 3. Álgebra lineal. I. Universidade de Santiago de Compostela. Edicións USC, ed.

591.61 (035)

Edita
EDICIÓNS USC
Campus Vida
15782 Santiago de Compostela
www.usc.gal/publicacions

Imprime
Imprenta Universitaria
Campus Vida
157082 Santiago de Compostela

Dep. Legal: C 69-2026
ISBN 978-84-10142-98-5

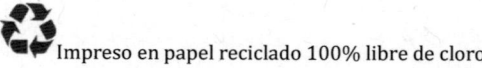
Impreso en papel reciclado 100% libre de cloro

A María
A mis padres, hijos y nietos

Prólogo

La serie *Lecciones de Métodos Numéricos* se ha escrito en base a las notas de clase de las distintas materias de métodos numéricos que he impartido durante varios años en la Facultad de Matemáticas de la Universidad de Santiago de Compostela. Dichas notas han sido convenientemente revisadas y adaptadas a las necesidades actuales de la enseñanza de los métodos numéricos en los niveles de grado universitario.

La idea que inspira la escritura de este manual es la de proporcionar un texto actual para la enseñanza de métodos numéricos para resolución de sistemas lineales y cálculo de valores propios, que pueda servir de ayuda a los alumnos que cursan estos contenidos y a los profesores que los imparten en facultades de matemáticas y ciencias experimentales o en escuelas de ingeniería.

El objetivo es describir, analizar y codificar para implementar en ordenador, los métodos *elementales* más importantes para la resolución de los dos problemas básicos del cálculo numérico matricial: la resolución de *grandes sistemas de ecuaciones lineales* y el *cálculo de los valores propios de una matriz de gran tamaño*.

El contenido se ha dividido en *15 capítulos* incluyendo los conceptos básicos o de repaso necesarios para cada tema y excluyendo las demostraciones o resultados complementarios, que no se consideran imprescindibles en un curso básico. Se supone un nivel medio de conocimientos en álgebra lineal y análisis matemático (espacios vectoriales, aplicaciones lineales, espacios normados), algunos de los cuales se «recuerdan» en el texto pero de otros simplemente se hace uso de ellos.

El capítulo 1 se dedica a remarcar la importancia del análisis numérico matricial en la resolución de los problemas más importantes de la ciencia y de la técnica actuales, con base en las posibilidades que ofrece la inmensa capacidad de cálculo de los ordenadores disponibles hoy en día.

El capítulo 2 es íntegramente de repaso de los conceptos básicos del álgebra de matrices necesarios en los capítulos siguientes y que la mayoría de los estudiantes conocen de los cursos previos de álgebra.

El capítulo 3 ya nos introduce en los métodos de resolución de sistemas lineales señalando las dificultades que nos encontramos y las diferentes propuestas que el análisis numérico pone a nuestro alcance, comenzando por los sistemas más sencillos: triangulares y permutables a triangulares.

Los capítulos 4, 5, 6 y 7 se dedican a la descripción, propiedades y codificación de los métodos directos más importantes: Gauss normal y factorización $A = LU$, Gauss con pivote parcial y factorización $PA = LU$, método y factorización de Cholesky $A = BB^T$, método de Householder y factorización $A = QR$.

El capítulo 8 es instrumental por cuanto introduce las normas en el espacio de matrices y analiza el condicionamiento de una matriz y su efecto sobre la calidad de los resultados de los métodos para sistemas lineales. Las normas se necesitan en el capítulo 9 en el que se describen, analizan y codifican los métodos iterativos más importantes: los métodos clásicos (Jacobi, Gauss–Seidel y relajación) y el método de Richardson.

Finalmente, los capítulos 10 a 15 se dedican a la descripción, propiedades y codificación de los métodos elementales más robustos utilizados en la actualidad para la aproximación de valores propios y vectores propios: métodos de la potencia (directa e inversa, con cociente de Rayleigh, para aproximar el valor propio dominante), el método de reducción de Jacobi para matrices simétricas, métodos de Givens y Householder para reducción a una matriz de Hessenberg superior (tridiagonal simétrica, si la matriz es simétrica) que se completan con los métodos de Hyman (para matriz de Hessenberg superior) y bisección de Givens (para tridiagonales simétricas) y, por último, el potente método QR.

Destacamos como aportación importante, no siempre presente en textos de este tipo, que todos los métodos estudiados en el manual se acompañan de su *algoritmo* correspondiente, que traduce las fórmulas del mismo a un *pseudocódigo*, cuyo objetivo es servir de ayuda para su programación y su implementación en el ordenador, con un lenguaje de alto nivel, pero que *en ningún caso debe considerarse como código* verificado.

Se incluyen en el texto algunos *ejercicios* que forman parte del contenido del curso, pero que, en opinión del autor, se pueden dejar como tarea individual para que el alumno los pueda trabajar por su cuenta y fijar los conceptos ya explicados. Algunos de los ejercicios se plantean, e incluso se resuelven, durante la exposición teórica, pero la mayor parte se proponen al final de cada capítulo. Una parte fundamental de los ejercicios tienen como objetivo la programación en un lenguaje de alto nivel de los algoritmos, siguiendo los pseudocódigos correspondientes. La presentación que se hace deja libertad para elegir el lenguaje que se desee utilizar (Fortran, Matlab, Python,...). Esta tarea es imprescindible, desde el punto de vista formativo, para entender en toda su dimensión las ideas, las técnicas operativas y las propiedades que caracterizan cada uno de los métodos estudiados. El resto de los ejercicios, o bien hace referencia a aspectos teórico-prácticos o bien propone aprovechar las potentes herramientas modernas del *software* Matlab (también podría usarse Maple, Mathematica, Octave o SageMath) para que los estudiantes realicen fácilmente experimentos numéricos que ayuden a mejorar la comprensión de los métodos, corroborar conjeturas, comparar tiempos de cálculo, etc.

Con todo ello, espero que los estudiantes y los profesores disfruten de los métodos numéricos, programándolos y experimentando con ellos. Quiero agradecer el exhaustivo trabajo de revisión y propuestas de mejora de los expertos de la editorial y, sobre todo, de mi compañero, el profesor M. Ladra. En todo caso, cualquier defecto o error en el trabajo debe ser imputado a la única responsabilidad del autor, que agradece y solicita cualquier observación que ayude a corregir o mejorar el texto.

Santiago de Compostela   JUAN M. VIAÑO
Julio 2025.   juan.viano@usc.es

Índice general

Índice de algoritmos

Índice de figuras

Índice de tablas

1

Importancia del cálculo numérico matricial

Hoy en día el *cálculo numérico matricial* (también denominado *álgebra lineal numérica*) juega un papel central en el análisis numérico, la matemática aplicada y, más en general, la simulación numérica y la computación científica. Como es obvio, tiene como objetivo la realización de cálculos con matrices, es decir, *algoritmos para resolver sistemas de ecuaciones lineales y para calcular valores propios y vectores propios de matrices*, lo que también implica considerar *determinantes y factorizaciones de matrices*. Los historiadores han probado que los primeros sistemas lineales fueron resueltos en Mesopotamia más de 2 000 años a. C., en Egipto más de 1 500 a. C. y en la Grecia antigua antes del año 300 a. C., tratando de resolver problemas relacionados con la planificación de recursos y medición de terrenos. Por el contrario, la definición, las propiedades y el cálculo de valores propios de matrices (conocida como teoría espectral) tiene su origen en trabajos relacionados con la resolución de problemas mecánicos planteados en el siglo XVIII. A pesar de ello, el desarrollo de los métodos de cálculo numérico matricial estuvo (y está) íntimamente ligado a los avances del análisis de los modelos matemáticos de las ciencias y de la ingeniería así como de las herramientas de cálculo que estuvieron disponibles a lo largo de los siglos, desde el ábaco hasta los superordenadores actuales. En este capítulo hacemos algunas consideraciones sobre ese apasionante desarrollo, como introducción y, sobre todo, como motivación del lector o estudiante que se acerque a estas páginas. Para ello hemos de referirnos a los tres pilares fundamentales: *la modelización matemática, los métodos numéricos y las herramientas de cálculo.* A cada una de ellas les dedicamos una sección de este capítulo. Para una revisión histórica más profunda del análisis numérico matricial recomendamos las siguientes referencias: STEEN [1973], HAWKINS [1975], BREZINSKI–WUYTACK [2001], BREZINSKI–MEURANT–REDIVO-ZAGLIA [2023] y la bibliografía que contienen.

1.1 La modelización matemática

La fuerza de las Matemáticas a lo largo de los siglos fue el deseo de entender cómo funciona la Naturaleza. Junto con el método experimental, las Matemáticas son la base sobre la que se asienta la ciencia moderna y, como consecuencia, de ellas deriva el desarrollo tecnológico de nuestras sociedades. Actualmente penetra en todos los aspectos de la sociedad contemporánea, desde la ingeniería a la información, de la salud a la energía, del medio ambiente a la administración, de las finanzas a las ciencias sociales, que cada vez más combinan métodos matemáticos y experimentales.

Existe un gran consenso social sobre el valor instrumental de las Matemáticas. Sin embargo, esta visión instrumental es muy reducida, porque el papel que las Matemáticas desempeñan actualmente en la sociedad es más esencial. De hecho, las Matemáticas aplicables a día de hoy, abarcan todos los campos de la ciencia matemática; las capacidades de cálculo científico que tenemos actualmente hacen de los modelos matemáticos y de la simulación numérica una herramienta indispensable para la comprensión, diseño y control de procesos de la física y de la ingeniería y, en general, de la ciencia computacional.

La modelización matemática (determinista o aleatoria), la capacidad de cálculo y la ciencia computacional, la *«trilogía universal»* —término acuñado por el matemático francés eJacques Louis Lions (1928–2001)—, son herramientas esenciales en la ciencia y en la industria moderna. Gracias a esa combinación se ha producido un desarrollo de ciencia-tecnología que en los últimos cuatro siglos ha cambiado la vida de las sociedades avanzadas de una forma más radical que en los noventa siglos anteriores.

Las Matemáticas nacen con la humanidad y siempre estuvieron relacionadas con o motivadas por la necesidad de resolver problemas prácticos. La Aritmética se origina por la necesidad de contar y sumar, la Geometría de medir longitudes, superficies, volúmenes, construir edificios, pirámides, etc. La ciencia moderna que surgió en Europa al final del período del Renacimiento, se asienta en dos pilares fundamentales: *el método experimental*, cuyos principios fueron formulados por Francis Bacon (1561–1626), y las *Matemáticas*, siendo Galileo di Vincenzo Bonaiuti de Galilei (1564–1642) el primero en marcar ese rumbo en las ciencias que brotaban en su tiempo.

Pero fue la prodigiosa figura de Isaac Newton (1643–1727) quien demuestra el éxito indiscutible de la propuesta de Galileo aplicada a la mecánica en uno de los momentos más cruciales de la historia de la ciencia. En 1687 publica su monumental obra, *Principia* (*Philosophiae Naturalis Principia Mathematica*), esto es, nada menos que «Los Principios Matemáticos de la Ciencia». Las Matemáticas no son solo una herramienta indispensable; en realidad, *son el idioma en el que se concibe y se expresa la ciencia misma.*

Durante los tres siglos siguientes, las Matemáticas cumplen ese rol fundamental y la ciencia y la tecnología, bases de la revolución industrial, han progresado, combinando experimentos con teorías y razonamientos matemáticos. El relato histórico de este tiempo es impresionante y en él se ponen las bases matemáticas de los grandes fenómenos de la naturaleza. El desfile de los más grandes científicos y matemáticos es excepcional (científicos y matemáticos, en masculino, porque, desafortunadamente, las científicas y las matemáticas aún aparecían solo aisladamente y con grandes sacrificios personales):

En Mecánica de Fluidos (clima, meteorología, hidrología, aeronáutica, etc.): Johan y Daniel Bernoulli (1667–1748) y (1700–1782), Leonhard Euler (1707–1783), Joseph L. Lagrange (1736–1813), Pierre S. Laplace (1749–1847), Claude L. Navier (1785–1836), George G. Stokes (1819–1903), etc.

En Electricidad y Magnetismo: Michael Faraday (1791–1897), James C. Maxwell (1831–1879), etc. En Termodinámica: Joseph Fourier (1768–1830), James Joule (1818–1889), etc. En Mecánica Estadística: Ludwig Y. Boltzmann (1844–1906), etc.

En Mecánica de Sólidos: Robert Hooke (1635–1703), James C. Maxwell, Charles de Coulomb (1736–1806), Simeon D. Poisson (1781–1840), Gabriel Lamé (1795–1870), Barré de Saint-Venant (1797–1886), George Green (1793–1841), Augustin L. Cauchy (1789–1857), Daniel C. Drucker (1918–2001), William Prager (1903–1980), Ludwig Prandtl (1875–1953), Richard E. von Mises (1883–1953), Augustus E. H. Love (1863–1940), Stephen P. Timoshenko (1878–1972), Ivan S. Sokolnikoff (1901–1976), Sergei G. Lekhnitskii (c.1900–1977), Vasilii Z. Vlasov (1906–1958), etc.

1.2   Los ordenadores

El cálculo antes de los ordenadores

Hasta la llegada de los ordenadores electrónicos (a mediados del siglo XX) todos los cálculos necesarios para la resolución de problemas tenían que ser realizados por personas, ayudados por algoritmos constructivos o fórmulas que permitían hacer las operaciones «a mano». El ingenio y la tenacidad de los grandes científicos llevaron a logros que aún hoy nos parecen inimaginables, ayudados por algoritmos o fórmulas, sencillas en unos casos (reglas aritméticas básicas, logaritmos, etc.) o más difíciles y de gran belleza en otros (series, productos infinitos, desarrollos en fracciones continuas o radicales, etc.).

Un ejemplo muy ilustrativo es el cálculo de aproximaciones del número π. Desde el algoritmo de Arquímedes de Siracusa (287 a. C.–212 a. C.) —basado en aproximar el área de un círculo de radio 1 (o sea π) por el área de polígonos de muchos lados inscritos o circunscritos— hasta 1947, coincidiendo con la aparición del ordenador, se han obtenido sucesivamente, con distintos métodos, hasta 808 cifras decimales exactas de dicho número. Actualmente, con los ordenadores modernos, se han calculado hasta 300 billones. Un interesante resumen histórico sobre el cálculo de π se encuentra en GUILLERA [2007].

La utilización de equipos de «calculadores humanos» para la realización de cálculos a lo largo de la historia ha sido una constante desde el Renacimiento hasta la llegada del ordenador. En general se habla de «calculadoras humanas» pues estas personas eran a menudo mujeres educadas de clase media, que la sociedad consideraba impropio que participaran como profesionales. Los siguientes son algunos ejemplos de estas pioneras del cálculo científico (véase GRIER [2005]):

i) Los astrónomos del Renacimiento solían contratar a un calculador o varios para ayudarles en la confección de tablas celestes para los almanaques, tablas náuticas para navegación, etc. El astrónomo y matemático español José Mendoza y Ríos (1761–1816) —conocido por su método para el cálculo de latitudes— escribió a un amigo en 1815: *«Tengo entre manos trabajos de tal envergadura que no me dan abasto dos calculistas; a mi regreso a Londres tomaré cuatro o cinco más...».*

ii) Las calculadoras humanas se utilizaron en Europa durante los siglos XVIII y XIX para la confección de tablas matemáticas, especialmente de funciones trigonométricas y de logaritmos. La Royal Astronomical Society de Inglaterra creó un departamento específico de calculadores humanos que permaneció hasta después de 1925 y el Harvard College Observatory (creado en 1839), a finales del siglo XIX, formó un importante equipo de mujeres calculadoras para interpretar las observaciones realizadas en sus telescopios.

iii) En la primera mitad del siglo XX se utilizaron equipos de calculadoras humanas en la ingeniería (por ejemplo, en la construcción del dique *Afsluitdijk* en Países Bajos entre 1927 y 1932), en balística (durante la I Guerra Mundial), en la fusión nuclear (en plena II Guerra Mundial —*Proyecto Manhattan*—) o en la conquista del espacio (en la NASA un equipo de mujeres afroamericanas realizaron los cálculos necesarios para lanzar el cohete *Mercury Atlas 6* en 1962). En estos años se ayudaban de las primeras calculadoras electromecánicas y, con la aparición de los ordenadores, muchas de estas mujeres fueron las primeras «programadoras» de las nuevas máquinas.

El cálculo con los ordenadores

El espectacular avance de las Matemáticas en los siglos XVIII, XIX y primera parte del XX, proponiendo los más destacados modelos matemáticos para los más importantes fenómenos de la naturaleza, comenzó a chocar con un contratiempo inesperado: la dificultad de resolverlos. La resolución con algoritmos constructivos, «a mano», solo era posible en casos muy sencillos o de geometrías muy particulares. La complejidad de los problemas reales, cada vez más exigentes debido a los avances tecnológicos (aeronáutica, gasoductos, viaductos, petróleo, meteorología, etc.), necesitaba imperiosamente abordar problemas de mayor dificultad. Los cálculos «humanos» requerían un esfuerzo y un tiempo inadmisibles. En 1922, el meteorólogo y matemático Lewis Fry Richardson (1881–1953) propuso un método para predecir el tiempo, basado en la resolución de ecuaciones diferenciales (precursor del utilizado hoy), que no pudo poner en práctica porque estimaba necesarias ¡64 000 personas! para realizar los cálculos.

Es comprensible, pues, el clima de impotencia algorítmica que invadió las Matemáticas en esa primera mitad del siglo XX. Por una sorprendente coincidencia, la aparición del ordenador en ese momento, nos liberó del penoso trabajo de calcular, justo cuando la capacidad humana era totalmente incapaz.

Desde la aparición del ordenador electrónico en la década 1940–1950, la velocidad de cálculo de la humanidad alcanza cifras nunca imaginables. La trepidante lucha del ser humano para liberarse de la pesada tarea de la realización de cálculos pesados y repetitivos es fascinante (recomendamos la lectura de las siguientes referencias GOLDSTINE [1980], RANDELL [1982], DYSON [2012] y BREZINSKI–MEURANT–REDIVO-ZAGLIA [2023, cap. 7]).

Los ábacos, la máquina de calcular de Blaise Pascal (1623–1662), la máquina «analítica» de Charles Babbage (1791–1871) —nunca construida—, las máquinas de calcular de Willgodt Theophil Odhner(1845–1905) en 1878, William Seward Burroughs (1857–1898) en 1893, Jay Randolph Monroe (1883–1937) en 1910, son algunos ejemplos de esa lucha.

La introducción de la electricidad en las calculadoras llevó, en 1937, al físico-matemático de Harvard, Howard Hathaway Aiken (1900–1973, a la fabricación de la *primera calculadora electromecánica: el IBM Harvard–Mark I*. Pero, la gran etapa en la historia del cálculo se escribe con la llegada de la electrónica. Los físicos John Presper Eckert (1919–1995) y John William Mauchly (1907–1980) junto con el matemático Herman Heine Goldstine (1913–2004) concibieron el *Electronic Numerical Integrator and Computer (ENIAC)*, construido en 1945 en la Universidad de Pensilvania, considerada como la *primera calculadora* analítica multifunción *enteramente electrónica* y operacional de la historia.

Para la llegada del verdadero ordenador solo faltaba vencer las grandes dificultades científicas que representaba la idea del «programa grabado». Una idea aparentemente tan sencilla nos hace olvidar que hace tan solo 75 años no era ni mucho menos evidente. Ese avance fundamental tuvo lugar poco antes de la Segunda Guerra Mundial de la mano de dos genios matemáticos: el británico Alan Mathison Turing (1912–1954) y el americano-húngaro John von Neumann (1903–1957). En 1949, otra vez J. P. Eckert y J. W. Mauchly construyeron el *Binary Automatic Computer (BINAC)*, el primer ordenador electrónico construido en EE.UU. y, en 1952, J. von Neumann y H. H. Goldstine, en el Institute of Advanced Studies (IAS) de Princeton, construyeron el *IAS Computer*, primer ordenador electrónico científico americano.

En España, las primeras grandes calculadoras llegaron en los años 1970, de mano de las entidades bancarias. El primer ordenador de la Universidad de Santiago de Compostela fue un IBM 1130 que constaba de una unidad central de proceso con una memoria de ferritas de $16\,384$ palabras (¡16 *Kbytes*!). A partir de 1978, se instaló un UNIVAC 1108 con una mayor capacidad de cálculo, $262K$ de memoria central, aunque se seguían utilizando las tarjetas perforadas para la codificación de los programas.

Por esas mismas fechas, diez millones de personas en el mundo poseían una calculadora electrónica. Era el producto estrella del momento, que suponía el final de las reglas de cálculo mecánicas. Estas primeras máquinas marcaron el comienzo de una era totalmente nueva, caracterizada por una cascada de progresos tecnológicos y avances conceptuales. Fue el inicio de una revolución profunda en la historia de la civilización, en la que las fronteras del imaginable podían ponerse cada vez más lejos pues eran superadas por la realidad de cada día. La historia que escribe la informática y el cálculo por ordenador en las décadas siguientes es verdaderamente apasionante. En la actualidad, la capacidad de almacenamiento y la velocidad de cálculo (medida en número de *flops: floating point operations per second*) es tan inmensa que nunca pudo ser imaginada por los pioneros de los ordenadores. La tabla que se adjunta es suficientemente ilustrativa de los ordenadores más potentes del mundo (en noviembre de 2023!). Recordemos que 1 *petaflops*$= 10^{15}$ *flops* $= 1\,000$ billones de *operaciones elementales por segundo* y 1 *exaflops*$= 10^{18}$ *flops*$= 1$ trillón de *operaciones elementales por segundo*. Los ordenadores personales más potentes actualmente tienen una potencia de cálculo aproximada de 10 *teraflops* (1 *teraflops* $= 10^{12}$ *flops* $= 1$ billón de *flops*). También damos los datos comparativos del *Finisterrae III*, superordenador del Centro de Supercomputación de Galicia (CESGA) y del *MareNostrum 5* del Centro de Supercomputación de Cataluña (CESCA), considerados entre los más potentes de España.

Posición	Nombre	Marca	País	Petaflops
1	Frontier	HPE Cray	EE.UU.	1194.00
2	Aurora	HPE Cray	EE.UU.	585.34
3	Eagle	Microsoft	EE.UU.	561.20
4	Fugaku	Futjisu	Japón	442.01
5	Lumi	HPE Cray	Finlandia	379.70
8	MareNostrum 5	Bull	España	138.20
—	Finisterrae III	Futjisu	España	4.38

Tabla 1.1: Superordenadores más potentes (2023). Fuente: `www.top500.org`.

1.3   Los métodos numéricos

Con la nueva situación, las viejas y magníficas ecuaciones de la física y de la ingeniería, que estaban en cierto modo arrinconadas, por no poder ser resueltas, fueron recuperadas y, con la nueva situación, hoy resulta relativamente sencilla su resolución aproximada utilizando métodos numéricos y medios informáticos. Un efecto inmediato es el aumento exponencial de la demanda de nuevos modelos matemáticos para situaciones cada vez más complicadas y de nuevos métodos de aproximación y algoritmos de resolución de los mencionados modelos y, en consecuencia, provoca el crecimiento impresionante de la rama del *Análisis Numérico* que se ocupa de los métodos de cálculo y de su implementación en ordenador.

Aunque con frecuencia la utilizamos como sinónimo de método, es conveniente recordar aquí la acepción científica de la palabra *algoritmo*: *conjunto ordenado y finito de operaciones que permite hallar la solución de un problema.* La idea general de los métodos numéricos es sustituir el modelo original, en general, un modelo continuo en dimensión infinita (fundamentalmente ecuaciones diferenciales ordinarias o en derivadas parciales), imposible de resolver de manera exacta, por un modelo aproximado, discreto y formulado en dimensión finita y que es directamente utilizable por el ordenador, previa codificación en lenguaje algorítmico. Existen seis grandes clases de métodos: *diferencias finitas, elementos finitos, volúmenes finitos, espectrales, sin malla (en inglés, «meshless») y neuronales.* Además de los métodos numéricos para la resolución de los grandes modelos de la física y de la ingeniería, experimentaron un auge enorme otras técnicas numéricas como la *interpolación y el ajuste de datos por funciones polinómicas o funciones «spline», aproximación por mínimos cuadrados, solución de grandes sistemas de ecuaciones lineales y no lineales, cálculo de valores propios y vectores propios de grandes matrices, minimización y control óptimo,* etc.

1.4   El cálculo numérico matricial

Todos los métodos citados para la resolución de modelos matemáticos, y muchos otros, tienen como punto final uno de *los dos grandes problemas del cálculo numérico matricial:*

i) La resolución de sistemas lineales: dados $A \in \mathcal{M}_{n \times n}(\mathbb{R})$ y $b \in \mathbb{R}^n$, encontrar $u \in \mathbb{R}^n$ tal que $Au = b$.

ii) El cálculo de valores propios y vectores propios de una matriz: dada $A \in \mathcal{M}_{n \times n}(\mathbb{R})$, encontrar $\lambda \in \mathbb{C}$ y $p \in \mathbb{C}^n$, $p \neq \theta$, tales que $Ap = \lambda p$. El cálculo de λ es equivalente a resolver la ecuación $\det(A - \lambda I) = 0$.

Estos son los dos grandes problemas que conforman el *cálculo numérico matricial, también llamado el álgebra lineal numérica.* Por las razones que acabamos de exponer, se entenderá que el cálculo numérico matricial forme parte de los contenidos de las carreras de matemáticas e ingeniería desde los años 1970, coincidiendo con el auge de los ordenadores y la computación.

En las aplicaciones reales, la incógnita u puede representar múltiples magnitudes y suele coincidir con el número de puntos en los que queremos conocer la temperatura de un material sólido, líquido o gaseoso, el desplazamiento o la velocidad de sus partículas, la concentración de un contaminante, la intensidad de corriente o cualquier incógnita del problema que queremos abordar. El cálculo de valores propios (y en algunos casos de vectores propios) de grandes matrices es necesario para poder resolver importantes problemas en la ciencia y en la ingeniería: sistemas de comunicaciones y ondas electromagnéticas, circuitos eléctricos, análisis de vibraciones de estructuras, acústica, diseño de puentes y estructuras civiles, terremotos, exploraciones subterráneas en minería y petróleo y hasta los buscadores de páginas web, son algunos de los numerosos ejemplos en los que, de manera directa, es necesario el cálculo de valores propios de grandes matrices.

Se comprenderá entonces que, en los problemas reales, el tamaño n de la matriz A, o sea el número de ecuaciones e incógnitas del sistema lineal, suele ser muy elevado: del orden de miles y millones. De ahí, la necesidad de recurrir a métodos con un número razonable de operaciones elementales que reduzcan los tiempos de cálculo o tiempo de CPU (*central processing unit*). Tiempos que, como veremos, aún con los potentes ordenadores actuales pueden ser inadmisibles o inútiles en la práctica. Pensemos en un ordenador a bordo de una nave espacial que debe corregir la trayectoria en centésimas de segundo, dependiendo de los resultados que va calculando «sobre la marcha».

Por esta misma razón, métodos impecables desde el punto de vista teórico, como es el método de Gabriel Cramer (1704–1752) para resolver sistemas lineales, no pueden ser considerados, en la práctica, para grandes sistemas debido al número de operaciones elementales que necesita: $(n + 1)! - (n + 1)$ sumas, $(n + 1)!(n - 1)$ multiplicaciones y n divisiones. El lector puede comprobar que para resolver, por este método, un sistema de orden pequeño, digamos 20, en un ordenador actual se necesitarían ¡miles de años!

Se entiende pues que es esencial un buen conocimiento de cómo realiza las operaciones un ordenador y de cómo programarlo para conseguir una mayor rapidez y rendimiento de nuestros algoritmos y de la capacidad de cálculo actualmente a nuestro alcance.

La búsqueda de métodos eficaces para los dos problemas del cálculo numérico matricial ha sido una constante lucha desde los años cincuenta (aparición del ordenador) aunque algunas ideas provienen de siglos atrás. Así, el método de eliminación de Johann Carl Friedrich Gauss (1777–1855), reformulado a partir de los años 1930, necesita del orden de $\frac{2}{3}n^3$ operaciones aritméticas elementales. Para nuestro sistema de orden $n = 20$ serían del orden de 5 400 operaciones y el mismo ordenador resolvería el sistema en ¡apenas 5.4 milisegundos!

Este ha sido el objetivo principal de los analistas numéricos durante muchos años. Ejemplos notables son las bibliotecas de programas BLAS *(Basic Linear Algebra Subprograms)*, cuya primera versión data de 1979 y la última de 1990, LINPACK y EISPACK desarrolladas, con base en BLAS, desde mediados de los 70 a mediados de los 80 del siglo pasado, especialmente dirigidas a los supercomputadores. Existe una versión ampliada de LINPACK, del año 1992, conocida con el nombre de LAPACK. Estas bibliotecas fueron programadas en Fortran y posteriormente se realizaron versiones totales o parciales en C. Referencias indicadas para más información sobre estas bibliotecas son p. ej. DONGARRA–STEWART [1982], DONGARRA–MOLER [1984], DONGARRA–WASNIEWSKI [2000] y BREZINSKI–MEURANT–REDIVO-ZAGLIA [2023, cap. 8].

La descripción, la formulación y la implementación en ordenador de los métodos elementales más usados en la práctica para la resolución de sistemas y el cálculo de valores propios es el objetivo de esta apasionante materia, cuyo contenido teórico, sus algoritmos y sus bases de codificación se compendian en este manual.

1.5   Los lenguajes de programación

La descripción de los algoritmos del cálculo numérico (en particular el matricial) se complementa con un pseudocódigo o «receta» de cómo debe programarse en un ordenador para obtener el mayor rendimiento de sus propiedades. El pseudocódigo necesita ser traducido a un lenguaje de alto nivel para ejecutarse en el ordenador. En la actualidad los más importantes de estos lenguajes son: Matlab, Python, Julia, C/C++, Java, Fortran, etc.

Matlab es un lenguaje interpretado, basado en la biblioteca BLAS, especialmente concebido para la computación con matrices (véase MOLER [2004]). Es de uso comercial, pero existen paquetes semejantes en *software* libre como el GNU Octave.

Python es un lenguaje de propósito general, normalmente usado como lenguaje interpretado aunque también se puede compilar. Sus extensiones NumPy y SciPy están especialmente orientadas al cálculo numérico y son actualmente muy usados.

Julia es un lenguaje compilado en tiempo real, esto es, no se realiza una compilación separada sino que se compila al tiempo que se carga (lo que puede ralentizar los programas grandes, en cuyo caso se permite hacer una precompilación). Para el álgebra lineal numérica utiliza también las bibliotecas BLAS y LAPACK para mejorar su eficacia.

C, C++ y Java son lenguajes compilados con una misma sintaxis en una gran parte de sus instrucciones. Para cada uno de los lenguajes existen paquetes de cálculo numérico tanto de uso libre como comercial. Las bibliotecas de uso libre incluyen la GNU Scientific Library para C y Boost para C++. Paquetes comerciales como IMSL y NAG tienen enlaces a C, aunque en su mayoría están escritos en Fortran.

El Fortran (FORmula TRANslation) es el más antiguo de los lenguajes de programación compilados. La versión original (Fortran I) se ejecutó por primera vez sobre un cierto IBM 704 ¡en el año 1957! El Fortran ha experimentado un gran número de transformaciones (Fortran 66, Fortran 77, Fortran 90, Fortran 95, Fortran 2003, Fortran 2008 y Fortran 2018), pero está todavía en uso y, como ya hemos mencionado, hay muchísimos códigos escritos en Fortran.

Algunas carencias de las primeras versiones (bloques `if ... end if`, `do ... end do`, almacenamiento dinámico de variables, programación orientada a objetos, cálculo paralelo, etc.) fueron sucesivamente incorporadas. Bibliotecas como BLAS, LINPACK y LAPACK están escritas en Fortran. De hecho, LAPACK estuvo escrita en Fortran 77 hasta el año 2008, cuando fue traducida a Fortran 90.

Aunque es considerado por muchos como un lenguaje «anticuado» (¡ya se pensaba así en 1968!) lo cierto es que es un lenguaje importante, especialmente para científicos y analistas numéricos. Las versiones actuales del Fortran ya contienen muchas de las características de los lenguajes de programación modernos, aunque fueron incorporadas a lo largo de los años y no formaban parte del diseño original. Para mayor información sobre la historia de los lenguajes de programación véase p. ej. Stewart [2023] y Brezinski–Meurant–Redivo-Zaglia [2023, cap. 8].

1.6   Ejercicios

EJERCICIO 1.1. Estudiar el manejo de las variables dimensionadas («arrays»)
y las funciones intrínsecas más importantes para trabajar con vectores y
matrices en el lenguaje de alto nivel que desees utilizar. Por ejemplo, en
Fortran: operaciones usuales con vectores y matrices, operaciones elemento
a elemento, `sum(a)`, `product(a)`, `maxval(a)`, `minval(a)`, `maxloc(a)`,
`minloc(a)`, `transpose(a)`, `size(a)`, `dot_product(u,v)`, `matmul(a,b)`. Y en
Matlab: vectores fila y columna, operaciones usuales y operaciones elemento
a elemento, `dot(u,v)`, `a'`, `zeros(n,m)`, `ones(n,m)`, `eye(n)`, `norm(v,p)`,
`diag(a)`, `tril(a)`, `triu(a)`, `size(a)`, `length(a)`, `sum(a)`, `max(a)`, `min(a)`,
`trace(a)`, `det(a)`, `inv(a)`, `eig(a)`.

EJERCICIO 1.2. *Matriz aleatoria*. Estudiar cómo se genera una matriz aleatoria
de orden $m \times n$ utilizando la función intrínseca propia del lenguaje en el que se
trabaja. Por ejemplo, en Fortran `random_number(a)` y en Matlab `rand(m,n)`.
Estudiar las modificaciones para generar matrices aleatorias cuyos elementos
tomen valores entre -100 y 100, para que los elementos de la matriz sean
enteros o para que solamente tengan una cifra decimal significativa.

EJERCICIO 1.3. *Tiempo de CPU*. Estudiar cómo se calcula el tiempo de CPU de
una determinada tarea en el lenguaje que se utilice. Por ejemplo, en Fortran
con la función intrínseca `cpu_time(time)` y en Matlab con las funciones `tic`
`- toc`. Comprobar el tiempo de CPU para la multiplicación de dos matrices
cuadradas de orden $n = 1000$, generadas aleatoriamente (ejercicio 1.2).

2

Generalidades sobre matrices

El objetivo de este capítulo es recordar los conceptos básicos de la teoría de matrices con especial énfasis en las operaciones con matrices y en las cuestiones más relevantes que tienen que ver con la solución de sistemas de ecuaciones lineales y el cálculo de valores propios. Por tanto, muchos de los resultados se dan sin demostraciones. Para mayor detalle remitimos a la bibliografía clásica de álgebra lineal (p. ej. STRANG [1980], LANG [1987]) y, en particular, del álgebra de matrices (p. ej. STOER–BULIRSCH [1980], HORN–JOHNSON [1991], ALLAIRE–KABER [2008] o GOLUB–VAN LOAN [2013]).

2.1   Normas vectoriales en $\mathbb{R}^n$ y $\mathbb{C}^n$

Denotamos por $\mathbb{K}$, indistintamente, el cuerpo de los números reales $\mathbb{R}$ o el cuerpo de los números complejos $\mathbb{C}$. Para cualquier número natural $n \geq 1$, denotamos por $\mathbb{K}^n$ el espacio vectorial sobre $\mathbb{K}$:

$$\mathbb{K}^n = \mathbb{K} \times \mathbb{K} \times \cdots \times \mathbb{K} = \{v = (v_i)_{i=1}^n : v_i \in \mathbb{K}, \ i = 1, 2, \ldots, n\},$$

dotado de las operaciones de la suma y el producto por escalares, definidos de la forma siguiente, para todo $u = (u_i)_{i=1}^n$, $v = (v_i)_{i=1}^n \in \mathbb{K}^n$, $\lambda \in \mathbb{K}$:

$$\mathbb{K}^n \times \mathbb{K}^n \longrightarrow \mathbb{K}^n : (u, v) \mapsto w = u + v, \quad w_i = u_i + v_i, 1 \leq i \leq n.$$
$$\mathbb{K} \times \mathbb{K}^n \longrightarrow \mathbb{K}^n : (\lambda, v) \mapsto w = \lambda v, \quad w_i = \lambda v_i, 1 \leq i \leq n.$$

Convenimos en identificar cada elemento de $v = (v_i)_{i=1}^n \in \mathbb{K}^n$ con el *vector columna*:

$$v = \begin{pmatrix} v_1 \\ v_2 \\ \vdots \\ v_n \end{pmatrix} \in \mathbb{K}^n.$$

Designamos por v^T y v^* los siguientes *vectores fila*:

$$v^T = (v_1, v_2, \ldots, v_n), \quad v^* = (\overline{v}_1, \overline{v}_2, \ldots, \overline{v}_n),$$

donde, en general, $\overline{\alpha}$ designa el complejo conjugado del complejo $\alpha \in \mathbb{C}$. El vector fila v^T se llama *vector traspuesto* de v y el vector v^* el *traspuesto conjugado o adjunto* de v.

Denotamos por θ el vector nulo, es decir, el vector con todas sus componentes iguales a 0: $\theta = (0, 0, \ldots, 0)^T$. Para $i = 1, 2, \ldots, n$ denotamos por $e_i \in \mathbb{K}^n$ el vector:

$$e_i = (0, 0, \ldots, 0, 1, 0 \ldots, 0)^T = \begin{pmatrix} 0 \\ \vdots \\ 0 \\ 1 \\ 0 \\ \vdots \\ 0 \end{pmatrix} \leftarrow (i) \ \in \mathbb{K}^n.$$

Se tiene que $e_i = (\delta_{ij})_{j=1}^n$, donde δ es el símbolo de Leopold Kronecker (1823–1891): $\delta_{ij} = 0$, si $i \neq j$ y $\delta_{ii} = 1$. Además, el conjunto $\{e_1, e_2, \ldots, e_n\}$ es una base de $\mathbb{K}^n$ (llamada la *base canónica*). Para esta base se tiene:

$$v = (v_i)_{i=1}^n = \sum_{i=1}^n v_i e_i, \quad \text{para todo } v \in \mathbb{K}^n.$$

Para cualquier número $\alpha \in \mathbb{K}$ denotamos por $|\alpha|$ el módulo de α: $|\alpha| = (\alpha \overline{\alpha})^{\frac{1}{2}}$. Si $\alpha \in \mathbb{R}$, obviamente $|\alpha|$ coincide con su valor absoluto.

Por otra parte, cuando no haya peligro de confusión, eliminaremos el rango del índice de componentes de un vector: para $u = (u_i)_{i=1}^n \in \mathbb{K}^n$ nos limitaremos a escribir $u = (u_i) \in \mathbb{K}^n$.

Definición 2.1. *Una norma* $\| \cdot \|$ *en el espacio vectorial* $\mathbb{K}^n$ *es una aplicación*

$$\| \cdot \| : \mathbb{K}^n \longrightarrow \mathbb{R}$$
$$v \mapsto \|v\|$$

que satisface las siguientes propiedades:

    i) $\|v\| \geq 0$, *para todo* $v \in \mathbb{K}^n$ *y* $\|v\| = 0$ *si y solo si* $v = \theta$,

    ii) $\|\alpha v\| = |\alpha|\|v\|$, *para todo* $v \in \mathbb{K}^n$ *y todo* $\alpha \in \mathbb{K}$,

    iii) $\|u + v\| \leq \|u\| + \|v\|$, *para todo* $u, v \in \mathbb{K}^n$ *(desigualdad triangular).*

La riqueza de la estructura de espacio vectorial normado (dotado de una norma) es que en ella subyace la estructura de espacio métrico con la distancia $d(u, v) = \|v - u\|$ y, por tanto, la de espacio vectorial topológico.

Para cualquier vector $u \in \mathbb{K}^n$ y número real $r > 0$, denotamos por $B(u, r)$ (resp. $B[u, r]$) la bola abierta (resp. cerrada) de centro u y radio r:

$$B(u, r) = \{v \in \mathbb{K}^n : \|v - u\| < r\}; \quad B[u, r] = \{v \in \mathbb{K}^n : \|v - u\| \leq r\}.$$

Las normas más utilizadas en $\mathbb{K}^n$ son las siguientes, donde $v = (v_i)_{i=1}^n$:

    i) *Norma 1 o norma de la suma:* $\|v\|_1 = \displaystyle\sum_{i=1}^n |v_i|$.

    ii) *Norma 2 o norma euclídea:* $\|v\|_2 = \left(\displaystyle\sum_{i=1}^n |v_i|^2\right)^{1/2}$.

    iii) *Norma* ∞ *o norma del máximo:* $\|v\|_\infty = \displaystyle\max_{i \leq i \leq n} |v_i|$.

    iv) *Las normas 1 y 2 son casos particulares de la norma* $\|\cdot\|_p$ *para cualquier número real* $p \geq 1$, *definida por:*

$$\|v\|_p = \left(\sum_{i=1}^n |v_i|^p\right)^{1/p}.$$

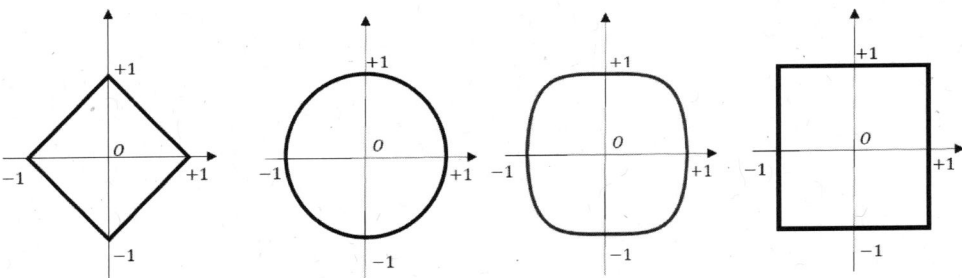

Figura 2.1: Bolas unidad para las normas 1, 2, $p = 4$ e ∞ en $\mathbb{R}^2$.

En la figura 2.1 se muestran las correspondientes bolas unidad cerradas (de centro θ y radio 1) en $\mathbb{R}^2$. Se intuye el siguiente resultado (fácil de probar) que justifica la notación para la norma ∞:

$$\lim_{p \to \infty} \|v\|_p = \|v\|_\infty, \text{ para todo } v \in \mathbb{K}^n.$$

Observación 2.1. Por ser $\mathbb{K}^n$ un espacio vectorial de dimensión finita sobre $\mathbb{K}$, todas las normas en dicho espacio son *equivalentes*. Recordamos que dos normas $\| \cdot \|$ y $\| \cdot \|^*$ en $\mathbb{K}^n$ se dicen *equivalentes* si existen dos constantes C y C^* tales que:

$$\|v\|^* \le C\|v\|, \quad \|v\| \le C^*\|v\|^*, \quad \text{para todo } v \in \mathbb{K}^n. \qquad \square$$

EJERCICIO 2.1. Probar las siguientes desigualdades de equivalencia para las normas vectoriales más habituales:

$$\begin{aligned} \|v\|_\infty &\le \|v\|_p \le n^{1/p}\|v\|_\infty, \\ \|v\|_2 &\le \|v\|_1 \le \sqrt{n}\|v\|_2. \end{aligned} \qquad (2.1)$$

Definición 2.2. *i) Una aplicación $a : \mathbb{R}^n \times \mathbb{R}^n \longrightarrow \mathbb{R}$ se dice una forma bilineal si verifica la siguiente propiedad para todo $u, v, w \in \mathbb{R}^n$ y todo $\lambda, \mu \in \mathbb{R}$:*

$$\begin{aligned} a(\lambda u + \mu v, w) &= \lambda a(u, w) + \mu a(v, w), \\ a(w, \lambda u + \mu v) &= \lambda a(w, u) + \mu a(w, v). \end{aligned}$$

La forma bilineal a se dice simétrica si $a(u, v) = a(v, u)$ para todo $u, v \in \mathbb{R}^n$ y (simétrica) positiva si $a(u, u) \ge 0$ para todo $u \in \mathbb{R}^n$.

ii) Una aplicación $a : \mathbb{C}^n \times \mathbb{C}^n \longrightarrow \mathbb{C}$ se dice una forma sesquilineal si verifica la siguiente propiedad para todo $u, v, w \in \mathbb{C}^n$ y todo $\lambda, \mu \in \mathbb{C}$:

$$\begin{aligned} a(\lambda u + \mu v, w) &= \lambda a(u, w) + \mu a(v, w), \\ a(w, \lambda u + \mu v) &= \overline{\lambda} a(w, u) + \overline{\mu} a(w, v). \end{aligned}$$

La forma sesquilineal a se dice hermitiana (hermítica o autoadjunta) si $a(u, v) = \overline{a(v, u)}$ para todo $u, v \in \mathbb{C}^n$ y (hermitiana) positiva si $a(u, u) \ge 0$ para todo $u \in \mathbb{C}^n$.

Definición 2.3. *i) Se llama producto escalar euclídeo en $\mathbb{R}^n$ a la forma bilineal, simétrica y positiva $(\cdot, \cdot) : \mathbb{R}^n \times \mathbb{R}^n \longrightarrow \mathbb{R}$, definida por:*

$$(u, v) = \sum_{i=1}^n u_i v_i, \quad \text{para todo } u, v \in \mathbb{R}^n.$$

ii) Se llama producto escalar hermitiano (o hermítico) en $\mathbb{C}^n$ a la forma sesquilineal, hermitiana (o hermítica) y positiva $(\cdot, \cdot) : \mathbb{C}^n \times \mathbb{C}^n \longrightarrow \mathbb{C}$, definida por:

$$(u, v) = \sum_{i=1}^{n} u_i \bar{v}_i, \quad para\ todo\ u, v \in \mathbb{C}^n.$$

El producto escalar euclídeo induce en $\mathbb{R}^n$ la *norma euclídea* (que coincide con la norma 2):

$$\|\cdot\|_2 : \mathbb{R}^n \ni v \longrightarrow \|v\|_2 = (v, v)^{1/2} = \left(\sum_{i=1}^{n} v_i v_i\right)^{1/2} = \left(\sum_{i=1}^{n} |v_i|^2\right)^{1/2} \in \mathbb{R}^+,$$

y el producto escalar hermitiano induce en $\mathbb{C}^n$ la *norma euclídea* (que coincide con la norma 2):

$$\|\cdot\|_2 : \mathbb{C}^n \ni v \longrightarrow \|v\|_2 = (v, v)^{1/2} = \left(\sum_{i=1}^{n} v_i \bar{v}_i\right)^{1/2} = \left(\sum_{i=1}^{n} |v_i|^2\right)^{1/2} \in \mathbb{R}^+.$$

Definición 2.4. *a) Dos vectores $u, v \in \mathbb{K}^n$ se dicen ortogonales si $(u, v) = 0$. Además, u y v se dicen ortonormales si son ortogonales y $\|u\| = \|v\| = 1$, o sea, $(u, u) = (v, v) = 1$.*

b) Por extensión, un vector v se dice ortogonal a un subconjunto $U \subset \mathbb{K}^n$ (en símbolos, $u \perp U$) si v es ortogonal a todos los elementos de U: $(u, v) = 0$, para todo $v \in U$.

c) Un conjunto $\{v_1, v_2, \ldots, v_p\}$ de $\mathbb{K}^n$ se dice ortogonal si $(v_i, v_j) = 0$, $i \neq j$, y se dice ortonormal si $(v_i, v_j) = \delta_{ij}$, $1 \leq i, j \leq k$, donde δ_{ij} es el símbolo de Kronecker.

d) En particular, un conjunto de n vectores de $\mathbb{K}^n$, $\{u_1, u_2, \ldots, u_n\}$, ortonormales dos a dos: $(u_i, u_j) = \delta_{ij}$, $1 \leq i, j \leq n$, constituye una base de $\mathbb{K}^n$, denominada base ortonormal.

El ejemplo más importante de base ortonormal es la *base canónica* $\{e_1, e_2, \ldots, e_n\}$, donde los vectores e_i ya fueron definidos: $e_i = (\delta_{ij})_{j=1}^n$. Dada una base $\{v_1, v_2, \ldots, v_n\}$ de $\mathbb{K}^n$, se puede construir una base ortonormal $\{u_1, u_2, \ldots, u_n\}$ mediante el siguiente *procedimiento de ortonormalización de Gram–Schmidt* cuyo nombre recuerda a los matemáticos Jørgen Pedersen Gram (1850–1916) y Erhard Schmidt (1876–1959):

$$u_1 = \frac{v_1}{\|v_1\|_2}; u_k = \frac{w_k}{\|w_k\|_2}, \quad w_k = v_k - \sum_{i=1}^{k-1} (v_k, u_i) u_i, \quad k = 2, 3, \ldots, n.$$

Terminamos este apartado recordando la *desigualdad de Cauchy–Schwarz,* denominada así en honor a Augustin-Louis Cauchy (1789–1857) y Karl Herman Amandus Schwarz (1843–1921):

$$|(u,v)| = |\sum_{i=1}^{n} u_i \bar{v}_i| \leq \|u\|_2 \|v\|_2 = \left(\sum_{i=1}^{n} |u_i|^2\right)^{1/2} \left(\sum_{i=1}^{n} |v_i|^2\right)^{1/2}, \, u,v \in \mathbb{C}^n.$$

Convergencia y continuidad en $\mathbb{K}^n$

Recordamos aquí algunas implicaciones que tiene la estructura de espacio normado (por tanto, espacio métrico) de la que hemos dotado a $\mathbb{K}^n$. Dado que es de dimensión finita todas las normas son equivalentes —teorema de Felix Hausdorff (1868–1942) de 1932— y todas las cuestiones relacionadas con la convergencia y la continuidad no dependen de la norma considerada.

Como norma general, siempre que un vector de $\mathbb{K}^n$ esté afectado de un subíndice (por ejemplo, elementos de una sucesión vectorial), sus componentes se afectarán de un superíndice que coincide con el subíndice encerrado entre paréntesis:

$$u_k = (u_i^{(k)}), \, v_{r+1} = (v_k^{(r+1)}) \in \mathbb{K}^n.$$

Definición 2.5. *Una sucesión de vectores* $\{v_k\}_{k\geq 0} = \{(v_i^{(k)})\}_{k\geq 0}$ *del espacio* $\mathbb{K}^n$ *se dice convergente a un vector* $v \in \mathbb{K}^n$, *y se denota* $\lim_{k\to+\infty} v_k = v$, *si la sucesión de números reales* $\{\|v_k - v\|\}_{k\geq 0}$ *converge a* 0: $\lim_{k\to+\infty} \|v_k - v\| = 0$.

Utilizando en $\mathbb{K}^n$ la norma $\|\cdot\|_\infty$, para una sucesión $\{v_k\}_{k\geq 0} = \{(v_i^{(k)})\}_{k\geq 0}$ es inmediato probar que converge a $v = (v_i)$ en $\mathbb{K}^n$ si y solo si las sucesiones $\{v_i^{(k)}\}_{k\geq 0}$ convergen a v_i para $1 \leq i \leq n$, puesto que las siguientes expresiones son todas equivalentes:

$$\lim_{k\to+\infty} v_k = v; \; \lim_{k\to+\infty} \|v_k - v\|_\infty = 0; \; \lim_{k\to+\infty} \max_{1\leq i\leq n} |v_i^{(k)} - v_i| = 0;$$

$$\lim_{k\to+\infty} |v_i^{(k)} - v_i| = 0; \; \lim_{k\to+\infty} v_i^{(k)} = v_i, 1 \leq i \leq n.$$

EJEMPLO 2.1.

$$\lim_{k\to+\infty} \begin{pmatrix} e^{-k} \\ \dfrac{3k+5}{k} \end{pmatrix} = \begin{pmatrix} 0 \\ 3 \end{pmatrix}. \qquad \square$$

De la misma manera, una serie infinita de vectores en $\mathbb{K}^n$, $\sum_{k=1}^{\infty} v_k$, se dice convergente a v, y se denota $\sum_{k=1}^{\infty} v_k = v$, si la sucesión de sumas parciales $S_m = \sum_{k=1}^{m} v_k$ converge a v. Se deduce entonces que $\sum_{k=1}^{\infty} v_k = v$ si y solo si $\sum_{k=1}^{\infty} v_i^{(k)} = v_i$, $1 \leq i \leq n$.

Finalmente, recordamos que una aplicación $v : \mathbb{R} \ni t \longrightarrow v(t) = (v_i(t)) \in \mathbb{K}^n$, se dice continua en t_0 si $\lim_{t \to t_0} \|v(t) - v(t_0)\| = 0$. Análogamente, se tiene que $v(t)$ es continua en t_0 si y solo si son continuas en t_0 las funciones reales de variable real $v_i(t)$, $1 \leq i \leq n$: $\lim_{t \to t_0} |v_i(t) - v_i(t_0)| = 0$.

EJEMPLO 2.2. La siguiente aplicación es continua en todo $t_0 \in \mathbb{R}^+$:

$$v : \mathbb{R}^+ \ni t \longrightarrow v(t) = \begin{pmatrix} \dfrac{1}{t+2} \\ \operatorname{sen} t^2 \end{pmatrix} \in \mathbb{R}^2. \qquad \square$$

2.2 Operaciones con matrices

Definición 2.6. *Sean $m, n \in \mathbb{N}$. Una matriz A en el cuerpo $\mathbb{K}$ de dimensión $m \times n$ es una aplicación $A : \{1, 2, \ldots, m\} \times \{1, 2, \ldots, n\} \longrightarrow \mathbb{K}^{m \times n}$. Si, $1 \leq i \leq m$, $1 \leq j \leq n$, el elemento $A(i, j)$ se escribe a_{ij} y se denotará $A = (a_{ij})$. De esta forma se puede representar por una tabla rectangular de $m \times n$ elementos de $\mathbb{K}$ dispuestos en m filas y n columnas en la forma:*

$$A = \begin{pmatrix} a_{11} & a_{12} & \cdots & a_{1n} \\ a_{21} & a_{22} & \cdots & a_{2n} \\ \vdots & \vdots & \ddots & \vdots \\ a_{m1} & a_{m2} & \cdots & a_{mn} \end{pmatrix}.$$

El conjunto de todas las matrices de dimensión $m \times n$ con elementos del cuerpo $\mathbb{K}$ se denotará por $\mathcal{M}_{m \times n}(\mathbb{K})$:

$$\mathcal{M}_{m \times n}(\mathbb{K}) = \left\{ A = \begin{pmatrix} a_{11} & a_{12} & \cdots & a_{1n} \\ a_{21} & a_{22} & \cdots & a_{2n} \\ \vdots & \vdots & \ddots & \vdots \\ a_{m1} & a_{m2} & \cdots & a_{mn} \end{pmatrix}, a_{ij} \in \mathbb{K}, \begin{array}{c} 1 \leq i \leq m \\ 1 \leq j \leq n \end{array} \right\}.$$

En coherencia con la notación utilizada para vectores, cuando una matriz esté afectada de un subíndice (por ejemplo, elementos de una sucesión matricial), en general, sus componentes se afectarán de un superíndice que coincide con el subíndice encerrado entre paréntesis:

$$A_k = (a_{ij}^{(k)}),\ A_{r+1} = (a_{kl}^{(r+1)}) \in \mathcal{M}_{n \times n}(\mathbb{K}).$$

Definición 2.7. *i) La matriz con todos sus elementos nulos se llama la matriz nula o matriz cero y se representa por O (cero):*

$$O_{m \times n} = \begin{pmatrix} 0 & 0 & \cdots & 0 \\ \vdots & \vdots & \ddots & \vdots \\ 0 & 0 & \cdots & 0 \end{pmatrix} \quad (m\ \textit{filas y } n \textit{ columnas}).$$

ii) Dada una matriz $A = (a_{ij}) \in \mathcal{M}_{m \times n}(\mathbb{K})$ denotamos por $-A \in \mathcal{M}_{m \times n}(\mathbb{K})$ la matriz opuesta de A, cuyos elementos son los de A cambiados de signo: $-A = (-a_{ij})$.

iii) Cuando $m = n$ la matriz se llama cuadrada de orden n.

Para establecer las reglas que rigen el cálculo con matrices se desarrolla un álgebra semejante al álgebra ordinaria que en lugar de operar con números reales o complejos lo hace con matrices.

i) Igualdad. Dos matrices $A, B \in \mathcal{M}_{m \times n}(\mathbb{K})$ se dicen iguales si son iguales elemento a elemento, es decir, $A = B$ si y solo si $a_{ij} = b_{ij}$, $1 \leq i \leq m$, $1 \leq j \leq n$.

ii) Suma de matrices. La suma de matrices es una operación interna en el conjunto $\mathcal{M}_{m \times n}(\mathbb{K})$ definida como sigue:

$$\mathcal{M}_{m \times n}(\mathbb{K}) \times \mathcal{M}_{m \times n}(\mathbb{K}) \longrightarrow \mathcal{M}_{m \times n}(\mathbb{K})$$
$$(A, B) \qquad \mapsto \quad S = A + B,$$
$$s_{ij} = a_{ij} + b_{ij}, 1 \leq i \leq m, 1 \leq j \leq n.$$

Se comprueban inmediatamente las siguientes propiedades, para matrices arbitrarias $A, B, C \in \mathcal{M}_{m \times n}(\mathbb{K})$:

- $(A + B) + C = A + (B + C)$,
- $A + B = B + A$,
- $A + O = O + A = A$,
- $A + (-A) = (-A) + A = O$.

iii) Producto de matrices por escalares. El producto por escalares $\times$ es una operación externa en el conjunto $\mathcal{M}_{m\times n}(\mathbb{K})$ definida por:

$$\mathbb{K} \times \mathcal{M}_{m\times n}(\mathbb{K}) \longrightarrow \mathcal{M}_{m\times n}(\mathbb{K})$$
$$(\lambda, A) \longmapsto B = \lambda A,$$
$$b_{ij} = \lambda a_{ij}, \; 1 \leq i \leq m, 1 \leq j \leq n.$$

Es inmediato probar que se verifican las siguientes propiedades para todo $\lambda, \mu \in \mathbb{K}$ y para toda $A, B \in \mathcal{M}_{m\times n}(\mathbb{K})$:

- $(\lambda\mu)A = \lambda(\mu A)$,
- $(\lambda + \mu)A = \lambda A + \mu A$,
- $\lambda(A + B) = \lambda A + \lambda B$,
- $1A = A$,
- $0A = O$.

De las propiedades anteriores se concluye que con las operaciones de la suma y el producto por escalares el conjunto $\mathcal{M}_{m\times n}(\mathbb{K})$ es un *espacio vectorial* sobre el cuerpo $\mathbb{K}$.

iv) Producto de matrices. El producto AB de dos matrices A y B se define siempre que el número de columnas de A coincida con el número de filas de B. En ese caso, si A es orden $m \times n$ y B de orden $n \times p$, su producto $C = AB$ es otra matriz $C = (c_{ij})$ de orden $m \times p$ tal que:

$$c_{ij} = \sum_{k=1}^{n} a_{ik}b_{kj}, \; 1 \leq i \leq m, \; 1 \leq j \leq p.$$

$$\mathcal{M}_{m\times n}(\mathbb{K}) \times \mathcal{M}_{n\times p}(\mathbb{K}) \longrightarrow \mathcal{M}_{m\times p}(\mathbb{K})$$
$$(A, B) \longmapsto C = AB.$$

En el producto de matrices, podemos tener $AB = O$ con $A \neq O$ y $B \neq O$.

EJEMPLO 2.3.

$$\begin{pmatrix} 3 & 2 & -1 \\ 4 & 5 & 1 \end{pmatrix} \begin{pmatrix} 2 & 4 \\ 0 & 1 \\ 4 & 7 \end{pmatrix} = \begin{pmatrix} 2 & 7 \\ 12 & 28 \end{pmatrix}.$$

$$\begin{pmatrix} 1 & 0 \\ 0 & 0 \\ 7 & 0 \end{pmatrix} \begin{pmatrix} 0 & 0 & 0 \\ 5 & 3 & -2 \end{pmatrix} = \begin{pmatrix} 0 & 0 & 0 \\ 0 & 0 & 0 \\ 0 & 0 & 0 \end{pmatrix}. \qquad \square$$

A continuación hacemos algunas precisiones relativas al producto de matrices que nos serán útiles en todo lo que sigue.

i) Todo vector $u \in \mathbb{K}^n$ se considera como una matriz de $\mathcal{M}_{n \times 1}(\mathbb{K})$ y u^T y u^* se consideran matrices de $\mathcal{M}_{1 \times n}(\mathbb{K})$. Por tanto, dados dos vectores $u, v \in \mathbb{R}^n$ su producto escalar se relaciona con el producto de matrices de la forma siguiente:

$$(u, v) = \sum_{i=1}^{n} u_i v_i \quad = \quad (u_1, u_2, \ldots, u_n) \begin{pmatrix} v_1 \\ v_2 \\ \vdots \\ v_n \end{pmatrix} = u^T v$$

$$= \quad (v_1, v_2, \ldots, v_n) \begin{pmatrix} u_1 \\ u_2 \\ \vdots \\ u_n \end{pmatrix} = v^T u.$$

De la misma forma para $u, v \in \mathbb{C}^n$ su producto escalar se relaciona con el de matrices de la forma siguiente:

$$(u, v) = \sum_{i=1}^{n} u_i \overline{v}_i = (\overline{v}_1, \overline{v}_2, \ldots, \overline{v}_n) \begin{pmatrix} u_1 \\ u_2 \\ \vdots \\ u_n \end{pmatrix} = v^* u = \sum_{i=1}^{n} \overline{u_i v_i} = \overline{(v, u)} = \overline{u^* v}.$$

ii) Una matriz $A \in \mathcal{M}_{m \times n}(\mathbb{K})$ puede definirse por sus columnas $x_j = (a_{ij})_{i=1}^{m} = (a_{1j}, a_{2j}, \ldots, a_{mj})^T \in \mathbb{K}^m$ o por sus filas $\alpha_i = (a_{ij})_{j=1}^{n} = (a_{i1}, a_{i2}, \ldots, a_{in})^T \in \mathbb{K}^n$ que denotamos por:

$$A = (x_1 | x_2 | \ldots x_n) = \begin{pmatrix} \alpha_1^T \\ \alpha_2^T \\ \vdots \\ \alpha_{m-1}^T \\ \alpha_m^T \end{pmatrix}.$$

Como consecuencia, es interesante observar que para $v \in \mathbb{K}^n$, el vector $Av \in \mathbb{K}^m$ se obtiene como combinación lineal de las columnas de A. En efecto,

$$(Av)_i = \sum_{k=1}^{n} a_{ik} v_k = \alpha_i^T v = v^T \alpha_i, \ 1 \leq i \leq m,$$

y de ahí deducimos

$$Av = \begin{pmatrix} (Av)_1 \\ (Av)_2 \\ \vdots \\ (Av)_{m-1} \\ (Av)_m \end{pmatrix} = \begin{pmatrix} \alpha_1^T v \\ \alpha_2^T v \\ \vdots \\ \alpha_{m-1}^T v \\ \alpha_m^T v \end{pmatrix} = \sum_{k=1}^{n} v_k \begin{pmatrix} a_{1k} \\ a_{2k} \\ \vdots \\ a_{mk} \end{pmatrix} = \sum_{k=1}^{n} v_k x_k.$$

iii) Para una matriz $B \in \mathcal{M}_{p \times m}(\mathbb{K})$ tenemos

$$BA = B(x_1|x_2|\ldots|x_n) = (Bx_1|Bx_2|\ldots|Bx_n).$$

Del mismo para $B \in \mathcal{M}_{n \times p}(\mathbb{K})$ se tiene:

$$AB = \begin{pmatrix} \alpha_1^T \\ \alpha_2^T \\ \vdots \\ \alpha_{m-1}^T \\ \alpha_m^T \end{pmatrix} B = \begin{pmatrix} \alpha_1^T B \\ \alpha_2^T B \\ \vdots \\ \alpha_{m-1}^T B \\ \alpha_m^T B \end{pmatrix}.$$

Observación 2.2. En el caso de matrices *reales*, es interesante observar que $(AB)_{ij}$ coincide con el producto escalar euclídeo de los vectores de $\mathbb{R}^n$ dados por la fila i-ésima de A, $\alpha_i = (a_{ij})_{j=1}^n = (a_{i1}, a_{i2}, \ldots, a_{in})^T$, y la columna j-ésima de B, $\beta_j = (b_{ij})_{i=1}^n = (b_{1j}, b_{2j}, \ldots, b_{nj})^T$. En la sección 3.4 volveremos con más detalle sobre esta cuestión y sus implicaciones en el cálculo del producto de las dos matrices. $\square$

Terminamos esta sección con la no conmutatividad del producto de matrices y analizando el caso particular del producto de matrices cuadradas. Las matrices AB y BA tienen simultáneamente sentido si el número de columnas de A es igual al número de filas de B y el número de columnas de B es igual al número de filas de A, es decir, si $A \in \mathcal{M}_{m \times n}(\mathbb{K})$ y $B \in \mathcal{M}_{n \times m}(\mathbb{K})$. En ese caso, la matriz AB es cuadrada de orden m, $AB \in \mathcal{M}_{m \times m}(\mathbb{K})$, y BA es cuadrada de orden n, $BA \in \mathcal{M}_{n \times n}(\mathbb{K})$. Si $A, B \in \mathcal{M}_{n \times n}(\mathbb{K})$ son matrices cuadradas de orden n, entonces AB y BA son también cuadradas de orden n, $AB, BA \in \mathcal{M}_{n \times n}(\mathbb{K})$, pero, en general, no son iguales ($AB \neq BA$). En efecto para $i, j \in \{1, 2, \ldots, n\}$ los elementos

$$(AB)_{ij} = \sum_{k=1}^{n} a_{ik} b_{kj} \quad \text{y} \quad (BA)_{ij} = \sum_{k=1}^{n} b_{ik} a_{kj}$$

no son necesariamente iguales, aunque existen casos en que sí lo son (p. ej. si una de las matrices es de la forma αI, $\alpha \in \mathbb{K}$, llamada matriz *escalar*).

Estas consideraciones justifican que el producto de matrices solo se pueda definir como operación interna en el espacio de matrices cuadradas $\mathcal{M}_{n \times n}(\mathbb{K})$:

$$\mathcal{M}_{n \times n}(\mathbb{K}) \times \mathcal{M}_{n \times n}(\mathbb{K}) \longrightarrow \mathcal{M}_{n \times n}(\mathbb{K})$$
$$(A, B) \longmapsto C = AB$$
$$c_{ij} = \sum_{k=1}^{n} a_{ik} b_{kj}, \, 1 \leq i, j \leq n.$$

Definición 2.8. *La matriz identidad de orden n, que denotamos por I (o I_n, si queremos indicar la dimensión precisa), es la matriz cuadrada siguiente:*

$$I = (\delta_{ij}) = \begin{pmatrix} 1 & 0 & \cdots & 0 \\ 0 & 1 & \cdots & 0 \\ \vdots & \cdots & \ddots & \vdots \\ 0 & 0 & \cdots & 1 \end{pmatrix}.$$

Es fácil verificar que el producto tiene las siguientes propiedades para cualesquiera matrices $A, B, C \in \mathcal{M}_{n \times n}(\mathbb{K})$ y escalares arbitrarios $\lambda, \mu \in \mathbb{K}$, que convierten el espacio $\mathcal{M}_{n \times n}(\mathbb{K})$ en un álgebra unitaria no conmutativa siendo el elemento neutro para el producto la matriz identidad I:

- $A(BC) = (AB)C$,

- $(A + B)C = AC + BC$, $A(B + C) = AB + AC$,

- $\lambda(AB) = (\lambda A)B = A(\lambda B)$,

- $AI = IA = A$,

- En general, $AB \neq BA$,

- $OA = AO = O$.

Definición 2.9. *Una matriz cuadrada $A \in \mathcal{M}_{n \times n}(\mathbb{K})$ se dice invertible o no singular si tiene inversa para el producto, es decir, si existe una matriz $A^{-1} \in \mathcal{M}_{n \times n}(\mathbb{K})$ (llamada inversa de A) tal que $AA^{-1} = A^{-1}A = I$. Una matriz no invertible se llama también singular.*

Si A es invertible, su inversa es única, puesto que si existiese otra matriz X tal que $AX = XA = I$, se tendría: $X = XI = XAA^{-1} = IA^{-1} = A^{-1}$.

A continuación vemos que no toda matriz cuadrada es invertible y damos algunas condiciones equivalentes a la no singularidad.

Definición 2.10. *Dada una matriz cualquiera $A \in \mathcal{M}_{m \times n}(\mathbb{K})$ denotamos por L_A la siguiente aplicación lineal de $\mathbb{K}^n$ en $\mathbb{K}^m$:*

$$L_A : \mathbb{K}^n \ni v \longrightarrow L_A(v) = Av \in \mathbb{K}^m.$$

El núcleo o espacio nulo de A, que denotamos por $\mathrm{Ker}(A)$, es el núcleo de la aplicación lineal L_A:

$$\mathrm{Ker}(A) := \{v \in \mathbb{K}^n : Av = \theta\} \subset \mathbb{K}^n.$$

La imagen de A, que denotamos por $\mathrm{Im}(A)$, es la imagen de la aplicación lineal L_A:

$$\mathrm{Im}(A) := \{v = Au : u \in \mathbb{K}^n\} \subset \mathbb{K}^m.$$

La dimensión del subespacio vectorial $\mathrm{Im}(A)$ se llama rango de A y se denota por $\mathrm{r}(A)$.

Un importante resultado del álgebra de aplicaciones lineales en espacios vectoriales (véase p. ej. LANG [1987, cap. III, teor. 3.2] nos asegura que

$$\dim \mathrm{Ker}(A) + \dim \mathrm{Im}(A) = \dim \mathbb{K}^n = n. \tag{2.2}$$

Si denotamos por $\mathcal{L}(\mathbb{K}^n, \mathbb{K}^m)$ el espacio vectorial de las aplicaciones lineales de $\mathbb{K}^n$ en $\mathbb{K}^m$, un resultado clásico del álgebra lineal nos asegura que la siguiente aplicación

$$L : \mathcal{M}_{m \times n}(\mathbb{K}) \ni A \longrightarrow L_A \in \mathcal{L}(\mathbb{K}^n, \mathbb{K}^m) : L_A(v) = Av, \; v \in \mathbb{K}^n$$

es un isomorfismo de espacios vectoriales:

$$L_{A+B} = L_A + L_B; \; L_{\lambda A} = \lambda L_A, \;\; \text{para todo } A, B \in \mathcal{M}_{m \times n}(\mathbb{K}), \; \lambda \in \mathbb{K}.$$

Además en el caso $m = n$, L es un isomorfismo entre el álgebra unitaria de las matrices cuadradas $\mathcal{M}_{n \times n}(\mathbb{K})$ y el álgebra $\mathcal{L}(\mathbb{K}^n, \mathbb{K}^n)$, puesto que verifica

$$L_{AB} = L_A \circ L_B, \;\; \text{para cualesquiera } A, B \in \mathcal{M}_{n \times n}(\mathbb{K}),$$

donde $\circ$ denota la composición de aplicaciones de $\mathbb{K}^n$ en sí mismo.

De los resultados clásicos de aplicaciones lineales entre espacios vectoriales de dimensión finita (véase p. ej. LANG [1987, cap. III, teor. 3.3]) se tiene la siguiente caracterización de las matrices cuadradas invertibles.

Teorema 2.1. *Para una matriz cuadrada $A \in \mathcal{M}_{n \times n}(\mathbb{K})$ las siguientes proposiciones son equivalentes:*

i) A es invertible (existe A^{-1}),

ii) L_A es invertible (es un isomorfismo en $\mathbb{K}^n$),

iii) $\mathrm{Ker}(A) = \{0\}$,

iv) $\mathrm{Im}(A) = \mathbb{K}^n$ y, por tanto, $\mathrm{r}(A) = n$.

EJERCICIO 2.2. Probar que si $A, B \in \mathcal{M}_{n \times n}(\mathbb{K})$ son invertibles, entonces AB es invertible y
$$(AB)^{-1} = B^{-1}A^{-1}.$$

Es relativamente sencillo establecer el siguiente resultado algebraico (véase p. ej. LANG [1987, cap. V, teor. 3.2]):

Proposición 2.1. *El rango de una matriz $A \in \mathcal{M}_{m \times n}(\mathbb{K})$ es el número de columnas linealmente independientes como vectores de $\mathbb{K}^m$ y coincide con el número de filas linealmente independientes como vectores de $\mathbb{K}^n$.*

2.3   Matrices especiales

Matrices traspuestas, adjuntas, hermitianas y simétricas

Definición 2.11. *Sea $A = (a_{ij}) \in \mathcal{M}_{m \times n}(\mathbb{C})$ una matriz de números complejos de orden $m \times n$.*

i) Se llama matriz conjugada de A, y se denota $\overline{A}$, a la matriz $\overline{A} = (\overline{a}_{ij}) \in \mathcal{M}_{m \times n}(\mathbb{C})$, donde $\overline{a}_{ij}$ denota el complejo conjugado de a_{ij}.

ii) Se llama matriz traspuesta de A a la matriz $A^T = (a_{ij}^T) \in \mathcal{M}_{n \times m}(\mathbb{C})$ tal que $a_{ij}^T = a_{ji}$, $1 \leq i \leq n$, $1 \leq j \leq m$. La matriz A^T se obtiene de A convirtiendo la i-ésima fila de A en la i-ésima columna de A^T, para $1 \leq i \leq m$.

iii) Se llama matriz adjunta de A y se denota por A^* la matriz $A^* = (a_{ij}^*) \in \mathcal{M}_{n \times m}(\mathbb{C})$ tal que $a_{ij}^* = \overline{a}_{ji}$, $1 \leq i, j \leq n$. En consecuencia: $A^* = \overline{A}^T = \overline{A^T}$.

Observación 2.3. Si $A \in \mathcal{M}_{m \times n}(\mathbb{R})$ es una matriz real, entonces $\overline{A} = A$ y $A^* = A^T$.   □

EJERCICIO 2.3. Probar las dos proposiciones siguientes, donde $(\cdot, \cdot)_p$ denota el producto escalar euclídeo en $\mathbb{R}^p$ y el hermitiano en $\mathbb{C}^p$:

a) Para $A \in \mathcal{M}_{m \times n}(\mathbb{C})$, $u \in \mathbb{C}^n$, $v \in \mathbb{C}^m$, se tiene:

$$(Au, v)_m = (u, A^* v)_n.$$

b) Para $A \in \mathcal{M}_{m \times n}(\mathbb{R})$, $u \in \mathbb{R}^n$, $v \in \mathbb{R}^m$ se tiene:

$$(Au, v)_m = (u, A^T v)_n.$$

c) Para dos matrices cualesquiera $A, B \in \mathcal{M}_{m \times n}(\mathbb{K})$:

$$(A + B)^T = A^T + B^T; \quad (A + B)^* = A^* + B^*.$$

d) Para dos matrices cualesquiera $A \in \mathcal{M}_{m \times n}(\mathbb{K})$, $B \in \mathcal{M}_{n \times p}(\mathbb{K})$

$$(AB)^T = B^T A^T; \quad (AB)^* = B^* A^*.$$

e) Si $A \in \mathcal{M}_{n \times n}(\mathbb{K})$ es invertible, entonces A^T y A^* son invertibles y

$$(A^T)^{-1} = (A^{-1})^T, \quad (A^*)^{-1} = (A^{-1})^*.$$

Definición 2.12. *Sea A una matriz cuadrada compleja en $\mathcal{M}_{n \times n}(\mathbb{C})$.*

i) A es hermitiana, hermítica o autoadjunta si $A^* = A$, es decir: $a_{ij} = \bar{a}_{ji}$, $1 \le i, j \le n$.

ii) A es normal si $AA^* = A^* A$.

iii) A es unitaria si $AA^* = A^* A = I$, es decir, si su inversa coincide con su adjunta: $A^{-1} = A^*$.

Definición 2.13. *Sea A una matriz cuadrada real en $\mathcal{M}_{n \times n}(\mathbb{R})$.*

i) A es simétrica o autoadjunta si $A^T = A$ (es decir, $A^* = A$): $a_{ij} = a_{ji}$, $1 \le i, j \le n$.

ii) A es normal si $AA^T = A^T A$ (es decir, $AA^* = A^* A$).

iii) A es ortogonal si $AA^T = A^T A = I$ (es decir, $AA^* = A^* A = I$): su inversa coincide con su traspuesta: $A^{-1} = A^T$ (es decir, $A^{-1} = A^*$).

Observación 2.4. El concepto de matriz simétrica $(A = A^T)$ *para matrices no reales carece de interés.* Por eso, una matriz simétrica es por defecto una matriz real. Si A es hermitiana (resp. simétrica) e invertible, entonces A^{-1} es hermitiana (resp. simétrica) pues $(A^{-1})^* = (A^*)^{-1} = A^{-1}$ (resp. $(A^{-1})^T = (A^T)^{-1} = A^{-1}$). Obviamente, las matrices hermitianas (por tanto, las simétricas) son normales. □

EJEMPLO 2.4. Sucesivamente damos una matriz hermitiana, una simétrica y una ortogonal (para $\phi \in \mathbb{R}$):

$$\begin{pmatrix} 4 & 3+2i \\ 3-2i & 5 \end{pmatrix}, \quad \begin{pmatrix} -2 & 3 \\ 3 & 7 \end{pmatrix}, \quad \begin{pmatrix} \cos\phi & -\text{sen}\,\phi & 0 \\ \text{sen}\,\phi & \cos\phi & 0 \\ 0 & 0 & 1 \end{pmatrix}. \qquad \square$$

Matrices hermitianas definidas positivas

Sea $A \in \mathcal{M}_{n\times n}(\mathbb{C})$ una matriz hermitiana. Es inmediato probar que la aplicación

$$\mathbb{C}^n \ni v \longrightarrow (Av, v) = v^*Av \in \mathbb{C}$$

toma todos sus valores en $\mathbb{R}$. En efecto:

$$\overline{v^*Av} = \overline{v^*A^*v} = \overline{(v, Av)} = (Av, v) = v^*Av. \qquad (2.3)$$

Por tanto, tiene sentido la siguiente definición:

Definición 2.14. *Una matriz hermitiana $A \in \mathcal{M}_{n\times n}(\mathbb{C})$ es*

  i) definida positiva si $v^*Av > 0$ para todo $v \in \mathbb{C}^n$, $v \neq \theta$,

  ii) semidefinida positiva si $v^*Av \geq 0$ para todo $v \in \mathbb{C}^n$,

  iii) definida negativa si $v^*Av < 0$ para todo $v \in \mathbb{C}^n$, $v \neq \theta$,

  iv) semidefinida negativa si $v^*Av \leq 0$ para todo $v \in \mathbb{C}^n$.

Observación 2.5. Se notará que A es (semi)definida positiva si y solo si $-A$ es (semi)definida negativa. Existen matrices que no son definidas positivas ni definidas negativas (se llama indefinidas): para algún par de vectores $u, v \in \mathbb{C}^n$ se tiene: $(v^*Av)(u^*Au) < 0$. $\qquad \square$

Para las matrices simétricas definidas positivas se tiene una caracterización que solo utiliza vectores de $\mathbb{R}^n$, como se prueba a continuación.

EJERCICIO 2.4. Comprobar que una matriz simétrica (por tanto, real hermitiana) $A \in \mathcal{M}_{n\times n}(\mathbb{R})$ es definida positiva (semidefinida positiva) si y solo si $v^TAv > 0$, para todo $v \in \mathbb{R}^n$, $v \neq \theta$ (resp. $v^TAv \geq 0$, para todo $v \in \mathbb{R}^n$).

Solución. En efecto, escribiendo $v \in \mathbb{C}^n$ en la forma $v = x + iy$, $x, y \in \mathbb{R}^n$, se tiene:

$$v^*Av = (x^T - iy^T)A(x+iy) = x^TAx + ix^TAy - iy^TAx + y^TAy = x^TAx + y^TAy,$$

de donde se deduce el resultado. $\qquad \square$

Observación 2.6. No debe confundirse la terminología de matriz «definida positiva» con matriz «positiva» ($A \geq O$ si $a_{ij} \geq 0, 1 \leq i, j \leq n$) que, en principio, no tienen ninguna relación. Sin embargo, es de gran interés retener que las matrices hermitianas definidas positivas tienen los coeficientes diagonales reales y positivos: $a_{ii} > 0$, $1 \leq i \leq n$. En efecto, tomando $v = e_i$ en la definición se tiene $a_{ii} = e_i^T A e_i > 0$, $1 \leq i \leq n$. □

La siguiente condición equivalente a que una matriz hermitiana (simétrica) sea definida positiva es muy utilizada en el estudio de los métodos de resolución de sistemas con este tipo de matrices.

Definición 2.15. *Para cualquier matriz cuadrada $A = (a_{ij}) \in \mathcal{M}_{n \times n}(\mathbb{K})$ denotamos por Δ_k, $(k = 1, 2, \ldots, n)$, las siguientes matrices de orden $k \times k$, llamadas submatrices principales de A:*

$$\Delta_k = \begin{pmatrix} a_{11} & \cdots & a_{1k} \\ \vdots & \ddots & \vdots \\ a_{k1} & \cdots & a_{kk} \end{pmatrix}.$$

Corolario 2.1. *Una matriz hermitiana $A \in \mathcal{M}_{n \times n}(\mathbb{K})$ es definida (resp. semidefinida) positiva si y solo si todas sus submatrices principales de orden k, Δ_k, $k = 1, 2, \ldots, n$ son definidas (resp. semidefinidas) positivas.*

Demostración. Solo debemos probar la necesidad pues la suficiencia es evidente al ser $A = \Delta_n$. Para $k = 1, 2, \ldots, n - 1$, dado cualquier vector $w = (w_1, w_2, \ldots, w_k)^T \in \mathbb{K}^k$, $w \neq \theta$, sea $v = (w_1, w_2, \ldots, w_k, 0, \ldots, 0)^T \in \mathbb{K}^n$. Entonces, $v \neq \theta$ y se tiene $w^* \Delta_k w = v^* A v > 0$. Dado que w es arbitrario, se deduce que Δ_k es definida positiva. Para el caso semidefinida positiva la demostración es idéntica. □

2.4 Traza y determinante de una matriz cuadrada

Definición 2.16. *Sea $A = (a_{ij}) \in \mathcal{M}_{n \times n}(\mathbb{K})$.*

i) Se llama diagonal o diagonal principal y se denota por $\operatorname{diag}(A)$ al vector $\operatorname{diag}(A) = (a_{ii})_{1 \leq i \leq n} \in \mathbb{K}^n$.

ii) La superdiagonal de A es el vector $(a_{i,i+1})_{1 \leq i \leq n-1} \in \mathbb{K}^{n-1}$ y la subdiagonal el vector $(a_{i,i-1})_{2 \leq i \leq n} \in \mathbb{K}^{n-1}$.

iii) Se llama traza de A, y se denota $\operatorname{tr}(A)$, a la suma de sus elementos diagonales:

$$\operatorname{tr}(A) = \sum_{i=1}^{n} a_{ii}.$$

EJERCICIO 2.5. Probar que para dos matrices cualesquiera $A, B \in \mathcal{M}_{n \times n}(\mathbb{K})$ y cualquier matriz unitaria $U \in \mathcal{M}_{n \times n}(\mathbb{K})$ se tiene:

$$\mathrm{tr}(A+B) = \mathrm{tr}(A) + \mathrm{tr}(B); \quad \mathrm{tr}(AB) = \mathrm{tr}(BA); \quad \mathrm{tr}(U^*AU) = \mathrm{tr}(A).$$

Recordamos que una permutación σ de orden n es una aplicación biyectiva del conjunto $\{1, 2, \ldots, n\}$ en sí mismo: $\sigma : \{1, 2, \ldots, n\} \longrightarrow \{1, 2, \ldots, n\}$. Denotamos por $\mathfrak{S}_n$ el conjunto de permutaciones de orden n cuyo número de elementos es $n! = n(n-1) \cdots 2 \cdot 1$.

Definición 2.17. *Para una matriz $A \in \mathcal{M}_{n \times n}(\mathbb{K})$ se define su determinante, y se denota por $\det(A)$, el número perteneciente a $\mathbb{K}$ dado por:*

$$\det(A) = \sum_{\sigma \in \mathfrak{S}_n} \varepsilon_\sigma a_{\sigma(1)1} a_{\sigma(2)2} \cdots a_{\sigma(n)n}, \qquad (2.4)$$

donde ε_σ es la signatura de la permutación σ: $\varepsilon_\sigma = (-1)^{m_\sigma}$, siendo m_σ el número de inversiones de la permutación.

Observación 2.7. Si σ es una permutación de orden n y para $i, j \in \{1, 2, \ldots, n\}$, $i \leq j$, se define

$$I_\sigma(i,j) = \begin{cases} 0, & \text{si } \sigma(i) \leq \sigma(j), \\ +1, & \text{si } \sigma(i) > \sigma(j), \end{cases}$$

entonces el número de inversiones de σ es:

$$m_\sigma = \sum_{1 \leq i \leq j \leq n} I_\sigma(i,j).$$

EJEMPLO 2.5. Para $n = 2$ se tiene $\mathfrak{S}_2 = \{\sigma_1, \sigma_2\}$ donde:

$$\sigma_1 : (1,2) \to (1,2), \varepsilon_{\sigma_1} = +1; \sigma_2 : (1,2) \to (2,1), \varepsilon_{\sigma_2} = -1.$$

Por tanto,

$$\det \begin{pmatrix} a_{11} & a_{12} \\ a_{21} & a_{22} \end{pmatrix} = a_{11}a_{22} - a_{21}a_{12}.$$

Ahora para $n = 3$ se tiene $\mathfrak{S}_3 = \{\sigma_1, \sigma_2, \sigma_3, \sigma_4, \sigma_5, \sigma_6\}$ donde:

$$\sigma_1 : (1,2,3) \to (1,2,3), \varepsilon_{\sigma_1} = +1 \quad ; \quad \sigma_2 : (1,2,3) \to (1,3,2), \varepsilon_{\sigma_2} = -1,$$
$$\sigma_3 : (1,2,3) \to (2,1,3), \varepsilon_{\sigma_3} = -1 \quad ; \quad \sigma_4 : (1,2,3) \to (2,3,1), \varepsilon_{\sigma_4} = +1,$$
$$\sigma_5 : (1,2,3) \to (3,1,2), \varepsilon_{\sigma_5} = +1 \quad ; \quad \sigma_6 : (1,2,3) \to (3,2,1), \varepsilon_{\sigma_6} = -1.$$

Por tanto, el determinante de

$$A = \begin{pmatrix} a_{11} & a_{12} & a_{13} \\ a_{21} & a_{22} & a_{23} \\ a_{31} & a_{32} & a_{33} \end{pmatrix}$$

es:

$$a_{11}a_{22}a_{33} - a_{11}a_{32}a_{23} - a_{21}a_{12}a_{33} + a_{21}a_{32}a_{13} + a_{31}a_{12}a_{23} - a_{31}a_{22}a_{13}$$
$$= a_{11}(a_{22}a_{33} - a_{32}a_{23}) - a_{21}(a_{12}a_{33} - a_{32}a_{13}) + a_{31}(a_{12}a_{23} - a_{22}a_{13}). \quad \square$$

En el ejemplo anterior se observa que para el cálculo del determinante de la matriz A de orden 3 se utilizan los determinantes de las siguientes matrices de orden 2:

$$\begin{pmatrix} a_{22} & a_{23} \\ a_{32} & a_{33} \end{pmatrix}, \quad \begin{pmatrix} a_{12} & a_{13} \\ a_{32} & a_{33} \end{pmatrix}, \quad \begin{pmatrix} a_{12} & a_{13} \\ a_{22} & a_{23} \end{pmatrix}.$$

Los determinantes de estas matrices se llaman *menores*, cuyo concepto generalizamos continuación.

Definición 2.18. *Sea $A = (a_{ij}) \in \mathcal{M}_{n \times n}(\mathbb{K})$.*

i) Se denomina menor del elemento a_{ij}, y se denota por A_{ij}, al determinante de la matriz de orden $n - 1$ obtenida de A suprimiendo la fila i-ésima y la columna j-ésima.

ii) Se denomina adjunto del elemento a_{ij}, y se denotará α_{ij}, al elemento

$$\alpha_{ij} := (-1)^{i+j} A_{ji}, \quad 1 \le i, j \le n.$$

iii) Se denomina matriz de adjuntos o matriz asociada de la matriz A, a la matriz

$$\text{adj}(A) := (\alpha_{ij}).$$

Observación 2.8. La matriz de adjuntos o matriz asociada $\text{adj}(A)$ ¡no debe confundirse con la matriz adjunta A^*! De hecho, en algunos textos la matriz de adjuntos se llama *matriz de cofactores* aunque existe bastante confusión con esta nomenclatura pues, en otros textos, la matriz de cofactores es la matriz traspuesta de la adjunta, $\text{cof}(A) = [\text{adj}(A)]^T$, debido a que se llama *cofactor* de a_{ij} al valor $(-1)^{i+j} A_{ij}$. $\quad \square$

La importancia de la matriz asociada tiene que ver con el cálculo de la matriz inversa tal como se recoge en el siguiente resultado (véase p. ej. Lang [1987, p. 114]).

Teorema 2.2. *Para toda matriz cuadrada* $A \in \mathcal{M}_{n \times n}(\mathbb{K})$ *se verifica*

$$[\mathrm{adj}(A)]A = A[\mathrm{adj}(A)] = \det(A)I.$$

Del resultado anterior se concluyen las siguientes importantes consecuencias prácticas.

Teorema 2.3. *Sea* $A = (a_{ij}) \in \mathcal{M}_{n \times n}(\mathbb{K})$ *una matriz cuadrada de orden* n.

i) A *es invertible si y solo si* $\det(A) \neq 0$, *en cuyo caso se tiene:*

$$A^{-1} = \frac{1}{\det(A)}[\mathrm{adj}(A)].$$

ii) Desarrollo del determinante por la fila i-*ésima:*

$$\det(A) = \sum_{k=1}^{n} a_{ik}\alpha_{ki}, \; 1 \leq i \leq n.$$

iii) Desarrollo del determinante por la columna j-*ésima:*

$$\det(A) = \sum_{k=1}^{n} \alpha_{jk}a_{kj}, \; 1 \leq j \leq n.$$

Las siguientes propiedades se deducen fácilmente de la definición de determinante o del teorema anterior.

EJERCICIO 2.6. Comprobar para $A, B \in \mathcal{M}_{n \times n}(\mathbb{K})$:

i) $\det(A) = \det(A^T)$, $\det(\overline{A}) = \overline{\det(A)}$, $\det(A^*) = \overline{\det(A)}$,

ii) $\det(AB) = \det(A)\det(B) = \det(BA)$,

iii) $\det(I) = 1$,

iv) $\det(A^{-1}) = [\det(A)]^{-1} = \dfrac{1}{\det(A)}$,

v) Si A es una matriz unitaria (ortogonal) entonces $\det(A) = \pm 1$,

vi) Si A es una matriz triangular (inferior o superior) su determinante es el producto de sus elementos diagonales: $\det(A) = a_{11}a_{22}\cdots a_{nn}$.

Utilizando además las propiedades de las matrices de permutación (que vemos en la sección siguiente) se deducen las reglas prácticas que proponemos en el siguiente ejercicio.

EJERCICIO 2.7. Verificar las siguientes propiedades:

i) Si se multiplica una fila (columna) de A por un escalar $\lambda \in \mathbb{K}$, el determinante de A se multiplica por λ,

ii) Si se suma a una fila (columna) de A una combinación lineal de las otras filas (columnas) el valor del determinante no cambia,

iii) Si se realiza una permutación $\sigma \in \mathfrak{S}_n$ de filas (columnas) de A, el valor del determinante se multiplica por $\varepsilon_\sigma = (-1)^{m_\sigma}$ (signatura de la permutación).

iv) Si una fila (columna) de A se obtiene como combinación lineal de otras filas (columnas), entonces el determinante de A es nulo.

v) $\det(\alpha A) = \alpha^n \det(A)$.

2.5 Matrices con estructura especial

Matrices elementales de permutación

Para $1 \leq i, j \leq n$ la matriz *elemental de permutación* es la matriz $T_{ij} \in \mathcal{M}_{n\times n}(\mathbb{K})$ que tiene la forma (2.5) Nótese que $T_{ii} = I$ y que para $i \neq j$ la matriz T_{ij} se obtiene de la matriz identidad I permutando la fila i con la fila j o permutando la columna i con la columna j. Por consiguiente:

$$\det(T_{ij}) = \begin{cases} +1, & \text{si } i = j \\ -1, & \text{si } i \neq j. \end{cases}$$

$$T_{ij} = \begin{pmatrix} 1 & & & & & & & & & \\ & \ddots & & & & & & & & \\ & & 1 & & & & & & & \\ & & & 0 & \cdots & \cdots & \cdots & 1 & & \\ & & & \vdots & 1 & & & \vdots & & \\ & & & \vdots & & \ddots & & \vdots & & \\ & & & \vdots & & & 1 & \vdots & & \\ & & & 1 & \cdots & \cdots & \cdots & 0 & & \\ & & & & & & & & 1 & \\ & & & & & & & & & \ddots \\ & & & & & & & & & & 1 \end{pmatrix} \begin{matrix} \\ \\ \\ \leftarrow (i) \\ \\ \\ \\ \leftarrow (j) \\ \\ \\ \end{matrix} \qquad (2.5)$$

$$\underset{(i)}{\uparrow} \qquad\qquad \underset{(j)}{\uparrow}$$

La importancia de estas matrices queda patente en el siguiente ejercicio.

EJERCICIO 2.8. Dada una matriz $A \in \mathcal{M}_{m \times n}(\mathbb{K})$ probar que

i) Para $i_1, i_2 \in \{1, 2, \ldots, m\}$ y $T_{i_1 i_2}$ cuadrada de orden m, la matriz $T_{i_1 i_2} A$ es la matriz que se obtiene de A intercambiando su fila i_1 con su fila i_2.

ii) Para $j_1, j_2 \in \{1, 2, \ldots, n\}$ y $T_{j_1 j_2}$ cuadrada de orden n, la matriz $T_{j_1 j_2} A$ es la matriz que se obtiene de A intercambiando su columna j_1 con su columna j_2.

Matrices generales de permutación

Las matrices T_{ij} son un caso particular de las *matrices de permutación*. Toda permutación $\sigma \in \mathfrak{S}_n$ tiene asociada una matriz de permutación $P_\sigma \in \mathcal{M}_{n \times n}(\mathbb{K})$ obtenida de la matriz identidad I haciendo la permutación σ en sus filas:

$$(P_\sigma)_{ij} = \delta_{j\sigma(i)}, \ 1 \le i, j \le n.$$

Por tanto, los elementos de la fila i de P_σ son todos nulos salvo en la posición $\sigma(i)$ que vale 1.

Es muy importante recordar las siguientes *propiedades de las matrices de permutación* cuya demostración es elemental:

EJERCICIO 2.9. Comprobar que para $A \in \mathcal{M}_{n \times n}(\mathbb{K})$ y $\sigma \in \mathfrak{S}_n$ se tiene:

i) La matriz $P_\sigma A$ se obtiene de A realizando la permutación σ en sus filas.

ii) La matriz $A P_\sigma^T$ se obtiene de A realizando la permutación σ en sus columnas.

iii) $\det(P_\sigma) = \varepsilon_\sigma = (-1)^{m_\sigma}$.

iv) $\det(P_\sigma A) = \det(P_\sigma) \det(A) = \det(A P_\sigma^T) = \varepsilon_\sigma \det(A)$.

Matrices diagonales, triangulares y de Hessenberg

Existen matrices de especial interés por su «estructura», es decir, por la concreta distribución de los elementos nulos (los «ceros» de la matriz). Vemos algunos ejemplos a continuación.

1) Una matriz cuadrada $A = (a_{ij}) \in \mathcal{M}_{n \times n}(\mathbb{K})$ se dice *diagonal* si $a_{ij} = 0$, para $i \ne j$. Se denota por $A = \operatorname{diag}(a_{11}, a_{22}, \ldots, a_{nn})$:

$$A = \begin{pmatrix} a_{11} & 0 & \cdots & 0 \\ 0 & a_{22} & \cdots & 0 \\ \vdots & \cdots & \ddots & \vdots \\ 0 & 0 & \cdots & a_{nn} \end{pmatrix}.$$

Una matriz diagonal A con $a_{11} = a_{22} = \cdots = a_{nn} = \alpha$ se llama una *matriz escalar*. Nótese que es de la forma $A = \alpha I$.

Es muy fácil verificar que para cualquier matriz $A = (a_{ij}) \in \mathcal{M}_{n \times n}(\mathbb{K})$ la multiplicación de cada fila i de A por el escalar α_i equivale a la premultiplicación de A por la matriz $D = \operatorname{diag}(\alpha_1, \alpha_2, \ldots, \alpha_n)$. Del mismo modo, la multiplicación de cada columna j de A por el escalar α_j equivale a postmultiplicar A por $D = \operatorname{diag}(\alpha_1, \alpha_2, \dots, \alpha_n)$. En efecto:

$$(DA)_{ij} = d_{ii}a_{ij} = \alpha_i a_{ij}, \ (AD)_{ij} = d_{jj}a_{ij} = \alpha_j a_{ij}, \ 1 \le i, j \le n.$$

2) Una matriz cuadrada A se dice *triangular superior (resp. triangular inferior)* si $a_{ij} = 0$, para $1 \le j < i \le n$ (resp. $a_{ij} = 0$, para $1 \le i < j \le n$):

$$A = \begin{pmatrix} a_{11} & a_{12} & \cdots & a_{1n} \\ 0 & a_{22} & \cdots & a_{2n} \\ \vdots & \ddots & \ddots & \vdots \\ 0 & \cdots & 0 & a_{nn} \end{pmatrix}, \quad A = \begin{pmatrix} a_{11} & 0 & \cdots & 0 \\ a_{12} & a_{22} & \ddots & \vdots \\ \vdots & \vdots & \ddots & 0 \\ a_{n1} & a_{n2} & \cdots & a_{nn} \end{pmatrix}.$$

3) Una matriz cuadrada A se dice de *Hessenberg superior* —en honor al matemático Karl Adolf Hessenberg (1904–1959)— *(resp. inferior)* si $a_{ij} = 0$, para $3 \le i \le n, 1 \le j \le i - 2$ (resp. $a_{ij} = 0$, para $3 \le j \le n, 1 \le i \le j - 2$):

$$A = \begin{pmatrix} a_{11} & a_{12} & a_{13} & \cdots & & a_{1n} \\ a_{21} & a_{22} & a_{23} & \cdots & & a_{2n} \\ 0 & a_{32} & a_{33} & \cdots & & a_{3n} \\ \vdots & \ddots & \ddots & \ddots & & \vdots \\ 0 & \cdots & 0 & a_{n,n-1} & a_{nn} \end{pmatrix},$$

$$A = \begin{pmatrix} a_{11} & a_{12} & 0 & & \cdots & & 0 \\ \vdots & \ddots & \ddots & & \ddots & & \vdots \\ a_{n-2,1} & \cdots & a_{n-2,n-2} & a_{n-2,n-1} & & 0 \\ a_{n-1,1} & \cdots & a_{n-1,n-2} & a_{n-1,n-1} & & a_{n-1,n} \\ a_{n1} & \cdots & a_{n,n-2} & a_{n,n-1} & & a_{n,n} \end{pmatrix}.$$

4) Una matriz cuadrada $A = (a_{ij})$ se dice una *matriz banda con anchura de banda* $2k+1$, $0 \le k \le n$, si $a_{ij} = 0$, si $|i - j| > k$, $1 \le i, j \le n$. Para $k = 0$ se obtienen las matrices diagonales, para $k = 1$ las *matrices tridiagonales* (muy importantes en la práctica), para $k = 2$ matrices *pentadiagonales*:

$$A = \begin{pmatrix} \times & \times & & & & \\ \times & \times & \times & & & \\ & \times & \times & \times & & \\ & & \ddots & \ddots & \ddots & \\ & & & \times & \times & \times \\ & & & & \times & \times & \times \\ & & & & & \times & \times \end{pmatrix} ; A = \begin{pmatrix} \times & \times & \times & & & \\ \times & \times & \times & \times & & \\ \times & \times & \times & \times & \times & \\ & \ddots & \ddots & \ddots & \ddots & \ddots \\ & & \times & \times & \times & \times & \times \\ & & & \times & \times & \times & \times \\ & & & & \times & \times & \times \end{pmatrix}.$$

Las siguientes propiedades son obvias y de uso continuado en los métodos numéricos matriciales.

Proposición 2.2.   *i) La suma de dos matrices diagonales, triangulares superiores (inferiores, de Hessenberg superiores (resp. inferiores), banda de ancho $2k+1$, es una matriz del mismo tipo.*

ii) El producto de dos matrices triangulares superiores (resp. inferiores) es una matriz triangular superior (resp. inferior).

iii) El producto de una matriz diagonal por una matriz diagonal, triangular, de Hessenberg, banda, es una matriz del mismo tipo.

iv) La adjunta y la traspuesta de una matriz diagonal, triangular superior (resp. inferior), de Hessenberg superior (resp. inferior), banda, es una matriz diagonal, triangular inferior (resp. superior), de Hessenberg inferior (resp. superior), banda.

v) La matriz inversa (si existe) de una matriz triangular inferior (resp. superior) es también una matriz triangular inferior (resp. superior) con elementos diagonales iguales a los inversos de los elementos diagonales de la matriz original.

Matrices de diagonal dominante

Entre las matrices con estructura o propiedades especiales resultan de gran interés las matrices cuadradas con diagonal dominante ya sea por filas o por columnas.

Definición 2.19. *Una matriz cuadrada $A \in \mathcal{M}_{n \times n}(\mathbb{K})$ se dice estrictamente diagonal dominante por filas o estrictamente diagonal dominante por columnas si verifica, respectivamente, la siguiente condición:*

$$i)\ |a_{ii}| > \sum_{j=1,\, j \neq i}^{n} |a_{ij}| \quad (1 \leq i \leq n); \qquad ii)\ |a_{jj}| > \sum_{i=1,\, i \neq j}^{n} |a_{ij}| \quad (1 \leq j \leq n).$$

Si alguna de las desigualdades anteriores no es estricta entonces A se dice de diagonal dominante por filas o por columnas.

Son varias las propiedades interesantes de las matrices de diagonal dominante. En este texto nos interesa especialmente la siguiente, que asegura que *una matriz con diagonal estrictamente dominante es invertible (no singular).* Fue demostrado por el matemático francés Jacques Salomon Hadamard (1865–1963).

Teorema 2.4 (Hadamard). *Si $A \in \mathcal{M}_{n \times n}(\mathbb{K})$ es una matriz de diagonal estrictamente dominante por filas o por columnas, entonces es invertible (no singular).*

Observación 2.9. Un enunciado alternativo del teorema de Hadamard es el contrarrecíproco, que utilizaremos para la demostración:

Si $A \in \mathcal{M}_{n \times n}(\mathbb{K})$ es una matriz singular ($\det(A) = 0$), entonces existe al menos un índice $k \in \{1, 2, \ldots, n\}$ y al menos un índice $l \in \{1, 2, \ldots, n\}$ tales que:

$$i)\ |a_{kk}| \leq \sum_{j=1,\, j \neq k}^{n} |a_{kj}|; \qquad ii)\ |a_{ll}| \leq \sum_{i=1,\, i \neq l}^{n} |a_{il}|. \qquad \square$$

Demostración. Puesto que A es singular (no invertible), existe un vector $u = (u_1, \ldots, u_n)^T \neq \theta$ tal que $Au = \theta$ (véase teorema 2.1). Sea $k \in \{1, 2, \ldots, n\}$ una de las componentes tales que

$$|u_k| = \|u\|_\infty = \max_{1 \leq i \leq n} |u_i|, \quad (u_k \neq 0).$$

Puesto que $Au = \theta$, en particular se tiene:

$$(Au)_k = \sum_{j=1}^n a_{kj} u_j = 0,$$

es decir:

$$a_{kk} u_k = -\sum_{j=1, \, j \neq k}^n a_{kj} u_j.$$

Por tanto,

$$|a_{kk}||u_k| \leq \sum_{j=1, \, j \neq k}^n |a_{kj}||u_j| \leq |u_k| \sum_{j=1, \, j \neq k}^n |a_{kj}|,$$

de donde se concluye *i)*. Para demostrar *ii)* basta aplicar *i)* a la matriz A^T que también es no singular. $\qquad\square$

2.6 Descomposición y operaciones por bloques

Sean $m_I, I = 1, 2, \ldots, M$ y $n_J, J = 1, 2, \ldots, N$, números enteros tales que:

$$1 \leq m_I \leq m; \; 1 \leq n_J \leq n; \; m_1 + m_2 + \cdots + m_M = m; \; n_1 + n_2 + \cdots + n_N = n.$$

Podemos entonces definir una *descomposición por bloques* de cualquier matriz $A \in \mathcal{M}_{m \times n}(\mathbb{K})$, que representamos de la forma (2.6), donde cada matriz A_{IJ} es de orden $m_I \times n_J$. Consideremos también $v \in \mathbb{K}^n$ descompuesto en bloques de la forma (2.7). Entonces el producto $w = Av$ se tiene en la forma (2.8).

$$A = \begin{pmatrix} A_{11} & A_{12} & \cdots & A_{1N} \\ A_{21} & A_{22} & \cdots & A_{2N} \\ \vdots & \vdots & \ddots & \vdots \\ A_{M1} & A_{M2} & \cdots & A_{MN} \end{pmatrix} = (A_{IJ}), \qquad (2.6)$$

$$v = \begin{pmatrix} v_1 \\ v_2 \\ \vdots \\ v_N \end{pmatrix}, \quad v_J \in \mathbb{K}^{n_J}, \, J = 1, 2, \ldots, N. \qquad (2.7)$$

$$w = Av = \begin{pmatrix} \boxed{\begin{matrix} w_1 \\ w_2 \\ \vdots \\ w_M \end{matrix}} \end{pmatrix}, \quad w_I = \sum_{J=1}^{N} A_{IJ} v_J \in \mathbb{K}^{m_I}, \, I = 1, 2, \ldots, M. \qquad (2.8)$$

El interés de tales descomposiciones está en que ciertas operaciones definidas sobre las matrices *permanecen formalmente iguales reemplazando los coeficientes a_{ij} por las submatrices A_{IJ}*. Se debe prestar especial atención al orden de los factores en el caso del producto.

En efecto, si $A = (A_{IK})$ y $B = (B_{KJ})$ son dos matrices de orden $m \times l$ y $l \times n$ respectivamente, descompuestas por bloques, se podrán multiplicar por bloques si para cada bloque A_{IK} de orden $m_I \times l_K$ entonces el bloque B_{KJ} es de orden $l_K \times n_J$, cualesquiera que sean I y K. En ese caso se tiene que AB admite una descomposición por bloques $C = AB = (C_{IJ})$ donde C_{IJ} es de orden $m_I \times n_J$ dada por:

$$C_{IJ} = \sum_{K=1}^{N} A_{IK} B_{KJ}.$$

Por tanto, el producto se puede efectuar «por bloques»:

$$\begin{pmatrix} C_{11} & C_{12} & \cdots & C_{1N} \\ C_{21} & C_{22} & \cdots & C_{2N} \\ \vdots & \vdots & \ddots & \vdots \\ C_{M1} & C_{M2} & \cdots & C_{MN} \end{pmatrix}$$

$$=$$

$$\begin{pmatrix} A_{11} & A_{12} & \cdots & A_{1L} \\ A_{21} & A_{22} & \cdots & A_{2L} \\ \vdots & \vdots & \ddots & \vdots \\ A_{M1} & A_{M2} & \cdots & A_{ML} \end{pmatrix} \begin{pmatrix} B_{11} & B_{12} & \cdots & B_{1N} \\ B_{21} & A_{22} & \cdots & A_{2N} \\ \vdots & \vdots & \ddots & \vdots \\ B_{L1} & B_{L2} & \cdots & B_{LN} \end{pmatrix}$$

En el caso de las matrices cuadradas $A \in \mathcal{M}_{n \times n}(\mathbb{K})$ se conviene en considerar únicamente descomposiciones por bloques tales que las submatrices diagonales A_{II} son cuadradas, es decir, asociadas a una única partición n_I tal que $1 \le n_I \le n$, $I = 1, 2, \ldots, N$ y $n_1 + n_2 + \cdots + n_N = n$, en las filas y en las columnas.

Aunque las operaciones por bloques son muy manejables y las usaremos con frecuencia, debemos insistir en que no todas las operaciones con matrices pueden ser generalizadas a matrices por bloques. Por ejemplo, no existe ninguna regla para calcular determinantes por bloques.

Dentro de las matrices cuadradas con estructura especial también son muy importantes las *matrices diagonales, tridiagonales y triangulares por bloques*. La figura 2.2 es bastante elocuente y nos evita redactar una definición explícita de estas matrices. En todos los casos, se tiene una partición $1 \le n_I \le n$, $I = 1, 2, \ldots, N$,

$n_1 + n_2 + \cdots + n_N = n$, de tal manera que los bloques diagonales A_{II} son matrices cuadradas, de dimensión $n_I \times n_I$. En general, $n_I \neq n_J$, para $I \neq J$, aunque en muchos casos prácticos todos los bloques son de la misma dimensión.

Todas las matrices diagonales, tridiagonales, triangulares por elementos o por bloques, son casos particulares de las llamadas *matrices huecas o dispersas*, (en inglés, *sparse*), caracterizadas por tener un gran número de elementos nulos (incorrectamente llamados *ceros* de la matriz). Veremos que este tipo de matrices, por fortuna, son muy corrientes en los problemas reales, lo que permite optimizar su almacenamiento y resolver sistemas lineales de un orden mucho mayor que si la matriz es llena.

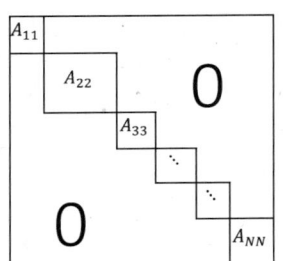 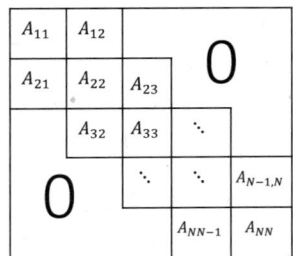 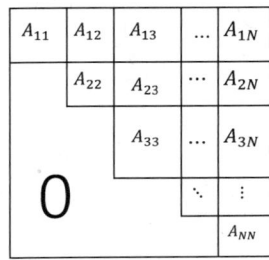

Figura 2.2: Matrices diagonales, tridiagonales, triangulares por bloques.

2.7 Valores propios de una matriz: conceptos básicos

Esta sección y la siguiente están dedicadas a recoger los resultados más importantes y necesarios sobre los valores propios y vectores propios de una matriz cuadrada, que serán utilizados en el resto del texto, principalmente en los temas dedicados a los métodos para su cálculo numérico efectivo (capítulos 10 a 15).

Observación 2.10. En la literatura académica en español (especialmente en América Latina) también se utilizan los términos *autovalor* y *autovector* como equivalentes a valor propio y vector propio, respectivamente. Estos términos, que no aparecen en el diccionario de la lengua española, vienen de una traducción cuestionable de los términos en inglés *eigenvalue* y *eigenvector*, puesto que el significado de la partícula *eigen* no se corresponde exactamente con *auto*. Por esta razón, no los utilizamos en este texto.

Definición 2.20. *Sea $A \in \mathcal{M}_{n \times n}(\mathbb{C})$. Un escalar $\lambda \in \mathbb{C}$ se dice que es un valor propio de A si existe un vector $p \in \mathbb{C}^n$, $p \neq \theta$, tal que $Ap = \lambda p$. El vector p se dice un vector propio de A asociado al valor propio λ. Nótese que, por definición, $p \in \text{Ker}(A - \lambda I)$, $p \neq \theta$.*

Si p es un vector propio de A, entonces tiene un único valor propio λ asociado. En efecto, si $Ap = \lambda_1 p$ y $Ap = \lambda_2 p$, entonces, $(\lambda_1 - \lambda_2)p = \theta$ y, dado que $p \neq 0$, se tiene $\lambda_1 = \lambda_2$.

Observación 2.11. Si A es una matriz real $A \in \mathcal{M}_{n \times n}(\mathbb{R})$ y $\lambda \in \mathbb{R}$ un valor propio real de A, entonces en la definición anterior podemos suponer que el vector propio $p \neq \theta$ también es real: $p \in \mathbb{R}^n$. En efecto, podemos poner $p = x + iy$ con $x, y \in \mathbb{R}^n$, $x \neq \theta$ o $y \neq \theta$) de modo que la igualdad $Ap = \lambda p$ se escribe $A(x + iy) = \lambda(x + iy)$, o sea, $Ax + iAy = \lambda x + i\lambda y$. Dado que A, λ, x, y son reales, esa igualdad es posible si y solo si $Ax = \lambda x$ y $Ay = \lambda y$.   □

Teorema 2.5. *Los valores propios de la matriz A coinciden con las raíces del polinomio característico de A, $p_A(\lambda) := \det(A - \lambda I)$, es decir, son las soluciones de la ecuación* $\det(A - \lambda I) = 0$.

Demostración. En efecto, λ es un valor propio de A si y solo si existe $p \in \mathbb{C}^n$, $p \neq \theta$ tal que $Ap = \lambda p$, es decir, si y solo si $p \neq \theta$ es una solución distinta de θ del sistema homogéneo $(A - \lambda I)p = \theta$, es decir, $A - \lambda I$ no es invertible y $\det(A - \lambda I) = 0$.   □

Utilizando la definición del determinante, poniendo $B = A - \lambda I$ se tiene:

$$p_A(\lambda) = \det(A - \lambda I) \quad = \quad \det \begin{pmatrix} a_{11} - \lambda & a_{12} & \cdots & a_{1n} \\ a_{21} & a_{22} - \lambda & \cdots & a_{2n} \\ \vdots & \vdots & \ddots & \vdots \\ a_{n1} & a_{n2} & \cdots & a_{nn} - \lambda \end{pmatrix}$$

$$= \quad \sum_{\sigma \in \mathfrak{S}_n} \varepsilon_\sigma b_{\sigma(1)1} b_{\sigma(2)2} \cdots b_{\sigma(n)n},$$

lo que prueba que $\det(A - \lambda I)$ es un polinomio en λ de grado n, que tiene la forma siguiente:

$$p_A(\lambda) = \det(A - \lambda I) = (-1)^n [\lambda^n + p_1 \lambda^{n-1} + p_2 \lambda^{n-2} + \cdots + p_{n-1} \lambda + p_n].$$

Por tanto, el teorema fundamental del álgebra nos asegura el siguiente importante resultado.

Corolario 2.2. *Una matriz $A \in \mathcal{M}_{n \times n}(\mathbb{C})$ tiene n valores propios, λ_1, λ_2, ..., $\lambda_n \in \mathbb{C}$ (no necesariamente distintos) que son las raíces del polinomio característico $p_A(\lambda) = \det(A - \lambda I)$ y, por tanto:*

$$p_A(\lambda) = \det(A - \lambda I) = (-1)^n (\lambda - \lambda_1)(\lambda - \lambda_2) \cdots (\lambda - \lambda_n).$$

Observación 2.12. *Una matriz real $A \in \mathcal{M}_{n \times n}(\mathbb{R})$ puede tener valores propios complejos, que son conjugados dos a dos.* Basta tener en cuenta que su polinomio característico tiene todos sus coeficientes reales y puede tener raíces complejas, cuyos conjugados también son raíces.   □

Definición 2.21. *Un valor propio λ_i de A se dice de multiplicidad algebraica s_i si es una raíz de multiplicidad s_i del polinomio característico de A, es decir, si s_i es el mayor entero tal que $(\lambda - \lambda_i)^{s_i}$ divide a $p_A(\lambda)$.*

Así pues, si A tiene r valores propios distintos dos a dos, $\lambda_1, \lambda_2, \ldots, \lambda_r$, de multiplicidades algebraicas respectivas $s_1, s_2, \ldots, s_r$, entonces $s_1 + s_2 + \cdots + s_r = n$ y

$$p_A(\lambda) = \det(A - \lambda I) = (-1)^n (\lambda - \lambda_1)^{s_1} (\lambda - \lambda_2)^{s_2} \cdots (\lambda - \lambda_r)^{s_r}.$$

Los vectores propios asociados a un valor propio no están determinados de forma única. Es inmediato probar que el conjunto de vectores propios asociados a λ junto con el vector θ (que no es vector propio) es un subespacio vectorial de $\mathbb{C}^n$ de dimensión al menos 1.

Definición 2.22. *Si λ es un valor propio de A, el conjunto*

$$E_\lambda = \operatorname{Ker}(A - \lambda I) = \{v \in \mathbb{C}^n : Av = \lambda v\}$$

es un subespacio vectorial de $\mathbb{C}^n$ llamado subespacio propio asociado a λ. La dimensión de E_λ se conoce como la multiplicidad geométrica del valor propio λ.

Nótese que la dimensión de E_λ (multiplicidad geométrica) es mayor o igual que 1. Un conocido resultado del álgebra nos asegura que *la multiplicidad geométrica de un valor propio es menor o igual que su multiplicidad algebraica* (véase p. ej. STOER–BULIRSCH [1980, sec. 6.2]). En particular, si todos los valores propios de A son distintos $\lambda_i \neq \lambda_j$, para $i \neq j$, todos tienen multiplicidad algebraica y geométrica igual a 1 (los subespacios propios E_{λ_i} tienen dimensión 1).

EJEMPLO 2.6. Para poner de manifiesto la diferencia entre la multiplicidad algebraica y geométrica consideremos las matrices

$$A = \mu I = \begin{pmatrix} \mu & 0 & \cdots & 0 \\ 0 & \mu & \cdots & 0 \\ \vdots & \cdots & \ddots & \vdots \\ 0 & 0 & \cdots & \mu \end{pmatrix}, \quad B = \begin{pmatrix} \mu & 1 & 0 & \cdots & 0 \\ & \mu & 1 & \cdots & 0 \\ & & \ddots & \ddots & \vdots \\ & & & \mu & 1 \\ & & & & \mu \end{pmatrix}.$$

Ambas tienen el mismo polinomio característico: $p_A(\lambda) = p_B(\lambda) = (\mu - \lambda)^n$. Por tanto, ambas tienen un único valor propio $\lambda = \mu$ con multiplicidad algebraica igual a n. Sin embargo,

$$\begin{aligned} \operatorname{Ker}(A - \mu I) &= \operatorname{Ker}(O) = \mathbb{C}^n, \\ \operatorname{Ker}(B - \mu I) &= \{v = (v_1, 0, \ldots, 0)^T \in \mathbb{C}^n\} = \{\alpha e_1 : \alpha \in \mathbb{C}\}. \end{aligned}$$

Por consiguiente, la multiplicidad geométrica de μ como valor propio de A es n y como valor propio de B es 1. □

EJERCICIO 2.10. Demostrar que vectores propios asociados a valores propios distintos son linealmente independientes y concluir que *si $A \in \mathcal{M}_{n \times n}(\mathbb{C})$ tiene n valores propios distintos $\{\lambda_1, \lambda_2, \ldots, \lambda_n\}$, entonces existe una base de $\mathbb{C}^n$, $\{p_1, p_2, \ldots, p_n\}$, formada por vectores propios de A: $Ap_i = \lambda_i p_i$, $1 \leq i \leq n$.*

Solución. En efecto, si $\lambda, \mu \in \mathbb{C}$, $\lambda \neq \mu$, son valores propios de A y $p \neq \theta$, $q \neq \theta$, son vectores propios asociados, respectivamente, se tendrá: $Ap = \lambda p$, $Aq = \mu q$. Si suponemos que $q = \alpha p$, entonces $(\mu - \lambda)q = (\mu q - \alpha \lambda p) = (Aq - \alpha Ap) = (Aq - Aq) = \theta$, lo que es imposible ya que $q \neq \theta$ y $\mu - \lambda \neq 0$.

Supongamos ahora que A tiene n valores propios distintos dos a dos y sean n vectores propios $\{p_1, p_2, \ldots, p_n\}$ tales que $Ap_i = \lambda_i p_i$, $1 \leq i \leq n$. Acabamos de ver que son linealmente independientes dos a dos. Por inducción probamos que son un conjunto linealmente independiente. En efecto, si suponemos que $\{p_1, p_2, \ldots, p_i\}$, $1 \leq i \leq n-1$, son linealmente independientes y una combinación lineal $\alpha_1 p_1 + \alpha_2 p_2 + \cdots + \alpha_i p_i + \alpha_{i+1} p_{i+1} = \theta$, tendremos:

$$
\begin{aligned}
\theta &= A(\alpha_1 p_1 + \alpha_2 p_2 + \cdots + \alpha_i p_i + \alpha_{i+1} p_{i+1}) \\
&= \alpha_1 \lambda_1 p_1 + \alpha_2 \lambda_2 p_2 + \cdots + \alpha_i \lambda_i p_i + \alpha_{i+1} \lambda_{i+1} p_{i+1}) \\
&= \alpha_1 (\lambda_1 - \lambda_{i+1}) p_1 + \alpha_2 (\lambda_2 - \lambda_{i+1}) p_2 + \cdots + \alpha_i (\lambda_i - \lambda_{i+1}) p_i.
\end{aligned}
$$

De la hipótesis de inducción se deduce $\alpha_1 = \alpha_2 = \cdots = \alpha_i = 0$ y, por tanto, $\alpha_{i+1} p_{i+1} = \theta$. Finalmente, $\alpha_{i+1} = 0$ porque $p_{i+1} \neq \theta$. $\qquad\square$

Definición 2.23. *i) El conjunto de los valores propios de una matriz A se llama el espectro de A y se denota por* $\mathrm{Sp}(A)$.

$$
\mathrm{Sp}(A) = \{\lambda_1, \lambda_2, \ldots, \lambda_n\}.
$$

ii) Se llama radio espectral de A, y se denota por $\rho(A)$ al máximo de los módulos de sus valores propios:

$$
\rho(A) = \max_{1 \leq i \leq n} \mid \lambda_i \mid.
$$

EJERCICIO 2.11. Utilizando las definiciones, probar que una matriz cuadrada A es invertible ($\det(A) \neq 0$) si y solo si $0 \notin \mathrm{Sp}(A)$ (todos sus valores propios son distintos de cero). Además, $\lambda \in \mathrm{Sp}(A)$, con vector propio asociado $p \neq \theta$, si y solo si $\lambda^{-1} \in \mathrm{Sp}(A^{-1})$, con vector propio asociado p.

Solución. El primer apartado se deduce directamente de la definición de valor propio. Además, si $\lambda \in \mathrm{Sp}(A)$, $\lambda \neq 0$, existe $p \neq \theta$ tal que $Ap = \lambda p$. Por tanto, se tendrá $\lambda^{-1} p = A^{-1} p$ y $\lambda^{-1} \in \mathrm{Sp}(A^{-1})$. $\qquad\square$

EJERCICIO 2.12. Verificar que para cualquier matriz $A \in \mathcal{M}_{n \times n}(\mathbb{C})$ se tiene que $\lambda \in \mathbb{C}$ es valor propio de A si y solamente si λ es valor propio de A^T (resp. $\overline{\lambda}$ es valor propio de A^*).

Solución. En efecto, basta tener en cuenta las siguientes igualdades:

$$
\det(A^T - \lambda I) = \det[(A - \lambda I)^T] = \det(A - \lambda I) = 0,
$$
$$
\det(A^* - \overline{\lambda} I) = \det[(\overline{A} - \overline{\lambda} I)^T] = \det(\overline{A - \lambda I}) = \overline{\det(A - \lambda I)} = 0. \qquad\square
$$

Si consideramos los vectores propios correspondientes $p, q, r \in \mathbb{C}^n - \{\theta\}$ tales que $Ap = \lambda p$, $A^T q = \lambda q$, $A^* r = \overline{\lambda} r$, conjugando la última igualdad es trivial deducir que

$r = \overline{q}$, puesto que $A^* = \overline{A^T}$. Sin embargo, no se puede establecer una relación sencilla entre p y q o entre p y r. También es elemental deducir las relaciones $q^T A = \lambda q^T$, $r^* A = \lambda r^*$ (que son la misma) por lo que se dice que q^T (o r^*) es un *vector propio por la izquierda de A asociado a λ*.

Una de las propiedades elementales de los valores propios, que es muy útil en los métodos para su cálculo numérico, es la del siguiente ejercicio.

EJERCICIO 2.13. Sea $p(\mu) = \gamma_0 \mu^n + \gamma_1 \mu^{m-1} + \cdots + \gamma_{m-1}\mu + \gamma_m$ un polinomio arbitrario en $\mathbb{C}$ y $A \in \mathcal{M}_{n \times n}(\mathbb{C})$. Definimos la matriz $p(A)$ por:

$$p(A) = \gamma_0 A^m + \gamma_1 A^{m-1} + \cdots + \gamma_{m-1}A + \gamma_m I.$$

Probar que si λ es un valor propio de A con vector propio asociado $x \in \mathbb{C}^n$, entonces $p(\lambda)$ es valor propio de $p(A)$ con vector propio asociado x, es decir,

$$\mathrm{Sp}(p(A)) = p(\mathrm{Sp}(A)); \quad E_{p(\lambda)} = E_\lambda.$$

En particular, se tiene que $\alpha\lambda$ es valor propio de αA, $\lambda + \tau$ es valor propio de $A + \tau I$ y λ^k es valor propio de A^k, $k \geq 0$, entero.

Solución. En efecto, dado que $Ax = \lambda x$ se tiene inmediatamente $A^2 x = A(Ax) = A(\lambda x) = \lambda^2 x$ y, por recurrencia, $A^k x = \lambda^k x$. Por tanto,

$$p(A)x = \gamma_0 A^m x + \gamma_1 A^{m-1}x + \cdots + \gamma_{m-1}Ax + \gamma_m x$$
$$= [\gamma_0 \lambda^m + \gamma_1 \lambda^{m-1} + \cdots + \gamma_{m-1}\lambda + \gamma_m]x = p(\lambda)x. \qquad \square$$

EJERCICIO 2.14. Probar que para dos matrices A y B, cuadradas de orden n, las matrices AB y BA tienen los mismos valores propios: $\mathrm{Sp}(AB) = \mathrm{Sp}(BA)$.

Solución. Sea $\lambda \in \mathrm{Sp}(AB)$: existe $p \in \mathbb{C}^n$, $p \neq \theta$, tal que $(AB)p = \lambda p$. Si $\lambda = 0$, se tiene $0 = \det(AB - 0I) = \det(AB) = \det(A)\det(B) = \det(BA) = 0$ y, por tanto, $\lambda = 0$ también es valor propio de BA. Si $\lambda \neq 0$, entonces, $\lambda p \neq \theta$ y $Bp \neq \theta$ (si fuese $Bp = \theta$ también sería $\theta = ABp = \lambda p$) y tenemos $BABp = \lambda Bp$, es decir, λ es valor propio de BA asociado al vector propio $Bp \neq \theta$. $\qquad \square$

Un primer paso para el cálculo de los valores propios de una matriz es su localización, es decir, su situación en el plano complejo o la recta real. Los siguientes resultados de carácter elemental son muy útiles para ese fin.

EJERCICIO 2.15. Probar que si A es una matriz unitaria (ortogonal), entonces todos sus valores propios tienen módulo 1, es decir, están sobre la circunferencia unidad $C[0,1] = \{\alpha \in \mathbb{C} : |\alpha| = 1\}$.

Solución. Si A es unitaria ($AA^* = A^*A = I$), es invertible y, por tanto, todos sus valores propios son distintos de cero. Si $\lambda \in \mathrm{Sp}(A)$, entonces $\lambda \neq 0$ y $Ap = \lambda p$ para $p \in \mathbb{C}^n$, $p \neq \theta$. Se deduce, multiplicando por A^*: $\frac{1}{\lambda}p = A^*p$. Pero, entonces:

$$\frac{1}{\lambda}(p, p) = (A^*p, p) = (p, Ap) = (p, \lambda p) = \overline{\lambda}(p, p),$$

lo que implica $\lambda\overline{\lambda} = |\lambda|^2 = 1$. $\qquad \square$

El último resultado elemental que recogemos en este resumen es de muy fácil aplicación y proporciona una información importante sobre la distribución de los valores propios. Es debido al matemático bielorruso Semyon Aranovich Gerschgorin (1901–1933).

Teorema 2.6 (Gerschgorin). *Para $A = (a_{ij}) \in \mathcal{M}_{n \times n}(\mathbb{C})$ se definen los siguientes círculos del plano complejo (1 $\leq i, j \leq n$):*

$$C_i = \left\{ z \in \mathbb{C} : |a_{ii} - z| \leq \sum_{j=1, j \neq i}^{n} |a_{ij}| \right\},$$

$$D_j = \left\{ z \in \mathbb{C} : |a_{jj} - z| \leq \sum_{i=1, i \neq j}^{n} |a_{ij}| \right\}.$$

Entonces:

i) $\operatorname{Sp}(A) \subset \cup_{i=1}^{n} C_i; \quad \operatorname{Sp}(A) \subset \cup_{j=1}^{n} D_j.$

ii) Si $S_1 = \cup_{j=1}^{m} C_{i_j}$ es la unión de m discos C_{i_j} (resp. $S_1 = \cup_{j=1}^{m} D_{i_j}$) tal que S_1 es disjunto con la unión S_2 de todos los demás discos C_k (resp. D_k), entonces S_1 contiene exactamente m valores propios de A (contando multiplicidades algebraicas) y S_2 exactamente $n - m$ valores propios.

Demostración. Haremos la demostración con los discos C_i siguiendo a ORTEGA [1972]. El resultado con los discos D_j no es más que el resultado con los discos C_i aplicado a la matriz A^T, teniendo en cuenta que A y A^T tienen los mismos valores propios porque tienen el mismo polinomio característico. Para demostrar *i)*, sea $\lambda \in \mathbb{C}$ un valor propio de A y $u \in \mathbb{C}^n, u \neq \theta$, un vector propio asociado: $Au = \lambda u$. Entonces,

$$\sum_{j=1}^{n} a_{kj} u_j = \lambda u_k, \quad k = 1, 2, \dots, n,$$

y, por consiguiente:

$$(a_{kk} - \lambda) u_k = \sum_{j=1, j \neq k}^{n} a_{kj} u_j, \quad k = 1, 2, \dots, n.$$

Sea $i \in \{1, 2, \dots, n\}$ tal que:

$$|u_i| = \max_{1 \leq j \leq n} |u_j|.$$

Se tendrá:

$$|a_{ii} - \lambda||u_i| = \left| \sum_{j=1, j \neq i}^{n} a_{ij} u_j \right| \leq \sum_{j=1, j \neq i}^{n} |a_{ij}||u_j| \leq \left(\sum_{j=1, j \neq i}^{n} |a_{ij}| \right) |u_i|.$$

Por tanto,

$$| a_{ii} - \lambda | \leq \sum_{j=1, j \neq i}^{n} | a_{ij} |,$$

es decir, $\lambda \in C_i$.

Para demostrar la parte *ii)* necesitamos utilizar el siguiente resultado no trivial (véase p. ej. OSTROWSKI [1973]): las raíces de un polinomio algebraico en $\mathbb{C}$ dependen continuamente de sus coeficientes. Por tanto, *los valores propios de una matriz dependen continuamente de los elementos de la matriz.*

Sea $D = \text{diag}(a_{11}, a_{22}, \ldots, a_{nn})$ y pongamos $A = D + R$. Para todo $t \in [0,1]$ sea $A_t := D + tR$. Entonces, $A_0 = D$ y $A_1 = A$. Aplicando el apartado anterior a A_0 (A_t, con $t = 0$), tenemos exactamente m valores propios $\lambda_{i_j}^0 = a_{i_j i_j}$, $1 \leq j \leq m$ de A_0 (contando multiplicidad algebraica) en S_1 y $(n-k)$ en S_2. Por el resultado citado antes, los valores propios de A_t, λ_i^t, $1 \leq i \leq n$, son funciones continuas de la variable t y, en consecuencia, para $0 \leq t \leq 1$ los m valores propios $\lambda_{i_j}^t$ de A_t deben estar en S_1 (la continuidad en t no le permite «saltar» a S_2 cuya distancia a S_1 es estrictamente mayor que 0). En particular, para $t = 1$, se concluye que los valores propios correspondientes de $A_1 = A$, $\lambda_{i_j}^1 = \lambda_{i_j}$, $1 \leq j \leq m$, están también en S_1 y el resto en S_2. □

Observación 2.13. Del teorema de Gerschgorin «se deduce» que si los elementos no diagonales de una matriz A son «pequeños», entonces los valores propios están «próximos» a los elementos diagonales. El caso límite es el de las matrices diagonales, cuyos valores propios son precisamente los elementos diagonales. □

EJEMPLO 2.7. Los valores propios de la matriz

$$\begin{pmatrix} 2 & 2 & -2 \\ 2 & 4 & -1 \\ 1 & 1 & 10 \end{pmatrix},$$

están en alguno de los 6 círculos siguientes

$$C_1 = \{z \in \mathbb{C} : | z - 2 | \leq 4\}; \qquad D_1 = \{z \in \mathbb{C} : | z - 2 | \leq 3\};$$
$$C_2 = \{z \in \mathbb{C} : | z - 4 | \leq 3\}; \qquad D_2 = \{z \in \mathbb{C} : | z - 4 | \leq 3\};$$
$$C_3 = \{z \in \mathbb{C} : | z - 10 | \leq 2\}; \qquad D_3 = \{z \in \mathbb{C} : | z - 10 | \leq 3\}.$$

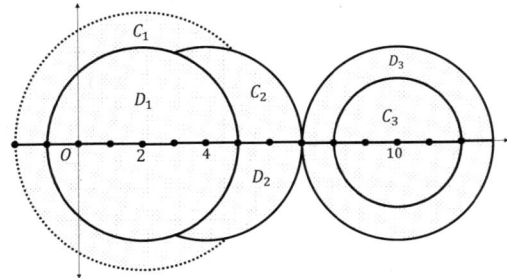

Figura 2.3: Círculos de Gerschgorin para el ejemplo 2.7.

Así pues, este teorema nos asegura que los valores propios están en el conjunto $C_1 \cup C_2 \cup C_3$ y también en el conjunto $D_1 \cup D_2 \cup D_3$ (véase la figura 2.3). Además, dado que el círculo C_3 no interseca a ninguno de los otros dos, éste contiene un único valor propio. Los otros dos están en $C_1 \cup C_2$ y, por tanto, en este caso están en $D_1 \cup D_2$. $\square$

2.8   Semejanza y reducción de matrices

Una de las operaciones más importantes de la teoría de matrices es la *transformación de semejanza*.

Definición 2.24. *Sean $A, B \in \mathcal{M}_{n \times n}(\mathbb{K})$. Se dice que A es semejante a B si existe una matriz no singular $P \in \mathcal{M}_{n \times n}(\mathbb{K})$ tal que $B = P^{-1}AP$. En tal caso, $A = Q^{-1}BQ$, con $Q = P^{-1}$ y, por tanto, B también es semejante a A.*

La transformación de semejanza está íntimamente ligada con el cambio de base en el espacio $\mathbb{K}^n$. En efecto, sea $L \in \mathcal{L}(\mathbb{K}^n, \mathbb{K}^n)$. Si tomamos en $\mathbb{K}^n$ la base $\{f_1, f_2, \ldots, f_n\}$, L está representada por la matriz $A \in \mathcal{M}_{n \times n}(\mathbb{K})$ tal que $A = (A_1|A_2|\cdots|A_n)$, con $A_j = L(f_j)$, $1 \leq j \leq n$, es decir, para todo $x = \sum_{i=1}^{n} v_i f_i \in \mathbb{K}^n$ se tiene $L(x) = \sum_{j=1}^{n}(Av)_j f_j$. Consideremos ahora en $\mathbb{K}^n$ una base distinta $\{g_1, g_2, \ldots, g_n\}$. Entonces, la misma aplicación está representada por una matriz $B = (B_1|B_2|\ldots|B_n)$ con $B_j = L(g_j)$, $1 \leq j \leq n$, o sea, para todo $x = \sum_{i=1}^{n} w_i g_i \in \mathbb{K}^n$, $L(x) = \sum_{j=1}^{n}(Bw)_j g_j$. Entonces, las matrices A y B son semejantes y la matriz $P = (p_{ij})$ tal que $B = P^{-1}AP$ es la matriz de cambio de base tal que: $g_j = \sum_{i=1}^{n} p_{ij} f_i$, $1 \leq j \leq n$.

Si $x \neq \theta$ es un vector propio asociado a un valor propio λ de A, $Ax = \lambda x$, cualquiera que sea la matriz invertible P, el vector $y = P^{-1}x$ verifica:

$$y \neq \theta; \quad By = P^{-1}APy = P^{-1}Ax = \lambda P^{-1}x = \lambda y,$$

lo que demuestra que y es un vector propio de la matriz semejante $B = P^{-1}AP$ asociado al mismo valor propio λ. Hemos probado así que las matrices semejantes tiene los mismos valores propios. Pero esto tenía que ser así, como vemos en el siguiente ejercicio.

EJERCICIO 2.16. Comprobar que dos matrices semejantes tienen el mismo polinomio característico y, por tanto, los mismos valores propios con las mismas multiplicidades algebraicas y geométricas.

Solución. En efecto,

$$
\begin{aligned}
\det(B - \lambda I) &= \det(P^{-1}AP - \lambda P^{-1}P) \\
&= \det(P^{-1})\det(A - \lambda I)\det(P) = \det(A - \lambda I).
\end{aligned}
$$

Siendo raíces del mismo polinomio es obvio que la multiplicidad algebraica de los valores propios es la misma. En cuanto a la multiplicad geométrica basta tener en cuenta que por ser P invertible, $x_1, x_2, \ldots, x_r$ son vectores linealmente independientes (vectores propios de A asociados a λ) si y solamente si $P^{-1}x_1, P^{-1}x_2, \ldots, P^{-1}x_r$ son linealmente independientes (vectores propios de B asociados a λ). $\square$

Los métodos más importantes para el cálculo de los vectores propios de una matriz suelen comenzar por una transformación (o una sucesión de transformaciones) para conseguir una matriz semejante cuyos valores propios pueden calcularse de una manera más fácil. Se trata del problema de *reducción de matrices* que se expresa de la manera siguiente: dada la matriz A, se trata de encontrar una matriz semejante $B = P^{-1}AP$ que tenga una «estructura lo más sencilla posible». El caso más favorable es poder encontrar una matriz B que sea una matriz diagonal D (en cuyo caso se dice que A es *diagonalizable*), o una triangular superior T. En ese caso, los valores propios de la matriz original $\lambda_1, \lambda_2, \ldots, \lambda_n$, repetidos tantas veces como su multiplicidad algebraica, aparecen en la diagonal de D, o de T:

$$
D = \begin{pmatrix} \lambda_1 & 0 & \cdots & 0 \\ 0 & \lambda_2 & \cdots & 0 \\ \vdots & \vdots & \ddots & \vdots \\ 0 & 0 & \cdots & \lambda_n \end{pmatrix}, \quad
T = \begin{pmatrix} \lambda_1 & \times & \times & \cdots & \times \\ & \lambda_2 & \times & \cdots & \times \\ & & \ddots & \ddots & \vdots \\ & & & \lambda_{n-1} & \times \\ & & & & \lambda_n \end{pmatrix}.
$$

Importantes resultados algebraicos de descomposición espectral (véase p. ej. LANG [1987]) nos aseguran que *toda matriz $A \in \mathcal{M}_{n \times n}(\mathbb{C})$ es semejante a una matriz diagonal por bloques* (no necesariamente única). Las más conocidas son la *forma canónica de Jordan J* y la *forma canónica de Frobenius F* (véase p. ej. STOER–BULIRSCH [1980, secs. 6.2–6.3]), denominadas así en honor a los matemáticos Marie Ennemond Camille Jordan (1838–1922) y Ferdinand Georg Frobenius (1849–1917). Estos resultados no son de aplicación práctica en el cálculo numérico efectivo de los valores propios. Para este fin, es más sencilla y útil la reducción a forma triangular superior (triangulación) o a forma diagonal (diagonalización) que abordamos en las dos secciones siguientes.

2.8.1 Triangulación de matrices

Una propiedad muy importante en la semejanza de matrices es que *toda matriz $A \in \mathcal{M}_{n \times n}(\mathbb{C})$ es semejante a una matriz triangular superior (con los valores propios de A en su diagonal)* (véase ALLAIRE–KABER [2008, sec. 2.4]). En 1909, el matemático alemán Issai Schur (1875–1941) probó que esa semejanza puede darse a través de una matriz de cambio de base unitaria, lo que tiene muchas aplicaciones prácticas posteriores.

Teorema 2.7 (Triangulación de Schur). *Para toda matriz cuadrada de números complejos, $A \in \mathcal{M}_{n \times n}(\mathbb{C})$, existe una matriz unitaria U ($U^* = U^{-1}$) tal que la matriz $T = U^*AU$ —semejante a A— es triangular superior y, por tanto, sus elementos diagonales son los valores propios de A (no necesariamente distintos):*

$$
T = U^*AU = \begin{pmatrix} \lambda_1 & \times & \times & \cdots & \times \\ & \lambda_2 & \times & \cdots & \times \\ & & \ddots & \ddots & \vdots \\ & & & \lambda_{n-1} & \times \\ & & & & \lambda_n \end{pmatrix}.
$$

Observación 2.14. La matriz U que verifica las condiciones del teorema anterior no es necesariamente única (tómese, por ejemplo, $A = I$). □

Demostración. Seguimos aquí la demostración de STOER–BULIRSCH [1980, sec. 6.4]) basada en un argumento de inducción en n. Para $n = 1$ el teorema es trivial. Supongamos el teorema cierto para todas las matrices de orden $n - 1$ y sea A de orden $n \times n$. Sea λ_1 un valor propio cualquiera de A y $p_1 \in \mathbb{C}^n$, $p_1 \neq \theta$, un vector propio asociado, $Ap_1 = \lambda_1 p_1$, que suponemos normalizado: $\|p_1\|_2^2 = p_1^* p_1 = 1$. Entonces, por el procedimiento de Gram–Schmidt, podemos encontrar vectores adicionales, $p_2, \ldots, p_n$, tales que $\{p_1, p_2, \ldots, p_n\}$ forman una base ortonormal de $\mathbb{C}^n$: $p_i^* p_j = \delta_{ij}$. Por tanto, la matriz $P = (p_1|p_2|\ldots|p_n)$, con columnas p_i es unitaria: $P^* P = P P^* = I$. Además, para $e_1 = (1, 0, \ldots, 0)^T$:

$$P^* A P e_1 = P^* A p_1 = \lambda_1 P^* p_1 = \lambda_1 e_1.$$

Por consiguiente, la matriz $P^* A P$ tiene la forma siguiente:

$$P^* A P = \left(\begin{array}{c|c} \lambda_1 & a^T \\ \hline \theta & A_{n-1} \end{array} \right),$$

donde A_{n-1} es una matriz de orden $n - 1$ y $a \in \mathbb{C}^{n-1}$. Nótese que de la semejanza de A y $P^* A P$ se deduce que A_{n-1} tiene como valores propios $\lambda_2, \ldots, \lambda_n$. En efecto, $\det(A - \lambda I) = \det(P^* A P - \lambda I) = (\lambda_1 - \lambda) \det(A_{n-1} - \lambda I_{n-1})$. Por la hipótesis de inducción, existe una matriz unitaria U_{n-1} de orden $(n-1) \times (n-1)$ tal que:

$$U_{n-1}^* A_{n-1} U_{n-1} = \begin{pmatrix} \lambda_2 & \times & \times & \cdots & \times \\ & \lambda_2 & \times & \cdots & \times \\ & & \ddots & \ddots & \vdots \\ & & & \lambda_{n-1} & \times \\ & & & & \lambda_n \end{pmatrix}.$$

Entonces, la matriz

$$U = P \left(\begin{array}{c|c} 1 & \theta^T \\ \hline \theta & U_{n-1} \end{array} \right),$$

es la matriz $n \times n$ unitaria que necesitamos:

$$\begin{aligned}
U^* A U &= \left(\begin{array}{c|c} 1 & \theta^T \\ \hline \theta & U_{n-1}^* \end{array} \right) P^* A P \left(\begin{array}{c|c} 1 & \theta^T \\ \hline \theta & U_{n-1} \end{array} \right) \\
&= \left(\begin{array}{c|c} 1 & \theta^T \\ \hline \theta & U_{n-1}^* \end{array} \right) \left(\begin{array}{c|c} \lambda_1 & a^T \\ \hline \theta & A_{n-1} \end{array} \right) \left(\begin{array}{c|c} 1 & \theta^T \\ \hline \theta & U_{n-1} \end{array} \right) \\
&= \left(\begin{array}{c|c} \lambda_1 & a^T U_{n-1} \\ \hline \theta & U_{n-1}^* A_{n-1} U_{n-1} \end{array} \right) \begin{pmatrix} \lambda_1 & \times & \times & \cdots & \times \\ & \lambda_2 & \times & \cdots & \times \\ & & \ddots & \ddots & \vdots \\ & & & \lambda_{n-1} & \times \\ & & & & \lambda_n \end{pmatrix}.
\end{aligned}$$

□

Observación 2.15. Si la matriz A es *real con todos sus valores propios reales* entonces la matriz unitaria U del teorema de Schur también puede ser real, es decir, U es ortogonal. El resultado sería el siguiente:

Para toda matriz real, cuadrada y orden n, $A \in \mathcal{M}_{n \times n}(\mathbb{R})$, con todos sus valores propios reales, existe una matriz ortogonal U ($U^T = U^{-1}$) tal que la matriz $T = U^T A U$ —semejante a A— es triangular superior y, por tanto, sus elementos diagonales son los valores propios de A, no necesariamente distintos.

La demostración es idéntica al caso complejo sustituyendo $\mathbb{C}$ por $\mathbb{R}$, adjunta por traspuesta, unitaria por ortogonal y teniendo en cuenta que, si A es real y λ un valor propio real de A, siempre podemos elegir un vector propio p asociado a λ que sea real, $p \in \mathbb{R}^n$ (véase la observación 2.11). $\qquad\square$

Como corolario inmediato de la triangulación de Schur obtenemos el siguiente resultado que relaciona los valores propios de una matriz con su traza y su determinante.

EJERCICIO 2.17. Sea $A \in \mathcal{M}_{n \times n}(\mathbb{K})$ con valores propios $\lambda_1, \lambda_2, \ldots, \lambda_n \in \mathbb{C}$, no necesariamente distintos. Demostrar que:

$$\begin{aligned} \lambda_1 + \lambda_2 + \cdots + \lambda_n &= \operatorname{tr}(A), \\ \lambda_1 \lambda_2 \cdots \lambda_n &= \det(A). \end{aligned}$$

Solución. Basta tener en cuenta el teorema de triangulación de Schur y que $\operatorname{tr}(U^* A U) = \operatorname{tr}(A)$ -véase el ejercicio 2.5- y $\det(U^* A U) = \det(A)$. $\qquad\square$

2.8.2. Diagonalización de matrices

El objetivo más deseado en la reducción de matrices es conseguir una matriz diagonal (sus elementos diagonales son los valores propios de A). De la definición obtenemos una condición equivalente a que una matriz sea diagonalizable que recogemos en el siguiente teorema.

Teorema 2.8. *Una matriz $A \in \mathcal{M}_{n \times n}(\mathbb{K})$ con valores propios $\lambda_1, \lambda_2, \ldots, \lambda_n \in \mathbb{C}^n$ es diagonalizable [existe P invertible tal que $P^{-1} A P = D = \operatorname{diag}(\lambda_1, \lambda_2 \ldots, \lambda_n)$] si y solo si existe una base $\{p_1, p_2, \ldots, p_n\}$ de $\mathbb{C}^n$ formada por vectores propios de A de tal forma que $A p_i = \lambda_i p_i$, $1 \le i \le n$. En ese caso, $P = (p_1 | p_2 | \ldots | p_n)$.*

Demostración. Sea $P = (p_1 | p_2 | \ldots | p_n)$ tal que

$$D = P^{-1} A P = \operatorname{diag}(\lambda_1, \lambda_2, \ldots, \lambda_n).$$

Esta igualdad equivale sucesivamente a las siguientes:

$$\begin{aligned} AP &= P \operatorname{diag}(\lambda_1, \lambda_2, \cdots, \lambda_n), \\ (A p_1 | A p_2 | \ldots | A p_n) &= (\lambda_1 p_1 | \lambda_2 p_2 | \ldots | \lambda_n p_n), \\ A p_i &= \lambda_i p_i, \, 1 \le i \le n. \end{aligned}$$

Esto prueba que cada p_i es un vector propio de A asociado a λ_i. Además dado que P es invertible, las columnas de P, $\{p_1, p_2, \ldots, p_n\}$, son linealmente independientes, o sea, una base de $\mathbb{C}^n$.

Para demostrar la suficiencia basta rehacer el razonamiento anterior en sentido contrario.   □

Como consecuencia del ejercicio 2.10 y del teorema anterior deducimos el siguiente resultado.

Corolario 2.3. *Una matriz $A \in \mathcal{M}_{n \times n}(\mathbb{K})$ con todos sus valores propios distintos es diagonalizable.*

Parece obvio que no toda matriz sea diagonalizable. De hecho, se tiene el siguiente resultado equivalente a la diagonalización (véase p. ej. ALLAIRE–KABER [2008], sec. 2.5] para la demostración):

Teorema 2.9. *Sea $A \in \mathcal{M}_{n \times n}(\mathbb{C})$ una matriz con valores propios $\lambda_1, \lambda_2, \ldots, \lambda_r$, distintos dos a dos. La matriz A es diagonalizable si y solo si*

$$E_{\lambda_i} = \operatorname{Ker}(A - \lambda_i I) = \bigcup_{k \geq 1} \operatorname{Ker}(A - \lambda_i I)^k, \quad 1 \leq i \leq r.$$

Gracias al teorema de Schur podemos probar que todas las matrices normales son diagonalizables. Este y otros teoremas que enunciamos a continuación para matrices complejas son también válidos para matrices reales con todos sus valores propios reales, reemplazando compleja, hermitiana, unitaria y adjunta por real, simétrica, ortogonal y traspuesta, respectivamente.

Teorema 2.10. *$A \in \mathcal{M}_{n \times n}(\mathbb{C})$ es una matriz normal ($A^*A = AA^*$) si y solo si existe una matriz unitaria U ($U^* = U^{-1}$) tal que la matriz $T = U^*AU$ es diagonal (sus elementos diagonales son los valores propios de A):*

$$U^{-1}AU = U^*AU = \begin{pmatrix} \lambda_1 & 0 & \cdots & 0 \\ 0 & \lambda_2 & \cdots & 0 \\ \vdots & \vdots & \ddots & \vdots \\ 0 & 0 & \cdots & \lambda_n \end{pmatrix}.$$

Por tanto, las matrices normales son diagonalizables y existe una base ortonormal de $\mathbb{C}^n$ formada por vectores propios de A, $\{p_1, p_2, \ldots, p_n\}$, $Ap_i = \lambda_i p_i$, $1 \leq i \leq n$, que coincide con las columnas de la matriz $U = (p_1|p_2|\ldots|p_n)$.

Demostración. La existencia de U nos la da el teorema anterior. Solo tenemos que probar que cuando A es normal, entonces T es diagonal. Vemos en primer lugar que T es también normal:

$$\begin{aligned} T^*T &= (U^*AU)^*(U^*AU) = U^*A^*UU^*AU = U^*A^*AU \\ &= U^*AA^*U = U^*AUU^*A^*U = TT^*. \end{aligned}$$

Pero, entonces, deducimos que la matriz triangular superior T es necesariamente diagonal. En efecto:

$$(TT^*)_{11} = \sum_{k=1}^{n} t_{1k}t_{k1}^* = \sum_{k=1}^{n} t_{1k}\bar{t}_{1k} = \mid t_{11} \mid^2 + \sum_{k=2}^{n} \mid t_{1k} \mid^2 = (T^*T)_{11} = \mid t_{11} \mid^2,$$

de donde se deduce que $t_{12} = t_{13} = \cdots = t_{1n} = 0$ (primera fila de T).

Supongamos que para las filas $k = 1, 2, \ldots, i-1$ se tiene $t_{kj} = 0$, $j = k+1, \ldots, n$. Veremos que en la fila i-ésima también tenemos $t_{ij} = 0$, $j = i+1, \ldots, n$. En efecto:

$$(TT^*)_{ii} = \sum_{k=1}^{n} t_{ik}t_{ki}^* = \sum_{k=i}^{n} t_{ik}\bar{t}_{ik} = \mid t_{ii} \mid^2 + \sum_{k=i+1}^{n} \mid t_{ik} \mid^2 = (T^*T)_{ii} = \mid t_{ii} \mid^2,$$

de donde se concluye que A es diagonal. El recíproco es trivial pues si $T = U^*AU = \text{diag}(\lambda_1, \lambda_2, \ldots, \lambda_n)$, se sigue que

$$\begin{aligned} AA^* &= (UTU^*)(UT^*U^*) = UTT^*U^* = U \, \text{diag}(|\lambda_i|^2)U^* \\ &= UT^*TU^* = UT^*U^*UTU^* = A^*A. \end{aligned}$$

Los demás resultados son consecuencia del teorema 2.8 y de que U es unitaria ($UU^* = U^*U = I$), lo que implica $p_i^*p_j = \delta_{ij}$. $\square$

El resultado anterior se aplica *a fortiori* a las matrices hermitianas ($A^* = A$), en particular a las simétricas (reales, $A^T = A$). Por su importancia en todo lo que sigue enunciamos específicamente el teorema completo separadamente para los dos casos.

Teorema 2.11. *$A \in \mathcal{M}_{n \times n}(\mathbb{C})$ es una matriz hermitiana ($A^* = A$) si y solo si existe una matriz unitaria U ($U^* = U^{-1}$) tal que la matriz $T = U^*AU$ es diagonal con todos sus elementos reales (los valores propios de A).*

$$U^{-1}AU = U^*AU = \begin{pmatrix} \lambda_1 & 0 & \cdots & 0 \\ 0 & \lambda_2 & \cdots & 0 \\ \vdots & \vdots & \ddots & \vdots \\ 0 & 0 & \cdots & \lambda_n \end{pmatrix}.$$

Por tanto, las matrices hermitianas tienen todos sus valores propios reales, son diagonalizables y existe una base ortonormal de $\mathbb{C}^n$ formada por vectores propios de A, $\{p_1, p_2, \ldots, p_n\}$, $Ap_i = \lambda_i p_i$, $1 \le i \le n$, que coincide con las columnas de la matriz $U = (p_1|p_2|\ldots|p_n)$.

Demostración. La única afirmación que tenemos que probar es que los valores propios de A son todos reales. Esto es consecuencia de la igualdad

$$T^* = (U^*AU)^* = U^*A^*U^{**} = U^*AU = T. \qquad \square$$

Teorema 2.12. $A \in \mathcal{M}_{n \times n}(\mathbb{R})$ *es una matriz simétrica* $(A^T = A)$ *si y solo si existe una matriz ortogonal* Q $(Q^T = Q^{-1})$ *tal que la matriz* $D = Q^T A Q$ *es diagonal con todos sus elementos reales (los valores propios de* A *).*

$$Q^{-1}AQ = Q^T AQ = \begin{pmatrix} \lambda_1 & 0 & \cdots & 0 \\ 0 & \lambda_2 & \cdots & 0 \\ \vdots & \vdots & \ddots & \vdots \\ 0 & 0 & \cdots & \lambda_n \end{pmatrix}.$$

Por tanto, las matrices simétricas tienen todos sus valores propios reales, son diagonalizables y existe una base ortonormal de $\mathbb{R}^n$ *formada por vectores propios de* A, $\{p_1, p_2, \ldots, p_n\}$, $Ap_i = \lambda_i p_i$, $1 \leq i \leq n$, *que coincide con las columnas de la matriz* $Q = (p_1|p_2|\ldots|p_n)$.

2.9   Cociente de Rayleigh

La diagonalización de las matrices hermitianas nos permite una inesperada caracterización de sus valores propios más pequeño y más grande, a través de la función llamada *cociente de Rayleigh*, en honor del célebre físico John William Strutt, Lord Rayleigh (1842–1919).

Definición 2.25. *Sea* $A \in \mathcal{M}_{n \times n}(\mathbb{C})$ *una matriz hermitiana. Se llama cociente de Rayleigh de* A *a la aplicación*

$$R_A : \{\mathbb{C}^n - \{\theta\}\} \ni v \longrightarrow R_A(v) := \frac{v^* A v}{v^* v} \in \mathbb{R}.$$

Nótese que, al ser A hermitiana, la función cociente de Rayleigh de A toma valores reales —véase la igualdad (2.3)— y se tiene la siguiente caracterización.

EJERCICIO 2.18. *Cociente de Rayleigh. Sea* $A \in \mathcal{M}_{n \times n}(\mathbb{C})$ *una matriz cuadrada hermitiana con valores propios (reales)* $\lambda_1 \geq \lambda_2 \geq \ldots \geq \lambda_n$. *Probar que:*

i) *El mayor de los valores propios* λ_1 *satisface:*

$$\lambda_1 = \max_{v \in \mathbb{C}^n, v \neq \theta} \frac{v^* A v}{v^* v} = \max_{v \in \mathbb{C}^n, \|v\|_2 = 1} v^* A v,$$

y el máximo se alcanza para al menos un vector propio $p_1 \neq \theta$ *tal que* $Ap_1 = \lambda_1 p_1$.

ii) *El menor de los valores propios* λ_n *satisface:*

$$\lambda_n = \min_{v \in \mathbb{C}^n, v \neq \theta} \frac{v^* A v}{v^* v} = \min_{v \in \mathbb{C}^n, \|v\|_2 = 1} v^* A v,$$

y el mínimo se alcanza para al menos un vector propio $p_n \neq \theta$ *tal que* $Ap_n = \lambda_n p_n$.

Solución. Sea $U = (p_1|p_2|\ldots|p_n)$ la matriz unitaria cuyas columnas son vectores propios asociados a $\lambda_1, \lambda_2, \ldots, \lambda_n$ (teorema 2.11), de manera que:

$$U^*AU = D := \operatorname{diag}(\lambda_1, \lambda_2, \ldots, \lambda_n).$$

Para un vector arbitrario $v \in \mathbb{C}^n$, $v \neq \theta$, sea $w = U^*v \neq \theta$. Se tiene $v = Uw$ y, por tanto:

$$v^*Av = w^*U^*AUw = w^*Dw; \qquad v^*v = w^*U^*Uw = w^*w.$$

Supongamos que w es escribe como combinación lineal de los elementos de la base de $\mathbb{C}^n$, de la forma $w = \alpha_1 p_1 + \alpha_2 p_2 + \cdots + \alpha_n p_n$. Se tendrá:

$$v^*Av = w^*Dw = \sum_{i=1}^{n} \lambda_i \mid \alpha_i \mid^2; \quad w^*w = \sum_{i=1}^{n} \mid \alpha_i \mid^2.$$

Entonces:

$$v^*Av = \sum_{i=1}^{n} \lambda_i \mid \alpha_i \mid^2 \leq \lambda_1 \sum_{i=1}^{n} \mid \alpha_i \mid^2 = \lambda_1 \, v^*v.$$

En consecuencia, ambos máximos son mayores o iguales que λ_1. Pero, dado que $Ap_1 = \lambda_1 p_1$ y $p_1^*p_1 = 1$, tenemos $p_1^*Ap_1 = \lambda_1 p_1^*p_1$ y ambos máximos son alcanzados en este vector $v = p_1$.

La parte *ii)* se demuestra exactamente con el mismo argumento. $\qquad\square$

Observación 2.16. Si la matriz A es simétrica, utilizando el teorema 2.12 en la demostración anterior, vemos que podemos cambiar $\mathbb{C}$ por $\mathbb{R}$ y concluir el siguiente resultado. $\qquad\square$

Proposición 2.3. *Sea $A \in \mathcal{M}_{n \times n}(\mathbb{R})$ una matriz simétrica con valores propios $\lambda_1 \geq \lambda_2 \geq \ldots \geq \lambda_n$. Entonces:*

i) El mayor de los valores propios λ_1 satisface:

$$\lambda_1 = \max_{v \in \mathbb{R}^n, v \neq \theta} \frac{v^T Av}{v^T v} = \max_{v \in \mathbb{R}^n, \|v\|_2 = 1} v^T Av.$$

ii) El menor de los valores propios λ_n satisface:

$$\lambda_n = \min_{v \in \mathbb{R}^n, v \neq \theta} \frac{v^T Av}{v^T v} = \min_{v \in \mathbb{R}^n, \|v\|_2 = 1} v^T Av.$$

Otra consecuencia inmediata del teorema de diagonalización de matrices hermitianas es la caracterización de las matrices definidas positivas por el signo de sus valores propios.

EJERCICIO 2.19. Comprobar que una condición necesaria y suficiente para que una matriz hermitiana $A \in \mathcal{M}_{n \times n}(\mathbb{K})$ sea definida (resp. semidefinida) positiva es que todos sus valores propios sean positivos (resp. no negativos).

Solución. Si $\lambda_1 \geq \lambda_2 \geq \cdots \geq \lambda_n$ son los valores propios de A, del teorema del cociente de Rayleigh se deduce que $\lambda_n > 0$ si y solo si $v^*Av > 0$, para todo $v \in \mathbb{K}^n - \{\theta\}$, es decir, si A es definida positiva. Si $\lambda_n \geq 0$, se procede del mismo modo. $\quad\square$

EJERCICIO 2.20. Probar que si A es una matriz hermitiana definida (resp. semidefinida) positiva, entonces:

i) Su determinante es positivo (resp. no negativo):

$$\det(A) > 0, \text{ (resp. } \det(A) \geq 0).$$

ii) Todos sus menores principales son positivos (resp. no negativos):

$$\det(\Delta_k) > 0, \text{ (resp. } \det(\Delta_k) \geq 0), \; k = 1, 2, \ldots, n.$$

Solución. Para el primer apartado basta tener en cuenta que el determinante de A es el producto de los valores propios y para el segundo aplicar ese resultado a todos las submatrices principales que ya conocemos que también son definidas positivas (véase el corolario 2.1). $\quad\square$

Observación 2.17. Es muy importante darse cuenta de que el ¡recíproco del apartado *i)* no es cierto! ¡Muchos estudiantes piensan que sí! Sin embargo, mostraremos más adelante que el recíproco del apartado *ii)*, en el caso estrictamente positivo, sí es cierto y por tanto, *una matriz hermitiana es definida positiva si y solo si todos sus menores principales son positivos.* Este resultado se conoce con el nombre de *criterio de Sylvester,* introducido por el matemático James Joseph Sylvester (1814–1897). $\quad\square$

EJERCICIO 2.21. Sea $A \in \mathcal{M}_{n \times n}(\mathbb{R})$ una matriz simétrica y definida positiva. Probar que la siguiente aplicación es una norma en $\mathbb{R}^n$:

$$\| \cdot \|_A : \mathbb{R}^n \ni v \longrightarrow \|v\|_A = (v^T A v)^{1/2} \in \mathbb{R}.$$

En el caso de $\mathbb{R}^2$, dibujar la bola unidad cerrada $B_A[\theta, 1] = \{v \in \mathbb{R}^2 : \|v\|_A \leq 1\}$ y relacionar su forma con los valores propios de la matriz A. Puedes comenzar con una matriz diagonal y generalizar después a una matriz simétrica y definida positiva cualquiera.

Solución. La forma más sencilla de resolver el problema es probar que la aplicación siguiente es un producto escalar en $\mathbb{R}^n$ y que la norma anterior no es más que la norma asociada al mismo $\|v\|_A = (v, v)_A^{\frac{1}{2}}$:

$$(\cdot, \cdot)_A : \mathbb{R}^n \times \mathbb{R}^n \ni (u, v) \longrightarrow (u, v)_A = (Au, v) = v^T A u \in \mathbb{R}.$$

En el caso $\mathbb{R}^2$, si la matriz A es diagonal, $A = \text{diag}(\lambda_1, \lambda_2)$, entonces

$$B_A[\theta, 1] = \{v = (v_1, v_2) \in \mathbb{R}^2 : \lambda_1 v_1^2 + \lambda_2 v_2^2 \leq 1\},$$

que coincide con la superficie encerrada por la elipse de semiejes $1/\sqrt{\lambda_1}$ y $1/\sqrt{\lambda_2}$. Si la matriz A no es diagonal, por ser simétrica, es diagonalizable y por el teorema de Schur existe una matriz ortogonal O tal que $O^T A O = \operatorname{diag}(\lambda_1, \lambda_2) =: D$. Para $v = (v_1, v_2)$ sea $w = (w_1, w_2) = O^T v$. Se tendrá:

$$\|v\|_A^2 = v^T A v = v^T (O D O^T) v = w^T D w = \|w\|_D^2 = \lambda_1 w_1^2 + \lambda_2 w_2^2.$$

Por tanto:

$$\begin{aligned} B_A[\theta, 1] &= \{v \in \mathbb{R}^2 : \|v\|_A \leq 1\} = \{v \in \mathbb{R}^2 : \|w\|_D \leq 1\} \\ &= \{v = O w \in \mathbb{R}^2 : w \in B_D[\theta, 1]\} = O B_D[\theta, 1], \end{aligned}$$

es decir, la bola unidad en la norma $\|\cdot\|_A$ se obtiene de la bola unidad en la norma $\|\cdot\|_D$ mediante la transformación $v = O w$.

Por otra parte, las matrices ortogonales 2×2 son matrices de rotación de la forma:

$$O = \begin{pmatrix} \cos \phi & -\operatorname{sen} \phi \\ \operatorname{sen} \phi & \cos \phi \end{pmatrix}, \quad \phi \in [-\pi, \pi].$$

Así pues, $v = O w$ es el vector que se obtiene de w mediante una rotación de ángulo ϕ:

$$v_1 = w_1 \cos \phi - w_2 \operatorname{sen} \phi, \quad v_2 = w_1 \operatorname{sen} \phi + w_2 \cos \phi.$$

Se concluye así que la bola unidad de la norma $\|\cdot\|_A$ se obtiene por una rotación de ángulo ϕ de la bola unidad de la norma $\|\cdot\|_D$ tal como se representa en la figura 2.4, donde se supone que $\lambda_1 < \lambda_2$. $\qquad \square$

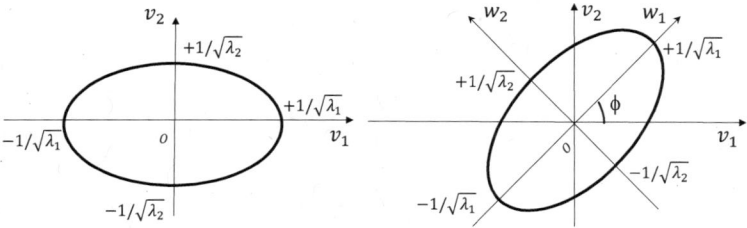

Figura 2.4: Bola unidad de la norma $\|\cdot\|_A$ en $\mathbb{R}^2$ para A diagonal y no diagonal.

2.10   Valores singulares de una matriz

La noción de valor propio de una matriz cuadrada se generaliza a matrices no cuadradas mediante el concepto de *valores singulares* que introducimos en esta sección, pero en el que no profundizaremos por caer fuera del ámbito marcado para este texto (véase p. ej. Allaire–Kaber [2008], Stoer–Bulirsch [1980] para más detalle). Comenzaremos con el siguiente resultado elemental.

Ejercicio 2.22. Comprobar que para cualquier matriz $A \in \mathcal{M}_{m \times n}(\mathbb{C})$ de orden $m \times n$ la matriz $A^* A$ es una matriz cuadrada de orden $n \times n$, hermitiana y semidefinida positiva (sus valores propios son reales mayores o iguales que cero).

Solución. En efecto, es hermitiana porque $(A^* A)^* = A^* (A^*)^* = A^* A$. Además, es semidefinida positiva porque cualquiera que sea $v \in \mathbb{C}^n$ se tiene $v^* (A^* A) v = (Av)^* (Av) = \|Av\|_2^2 \geq 0$. $\qquad \square$

Definición 2.26. *Los valores singulares de A, denotados por $\mu_1, \mu_2, \ldots, \mu_n$, son las raíces cuadradas mayores o iguales que cero de los n valores propios $\lambda_1, \lambda_2, \ldots, \lambda_n$ de la matriz A^*A (reales mayores o iguales que 0): $\mu_i = \sqrt{\lambda_i}$, $1 \le i \le n$.*

EJEMPLO 2.8. *Los valores singulares de una matriz normal son los módulos de sus valores propios.* En efecto, si A es normal, entonces es diagonalizable (teorema 2.10): existe una matriz unitaria U tal que $U^*AU = D = \mathrm{diag}(\lambda_1(A), \lambda_2(A), \ldots, \lambda_n(A))$. Por tanto, $A^*A = (UDU^*)^*(UDU^*) = UD^*DU^*$. Deducimos que las matrices A^*A y $D^*D = \mathrm{diag}(|\lambda_i|^2)$ son semejantes y tienen los mismos valores propios. $\square$

El mayor interés de los valores singulares es la *factorización SVD* o *factorización por descomposición en valores singulares* (en inglés, *SVD factorization*) de cualquier matriz, que resumimos en el siguiente teorema.

Teorema 2.13 (Factorización SVD). *Sea $A \in \mathcal{M}_{m \times n}(\mathbb{C})$ una matriz compleja arbitraria de orden $m \times n$ con r valores singulares positivos ordenados de la forma siguiente: $\mu_1 \ge \mu_2 \ge \ldots \ge \mu_r > 0$. Entonces, existe una matriz unitaria U de orden $m \times m$ y una matriz unitaria V de orden $n \times n$ tales que $U^*AV = \widetilde{\Sigma}$ es una matriz $m \times n$ «diagonal» de la siguiente forma:*

$$U^*AV = \widetilde{\Sigma} = \left(\begin{array}{c|c} \Sigma & O_{r \times (n-r)} \\ \hline O_{(n-r) \times r} & O_{(n-r) \times (n-r)} \end{array} \right), \qquad \Sigma = \mathrm{diag}(\mu_1, \mu_2, \ldots, \mu_r).$$

Las matrices unitarias U y V tiene el siguiente significado: las columnas de U son m vectores propios ortonormales de la matriz $m \times m$ hermitiana AA^*, mientras que las columnas de V son n vectores propios ortonormales de la matriz $n \times n$ hermitiana A^*A. En efecto, basta aplicar el teorema 2.11 a las matrices hermitianas anteriores teniendo que cuenta las siguientes igualdades que demuestran que ambas son diagonalizables a través de U y V respectivamente:

$$U^*AA^*U = (U^*AV)(V^*A^*U) = \widetilde{\Sigma}\widetilde{\Sigma}^*$$
$$V^*A^*AV = (V^*A^*U)(U^*AV) = (U^*AV)^*(U^*AV) = \widetilde{\Sigma}^*\widetilde{\Sigma}.$$

EJERCICIO 2.23. *Pseudoinversa de la matriz A.* El concepto de matriz pseudoinversa en el sentido de Moore-Penrose fue descrita independientemente, en distintos contextos, por el matemático norteamericano Eliakim Hastings Moore (1862–1932) y el físico británico Roger Penrose (n. 1931). Es la única matriz X que satisface las siguientes condiciones:

$$AXA = A, \; XAX = X, \; XA = (XA)^*, \; AX = (AX)^*.$$

Comprobar que la matriz A^+ definida a continuación es la pseudoinversa de A:

$$A^+ := V\widetilde{\Sigma}^+U^*, \quad \widetilde{\Sigma}^+ = \left(\begin{array}{cc} \Sigma^{-1} & O \\ O & O \end{array} \right).$$

Solución. Si ponemos $U = (u_1|u_2|\dots|u_m)$ y $V = (v_1|v_2|\dots|v_n)$ se tienen las siguientes relaciones:

$$A^+A = (V\widetilde{\Sigma}^+U^*)(U\widetilde{\Sigma}V^*) = V\begin{pmatrix} I_r & O \\ O & O \end{pmatrix} V^* = \sum_{i=1}^{r} v_iv_i^*,$$

$$AA^+ = (U\widetilde{\Sigma}V^*)(V\widetilde{\Sigma}^+U^*) = U\begin{pmatrix} I_r & O \\ O & O \end{pmatrix} U^* = \sum_{i=1}^{r} u_iu_i^*,$$

$$A = \sum_{i=1}^{r} \mu_iu_iv_i^*, \quad A^+ = \sum_{i=1}^{r} \frac{1}{\mu_i}v_iu_i^*.$$

Es fácil probar que si A es una matriz cuadrada ($m = n$), invertible, (por tanto, $r = n$), se tiene $A^+A = AA^+ = I_n$ y, en consecuencia, la pseudoinversa es una generalización de la inversa. □

2.11 Ejercicios

EJERCICIO 2.24. Normas vectoriales en $\mathbb{K}^n$. Para $v \in \mathbb{K}^n$, probar las siguientes desigualdades:

$$\|v\|_\infty \leq \|v\|_1 \leq n \|v\|_\infty, \|v\|_\infty \leq \|v\|_2 \leq \sqrt{n} \|v\|_\infty, \|v\|_2 \leq \|v\|_1 \leq \sqrt{n} \|v\|_2.$$

Nota.- Para la última desigualdad, utilizar un razonamiento de inducción o bien la desigualdad de Cauchy–Schwarz.

EJERCICIO 2.25. Escribir un procedimiento `p_prodesc(n,u,v)` que calcule el producto escalar de dos vectores u y v de $\mathbb{R}^n$ de las 3 maneras siguientes (el resultado deber ser el mismo): la propia definición, el producto de vectores componente a componente (p. ej. $u * v$ en Fortran o $u. * v$ en Matlab) y la función intrínseca correspondiente (p. ej. `dot_product(u,v)` en Fortran o `dot(u,v)` en Matlab).

EJERCICIO 2.26. Construir la subrutina o función `genera_matriz_especial` (`opcion,n,a`) que devuelva una matriz aleatoria A, cuadrada, de orden n, con alguna propiedad especial según el valor de `opcion`:

opcion	Tipo de matriz
1	Matriz aleatoria
2	Matriz aleatoria simétrica
3	Matriz aleatoria estrictamente diagonal dominante
4	Matriz aleatoria no singular
5	Matriz aleatoria triangular inferior no singular
6	Matriz aleatoria triangular superior no singular
7	Matriz de Hilbert H con $h_{ij} = 1/(i+j-1)$, $1 \leq i,j \leq n$

Nota.- Las respuestas no son únicas. Para la opción 3 se recomienda sumar a una matriz arbitraria una matriz diagonal que la convierta en estrictamente diagonal dominante. En las opciones 4, 5 y 6 téngase en cuenta el teorema de Hadamard. Las matrices de Hilbert recuerdan al insigne matemático David Hilbert (1842–1943).

EJERCICIO 2.27. Sea $A = (a_{ij})$ una matriz de orden n simétrica y definida positiva. Demostrar que todas las submatrices

$$\begin{pmatrix} a_{ii} & a_{ij} \\ a_{ji} & a_{jj} \end{pmatrix}, 1 \le i < j \le n,$$

son también simétricas y definidas positivas. Esta condición, ¿es suficiente para garantizar que la matriz A sea definida positiva?

EJERCICIO 2.28. *Cociente de Rayleigh*. Sea la matriz simétrica:

$$A = \begin{pmatrix} 1 & 2 \\ 2 & 1 \end{pmatrix}.$$

Comprobar (manualmente) que son ciertas las igualdades:

$$\lambda_1 = \max_{v \in \mathbb{R}^2, \|v\|_2 = 1} v^T A v, \quad \lambda_2 = \min_{v \in \mathbb{R}^2, \|v\|_2 = 1} v^T A v,$$

siendo $\lambda_1 \ge \lambda_2$ los valores propios de A. Intentar visualizar gráficamente el hecho anterior, haciendo la gráfica tridimensional de la función

$$\mathbb{R}^2 \supset B[\theta, 1] \ni v \mapsto v^T A v \in \mathbb{R},$$

con la orden `plot3` de Matlab:
```
A=[1 2;2 1];
t=0:0.1:2*pi; x=cos(t)';y=sin(t)';
x=[x;x(1)];y=[y,y(1)] !Para cerrar bien la gráfica
for i=1:length(x)
      z(i)=[x(i),y(i)]*A*[x(i);y(i)];
end
plot3(x,y,z,x,y,zeros(length(x)),...
'MarkerSize',10,'LineWidth',3);box
```

EJERCICIO 2.29. Utilizar el teorema de Gerschgorin para situar en el plano complejo los valores propios de las siguientes matrices y encontrar el intervalo $[m, M]$ más pequeño que se pueda, que contenga los valores propios reales (si existen) de las matrices siguientes:

$$\begin{pmatrix} 6 & -1 & -2 \\ -1 & 1 & 4 \\ -2 & 4 & -3 \end{pmatrix}, \begin{pmatrix} 1 & 2 & 3 & -4 \\ 2 & 3 & 4 & 1 \\ 0 & -2 & 5 & 6 \\ 0 & 0 & 2 & 7 \end{pmatrix}.$$

EJERCICIO 2.30. De nuevo, utilizar el teorema de Gerschgorin para dar una demostración alternativa del teorema de Hadamard: *una matriz estrictamente diagonal dominante (por filas o por columnas) no es singular.*

EJERCICIO 2.31. Haciendo uso de la orden `plot` de Matlab, dibujar los círculos de Gerschgorin de una matriz de orden 2×2 o 3×3 (véase ALLAIRE–KABER [2008, p. 232]).

EJERCICIO 2.32. En Matlab, crear la siguiente matriz:

$$A = \begin{pmatrix} 29. & -12. & -2. & -5. \\ 48. & -20. & -4. & -8. \\ -22. & 13. & 6. & 0. \\ 30. & -13. & -2. & -4. \end{pmatrix}.$$

Usando la orden [U,D]=eig(A), computar los valores propios y vectores propios de A. Verificar la relación $Au = \lambda u$ para cada valor propio y vector propio asociado. Comprobar que A es diagonalizable (es decir, existe una base de $\mathbb{C}^4$ formada por vectores propios de A). Para $k = 3$ y $k = 10$ comparar los valores propios de A^k calculados con eig con sus valores exactos y valorar lo que se observa.

3

Generalidades sobre sistemas lineales

En este capítulo planteamos ya el primero de los grandes problemas que tratamos en el manual: la resolución de los sistemas lineales. Comenzamos por recordar los resultados clásicos del álgebra lineal sobre la existencia y la unicidad de solución y algunos comentarios sobre los métodos que estudiaremos en los próximos capítulos (directos e iterativos): dificultades en su utilización (almacenaje de las matrices en el ordenador, número de operaciones —coste computacional—, estabilidad numérica) y reglas generales para su codificación eficiente. Estudiaremos los métodos de descenso y remonte (sustitución progresiva y regresiva) para los sistemas «fáciles de resolver» (triangulares o permutables a triangulares, diagonales o triangulares por bloques) y terminamos haciendo una clasificación de los métodos directos (los métodos iterativos se estudian en el cap. 9). El capítulo termina con una breve introducción al almacenamiento perfil o Morse de matrices huecas y su utilización en las operaciones con matrices y vectores. Introducido por Philip McCord Morse (1903–1985) en los años 1950, es el precursor de otros más modernos como el CSR o el CSC cuyos fundamentos también vemos. Algunas referencias generales ajustadas a este capítulo son las siguientes: STRANG [1980], CIARLET [1989], HORN–JOHNSON [1991], ALLAIRE–KABER [2008] y STEWART [2023]. Otras referencias generales importantes son: STEWART [1973], GOLUB–VAN LOAN [1983], SAAD [1992], DEMMEL [1997], TREFETHEN–BAU [1997] y WATKINS [2010].

3.1 Existencia y unicidad de solución

Llamamos *sistema lineal de m ecuaciones y n incógnitas al problema de encontrar una solución o soluciones $u \in \mathbb{K}^n$ de la siguiente ecuación algebraica:*

$$Au = b, \tag{3.1}$$

donde la matriz $A = (a_{ij}) \in \mathcal{M}_{m \times n}(\mathbb{K})$ *(llamada matriz de coeficientes) y el vector* $b = (b_i) \in \mathbb{K}^n$ *(llamado segundo miembro o término independiente) son dados.*

Si $m > n$ el sistema se dice sobredeterminado (más ecuaciones que incógnitas, lo que restringe las posibilidades de existencia de soluciones) y si $m < n$ se dice subdeterminado (menos ecuaciones que incógnitas y más posibilidades de existencia de soluciones). El caso más importante en la práctica es $m = n$ (mismo número de ecuaciones que incógnitas). Si $b = \theta \in \mathbb{K}^m$, el sistema se dice homogéneo y siempre tiene al menos la solución $u = \theta = (0, 0, \ldots, 0)^T$.

Nótese que la existencia de solución para el sistema de ecuaciones lineales equivale a decir que $b \in \operatorname{Im}(A)$ y también a que b es una combinación lineal de las columnas de $A = (c_1 | c_2 | \ldots | c_n)$ en el espacio $\mathbb{K}^m$:

$$Au = u_1 c_1 + u_2 c_2 + \ldots + u_n c_n = b.$$

Recordando la aplicación L_A asociada a la matriz A (véase la definición 2.10), también podemos considerar el sistema lineal (3.1) como el problema de encontrar el elemento o elementos de $\mathbb{K}^n$ cuya imagen es el vector $b \in \mathbb{K}^m$. De ahí que podamos establecer el siguiente resultado de existencia de solución (véase p. ej. LANG [1987, cap. V, sec. 3]).

Teorema 3.1. *El sistema lineal (3.1) tiene al menos una solución si y solo si* $b \in \operatorname{Im}(A)$. *Si* $\operatorname{r}(A) = \dim \operatorname{Im}(A) = m$ *entonces existe al menos una solución. La solución es única si y solo si* $\operatorname{Ker}(A) = \{0\}$. *Dos soluciones del sistema se diferencian en un elemento de* $\operatorname{Ker}(A)$.

Cuando $m \neq n$ no existe un criterio simple para asegurar la existencia de soluciones del sistema lineal. Recordamos en todo caso la siguiente consecuencia obvia de la propiedad (2.2).

Teorema 3.2. *Si* $n > m$, *entonces* $\dim \operatorname{Ker}(A) = n - \dim \operatorname{Im}(A) \geq n - m$ *y si existe una solución del sistema lineal (3.1) entonces existe un número infinito.*

Observación 3.1. Para sistemas de ecuaciones con $m \neq n$ suele utilizarse un planteamiento distinto y buscar una solución en el sentido de ajuste por mínimos cuadrados, es decir, $\|Au - b\|_2 = \min_{v \in \mathbb{K}^n} \|Av - b\|_2$ donde $\| \cdot \|_2$ es la norma euclídea en $\mathbb{K}^m$ (véase p. ej. ALLAIRE–KABER [2008, cap. 7]) .   □

A partir de ahora *trataremos exclusivamente el caso* $m = n$ de sistemas con el mismo número de ecuaciones que incógnitas. Además en este texto *nos restringiremos únicamente al caso* $\mathbb{K} = \mathbb{R}$ *es decir matrices y segundos miembros reales.* Por consiguiente, podemos realizar todos los cálculos con aritmética real. Esto es una gran ventaja práctica y apenas supone restricción importante pues casi todos los métodos estudiados se pueden generalizar de forma obvia a sistemas con matrices y segundos miembros complejos.

Comencemos por reescribir el problema y dar un teorema de existencia y unicidad de solución que en este caso es más preciso porque la matriz del sistema es cuadrada y podemos apoyarnos en el concepto de su inversa:

Dada la matriz $A = (a_{ij}) \in \mathcal{M}_{n \times n}(\mathbb{R})$ y el vector $b = (b_i) \in \mathbb{R}^n$, encontrar un vector $u = (u_i) \in \mathbb{R}^n$ tal que

$$Au = b, \tag{3.2}$$

o explícitamente

$$
\begin{pmatrix}
a_{11} & a_{12} & \cdots & a_{1n} \\
a_{21} & a_{22} & \cdots & a_{2n} \\
\vdots & \vdots & \ddots & \vdots \\
a_{n1} & a_{n2} & \cdots & a_{nn}
\end{pmatrix}
\begin{pmatrix}
u_1 \\ u_2 \\ \vdots \\ u_n
\end{pmatrix}
=
\begin{pmatrix}
b_1 \\ b_2 \\ \vdots \\ b_n
\end{pmatrix},
\tag{3.3}
$$

o también:

$$
\begin{aligned}
a_{11}u_1 + a_{12}u_2 + \cdots + a_{1n}u_n &= b_1 \\
a_{21}u_1 + a_{22}u_2 + \cdots + a_{2n}u_n &= b_2 \\
\cdots\cdots\cdots\cdots\cdots\cdots\cdots\cdots\cdots\cdots\cdots &= \cdots \\
a_{i1}u_1 + a_{i2}u_2 + \cdots + a_{in}u_n &= b_i \\
\cdots\cdots\cdots\cdots\cdots\cdots\cdots\cdots\cdots\cdots\cdots &= \cdots \\
a_{n1}u_1 + a_{n2}u_2 + \cdots + a_{nn}u_n &= b_n.
\end{aligned}
\tag{3.4}
$$

Para este caso tenemos el siguiente teorema de condiciones equivalentes a la existencia y unicidad de solución que es una transcripción al lenguaje de sistemas lineales del teorema 2.1 y del teorema 2.3. Aunque lo escribimos en $\mathcal{M}_{n \times n}(\mathbb{R})$, obviamente es también válido en $\mathcal{M}_{n \times n}(\mathbb{C})$.

Teorema 3.3. *Para el sistema lineal $Au = b$, con matriz cuadrada $A \in \mathcal{M}_{n \times n}(\mathbb{R})$, las siguientes proposiciones son equivalentes:*

i) Para todo vector $b \in \mathbb{R}^n$ el sistema lineal $Au = b$ admite una y una sola solución $u \in \mathbb{R}^n$.

ii) El sistema lineal homogéneo $Au = \theta$ solo admite la solución $u = \theta$.

iii) Las filas y las columnas de A son linealmente independientes ($\mathrm{r}(A) = n$) y, por tanto, forman una base de $\mathbb{R}^n$.

iv) A es invertible (existe A^{-1}).

v) $\det(A) \neq 0$.

3.2 Métodos directos e iterativos

Para resolver el sistema lineal $Au = b$ se comienza por elegir un *método* determinado, según criterios que precisaremos posteriormente, que nos proporcione un *resultado numérico* que, en general, es *aproximado y no exacto*, debido a los errores de redondeo. Los métodos de resolución de sistema lineales son de dos tipos: *directos e iterativos*.

Métodos directos

Los *métodos directos* conducen a la solución exacta, si no hubiese errores de redondeo, en un número finito de operaciones elementales. Todos ellos se basan en uno de los dos principios siguientes:

  – *transformar* el sistema dado $Au = b$ en otro equivalente (con la misma solución) $Ru = c$, «más fácil» de resolver,

  – *factorizar* la matriz $A = R_1 R_2 \cdots R_m$ de modo que el sistema $Au = R_1 R_2 \cdots R_m u = b$, equivale a resolver los m sistemas lineales «más sencillos» siguientes:

$$R_1 u_1 = b, \; R_2 u_2 = u_1, \; \ldots, R_{m-1} u_{m-1} = u_{m-2}, \; R_m u = u_{m-1}.$$

Por lógica, los métodos directos se clasifican en *métodos de transformación* (por ejemplo, Gauss sin y con pivote, Householder) y *métodos de factorización* (por ejemplo, Cholesky, LU). Estudiaremos enseguida cuáles son los sistemas «más fáciles» de resolver (véase la sección 3.5) y las factorizaciones más usadas. En función de ellos clasificaremos los métodos directos (sección 3.6). Avanzamos que las factorizaciones de A más usadas utilizan solamente dos matrices ($m = 2$) $A = BC$ y el sistema $Au = b$ se reemplaza por los dos sistemas $Bw = b$, $Cu = w$.

Métodos iterativos

Con los *métodos iterativos* la solución del sistema se obtiene como límite de una sucesión $\{u_k\}_{k \geq 0}$ de soluciones «aproximadas» u_k: $\lim_{k \to \infty} u_k = u = A^{-1} b$. A título ilustrativo véase el método del ejemplo 9.1.

Como, evidentemente, estamos obligados a detener los cálculos en una determinada iteración m, se comete un *error de truncamiento* medido por $\|u - u_m\|$ con una norma vectorial cualquiera en $\| \cdot \|$ en $\mathbb{R}^n$. Naturalmente, como no se conoce u, no se puede conocer exactamente el error de truncamiento, pero sí se puede acotar superiormente en la mayoría de los métodos. Además, la elección del número m para la parada de los cálculos proviene de la intuición, del hábito en los cálculos o de consideraciones prácticas (tiempo de cálculo, por ejemplo) y de los razonamientos que permiten afirmar rigurosamente que el error de truncamiento es inferior a una cota de error fijada de antemano.

Los métodos iterativos que estudiaremos en estas notas se basan en escribir el sistema lineal $Au = b$ en una forma equivalente $u = Bu + c$ y generar la sucesión $\{u_k\}_{k \geq 0}$ en la forma:

$$u_0 \text{ dado}; \quad u_{k+1} = Bu_k + c \quad (k \geq 0).$$

Los métodos se distinguen por las distintas maneras de construir la matriz B. Para que el método sea convergente es necesario que la matriz B tenga «buenas propiedades» siendo decisivo que su radio espectral sea menor que 1.

3.3   Estabilidad y eficiencia de los métodos

La elección de un método para resolver un sistema lineal depende de varios factores siendo los más importantes la *propagación de los errores de redondeo (estabilidad), el tiempo de cálculo (rapidez) y la memoria de ordenador ocupada (recursos)*. La rapidez y la economía de memoria son esenciales para la *eficiencia* del método. Veamos, aunque sea superficialmente, la importancia de estas cualidades.

Efecto de los errores de redondeo

Un requisito práctico imprescindible que debemos exigirle a un método es la precisión. En efecto, los cálculos en el ordenador no se realizan de forma exacta y los números en el ordenador tienen una precisión limitada debido al número finito de bits utilizados para representar los números (32 o 64 generalmente, que nos limitan a una precisión de 8 o 16 cifras decimales significativas). Por tanto, es imprescindible prestar mucha atención a los inevitables errores de redondeo y a su propagación durante el proceso de computación. El siguiente ejemplo (que tomamos de ALLAIRE–KABER [2008]) es suficientemente llamativo sobre este tema y debe alertarnos sobre su importancia (volveremos sobre ello en la sección 8.2).

EJEMPLO 3.1. Consideremos el siguiente sistema lineal con segundo miembro b:

$$\begin{pmatrix} 8 & 6 & 4 & 1 \\ 1 & 4 & 5 & 1 \\ 8 & 4 & 1 & 1 \\ 1 & 4 & 3 & 6 \end{pmatrix} \begin{pmatrix} u_1 \\ u_2 \\ u_3 \\ u_4 \end{pmatrix} = \begin{pmatrix} 19 \\ 11 \\ 14 \\ 14 \end{pmatrix}. \quad \text{Solución exacta: } u = \begin{pmatrix} 1 \\ 1 \\ 1 \\ 1 \end{pmatrix}.$$

Si modificamos ligeramente el segundo miembro, y lo notamos $\widetilde{b}$, obtenemos una solución muy diferente:

$$\begin{pmatrix} 8 & 6 & 4 & 1 \\ 1 & 4 & 5 & 1 \\ 8 & 4 & 1 & 1 \\ 1 & 4 & 3 & 6 \end{pmatrix} \begin{pmatrix} u_1 \\ u_2 \\ u_3 \\ u_4 \end{pmatrix} = \begin{pmatrix} 19.01 \\ 11.05 \\ 14.07 \\ 14.05 \end{pmatrix}. \quad \text{Solución exacta: } \widetilde{u} = \begin{pmatrix} -2.34 \\ 9.745 \\ -4.85 \\ -1.34 \end{pmatrix}.$$

Si comparamos los errores relativos, medidos en la $\|\cdot\|_\infty$, cometidos en la aproximación del segundo miembro y en la solución tendremos:

$$\frac{\|b - \widetilde{b}\|_\infty}{\|b\|_\infty} = \frac{0.07}{19} \approx 0.03684; \qquad \frac{\|u - \widetilde{u}\|_\infty}{\|u\|_\infty} = 8.745.$$

En consecuencia, el error relativo en la solución es aproximadamente 2373 veces más grande que el error relativo en el segundo miembro de la ecuación. Esta amplificación de los errores *depende de la matriz* que estamos considerando (si fuera la matriz identidad no tendríamos ninguna amplificación) y *no del método utilizado* (de hecho, en el ejemplo hacemos los cálculos de manera exacta). Esta matriz es *mal condicionada*, concepto que estudiaremos en la sección 8.2. Aquí nos quedaremos con la idea de que, en estos casos, es *importante aumentar la precisión en los cálculos (doble o incluso cuádruple)* y *elegir métodos numéricos cuya implementación práctica no favorezcan la amplificación de los inevitables errores de redondeo*. Esta propiedad se llama *estabilidad* del método. □

Memoria para almacenar los datos del sistema

Otro factor importante para elegir un método de resolución de un sistema lineal es la *memoria de ordenador* que necesite para almacenar la matriz y el segundo miembro del sistema y realizar todos los cálculos intermedios. Para la matriz y el segundo miembro son necesarias, a priori, $n^2 + n$ posiciones de memoria. El tamaño de la memoria de nuestro ordenador nos limitará el orden máximo de los sistemas que podemos almacenar y tratar en el mismo. Aunque la capacidad de almacenamiento de los ordenadores actuales es cada vez mayor (del orden de varios *terabytes*), también los problemas reales actuales nos plantean sistemas de orden cada vez más elevado: del orden de centenares de miles e incluso millones de incógnitas. Por tanto, son muy importantes las estrategias que permitan minimizar el espacio de memoria necesario para implementar los métodos de resolución.

La característica fundamental en estas estrategias es el número y, eventualmente, el reparto de los *elementos nulos* de la matriz (que se llaman impropiamente, los *ceros de la matriz*) *que no vayan a ser utilizados en ningún momento del cálculo*. De esta forma, *podemos almacenar los elementos no nulos y solo aquellos elementos nulos que vayan a ser modificados por el método, siempre que éste nos permita realizar todas sus operaciones utilizando tan solo los elementos almacenados.*

Se distinguen así, las matrices *llenas* (con pocos ceros) y las matrices *huecas* (con muchos ceros) que ya hemos visto: diagonales, tridiagonales, triangulares por puntos o por bloques, que aparecen en muchos problemas prácticos y métodos de aproximación de ecuaciones diferenciales ordinarias o en derivadas parciales. Tales matrices necesitan mucha menos memoria para ser alojadas siempre que se utilice un *almacenamiento tipo perfil o tipo Morse* que estudiamos más adelante (véase la sección 3.8). Tales sistemas se prestan bien, en general, a la utilización de métodos iterativos, mientras que los métodos directos se reservan sobre todo para sistemas con matriz llena, aunque con la capacidad y potencia de los ordenadores actuales se observa una cierta tendencia en sentido contrario.

Tiempo de cálculo y número de operaciones

Es evidente que el efecto de los errores de redondeo y el tiempo de cálculo (o tiempo de *CPU* de un método es proporcional al número de operaciones elementales que se realizan para llevar a cabo el método: sumas, restas, multiplicaciones y divisiones. El número total de operaciones elementales que requiere el método para ser ejecutado se denomina el *coste computacional* del método o, mejor dicho, ¡*de la forma de implementarlo!* En efecto, para un mismo método u operación matemática pueden existir distintas formas de realizar las operaciones que necesita. Lo veremos en dos ejemplos a continuación, lo que nos dará pie a definir el concepto de *algoritmo*. Aclaremos también que el coste computacional de un método depende además de otros factores tales como el número total de registros de memoria y el número de accesos a la memoria para buscar nuevos datos, pero en general, éstos no se tienen en cuenta. *La eficiencia de la implementación de un método será mayor cuanto menor sea el número de operaciones que realiza.*

Evidentemente, el tiempo de cálculo invertido en cada máquina dependerá del coste computacional y de la velocidad de cálculo de la máquina en cuestión (número de operaciones elementales por segundo o número de *flops*).

Un ejemplo paradigmático de un método directo de resolución de sistemas lineales, *impecable* desde el punto de vista teórico, pero *inutilizable* en la práctica, es el conocido como *regla de Cramer*. En efecto, vamos a ver que su coste computacional es prohibitivo en términos de tiempo de cálculo.

Según este método, la componente $u_i, (i = 1, 2, \ldots, n)$, de la solución se obtiene con las fórmulas siguientes:

$$u_i = \frac{\det(B_i)}{\det(A)}, \quad i = 1, 2, \ldots, n, \tag{3.5}$$

donde B_i es la matriz siguiente (matriz «orlada»):

$$B_i = \begin{pmatrix} a_{11} & \cdots & a_{1,i-1} & b_1 & a_{1,i+1} & \cdots & a_{1n} \\ a_{21} & \cdots & a_{2,i-1} & b_2 & a_{2,i+1} & \cdots & a_{2n} \\ \vdots & \vdots & \vdots & \vdots & \vdots & \vdots & \vdots \\ a_{i1} & \cdots & a_{i,i-1} & b_i & a_{i,i+1} & \cdots & a_{in} \\ \vdots & \vdots & \vdots & \vdots & \vdots & \vdots & \vdots \\ a_{n1} & \cdots & a_{n,i-1} & b_n & a_{n,i+1} & \cdots & a_{nn} \end{pmatrix}. \tag{3.6}$$

En consecuencia, se deben calcular $(n + 1)$ determinantes y realizar n divisiones. El cálculo de un determinante de orden n utilizando la fórmula (2.4) de su definición necesita $(n! - 1)$ sumas y $(n - 1)n!$ multiplicaciones. De este modo, la implementación de la regla de Cramer necesita $(n+1)(n!-1) = (n+1)! - n - 1$ sumas, $(n+1)(n-1)n! = (n-1)(n+1)!$ multiplicaciones y n divisiones. En total, $n(n+1)! - 1$ operaciones. Es obvio que el cálculo de los determinantes a partir de la definición no es la mejor opción desde el punto de vista del número de operaciones. Si calculamos los determinantes utilizando los desarrollos por menores, bien por filas bien por columnas, el número de operaciones es sensiblemente menor. Sin hacer un cálculo exhaustivo de todas, nos contentamos con buscar una cota inferior del número de operaciones que necesitaría el método (véase ALLAIRE–KABER [2008, sec. 5.1]) con la seguridad de que el número exacto (el lector lo puede calcular) no será superior al cálculo precedente.

Si llamamos p_n y s_n al número de multiplicaciones y sumas necesarias para calcular un determinante de orden n mediante el desarrollo por menores de una fila o de una columna se tendrá la siguiente relación $p_n = np_{n-1} + n \geq np_{n-1}$, $s_n = ns_{n-1} + n - 1 \geq ns_{n-1}$. Se deduce por recurrencia que $p_n \geq n!$, $s_n \geq n!$. Por tanto, para calcular la solución del sistema lineal por la regla de Cramer, utilizando esta forma de calcular, se necesitan al menos $(n + 1)n! = (n + 1)!$ multiplicaciones, $(n + 1)!$ sumas y n divisiones. Al menos un total de $2(n + 1)! + n$ operaciones elementales. Y este es un número enorme para n bien pequeño. En efecto, para resolver un sistema lineal de orden $n = 25$, en un gran ordenador de los más veloces actualmente (*1 petaflops* $= 10^{15}$ *flops*) por este método necesitaría por lo menos:

$$\frac{2 \cdot 26! + 25}{10^{15}} \approx 8.0658 \times 10^{11} \text{ seg.} \approx 25\,577 \text{ años!!!}$$

Los métodos directos que estudiaremos en los capítulos siguientes requieren un número de operaciones del orden de n^3 (en concreto $\frac{1}{3}n^3$, $\frac{2}{3}n^3$ o $\frac{4}{3}n^3$) que es muchísimo menor que $n!$ Para $n = 25$ el mismo ordenador invertiría menos de 10^{-10} segundos en realizar las n^3 operaciones y resolver el sistema.

Observación 3.2. Debido al coste computacional, el cálculo del determinante de una matriz jamás se hace a partir de la fórmula que lo define ni por el desarrollo de menores. De hecho, muchos de los métodos de resolución de sistemas lineales llevan implícita una estrategia para calcular *al mismo tiempo* el determinante de la matriz de coeficientes, con un mínimo coste computacional. Sin embargo, aunque utilicemos uno de estos métodos para calcular determinantes, nunca sería recomendable utilizar la regla de Cramer para sistemas, salvo casos concretos de matrices muy pequeñas ($n \leq 10$): estaríamos multiplicando el coste computacional por $(n+1)$. $\qquad\square$

3.4 Algoritmos y pseudocódigos de los métodos

Acabamos de ver dos formas distintas de la realización práctica del método de Cramer, que se diferencian tan solo en la forma de efectuar los cálculos intermedios. El método es el mismo, pero el número de operaciones elementales para implementarlo muy distinto (aunque en ambas es prohibitivo). La implementación es una parte esencial para entender los métodos que estudiamos en este curso. Detrás está la idea de *algoritmo* del método y su transcripción a *pseudocódigo*, que acompañan a su descripción matemática. Ilustraremos de forma breve estos conceptos con otro ejemplo: el cálculo de la matriz $C = AB$, producto de dos matrices $A = (a_{ij}) \in \mathcal{M}_{m \times n}(\mathbb{R})$ y $B = (b_{ij}) \in \mathcal{M}_{n \times p}(\mathbb{R})$ (ALLAIRE–KABER [2008, cap. 4]).

Se tiene, por tanto, $C = (c_{ij}) \in \mathcal{M}_{m \times p}(\mathbb{R})$ y por definición:

$$c_{ij} = \sum_{k=1}^{n} a_{ik}b_{kj}, \; 1 \leq i \leq m, \; 1 \leq j \leq p.$$

La fórmula anterior se puede interpretar de distintas formas que *únicamente se diferencian en el orden en el que se ejecutan las operaciones*. Una de ellas la hemos visto en la sección 2.2: considerar c_{ij} como el producto escalar de la i-ésima fila de A, $\alpha_i = (a_{ik})_{k=1}^{n} \in \mathbb{R}^n$, por la j-ésima columna de B, $\beta_j = (b_{kj})_{k=1}^{n} \in \mathbb{R}^n$. En consecuencia, se computaría sucesivamente

$$c_{ij} = (\alpha_i, \beta_j) = \beta_j^T \alpha_i = (\beta_j, \alpha_i) = \alpha_i^T \beta_j,$$

siguiendo el orden por filas de C (bucle en j dentro de un bucle en i) o el de columnas (bucle en i dentro de un bucle en j).

En cualquier caso, el papel principal corresponde a las filas de A y a las columnas de B. Sin embargo, podemos interpretar la fórmula del producto en una forma «dual» en la que el papel principal corresponda a las columnas de A y a las filas de B. Para $k = 1, 2, \ldots, p$ denotamos por $x_k = (a_{ik})_{i=1}^{m} \in \mathbb{R}^m$ la k-ésima columna de A y por

$y_k = (b_{ki})_{i=1}^p \in \mathbb{R}^p$ la k-ésima fila de B. Nótese que $x_k y_k^T$ será entonces una matriz de orden $m \times p$ y se tiene:

$$(x_k y_k^T)_{ij} = a_{ik} b_{kj}, 1 \le i \le m, 1 \le j \le p,$$

de modo que la matriz C se obtiene ahora en la forma:

$$C = \sum_{k=1}^n x_k y_k^T.$$

Nótese que esta estrategia ya no está basada en el producto escalar de vectores sino en el producto tensorial, que prioriza la multiplicación de cada columna de A por los escalares de las filas de B.

Obviamente, *en ambas estrategias se realiza el mismo número de operaciones: lo que las diferencia es el orden en que se realizan.* Si en la teoría el orden de las operaciones carece de importancia, *en el cálculo práctico los procedimientos son completamente diferentes* porque dependiendo de la forma en que se almacenen las matrices A, B y C en la memoria del computador, el acceso a sus filas y columnas puede ser más o menos rápido pues depende de la arquitectura particular del ordenador, del lenguaje de programación o de otros factores técnicos (véase la sección 3.8).

Del ejemplo anterior (y del ejemplo de Cramer) nos debe quedar claro que *hay varias formas prácticas de realizar una misma operación matemática o un mismo método numérico.* Cada una de estas formas es un *algoritmo* de la operación o el método.

Definición 3.1. *Llamamos algoritmo de una operación matemática o método numérico a toda sucesión ordenada y precisa de las operaciones elementales para llevar a cabo la operación matemática o el método numérico.*

Tengamos en cuenta algunos comentarios a propósito de este concepto:

a) Debemos distinguir entre la operación matemática (método numérico, fórmulas), que es nuestro objetivo, y el algoritmo, que es el medio para alcanzarlo. En particular, podemos tener diferentes algoritmos para un mismo método.

b) Dos algoritmos pueden realizar las mismas operaciones elementales y diferenciarse únicamente en el orden de las mismas (véase el ejemplo de la multiplicación de matrices). Pero también pueden diferenciarse en la naturaleza y en el número de las operaciones que realizan para alcanzar el mismo resultado (las dos formas de calcular un determinante que vimos atrás).

Queda ahora claro que es más preciso hablar del coste computacional de un algoritmo que de un método, pues para un mismo método podemos tener algoritmos distintos con el mismo o diferente coste computacional. Como ya hemos dicho el coste computacional es el número de operaciones elementales necesarias para ejecutar el algoritmo. El recuento preciso del número de operaciones para un algoritmo no es una tarea sencilla. Es recomendable hacerla sobre las fórmulas o sobre un pseudocódigo o código del mismo (véase más abajo).

Si trabajamos con un algoritmo para un problema de tamaño n (número de componentes de un vector o el orden de una matriz cuadrada) y llamamos $N_{op}(n)$ al número de operaciones elementales del algoritmo, cuando el cálculo exacto es difícil, nos podemos conformar con conocer un número $p(n)$ equivalente cuando la dimensión n es muy grande, es decir, $N_{op}(n) = \mathcal{O}(p(n))$, o sea, $N_{op}(n) \leq Cp(n)$, para todo n suficientemente grande.

EJEMPLO 3.2. En los tres algoritmos propuestos para el cálculo de $C = AB$ es fácil concluir que el número total de operaciones es $N_{op} = 2mnp$. Si las tres matrices son cuadradas de orden n, entonces $N_{op}(n) = 2n^3 = \mathcal{O}(2n^3)$. $\qquad\square$

Observación 3.3. Teniendo en cuenta que el computador hace las sumas y restas mucho más rápido que las multiplicaciones y divisiones y que en los métodos suele haber un número muy bajo de raíces cuadradas frente al número de multiplicaciones, suelen despreciarse estas operaciones y quedarse tan solo con multiplicaciones y divisiones. Este número, se llama, la *complejidad del algoritmo* y suele ser mucho más fácil de calcular que el coste computacional. En los algoritmos de la multiplicación de matrices la complejidad es mnp y en el caso de matrices cuadradas n^3. $\qquad\square$

Para escribir un algoritmo de forma precisa necesitamos un lenguaje que permita detallar la organización de las operaciones sin que ello suponga necesariamente escribir un programa de ordenador. Lo llamamos un *pseudolenguaje* porque nos permite escribir de forma precisa un *pseudocódigo* del algoritmo sin la rigidez de un lenguaje de programación para la sintaxis, la declaración de variables simples y dimensionadas, la llamada a subrutinas, etc. De este modo, con solo completar esos detalles, es muy fácil pasar de un pseudocódigo a un código en un lenguaje de alto nivel como Fortran, Matlab o Python.

Aunque, como hemos dicho, las reglas de sintaxis en los pseudocódigos son poco rigurosas, se observan algunas normas básicas como las siguientes que resultan transparentes e intuitivas:

– Utilizaremos el símbolo $x \leftarrow expresion(a, b, c \dots)$ para indicar que el resultado de la expresión se asigna a la variable x.

– Las operaciones elementales se realizan con escalares. Por eso, cuando se trabaja con vectores y matrices se explicitarán los bucles necesarios. Sin embargo, en los algoritmos con muchas etapas, a veces se consideran elementales las operaciones con matrices y vectores a imitación de los lenguajes actuales como el Fortran o Matlab que ya permiten estas operaciones de forma directa.

– Los datos de entrada *(inputs)* serán especificados al inicio del pseudocódigo y los resultados *(outputs)* al final. También al inicio figurará el resultado principal.

– Por supuesto, se utilizarán variables intermedias necesarias para los cálculos.

– *Se debe prestar especial atención para evitar operaciones innecesarias, por redundantes o inútiles, para que el algoritmo se ejecute con el mínimo coste computacional.*

Con estas ideas, el lector no tendrá dificultad en seguir los pseudocódigos de los algoritmos que acompañan a casi todos los métodos estudiados en este curso. Los pseudocódigos de los algoritmos aparecen numerados y encabezados simplemente con la palabra «algoritmo» en lugar de «pseudocódigo». En ellos, empleamos las siguientes abreviaturas: *triangular (tr.), tridiagonal (trid.), inferior (inf.), superior (sup.), simétrica (sim.), Hessenberg (Hess.), definida (def.) y positiva (pos.).*

Enfatizamos de nuevo la importancia fundamental de escribir un guión del algoritmo en un pseudolenguaje porque permite entender mejor el método, sus fórmulas, la secuencia de las tareas y contar el número de operaciones elementales.

Como ejemplos iniciales hemos escrito los pseudocódigos correspondientes a los dos algoritmos para la multiplicación de matrices descritos en los algoritmos 3.1 y 3.2. Nótese que los dos algoritmos difieren tan solo en el orden de los bucles. Desde el punto de vista práctico esto supone una diferencia esencial porque el acceso a las filas y columnas de A y B no se realiza a la misma velocidad dependiendo del ordenador, lo que se traduce en la mayor rapidez de uno sobre el otro. En ambos algoritmos el orden de los bucles en i y j puede cambiarse. Por tanto, tenemos 6 algoritmos distintos (permutaciones de los bucles en i, j, k). Es muy interesante comprobar los tiempos de ejecución de cada uno para matrices relativamente grandes (ejercicio 3.3).

Por todas las consideraciones precedentes, debe quedarnos claro que *los métodos numéricos (o algoritmos) deben ser estables y eficientes en tiempo de cálculo y en memoria ocupada.* Estas propiedades son cruciales. En la actualidad se dispone de un buen «arsenal» de métodos directos e iterativos y se resuelven sin gran dificultad sistemas con matrices llenas de orden menor o igual a 10 000. Si las matrices son huecas se puede llegar a orden 100 000. Estos órdenes son aproximados para ordenadores de talla media y varían a medida que aumenta su capacidad y velocidad. Algunos de los métodos más robustos desde el punto de vista computacional o de mayor importancia formativa son los que estudiamos en este texto.

Algoritmo 3.1 Producto $C = AB$ - Filas A - Columnas B.

procedure PRODMAT1$(m, n, p, a, b) \rightarrow c$
   input $m, n, p, a = (a_{ij}), b = (b_{ij})$
   for $i = 1, 2, \ldots, m$ **do**
      for $j = 1, 2, \ldots, p$ **do**
         $c_{ij} \leftarrow 0$
         for $k = 1, \ldots, n$ **do**
            $c_{ij} \leftarrow c_{ij} + a_{ik}b_{kj}$
         end for
      end for
   end for
   return $c = (c_{ij})$
end procedure

Algoritmo 3.2 Producto $C = AB$ - Columnas A - Filas B.

procedure PRODMAT2$(m, n, p, a, b) \to c$
    input $m, n, p, a = (a_{ij}), b = (b_{ij})$
    for $i = 1, 2, \ldots, m$ **do**
        for $j = 1, 2, \ldots, p$ **do**
            $c_{ij} \leftarrow 0$
        end for
    end for
    for $k = 1, 2, \ldots, n$ **do**
        for $i = 1, 2 \ldots, m$ **do**
            for $j = 1, 2, \ldots, n$ **do**
                $c_{ij} \leftarrow c_{ij} + a_{ik}b_{kj}$
            end for
        end for
    end for
    return $c = (c_{ij})$
end procedure

3.5   Sistemas lineales elementales

Ya hemos mencionado que varios de los métodos más utilizados se basan en transformar el sistema original en otro sistema «equivalente» que sea más «fácil» de resolver. Estudiaremos en esta sección algunos de estos sistemas «fáciles» y que llamaremos genéricamente *elementales*.

En la transformación a otro sistema el concepto de *equivalencia* resulta fundamental. Un sistema $Au = b$ de n ecuaciones y n incógnitas es *equivalente* a otro sistema del mismo orden $Ru = c$ si ambos tienen las mismas soluciones. Por tanto, para resolver el sistema original $Au = b$ basta con resolver el sistema equivalente $Ru = c$ porque no se pierde ninguna solución ni aparece ninguna solución nueva. Esta idea simple está detrás de los métodos directos e iterativos: el sistema original

$$Au = b \Leftrightarrow \begin{cases} a_{11}u_1 + a_{12}u_2 + \cdots + a_{1n}u_n &= b_1 \\ a_{21}u_1 + a_{22}u_2 + \cdots + a_{2n}u_n &= b_2 \\ \cdots\cdots\cdots\cdots\cdots\cdots\cdots\cdots\cdots &= \cdots \\ a_{n1}u_1 + a_{n2}u_2 + \cdots + a_{nn}u_n &= b_n, \end{cases}$$

se cambia mediante *transformaciones elementales* a otro sistema equivalente $Ru = c$ que sea *más fácil* de resolver:

$$Ru = c \Leftrightarrow \begin{cases} r_{11}u_1 + r_{12}u_2 + \cdots + r_{1n}u_n &= c_1 \\ r_{21}u_1 + r_{22}u_2 + \cdots + r_{2n}u_n &= c_2 \\ \cdots\cdots\cdots\cdots\cdots\cdots\cdots\cdots\cdots &= \cdots \\ r_{n1}u_1 + r_{n2}u_2 + \cdots + r_{nn}u_n &= c_n. \end{cases}$$

Las transformaciones elementales a las que aludimos son de los tres tipos siguientes, donde E_i denota la i-ésima ecuación del sistema:

i) Intercambiar las posiciones de dos ecuaciones: $E_i \leftrightarrow E_j$,

ii) Multiplicar una ecuación por un escalar distinto de cero: $E_i \to \lambda E_i$,

iii) Añadir a una ecuación otra ecuación multiplicada por un escalar no nulo: $E_i \to E_i + \lambda E_j$.

Es inmediato comprobar que si un sistema lineal se obtiene de otro por una sucesión finita de transformaciones elementales ambos sistemas resultan equivalentes: tienen las mismas soluciones.

Los sistemas *fáciles* de resolver que se acaban de mencionar son *sistemas elementales* con una estructura especial que hace relativamente simple el cálculo directo de la solución. Los ejemplos más importantes son los que tienen matriz: diagonal, triangular, diagonal por bloques, triangular por bloques u ortogonal.

A continuación analizamos los sistemas elementales más importantes y los métodos para su resolución junto con sus códigos correspondientes que serán utilizados en los métodos para sistemas con matriz general.

3.5.1   Sistemas diagonales y triangulares

Sistema diagonal

El caso más sencillo es, sin duda, el de sistemas con matriz diagonal:

$$
\begin{pmatrix}
a_{11} & 0 & 0 & \cdots & 0 \\
0 & a_{22} & 0 & \cdots & 0 \\
0 & 0 & a_{33} & \ddots & \vdots \\
\vdots & \vdots & \ddots & \ddots & 0 \\
0 & 0 & \cdots & 0 & a_{nn}
\end{pmatrix}
\begin{pmatrix}
u_1 \\
u_2 \\
\vdots \\
u_{n-1} \\
u_n
\end{pmatrix}
=
\begin{pmatrix}
b_1 \\
b_2 \\
\vdots \\
b_{n-1} \\
b_n
\end{pmatrix}.
$$

En este caso, el sistema $Au = b$ se reduce a las n ecuaciones:

$$
a_{ii}u_i = b_i, \quad i = 1, 2, \ldots, n.
$$

Obviamente, la existencia y unicidad de solución está garantizada si y solo si $a_{ii} \neq 0$, $1 \leq i \leq n$. En ese caso, la solución se obtiene con las n divisiones siguientes:

$$
u_i = b_i/a_{ii}, \quad 1 \leq i \leq n.
$$

Algoritmo 3.3 Método de descenso para $Au = b$, A tr. inf.

procedure SISTL$(n, a, b, u) \to u$

    input $n, A = (a_{ij}), b = (b_i)$ ▷ No se utiliza la parte superdiagonal de A

    $u_1 \leftarrow b_1/a_{11}$

    for $i = 2, \dots, n$ **do**

        $u_i \leftarrow b_i$

        for $k = 1, \dots, i-1$ **do**

            $u_i \leftarrow u_i - a_{ik}u_k$

        end for

        $u_i \leftarrow u_i/a_{ii}$

    end for

    return $u = (u_i)$

end procedure

Sistema triangular inferior: método de descenso

Se trata de un sistema $Au = b$ de la forma

$$
\begin{aligned}
a_{11}u_1 & = b_1 \\
a_{21}u_1 + a_{22}u_2 & = b_2 \\
\dots\dots\dots\dots\dots\dots\dots\dots\dots\dots\dots\dots & = \dots \\
a_{i1}u_1 + a_{i2}u_2 + \dots + a_{ii}u_i & = b_i \\
\dots\dots\dots\dots\dots\dots\dots\dots\dots\dots\dots\dots & = \dots \\
a_{n1}u_1 + a_{n2}u_2 + \dots + a_{ni}u_i + \dots + a_{nn}u_n & = b_n.
\end{aligned}
$$

Si $a_{ii} \neq 0, 1 \leq i \leq n$, el sistema tiene solución única que se obtiene mediante las siguientes fórmulas de *sustitución progresiva (forward method)* o de *descenso*:

$$
u_1 = b_1/a_{11}, \quad u_i = \left(b_i - \sum_{k=1}^{i-1} a_{ik}u_k\right)/a_{ii}, i = 2, 3, \dots, n.
$$

Observación 3.4. Se notará que la componente u_i de la solución es combinación lineal únicamente de $b_1, b_2, \dots, b_i$. Dado que $u = A^{-1}b$, esto prueba que A^{-1}, matriz inversa de una matriz triangular inferior, es también triangular inferior.   □

Las fórmulas del descenso se traducen mediante pseudocódigo al algoritmo 3.3. Se notará que en este código no se utiliza en ningún momento que los elementos superdiagonales de la matriz A son nulos. Por tanto, esas posiciones de memoria pueden tener almacenados otros valores cualesquiera, puesto que no interfieren en el cálculo. Esta idea se clave en los métodos de eliminación y factorización.

Nos interesa especialmente el caso en que la matriz A tiene todos sus coeficientes iguales a 1 ($a_{ii} = 1, 1 \leq i \leq n$). En ese caso en el algoritmo anterior es conveniente eliminar las divisiones por $a_{ii} = 1$ por dos razones: porque no se invierte tiempo en cálculos innecesarios y porque, como veremos, en algunos casos, no están en memoria los elementos diagonales de la matriz (los métodos de factorización LU, por ejemplo). Para esos casos tenemos el algoritmo 3.4.

Algoritmo 3.4 Método de descenso para $Au = b$, A tr. inf. con $a_{ii} = 1$.

---

procedure SISTL1$(n, a, b, u) \to u$
    input $n, A = (a_{ij}), b = (b_i)$ $\triangleright$ Solo se utiliza la parte subdiagonal de A
    $u_1 \leftarrow b_1$
    for $i = 2, \ldots, n$ **do**
        $u_i \leftarrow b_i$
        for $k = 1, \ldots, i - 1$ **do**
            $u_i \leftarrow u_i - a_{ik} u_k$
        end for
    end for
    return $u = (u_i)$
end procedure

EJERCICIO 3.1. Probar la siguiente igualdad, que será utilizada con frecuencia en el conteo del número de operaciones de un método:

$$s_n = \sum_{k=1}^{n} k = \frac{n(n+1)}{2}, \ (n \geq 1). \tag{3.7}$$

Solución. Una demostración sencilla se deduce de las siguientes igualdades:

$$2s_n = [1 + 2 + \cdots + (n-1) + n] + [n + (n-1) + \cdots + 2 + 1]$$
$$= (n+1) + (n+1) + \cdots + (n+1) = n(n+1). \qquad \square$$

De las fórmulas deducimos directamente el *número de operaciones elementales* del método

Sumas	:	$1 + 2 + \cdots + (n-1) = n(n-1)/2$.
Multiplicaciones	:	$1 + 2 + \cdots + (n-1) = n(n-1)/2$.
Divisiones	:	n.

Sistema triangular superior: método de remonte

Se trata de un sistema de la forma siguiente:

$$
\begin{aligned}
a_{11}u_1 + a_{12}u_2 + \cdots + a_{1i}u_i + \cdots + a_{1n}u_n &= b_1 \\
a_{22}u_2 + \cdots + a_{2i}u_i + \cdots + a_{2n}u_n &= b_2 \\
\cdots\cdots\cdots\cdots\cdots\cdots\cdots &= \cdots \\
a_{ii}u_i + \cdots + a_{in}u_n &= b_i \\
\cdots\cdots\cdots\cdots\cdots\cdots &= \cdots \\
a_{nn}u_n &= b_n.
\end{aligned}
$$

Si $a_{ii} \neq 0, 1 \leq i \leq n$, el sistema tiene solución única que se obtiene mediante el siguiente *método de sustitución regresiva (backward method) o de remonte* cuyo pseudocódigo se detalla en el algoritmo 3.5:

$$u_n = b_n/a_{nn}, \quad u_i = (b_i - \sum_{k=i+1}^{n} a_{ik}u_k)/a_{ii}, i = n - 1, n - 2, \ldots, 2, 1.$$

El *número de sumas, productos y divisiones* coincide con el de los sistemas triangulares inferiores y se calcula de la misma forma.

Algoritmo 3.5 Método de remonte para $Au = b$, A tr. sup.

> **procedure** SISTU$(n, a, b, u) \rightarrow u$
> > **input** $n, A = (a_{ij}), b = (b_i)$ $\triangleright$ No se utiliza la parte subdiagonal de A
> > $u_n \leftarrow b_n/a_{nn}$
> > **for** $i = n - 1, n - 2, \ldots, 1$ **do**
> > > $u_i \leftarrow b_i$
> > > **for** $k = i + 1, \ldots, n$ **do**
> > > > $u_i \leftarrow u_i - a_{ik}u_k$
> > > **end for**
> > > $u_i \leftarrow u_i/a_{ii}$
> > **end for**
> > **return** $u = (u_i)$
> **end procedure**

3.5.2 Sistemas diagonales y triangulares por bloques

El sistema diagonal por bloques como el de la figura 3.1 es equivalente a los N sistemas lineales de tamaño reducido siguientes:

$$A_{II}\, u_I = b_I, \ 1 \leq I \leq N.$$

En consecuencia, la resolución equivale a resolver dichos N sistemas lineales de orden más pequeño, por algún método conocido. Nótese que el sistema tiene una y una sola solución si y solo si $\det(A_{II}) \neq 0, I = 1, 2, \ldots, N$. Además $\det(A) = \det(A_{11})\det(A_{22})\cdots\det(A_{NN})$. De la misma forma un sistema triangular superior por bloques como el de la figura 3.2, tiene una única solución si $\det(A_{II}) \neq 0, I = 1, 2, \ldots, N$. Nótese que también $\det(A) = \det(A_{11})\det(A_{22})\cdots\det(A_{NN})$. En tal caso, la resolución global se reduce a resolver sucesivamente, por algún método conocido, los N sistemas lineales de tamaño reducido siguientes:

$$A_{NN}U_N = b_N, \quad A_{II}u_I = b_I - \sum_{K=I+1}^{N} A_{IK}u_K, I = N - 1, N - 2, \ldots, 2, 1.$$

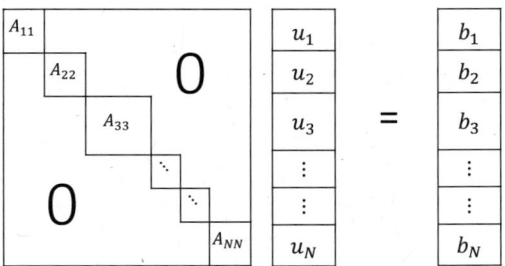

Figura 3.1: Sistema diagonal por bloques.

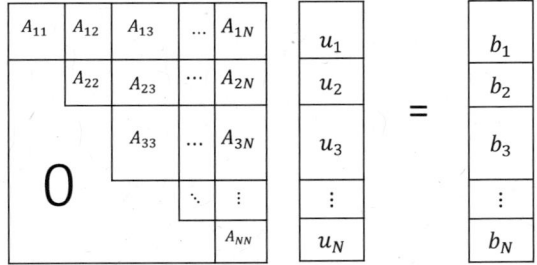

Figura 3.2: Sistema triangular superior por bloques.

3.5.3   Sistemas permutables a triangulares

Entre los sistemas elementales, «fáciles» de resolver, se encuentran también los que *mediante una permutación de las ecuaciones* se pueden reducir a los anteriores.

Sistema permutable a triangular inferior

Supongamos por ejemplo que el sistema $Au = b$ se puede reducir a un *sistema triangular inferior* mediante una permutación de sus ecuaciones. Esto significa que una fila de A, digamos l_1, tiene ceros en las columnas $2, 3, \ldots, n$; otra fila, digamos, l_2, tiene ceros en las columnas $3, 4, \ldots, n$. En general, existe una fila l_i que tiene ceros en las posiciones $i + 1, i + 2, \ldots, n$. Así, el sistema con las ecuaciones en el orden $l_1, l_2, \ldots, l_n$ es triangular inferior:

$$\sum_{k=1}^{i} a_{l_i k} u_k = b_{l_i}, \quad 1 \le i \le n.$$

Si denotamos por P la matriz de permutación asociada a la permutación l, $p_{ij} = \delta_{jl_i}$, entonces el sistema anterior corresponde a $PAu = Pb$, equivalente al sistema inicial. Se puede resolver, entonces, por el método de sustitución progresiva: (el vector $(l_1, l_2, \ldots, l_n)^T$, es conocido):

$$u_1 = b_{l_1}/a_{l_1 1}, \quad u_i = (b_{l_i} - \sum_{k=1}^{i-1} a_{l_i k} u_k)/a_{l_i i}, i = 2, 3, \ldots, n.$$

Algoritmo 3.6 Método de descenso para $Au = b$ permutable a tr. inf.

> **procedure** SISTLPF$(n, a, b, l, u) \to u$ ▷ $PAu = Pb$ es tr. inf.
>   **input** $n, A = (a_{ij}), b = (b_i), l = (l_i)$ ▷ $p_{ij} = \delta_{l_i j}$
> $u_1 \leftarrow b_{l_1}/a_{l_1 1}$
>   **for** $i = 2, \ldots, n$ **do**
> $u_i \leftarrow b_{l_i}$
>   **for** $k = 1, \ldots i - 1$ **do**
> $u_i \leftarrow u_i - a_{l_i k} u_k$
>   **end for**
> $u_i \leftarrow u_i/a_{l_i i}$
>   **end for**
>   **return** $u = (u_i)$
> **end procedure**

Algoritmo 3.7 Método de descenso: $Au = b$ permutable a tr. inf.: $a_{l_i i} = 1$.

> **procedure** SISTLPF1$(n, a, b, l, u) \to u$ ▷ $PAu = Pb$ es tr. inf. $a_{l_i i} = 1$
>   **input** $n, A = (a_{ij}), b = (b_i), l = (l_i)$ ▷ $p_{ij} = \delta_{l_i j}$
> $u_1 \leftarrow b_{l_1}$
>   **for** $i = 2, \ldots, n$ **do**
> $u_i \leftarrow b_{l_i}$
>   **for** $k = 1, \ldots i - 1$ **do**
> $u_i \leftarrow u_i - a_{l_i k} u_k$
>   **end for**
>   **end for**
>   **return** $u = (u_i)$
> **end procedure**

El pseudocódigo correspondiente se muestra en el algoritmo 3.6. Nos interesa también disponer del código para el caso en que la matriz PA tiene los elementos diagonales iguales a 1: $a_{l_i i} = 1$, $i = 1, \ldots, n$ evitando las n divisiones del código anterior. Este algoritmo (codificado en 3.7) será utilizado en el método de Gauss con pivote parcial (sección 5.1).

Sistema permutable a triangular superior

Del mismo modo se puede tratar un sistema $Au = b$ equivalente a un *sistema triangular superior mediante una permutación* $(l_1, l_2, \ldots, l_n)$ *de sus ecuaciones*, es decir, $PAu = Pb$:

$$\sum_{k=i}^{n} a_{l_i k} u_k = b_{l_i}, \quad 1 \le i \le n.$$

Algoritmo 3.8 Método de remonte para $Au = b$ permutable a tr. sup.

procedure SISTUPF$(n, a, b, l, u) \rightarrow u$ $\qquad \triangleright PAu = Pb$ es tr. sup.
$\quad$ **input** $n, A = (a_{ij}), b = (b_i), l = (l_i)$ $\qquad\qquad\qquad \triangleright p_{ij} = \delta_{l_i j}$
$\quad u_n \leftarrow b_{l_n}/a_{l_n n}$
$\quad$ **for** $i = n - 1, n - 2, \ldots, 1$ **do**
$\qquad u_i \leftarrow b_{l_i}$
$\qquad$ **for** $k = i + 1, \ldots n$ **do**
$\qquad\qquad u_i \leftarrow u_i - a_{l_i k} u_k$
$\qquad$ **end for**
$\qquad u_i \leftarrow u_i/a_{l_i i}$
$\quad$ **end for**
$\quad$ **return** $u = (u_i)$
end procedure

Algoritmo 3.9 Método de remonte para $PAu = b$ con PA tr. sup.

procedure SISTUPFM$(n, a, b, l, u) \rightarrow u$ $\qquad \triangleright PA$ es tr. sup. $p_{ij} = \delta_{l_i j}$
$\quad$ **input** $n, A = (a_{ij}), b = (b_i), l = (l_i)$
$\quad u_n \leftarrow b_n/a_{l_n n}$
$\quad$ **for** $i = n - 1, n - 2, \ldots, 1$ **do**
$\qquad u_i \leftarrow b_i$
$\qquad$ **for** $k = i + 1, \ldots n$ **do**
$\qquad\qquad u_i \leftarrow u_i - a_{l_i k} u_k$
$\qquad$ **end for**
$\qquad u_i \leftarrow u_i/a_{l_i i}$
$\quad$ **end for**
$\quad$ **return** $u = (u_i)$
end procedure

Es obvio que tal sistema puede ser resuelto por sustitución regresiva o remonte (algoritmo 3.8):

$$u_n = b_{l_n}/a_{l_n n}, \quad u_i = (b_{l_i} - \sum_{k=i+1}^{n} a_{l_i k} u_k)/a_{l_i i}, i = n - 1, n - 2, \ldots, 2, 1. \qquad (3.8)$$

Nos encontraremos también con sistemas triangulares superiores de la forma $PAu = b$, es decir en los que solo realizamos la permutación en las filas de la matriz:

$$\sum_{k=i}^{n} a_{l_i k} u_k = b_i, \quad 1 \le i \le n.$$

En ese caso el código se modifica ligeramente y se obtiene el algoritmo 3.9 que nos facilitará la implementación del método de factorización $PA = LU$ (sección 5.2.3).

Sistemas con matriz ortogonal

Si A es ortogonal $(A^{-1} = A^T)$, la resolución del sistema lineal $Au = b$ se obtiene inmediatamente en la forma $u = A^T b$, que necesita n^2 productos y $n(n-1)$ sumas.

3.6   Clasificación de los métodos directos

Métodos de transformación

Se basan en transformar el sistema lineal original $Au = b$ en un sistema elemental equivalente $Ru = c$. Según la transformación y el sistema $Ru = c$ de llegada, se distinguen los siguientes grupos de métodos.

i) Métodos de eliminación de Gauss: R es una matriz *triangular superior*.

- *Normal:* $R = MA$, $c = Mb$, M invertible, triangular inferior (sección 4.1).
- *Pivote parcial:* $R = MPA$, $c = MPb$, M: invertible, triangular inferior, P: matriz de permutación (sección 5.1).
- *Pivote total:* $R = MPAQ$, $c = MPb$, M: invertible, triangular inferior, P, Q: matrices de permutación, (incógnita: $\tilde{u} = Qu$ permutación de la original). Es un método poco utilizado (véase p. ej. INFANTE–REY [2002]).

ii) Métodos de eliminación de Gauss–Jordan: R es una matriz diagonal (véase p. ej. INFANTE–REY [2002], STOER–BULIRSCH [1980, sec. 4.2]).

- *Normal:* $R = MA$, $c = Mb$, M invertible.
- *Pivote parcial:* $R = MPA$, $c = MPb$, M: invertible, P: matriz de permutación.
- *Pivote total:* $R = MPAQ$, $c = MPb$, M: invertible, P, Q: matrices de permutación, (incógnita: $\tilde{u} = Qu$ permutación de la original).

Los métodos «por puntos» tienen una versión «por bloques» para los que R es una matriz triangular superior (diagonal) por bloques.

Es necesario insistir en que estos métodos no se calculan explícitamente las matrices M, P, Q sino directamente R y c.

iii) Métodos de ortogonalización: R es una matriz triangular superior de la forma $R = OA$ y $c = Ob$ donde O es una matriz *ortogonal* $(O^T = O^{-1})$. Los métodos de ortogonalización se distinguen por la forma de llegar a la matriz R, triangular superior:

- *Householder:* usando matrices de Householder elementales (sección 7.3). Propuesto en 1958 por Alston Scott Householder (1904–1993), matemático norteamericano.
- *Givens:* usando matrices de rotación propuestas por Wallace Givens (1910–1993). Superado por el método de Householder, no es muy utilizado.
- *Gram–Schmidt:* basándose en el método de ortogonalización de Gram - Schmidt. Tampoco es muy utilizado debido a su inestabilidad numérica (sección 7.4.3, STOER–BULIRSCH [1980, sec. 4.7]).

Métodos de factorización

Como ya hemos avanzado, los métodos de factorización para $Au = b$ se basan en calcular una factorización $A = R_1 R_2 \cdots R_m$ y resolver sucesivamente los m sistemas elementales siguientes:

$$R_1 u_1 = b;\ R_2 u_2 = u_1,\ \ldots, R_{m-1} u_{m-1} = u_{m-2},\ R_m u_m = u_{m-1}.$$

- *Método de Doolittle* (sección 4.2). Propuesto por Myrick Hascall Doolittle (1830–1913), está basado en la factorización $A = LU$, con:
  - L: matriz triangular inferior y elementos diagonales $l_{ii} = 1$, $i = 1, 2, \ldots, n$,
  - U: matriz triangular superior.

- *Método de Crout.* Poco utilizado, basado en la factorización $A = LDU$, propuesta por Prescott Durand Crout (1907–1984), donde:
  - L: matriz triangular inferior y elementos diagonales $l_{ii} = 1$, $i = 1, 2, \ldots, n$,
  - D: matriz diagonal,
  - U: matriz triangular superior con elementos diagonales $u_{ii} = 1$, $i = 1, 2, \ldots, n$.

- *Método de Crout para matrices simétricas.* Poco utilizado. Basado en la factorización $A = LDL^T$ donde:
  - L: matriz triangular inferior y elementos diagonales $l_{ii} = 1$, $i = 1, 2, \ldots, n$,
  - D: matriz diagonal.

- *Método de Cholesky para matrices simétricas y definidas positivas* (capítulo 6). Basado en la factorización $A = BB^T$, propuesta por André-Louis Cholesky (1875—1918), donde:
  - B: matriz triangular inferior y elementos diagonales $b_{ii} > 0$, $i = 1, 2, \ldots, n$.

- *Método de factorización $A = QR$* (sección 7.4): Basado en la factorización $A = QR$ con Q matriz ortogonal y R matriz triangular superior.

Observación 3.5. En esta clasificación deberían incluirse los métodos para sistemas lineales $Au = b$, con A simétrica y definida positiva, que resultan de la aplicación de métodos de optimización al funcional cuadrático $J : \mathbb{R}^n \to \mathbb{R}$:

$$J(v) = \frac{1}{2} v^T A v - v^T b,$$

cuyo mínimo se alcanza precisamente en el vector u solución del sistema $Au = b$. Los más conocidos son los *métodos de direcciones conjugadas* y, en particular, el *método de gradiente conjugado* propuesto en 1952 por Magnus Rudolph Hestenes (1906–1991) y Eduard Ludwig Stiefel (1909–1978). Teóricamente es un método directo (converge en n etapas), pero, debido a los errores de redondeo, se utilizan como métodos iterativos. Estos métodos se encuadran dentro de los métodos numéricos de optimización y caen fuera del ámbito de este manual (véase p. ej. ORTEGA-RHEINBOLDT [1970], DENNIS–SCHNABEL [1983], MINOUX [1983], QUARTERONI–SACCO–SALERI [2000] o ALLAIRE–KABER [2008]). □

3.7 Aplicación al cálculo de inversas y determinantes

Como puede apreciarse en la clasificación anterior, a pesar de que la solución u del sistema lineal $Au = b$ se obtiene teóricamente en la forma $u = A^{-1}b$, *ningún método de resolución se basa en el cálculo de la matriz inversa* A^{-1} y a continuación $A^{-1}b$. *Y jamás debe hacerse.* En efecto, si llamamos u_j a la j-ésima columna de A^{-1}, $A^{-1} = (u_1|u_2|\cdots|u_n)$, de la identidad $AA^{-1} = I$, vemos de inmediato que el cálculo de la matriz A^{-1} es equivalente a la resolución de los siguientes n sistemas lineales con matriz A:

$$Au_j = e_j,\ 1 \leq j \leq n, \quad e_j = (\delta_{ij})_{i=1}^n = (0, 0, \ldots, 1, \ldots, 0)^T.$$

Por tanto, ¡estaríamos reemplazando la resolución de *un* sistema lineal (problema de partida) por la resolución de n sistemas lineales seguido de la multiplicación de A^{-1} por b!

No obstante, existen ocasiones (escasas) en que es necesario calcular la matriz A^{-1}. Para esos casos podemos resolver los n sistemas equivalentes utilizando cualquier método de resolución de sistemas. Lo más recomendable es utilizar métodos de eliminación o factorización pues *los cálculos sobre la matriz se hacen una sola vez y se resuelven los n sistemas de llegada, pero todos con la misma matriz.*

Un algoritmo alternativo para el cálculo de la inversa de A es la *fórmula de Faddev–Leverrier* (véase, p. ej. QUARTERONI–SACCO–SALERI [2000, sec. 3.6]):

$$B_0 = I; \quad \alpha_k = \frac{1}{k}\operatorname{tr}(AB_{k-1}), \quad B_k = -AB_{k-1} + \alpha_k I, \quad k = 1, 2, \ldots, n.$$

Se deduce que $B_n = 0$ y, por tanto, si $\alpha_n \neq 0$, se obtiene: $A^{-1} = \dfrac{1}{\alpha_n}B_{n-1}$.

Por otra parte, los métodos de transformación de una matriz A en una matriz R triangular superior (método de Gauss o de ortogonalización) o R diagonal (método de Gauss–Jordan) lo hacen mediante *transformaciones elementales* que o bien no modifican el determinante de A o bien lo hacen de una forma conocida. *Esto permite calcular el determinante de A pues coincide con el determinante de R -producto de sus elementos diagonales-.* También los métodos de factorización son aplicables al cálculo de determinantes. En efecto, si $A = R_1 R_2 \cdots R_m$ se tendrá $\det(A) = \det(R_1) \det(R_2) \cdots \det(R_m)$. Bastará que $\det(R_i)$ sea «fácil» de calcular —en la práctica lo es— para tener el método buscado. En este manual, cuando es factible, los métodos para resolución de sistemas se completan con el cálculo del determinante de la matriz de coeficientes.

3.8 Almacenamiento optimizado de matrices

Sea $A = (a_{ij})$ una matriz $n \times n$ real. En el caso general, como ya hemos dicho, el almacenamiento en el ordenador de la matriz A necesita n^2 posiciones de memoria.

Es importante conocer en qué orden se almacenan en memoria los elementos a_{ij} y, siempre que sea posible, *procurar mantener este orden en los cálculos para favorecer su rapidez.* Lenguajes como el Fortran, Matlab y otros de uso común utilizan el *almacenamiento priorizado por columnas*:

$$a_{11}, a_{21}, \ldots, a_{mn}, a_{12}, a_{22}, \ldots, a_{m2}, \ldots, a_{1n}, a_{2n}, \ldots, a_{mn},$$

mientras que C/C++ utiliza el almacenamiento priorizado por filas.

Cuando n es muy grande ($n \geq 500$), disponer de n^2 posiciones de memoria para cada matriz puede imponer una severa restricción para resolver problemas en ordenadores con capacidad de memoria limitada. Debemos tener en cuenta que en problemas reales es habitual tratar con matrices de orden $\geq 10\,000$. Esta es la razón de intentar optimizar el número de posiciones de memoria que debe reservarse para almacenar una matriz particular y poder realizar los cálculos del algoritmo propuesto. Afortunadamente, en la práctica, se encuentran matrices (triangulares, tridiagonales, huecas) con gran número de elementos nulos que podemos evitar almacenar para realizar algoritmos habituales. También podemos evitar almacenar los elementos duplicados de una matriz simétrica. Obviamente, esto nos obliga a estructurar los elementos almacenados de manera que sea sencillo «reconstruir» la matriz de que se trata y realizar correctamente el algoritmo.

A continuación analizamos de manera superficial los métodos utilizados en los códigos de uso general e ilustramos su manejo en el problema de calcular $v = Au$ o resolver el sistema lineal $Au = b$ con matriz triangular inferior por el método de descenso.

3.8.1 Almacenamiento de matrices tridiagonales

Comenzaremos por el ejemplo habitual de las matrices tridiagonales de la forma:

$$A = \begin{pmatrix} a_1 & b_1 & & & & \\ c_2 & a_2 & b_2 & & & \\ & & \ddots & \ddots & \ddots & \\ & & & c_{n-1} & a_{n-1} & b_{n-1} \\ & & & & c_n & a_n \end{pmatrix}$$

Para estas matrices es suficiente almacenar sus $3n - 2$ elementos no nulos correspondientes a las 3 diagonales en los 3 vectores: $a = (a_i)_{i=1}^n$, $b = (b_i)_{i=1}^{n-1}$ y $c = (c_i)_{i=2}^n$. En efecto, el cálculo de $v = Au$ en este caso se reduce a las fórmulas siguientes:

$$\begin{cases} v_1 = a_1 u_1 + b_1 u_2, \\ v_i = c_i u_{i-1} + a_i u_i + b_i u_{i+1}, \quad i = 2, 3, \ldots, n-1 \\ v_n = c_n u_{n-1} + a_n u_n, \end{cases}$$

que se codifica en el sencillo algoritmo 3.10.

Algoritmo 3.10 Cálculo de $v = Au$, A tridiagonal.

---

procedure P_MAT3DXV$(n, a, b, c, u, v) \rightarrow v$ $\triangleright$ $(a, b, c$ diagonales de $A)$
    input $n, a = (a_i)_{i=1}^n, b = (b_i)_{i=1}^{n-1}, c = (c_i)_{i=2}^n, u = (u_i)_{i=1}^n$
    $v_1 \leftarrow a_1 u_1 + b_1 u_2$
    for $i = 2, \ldots n - 1$ **do**
       $v_i \leftarrow c_i u_{i-1} + a_i u_i + b_i u_{i+1}$
    end for
    $v_n \leftarrow c_n u_{n-1} + a_n u_n$
    output $u = (u_i)$
end procedure

En particular, si A es tridiagonal y simétrica se tiene $b_i = c_{i+1}$, $i = 1, 2, \ldots, n-1$ y, por tanto, basta con almacenar las 2 diagonales a y b. El método anterior se extiende de forma natural al caso de matrices pentadiagonales. Sin embargo, para matrices banda con un mayor número de diagonales es más indicado el *almacenamiento perfil* (en inglés, *skyline storage*), cuyo fundamento vemos a continuación.

3.8.2 Almacenamiento perfil

Matrices triangulares o simétricas llenas

Para matrices triangulares inferiores $(a_{ij} = 0, j > i)$

$$A = \begin{pmatrix} a_{11} & & & & & \\ a_{21} & a_{22} & & & & \\ \vdots & \vdots & \ddots & & & \\ a_{i1} & a_{i2} & \cdots & a_{ii} & & \\ \vdots & \vdots & \cdots & \vdots & \ddots & \\ a_{n1} & a_{n2} & \cdots & \cdots & \cdots & a_{nn} \end{pmatrix} \tag{3.9}$$

o simétricas $(a_{ij} = a_{ji}, j > i)$

$$A = \begin{pmatrix} a_{11} & a_{21} & \cdots & a_{i1} & \cdots & a_{n1} \\ a_{21} & a_{22} & \cdots & a_{i2} & \cdots & a_{n2} \\ \vdots & \vdots & \ddots & \vdots & \vdots & \vdots \\ a_{i1} & a_{i2} & \cdots & a_{ii} & \cdots & a_{ni} \\ \vdots & \vdots & \vdots & \vdots & \ddots & \vdots \\ a_{n1} & a_{n2} & \cdots & a_{ni} & \cdots & a_{nn} \end{pmatrix}, \tag{3.10}$$

es suficiente introducir en la memoria los $L = 1 + 2 + \cdots + n = n(n+1)/2$ elementos no nulos (caso triangular) o que no se repiten (caso simétrico). Esto se realiza almacenando la parte inferior de la matriz en un vector z llamado *vector perfil de la matriz*. El orden de almacenamiento generalmente admitido es el de la figura 3.3.

1				
2	3			
4	5	6		
7	8	9	10	
...	...	...	...	...
...	...	...	$L-2$	$L-1$	L

Figura 3.3: Orden en el perfil: tr. inf. o simétricas llenas.

En consecuencia, el elemento diagonal $a_{i-1,i-1}$, $1 \leq i \leq n$, ocupa la posición $1 + 2 + \cdots + i - 1 = i(i-1)/2$ en el vector perfil z. El elemento a_{ij} de la fila i-ésima, $1 \leq j \leq i$, estará j posiciones después, o sea $i(i-1)/2 + j$. En resumen:

$$a_{ij} = z(\frac{1}{2}i(i-1) + j), 1 \leq j \leq i, 1 \leq i \leq n; \quad a_{ii} = z(\frac{1}{2}i(i+1)).$$

Observación 3.6. Para no complicar en exceso las notaciones, siempre que nos refiramos a los vectores puntero y vectores de almacenamiento de matrices en perfil o Morse —véase sección siguiente— utilizaremos la notación $\mu(i)$, $\lambda(j)$ o $z(k)$ para las componentes μ_i, λ_j y z_k de los vectores μ, λ y z.   □

Para facilitar el manejo de las componentes del vector perfil z es cómodo introducir el puntero μ definido, por conveniencia, como sigue:

$$\mu(1) = 0, \quad \mu(i) = \text{ posición en } z \text{ del elemento } a_{i-1,i-1} : i = 2, 3, \ldots, n+1.$$

En la subsección siguiente veremos la ventaja de definir el puntero μ de esta manera para tratar con matrices huecas. En este caso, para las matrices triangulares inferiores o simétricas llenas, el puntero tiene la siguiente fórmula explícita:

$$\mu(1) = 0, \mu(i) = \frac{1}{2}i(i-1), i = 1, 2, \ldots, n+1.$$

Por tanto,

$$a_{ij} = z(\mu(i) + j), 1 \leq j \leq i, 1 \leq i \leq n.$$

Observación 3.7. Se notará que en la expresión anterior se tiene $a_{ii} = z(\mu(i) + i)$ que coincide con $a_{ii} = z(\mu(i+1))$ dada la igualdad $\mu(i+1) = \mu(i) + i$ (válida solo para matrices llenas, como veremos más adelante).   □

Consideramos como primer ejemplo, la resolución de un sistema lineal $Au = b$, con A matriz triangular inferior (sección 3.5.1). Las fórmulas son, evidentemente, las mismas, pero ahora debemos buscar los elementos a_{ij} en el vector perfil z. El pseudocódigo del método se propone en el algoritmo 3.11.

Algoritmo 3.11 Método de descenso para $Au = b$, A tr. inf. llena, perfil.

procedure SISTLPERF$(n, z, b, u) \to u$ $\qquad\qquad$ $\triangleright$ z: vector perfil de A

$\quad$ **input** $n, b = (b_i)_{i=1}^{n}, z = (z(k))_{k=1}^{n(n+1)/2}$

$\quad$ **for** $i = 1, \ldots, n + 1$ **do**

$\qquad$ $\mu(i) \leftarrow i(i-1)/2$ $\qquad\qquad$ $\triangleright$ $\mu = (\mu(i))_{i=1}^{n+1}$: puntero del perfil

$\quad$ **end for**

$\quad$ $u_1 \leftarrow b_1/z(1)$

$\quad$ **for** $i = 2, \ldots, n$ **do**

$\qquad$ $u_i \leftarrow b_i$

$\qquad$ **for** $k = 1, \ldots, i - 1$ **do**

$\qquad\qquad$ $u_i \leftarrow u_i - z(\mu(i) + k)u_k$

$\qquad$ **end for**

$\qquad$ $u_i \leftarrow u_i/z(\mu(i+1))$

$\quad$ **end for**

$\quad$ **return** $u = (u_i)$

end procedure

Algoritmo 3.12 Cálculo de $v = Au$, A simétrica, llena, vector perfil.

procedure P_MSPERFXV$(n, z, u, v) \to v$ $\qquad\qquad$ $\triangleright$ z: vector perfil de A

$\quad$ **input** $n, u = (u_i)_{i=1}^{n}, z = (z(k))_{k=1}^{n(n+1)/2}$

$\quad$ **for** $i = 1, 2, \ldots, n + 1$ **do**

$\qquad$ $\mu(i) \leftarrow i(i-1)/2$

$\quad$ **end for**

$\quad$ **for** $i = 1, \ldots, n$ **do**

$\qquad$ $v_i \leftarrow 0$

$\qquad$ **for** $k = 1, \ldots, i$ **do**

$\qquad\qquad$ $v_i \leftarrow v_i + z(\mu(i) + k)u_k$

$\qquad$ **end for**

$\qquad$ **for** $k = i + 1, \ldots, n$ **do**

$\qquad\qquad$ $v_i \leftarrow v_i + z(\mu(k) + i)u_k$

$\qquad$ **end for**

$\quad$ **end for**

$\quad$ **output** $v = (v_i)$

end procedure

Un segundo ejemplo es el cálculo de $v = Au$ con A simétrica, cuya parte inferior almacenamos en el vector perfil z: a_{ij}, $1 \leq j \leq i$, $1 \leq i \leq n$. Los elementos a_{ji} de la parte superior coinciden con el correspondiente a_{ij}. Ahora hemos de tener cuidado de separar los elementos de la parte superior y los de la parte inferior para localizarlos convenientemente en el vector perfil. Veamos las fórmulas que se traducen fácilmente al pseudocódigo del algoritmo 3.12:

$$
\begin{aligned}
v_i &= \sum_{k=1}^{i-1} a_{ik}u_k + a_{ii}u_i + \sum_{k=i+1}^{n} a_{ki}u_k \\
&= \sum_{k=1}^{i-1} z(\mu(i)+k)u_k + z(\mu(i)+i)u_i + \sum_{k=i+1}^{n} z(\mu(k)+i)u_k.
\end{aligned}
$$

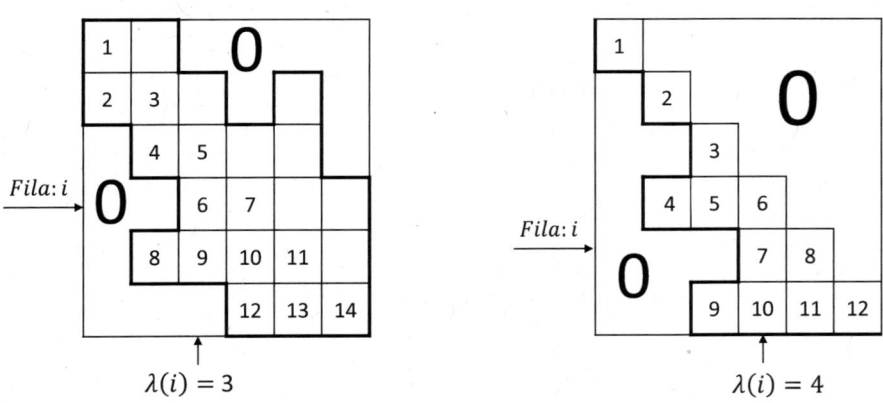

Figura 3.4: Orden en el perfil: simétricas y tr. inf. huecas.

Matrices triangulares o simétricas huecas

En la práctica son muy frecuentes las matrices triangulares o simétricas que tienen una gran mayoría de elementos nulos y cuyos elementos no nulos están cerca de la diagonal principal. En estos casos el almacenamiento se realiza en un vector perfil z introduciendo fila a fila los elementos subdiagonales en el orden que indicamos en la figura 3.4: *de cada fila almacenamos tan solo los elementos que están entre el primer no nulo y el elemento diagonal (¡sean nulos o no!).*

Por tanto, *ahora el número de componentes del vector perfil z no se conoce de antemano y depende de la estructura particular de la matriz.* Para establecer la correspondencia entre los elementos de la matriz y los del vector perfil es necesario conocer uno de los punteros siguientes (de uno se deduce el otro) *que dependen de los ceros* de cada matriz (nótese que el puntero μ tiene la misma definición que para matrices llenas, pero, *obviamente, no la misma fórmula*):

$$
\begin{aligned}
\mu(1) &= 0, \quad \mu(i) = \text{posición en } z \text{ del elemento } a_{i-1,i-1}, i = 2, 3, \ldots, n+1, \\
\lambda(i) &= \min\{j : a_{ij} \neq 0, 1 \leq j \leq i\}, 1 \leq i \leq n.
\end{aligned}
$$

Por consiguiente, es fácil obtener las siguientes relaciones:

$$
\begin{aligned}
\mu(i+1) &= \mu(i) - \lambda(i) + i + 1, 1 \le i \le n, \\
a_{ij} &= z(\mu(i) - \lambda(i) + j + 1) \\
&= z(\mu(i+1) - i + j), \ \lambda(i) \le j \le i-1, \ 1 \le i \le n.
\end{aligned}
$$

EJEMPLO 3.3. Para la matriz

$$
A = \begin{pmatrix}
1. & -1. & 0. & 0. & 0. \\
-1. & 3. & -1. & 0. & -1. \\
0. & -1. & 5. & -1. & 0. \\
0. & 0. & -1. & 7. & -1. \\
0. & -1. & 0. & -1. & 9.
\end{pmatrix},
$$

se tiene:

$$
\begin{aligned}
z &= (1., -1., 3., -1., 5., -1., 7., -1., 0., -1., 9.), \\
\mu &= (0, 1, 3, 5, 7, 11), \\
\lambda &= (1, 1, 2, 3, 2).
\end{aligned}
$$
□

Es obvio que en este caso no existe una fórmula para el cálculo del puntero μ pues depende de la distribución particular de los ceros de la matriz en cuestión. Por ello, debe de almacenarse también para poder «descifrar» el vector z, cuya longitud viene dada por $\mu(n+1)$. *Destacamos que con esta forma de almacenamiento se tiene*

$$
a_{i1} = a_{i2} = \cdots = a_{i,\lambda(i)-1} = 0, \ a_{i\lambda(i)} \neq 0,
$$

pero pueden existir elementos nulos en el interior del perfil, i.e. $a_{ij} = 0$ para algún j tal que $\lambda(i) < j \le i$, que también se almacenan.

EJEMPLO 3.4 (**Matrices banda**). Un caso importante es el de las matrices banda, con ancho de banda, $2p+1$, simétricas:

$$
A = \begin{pmatrix}
a_{11} & \cdots & \cdots & a_{1,p+1} & & \\
\vdots & \cdots & \ddots & \vdots & \ddots & \\
a_{p+1,1} & \cdots & \cdots & a_{p+1,p+1} & \cdots & a_{p+1,n} \\
& \ddots & \vdots & \vdots & \ddots & \vdots \\
& & a_{n,n-p} & \cdots & \cdots & a_{nn}
\end{pmatrix}.
$$

En este caso se tiene

$$
\lambda(i) = 1, \quad 1 \le i \le p+1; \qquad \lambda(i) = i - p, \quad p+2 \le i \le n.
$$

y la longitud del perfil es $n + (n-1) + \cdots + (n-p) = \frac{1}{2}(2n-p)(p+1)$. □

Para ilustrar cómo se manejan estas estructuras, consideramos la resolución de un sistema lineal $Au = b$, con A matriz triangular inferior hueca (sección 3.5.1). *En las fórmulas del descenso y en el código hemos de prescindir de los elementos de A nulos no almacenados:*

$$u_1 = b_1/a_{11}, \quad u_i = (b_i - \sum_{k=\lambda(i)}^{i-1} a_{ik}u_k)/a_{ii}, i = 2, 3, \ldots, n.$$

En el pseudocódigo (véase el algoritmo 3.13) supondremos conocido previamente el puntero μ, pero trabajamos también con λ para facilitar las expresiones de las fórmulas.

$$\begin{aligned}
v_i &= \sum_{k=1}^{i-1} a_{ik}u_k + a_{ii}u_i + \sum_{k=i+1}^{n} a_{ki}u_k \\
&= \sum_{k=\lambda(i)}^{i-1} a_{ik}u_k + a_{ii}u_i + \sum_{k=i+1,\lambda(k)\leq i}^{n} a_{ki}u_k \\
&= \sum_{k=\lambda(i)}^{i-1} z(\mu(i+1) - i + k)u_k + z(\mu(i+1))u_i \\
&+ \sum_{k=i+1,\lambda(k)\leq i}^{n} z(\mu(k+1) - k + i)u_k.
\end{aligned}$$

Con los mismos argumentos, para una matriz simétrica hueca almacenada en forma perfil, en el cálculo de $v = Au$ tenemos que separar los elementos nulos de la parte inferior y superior (no almacenados) y los no nulos de la parte inferior (almacenados) —véase el algoritmo 3.14—:

Algoritmo 3.13 Método de descenso $Au = b$, A tr. inf. hueca, vector perfil.

procedure SISTLPERFH$(n, z, \mu, b, u) \to u$
    input $n, b = (b_i)_{i=1}^{n}, \mu = (\mu(i))_{i=1}^{n+1}, z = z(i)_{i=1}^{\mu(n+1)}$
    $u_1 \leftarrow b_1/z(1)$
    for $i = 2, \ldots, n$ **do**
        $u_i \leftarrow b_i$
        $l \leftarrow \mu(i) - \mu(i+1) + i + 1$
        for $k = l, \ldots, i-1$ **do**
            $u_i \leftarrow u_i - z(\mu(i+1) - i + k)u_k$
        end for
        $u_i \leftarrow u_i/z(\mu(i+1))$
    end for
    return $u = (u_i)$
end procedure

Algoritmo 3.14 Cálculo de $v = Au$, A simétrica, hueca, vector perfil.

> **procedure** P_MSPERFHXV$(n, z, \mu, u, v) \rightarrow v$
> > **input** $n, u = (u_i)_{i=1}^{n}, \mu = (\mu(i))_{i=1}^{n+1}, z = (z(i))_{i=1}^{\mu(n+1)}$
> > **for** $i = 1, 2, \ldots, n$ **do**
> > > $v_i \leftarrow 0.$
> > > $l \leftarrow \mu(i) - \mu(i+1) + i + 1$
> > > **for** $k = l, l+1, \ldots, i$ **do**
> > > > $v_i \leftarrow v_i + z(\mu(i+1) - i + k)u_k$
> > >
> > > **end for**
> > > **for** $k = i+1, i+2, \ldots, n$ **do**
> > > > $l \leftarrow \mu(k) - \mu(k+1) + k + 1$
> > > > **if** $l \leq i$ **then**
> > > > > $v_i \leftarrow v_i + z(\mu(k+1) - k + i)u_k$
> > > >
> > > > **end if**
> > >
> > > **end for**
> >
> > **end for**
> > **output** $v = (v_i)$
>
> **end procedure**

3.8.3   Almacenamiento Morse de matrices huecas

En la literatura se pueden encontrar varias propuestas para estructurar de forma eficaz el almacenamiento de matrices huecas, pero todas se basan en el mismo principio: *un vector z para los valores no nulos de la matriz tomados en un determinado orden y los punteros adicionales para poder «reconstruir» la matriz.* Genéricamente se llaman almacenamientos Morse, denominación de los años 1960–70 para una de las primeras formas estandarizadas en la que se almacenan los elementos no nulos junto con sus índices de fila y columna. Esta es la idea que subyace en las estructuras más usadas a día de hoy, conocidas como CSR *(Compressed Sparse Row)* y CSC *(Compressed Sparse Column)*, que son esencialmente simétricas: la representación CSR de una matriz A puede considerarse como la representación CSC de A^T. El formato CSC es el utilizado por Matlab y Julia. Python/NumPy utiliza ambas (véase, p. ej. STEWART [2023]).

Para ilustrar cómo se trabaja con este tipo de estructuras consideramos la matriz hueca 5×5 siguiente:

$$A = \begin{pmatrix} 0. & -1. & 0. & 3. & 0. \\ -3. & 3. & 0. & 0. & 5. \\ 0. & 0. & 5. & 1. & 0. \\ 2. & 0. & 0. & 7. & 0. \\ 0. & 1. & 9. & 5. & 9. \end{pmatrix}.$$

La representación CSR de A se materializa con el vector z de los valores no nulos de A tomados fila a fila de la primera a la última, el puntero pf que apunta la posición en

z del primer elemento no nulo de cada fila y el puntero idc que apunta las columnas en las que se encuentran los valores de z. Para la matriz A tendríamos:

$$
\begin{aligned}
z &= (-1., 3., -3., 3., 5., 5., 1., 2., 7., 1., 9., 5., 9.) \\
pf &= (1, 3, 6, 8, 10), \\
idc &= (2, 4, 1, 2, 5, 3, 4, 1, 4, 2, 3, 4, 5).
\end{aligned}
$$

Es cómodo manejar un vector pf de longitud $n+1$ en lugar de n y poner $pf(n+1) =$ (número de componentes de z) $+1 =$ (número de componentes de idc)$+1$. Por tanto, el número total de elementos de la matriz distintos de cero sería $pf(n+1) - 1$. En nuestro ejemplo quedaría: $pf = (1, 3, 6, 8, 10, 14)$.

Así, en la fila i-ésima de A hay $pf(i+1) - pf(i)$ elementos distintos de cero que son las componentes $z(k)$, $k = pf(i), pf(i) + 1, \ldots, pf(i+1) - 1$. Además, $z(k) = a_{ij}$, para $j = idc(k)$. En resumen, los elementos distintos de cero de A son:

$$
a_{i,idc(k)} = z(k), \; k = pf(i), pf(i) + 1, \ldots, pf(i+1) - 1, \; i = 1, 2 \ldots, n.
$$

La adaptación de los algoritmos a este tipo de estructura de los datos de la matriz resulta relativamente sencilla. Veamos como ejemplo el cálculo de $v = Au$ codificado en el algoritmo 3.15:

$$
v_i = \sum_{j=1}^{n} a_{ij} u_j = \sum_{k=pf(i)}^{pf(i+1)-1} a_{i,idc(k)} u_{idc(k)} = \sum_{k=pf(i)}^{pf(i+1)-1} z(k) u_{idc(k)}, \; i = 1, 2, \ldots, n.
$$

Análogamente, la representación CSC de A incluye el vector z de los valores no nulos de A tomados columna a columna de la primera a la última, el puntero pc que apunta la posición en z del primer elemento no nulo de cada columna —con $pc(n+1)$ igual al número de elementos distintos de cero más 1 (longitud del vector z más 1)— y el puntero idf que apunta las filas en las que se encuentran los valores de z. Para la matriz A tendríamos:

$$
\begin{aligned}
z &= (-3., 2., -1., 3., 1., 5., 9., 3., 1., 7., 5., 5., 9.) \\
pc &= (1, 3, 6, 8, 12, 14), \\
idf &= (2, 4, 1, 2, 5, 3, 5, 1, 3, 4, 5, 2, 5).
\end{aligned}
$$

Así pues, se tendrá que los elementos distintos de cero de la matriz son:

$$
a_{idf(k),j} = z(k), \; k = pc(j), pf(j) + 1, \ldots, pf(j+1) - 1, \; j = 1, 2 \ldots, n.
$$

Ahora para el cálculo de $v = Au$ resulta más cómodo utilizar el cálculo por columnas:

$$
v = \sum_{j=1}^{n} A_j u_j; A_j = \begin{pmatrix} a_{1j} \\ a_{2j} \\ \vdots \\ a_{nj} \end{pmatrix}, j = 1, 2, \ldots, n.
$$

Pero el sumando $A_j u_j$ solo tiene no nulas las componentes $i = idf(k)$, para $k = pc(j), \ldots, pc(j+1) - 1$ cuyo valor es $a_{idf(k),j} u_j = z(k) u_j$. Por tanto, en la suma anterior solo contribuye en dichas componentes. Con esta idea se puede articular el cálculo con dos bucles tal como vemos en el algoritmo 3.16.

Algoritmo 3.15 Cálculo de $v = Au$, A hueca, guardada en forma CSR.

> **procedure** P_MCSRXV$(n, z, pf, idc, u, v) \to v$
>   **input** $n, u = (u_i)_{i=1}^{n}, pf = (pf(i))_{i=1}^{n+1}$
>   **input** $idc = (idc(i))_{i=1}^{pf(n+1)-1}, z = (z(i))_{i=1}^{pf(n+1)-1}$
>   **for** $i = 1, 2, \ldots, n$ **do**
> $v_i \leftarrow 0.$
>   **for** $k = pf(i), \ldots, pf(i+1) - 1$ **do**
> $j \leftarrow idc(k)$
> $v_i = v_i + z(k) u_j$
>   **end for**
>   **end for**
>   **output** $v = (v_i)$
> **end procedure**

Algoritmo 3.16 Cálculo de $v = Au$, A hueca, guardada en forma CSC.

> **procedure** P_MCSCXV$(n, z, pc, idf, u, v) \to v$
>   **input** $n, u = (u_i)_{i=1}^{n}, pc = (pc(i))_{i=1}^{n+1}$
>   **input** $idf = (idf(i))_{i=1}^{pc(n+1)-1}, z = (z(i))_{i=1}^{pc(n+1)-1}$
> $v \leftarrow 0.$
>   **for** $j = 1, 2, \ldots, n$ **do**
>   **for** $k = pc(j), \ldots, pc(j+1) - 1$ **do**
> $i \leftarrow idf(k)$
> $v_i = v_i + z(k) u_j$
>   **end for**
>   **end for**
>   **output** $v = (v_i)$
> **end procedure**

3.9   Ejercicios

EJERCICIO 3.2. Obtener una tabla con los tiempos de CPU para la multiplicación de dos matrices cuadradas de orden $n = 250, 300, \ldots, 2\,500$, generadas aleatoriamente. Dibujar una gráfica del comportamiento de los tiempos $t(n)$ con respecto a n, con la orden `plot` de Matlab. Suponiendo que la función $t(n)$ es polinómica, para n

suficientemente grande tendremos $t(n) \approx Cn^s$. Para encontrar una aproximación numérica del exponente s, dibujar el logaritmo de t en términos del logaritmo de n y deducir que el valor aproximado de s es 3 (compatible con el número de operaciones elementales de la multiplicación de las dos matrices: $2n^3$).

EJERCICIO 3.3. Escribir un programa `p_AxB_time1` que genere dos matrices A y B, de orden $m \times n$ y $n \times p$, respectivamente, y calcule su producto $C = AB$, utilizando las tres formas siguientes:

i) La propia definición:

$$c_{ij} = \sum_{k=1}^{n} a_{ik}b_{kj}, 1 \le i \le m, 1 \le j \le p,$$

por lo que se utilizarán los tres bucles anidados siguientes:

$c \leftarrow 0$
for $i = 1, 2, \ldots, m$ **do**
    for $j = 1, 2, \ldots, p$ **do**
        for $k = 1, 2, \ldots, n$ **do**
            $c_{ij} \leftarrow c_{ik} + a_{ik}b_{kj}$
        end for
    end for
end for

ii) La función intrínseca del producto escalar (`dot_product` en Fortran o `dot` en Matlab), teniendo en cuenta que c_{ij} es el producto escalar de la i-ésima fila de A, $\alpha_i = (a_{ik})_{k=1}^{n} \in \mathbb{R}^n$ por la j-ésima columna de B, $\beta_j = (b_{kj})_{k=1}^{n} \in \mathbb{R}^n$. Por lo tanto, se computará sucesivamente:

$$c_{ij} = (\alpha_i, \beta_j) = \beta_j^T \alpha_i = (\beta_j, \alpha_i) = \alpha_i^T \beta_j, \ | \le i \le m, 1 \le j \le p.$$

iii) La función intrínseca de la multiplicación de matrices (`matmul(a,b)` en Fortran o `a*b` en Matlab).

Se pide:

a) Comprobar con ejemplos la igualdad de los resultados y los tiempos de CPU de los tres algoritmos. Observar con matrices cuadradas de orden 100×100, la mayor rapidez de la forma intrínseca.

b) Comprobar que los bucles «do i», «do j», «do k» en el programa pueden ser intercambiados y colocados en cualquier posición sin cambiar el resultado. Por lo tanto, tenemos 6 formas distintas de programar la operación producto. Retocar el programa anterior y escribir la variante `p_AxB_time2` que incluya las 5 formas que faltan y, en ejemplos con $n \ge 500$, comprobar cuál es la más rápida de todas ellas. ¿Se puede explicar por qué una es más rápida que otra?

EJERCICIO 3.4. Dado el sistema lineal $Au = b$, siendo A una matriz no singular de orden $n \geq 2$, deducir, del conocido teorema de Cayley–Hamilton —en honor a Arthur Cayley (1821–1895) y William Rowan Hamilton (1805–1865)—, que la solución, $u = A^{-1}b$, se puede expresar como combinación lineal de los elementos del conjunto $\{b, Ab, A^2b, \ldots, A^{n-1}b\}$. Para calcular cada uno de los términos de la sucesión anterior, $b_m := A^m b$, $m \geq 2$, se proponen dos estrategias para las que se debe detallar el número de operaciones elementales que necesitan e indicar cuál es recomendable, atendiendo a dicho número:

$$Ab \to A^2b = A(Ab) \to A^3b = A(A^2b) \to \ldots$$
$$A^{m-1}b = A(A^{m-2}b) \to A^m b = A(A^{m-1}b).$$

$$A \to A^2 = A(A) \to A^3 = A(A^2) \to \ldots$$
$$A^{m-1} = A(A^{m-2}) \to A^m = A(A^{m-1}) \to A^m b.$$

EJERCICIO 3.5. *Inviabilidad del método de Cramer*. El objetivo de este ejercicio es probar que el método de Cramer (3.5)–(3.6) no es una opción válida para resolver sistemas lineales grandes porque sus tiempos de cálculo son inasumibles.

i) Estudiar la orden de Matlab `u=A\b` para resolver un sistema de n ecuaciones lineales con n incógnitas $Au = b$. Esta orden utiliza métodos avanzados como los que estudiamos nosotros en los próximos capítulos.

ii) Implementar en Matlab el método de Cramer (3.5)–(3.6) para una matriz A y un vector b dados y compararla con la solución obtenida con `A\b`. Utilizar la orden `det(A)` para evaluar los determinantes que se necesitan.

iii) Para $n \geq 2$ sea A la matriz cuadrada de orden n tal que $a_{ij} = i + j$, $1 \leq i, j \leq n$, $i \neq j$; $a_{ii} = 2i + 3n(n-1)/2$, $1 \leq i \leq n$ y sea $b = (1, 1, \ldots, 1)^T \in \mathbb{R}^n$. Para $n = 10, 20, \ldots, 400$ resolver los sistemas $Au = b$ igual que en el apartado anterior y calcular los tiempos de cálculo de cada método. Dibujar una gráfica comparativa de los tiempos frente al orden del sistema y sacar conclusiones.

EJERCICIO 3.6. Escribir los procedimientos siguientes para resolver sistemas lineales $Au = b$ con matriz triangular o permutable a triangular por los métodos de descenso y remonte que se describen en este capítulo guiándose por los pseudocódigos correspondientes:

`sistl(n,a,b,u)`, `sistl1(n,a,b,u)`, `sistlpf(n,a,b,l,u)`, `sistlpf1(n,a,b,l,u)`, `sistu(n, a,b,u)`, `sistupf(n,a,b,l,u)`, `sistupfm(n,a,b,l,u)`.

Probar la fiabilidad de los códigos con distintos ejemplos de solución conocida. Incluir también la verificación de que el residuo $r = Au - b$ es próximo a θ, es decir, $\|r\| \simeq 0$, para una norma vectorial dada.

EJERCICIO 3.7. *Variante vectorizada del método de remonte*. Las ecuaciones correspondientes a un sistema lineal triangular superior, $Au = b$, se pueden escribir del modo siguiente:

$$
\begin{array}{ccccccc}
a_{11}u_1 &=& b_1 & -a_{1n}u_n & -a_{1,n-1}u_{n-1} & \cdots & -a_{13}u_3 & -a_{12}u_2 \\
a_{22}u_2 &=& b_2 & -a_{2n}u_n & -a_{2,n-1}u_{n-1} & \cdots & -a_{23}u_3 \\
&\vdots&=&\vdots&\vdots&&\vdots \\
a_{n-2,n-2}u_{n-2} &=& b_{n-2} & -a_{n-2,n}u_n & -a_{n-2,n-1}u_{n-1} \\
a_{n-1,n-1}u_{n-1} &=& b_{n-1} & -a_{n-1,n}u_n \\
a_{nn}u_n &=& b_n,
\end{array}
$$

lo que permite visibilizar que una vez calculado el valor de la incógnita u_{i+1} ya se puede utilizar para multiplicarla por la columna $(i+1)$-ésima de la matriz y restar el resultado del precedente para calcular la incógnita u_i, tal como se resume en el siguiente bucle:

$u \leftarrow b$
$u(n) \leftarrow u(n)/a(n,n)$
for $i = n-1, n-2, \ldots, 2, 1$ **do**
$\quad u(1:i) \leftarrow u(1:i) - a(1:i, i+1) * u(i+1)$
$\quad u(i) \leftarrow u(i)/a(i,i)$
end for

Realizar una nueva versión de `sistu(n,a,b,u)` utilizando esta opción de cálculo, más rápida que la anterior en sistemas grandes.

EJERCICIO 3.8. Escribir un procedimiento `p_mat3dxv(n,a,b,c,u,v)` que calcule el vector producto $v = Au$, siendo A una matriz tridiagonal de orden n, con diagonal principal `a(1:n)`, superdiagonal `b(1:n-1)` y subdiagonal `c(2:n)`.

EJERCICIO 3.9. Escribir un procedimiento `p_msperfxv(n,z,u,v)` que calcule el vector producto $v = Au$ siendo A una matriz simétrica de orden n, almacenada en el vector z en forma perfil. Verificar el código escrito con ejemplos.

EJERCICIO 3.10. Escribir un procedimiento `p_sistlperf(n,z,b,u)` que resuelva por el método de descenso el sistema lineal $Au = b$, siendo A una matriz triangular inferior de orden n almacenada en el vector z en forma perfil. Verificar el código con ejemplos de solución conocida.

EJERCICIO 3.11. Demostrar que el producto de dos matrices cuadradas triangulares superiores (resp. inferiores) es una matriz triangular superior (resp. inferior). Realizar un recuento del número de operaciones elementales que necesitaría el cálculo anterior y compararlo con el del producto de dos matrices cuadradas arbitrarias.

EJERCICIO 3.12. Demostrar que si L es una matriz triangular inferior invertible entonces L^{-1} es también triangular inferior. Probar que, si además L tiene todos sus elementos diagonales iguales a 1, entonces L^{-1} también tiene todos los elementos diagonales iguales a 1.

4

Eliminación de Gauss y factorización $A=LU$

El *método de eliminación de Gauss (normal o sin pivote)* es el primer método que conocen los estudiantes de matemáticas para la resolución de un sistema de ecuaciones lineales. Es el método más simple para resolverlo manualmente y también el método estándar que se usa en un ordenador. Consiste en eliminar sistemáticamente los elementos no nulos bajo la diagonal de la matriz de coeficientes, realizando transformaciones elementales que preservan la solución del sistema (sección 3.5) para llegar a un sistema lineal equivalente que es triangular superior y, por tanto, fácil de resolver por sustitución regresiva.

Existe constancia de que la idea de la eliminación ya era conocida en China y Grecia, hace más de dos mil años, y utilizada para resolver con éxito sistemas lineales de orden menor que 10, pero la presentación sistemática del método fue desarrollada por Gauss en 1809 (véanse p. ej. BREZINSKI–MEURANT–REDIVO-ZAGLIA [2023, cap. 2], SULI–MAYERS [2003, sec. 2.2]). La descripción, análisis y programación de este método se lleva a cabo en al primera parte de este capítulo.

Durante la segunda mitad del siglo XIX, los trabajos en geodesia y otros campos en auge obligaban a resolver sistemas lineales cada vez de mayor tamaño. Los «calculadores humanos» se esforzaban por encontrar formas de realizar la eliminación gaussiana de la forma más eficiente posible. Uno de estos fue el americano Myrick Hascall Doolittle (1830–1913) que encontró una forma distinta de organizar los cálculos. Aunque presentó su método en sistemas lineales concretos en torno a 1878, sin utilizar el lenguaje de matrices, Doolittle había descubierto que la matriz triangular U del sistema final en la eliminación gaussiana, se puede obtener como $U = L^{-1}A$ donde L es una matriz triangular inferior con los elementos diagonales iguales a 1, o sea que obtenía una factorización $A = LU$ como producto de 2 matrices triangulares. Esto llevaba directamente a un método de factorización equivalente al método de eliminación de Gauss.

Parece que el matemático y astrónomo polaco Tadeusz Banachiewicz (1882–1954) llegó a la misma conclusión en 1938 aunque esta demostración la escribió en términos de un concepto particular que llamó «cracoviano» de una matriz y es difícil de interpretar.

En la actualidad, los nombres de Doolittle y Banachiewicz se asocian a dos formas de obtener las matrices L y U que tan solo se diferencian en el orden de las operaciones. Estas fórmulas y el método de factorización asociado a la factorización $A = LU$ se estudian en la segunda parte del capítulo.

Las referencias históricas anteriores, y otras muchas, sobre la factorización $A = LU$ se pueden encontrar en BREZINSKI–MEURAN–REDIVO-ZAGLIA [2023, sec. 4.1]. Aunque este tema se trata ampliamente en toda la bibliografía de métodos numéricos para matrices, para la descripción detallada del método de Gauss y del método de factorización $A = LU$, nos hemos guiado por las referencias siguientes: STOER–BULIRSCH [1980], CIARLET [1989], KINCAID–CHENEY [1994], QUARTERONI–SACCO–SALERI [2000], INFANTE–REY [2002] y ALLAIRE–KABER [2008].

4.1   Método de eliminación de Gauss normal

4.1.1   Descripción del método

El método de eliminación de Gauss es un método general de resolución de un sistema lineal $Au = b$, A matriz $n \times n$, invertible, $b \in \mathbb{R}^n$. Comporta dos etapas:

i) Proceso de *eliminación* sucesiva de incógnitas para pasar a un sistema equivalente $Uu = w$, con U matriz triangular superior.

ii) Resolución del sistema triangular superior $Uu = w$ por el método de *sustitución regresiva (remonte)* ya estudiado.

Veremos posteriormente que el proceso de eliminación equivale a determinar una matriz invertible M tal que $U := MA$ y $w := Mb$. En la práctica *no se calcula explícitamente la matriz M*, sino únicamente la matriz triangular superior $U = MA$ y el vector $w = Mb$. La introducción de la matriz M no es más que una *comodidad de escritura*.

Partiendo del sistema lineal $Au = b$, pondremos $A_1 = A = (a_{ij}^{(1)})$, $b^1 = b = (b_i^{(1)})$, de modo que se tiene:

$$
\begin{array}{rcl}
a_{11}^{(1)}u_1 + a_{12}^{(1)}u_2 + \cdots + a_{1n}^{(1)}u_n &=& b_1^{(1)} \\
a_{21}^{(1)}u_1 + a_{22}^{(1)}u_2 + \cdots + a_{2n}^{(1)}u_n &=& b_2^{(1)} \\
\cdots\cdots\cdots\cdots\cdots\cdots\cdots\cdots\cdots\cdots &=& \cdots \qquad [A_1 u = b^1]\\
a_{n1}^{(1)}u_1 + a_{n2}^{(1)}u_2 + \cdots + a_{nn}^{(1)}u_n &=& b_n^{(1)}.
\end{array}
$$

Etapa 1: Ceros en $a_{i1}, 2 \leq i \leq n$ (columna 1)

Se supone $a_{11}^{(1)} \neq 0$. Mediante una combinación lineal apropiada de la primera ecuación y las otras ecuaciones se trata de anular todos los coeficientes de la primera columna bajo la diagonal, quedando la primera ecuación sin cambio alguno. Para ello basta con restar de la i-ésima ecuación la primera multiplicada por el factor

$$z_{i1} = \frac{a_{i1}^{(1)}}{a_{11}^{(1)}}, \ 2 \leq i \leq n.$$

De esta forma transformamos el sistema $Au = A_1 u = b = b^1$ en el sistema equivalente $A_2 u = b^2$, donde $A_2 = (a_{ij}^{(2)})$ y $b^2 = (b_i^{(2)})$ se obtienen del modo siguiente:

$$a_{ij}^{(2)} = \left\{ \begin{array}{lll} a_{ij}^{(1)}, & j = 1, 2, \ldots, n, & i = 1, \\ 0, & j = 1, & \\ a_{ij}^{(1)} - z_{i1} a_{1j}^{(1)}, & j = 2, \ldots, n, & \end{array} \right\} \ i = 2, \ldots, n,$$

$$b_i^{(2)} = \left\{ \begin{array}{ll} b_i^{(1)}, & i = 1; \\ b_i^{(1)} - z_{i1} b_1^{(1)}, & i = 2, \ldots, n. \end{array} \right.$$

El nuevo sistema tiene la forma siguiente

$$\begin{array}{rcl} a_{11}^{(1)} u_1 + a_{12}^{(1)} u_2 + \cdots + a_{1n}^{(1)} u_n & = & b_1^{(1)} \\ a_{22}^{(2)} u_2 + \cdots + a_{2n}^{(2)} u_n & = & b_2^{(2)} \\ \cdots\cdots\cdots\cdots\cdots\cdots & = & \cdots \qquad [A_2 u = b^2] \\ a_{n2}^{(2)} u_2 + \cdots + a_{nn}^{(2)} u_n & = & b_n^{(2)}, \end{array}$$

donde (la notación nos recuerda que la primera fila no se modifica):

$$A_2 = (a_{ij}^{(2)}) = \begin{pmatrix} a_{11}^{(1)} & a_{12}^{(1)} & \cdots & a_{1n}^{(1)} \\ & a_{22}^{(2)} & \cdots & a_{2n}^{(2)} \\ & \vdots & \vdots & \vdots \\ & a_{n2}^{(2)} & \cdots & a_{nn}^{(2)} \end{pmatrix}, \qquad b^2 = \begin{pmatrix} b_1^{(1)} \\ b_2^{(2)} \\ \vdots \\ b_n^{(2)} \end{pmatrix}.$$

Obsérvese que

$$A_2 = E_1 A_1, \quad b^2 = E_1 b^1,$$

donde E_1 es la matriz siguiente:

$$E_1 = \begin{pmatrix} 1 & & & & \\ -z_{21} & 1 & & & \\ -z_{31} & & 1 & & \\ \vdots & & & \ddots & \\ -z_{n1} & & & & 1 \end{pmatrix}.$$

Puesto que $\det(E_1) = 1$ se tiene:

$$\det(A_2) = \det(E_1)\det(A_1) = \det(A_1) = \det(A),$$

lo que prueba también que A_2 es invertible.

Etapa 2: Ceros en $a_{i2}, 3 \le i \le n$ (columna 2)

Se supone $a_{22}^{(2)} \neq 0$. Ahora se trata de hacer ceros en la segunda columna, bajo la diagonal, de la matriz A_2. Para ello es suficiente restar de la ecuación i-ésima $(i = 3, 4, \ldots, n)$, la segunda ecuación multiplicada por el factor

$$z_{i2} = \frac{a_{i2}^{(2)}}{a_{22}^{(2)}}.$$

De esta forma transformamos el sistema $A_2 u = b^2$ en el sistema equivalente $A_3 u = b^3$, donde $A_3 = (a_{ij}^{(3)})$ y $b^3 = (b_i^{(3)})$ se obtienen del modo siguiente:

$$a_{ij}^{(3)} = \left\{ \begin{array}{lll} a_{ij}^{(2)}, & j = 1, 2, \ldots, n, & i = 1, 2, \\ a_{ij}^{(2)} = 0, & j = 1, & \\ 0, & j = 2, & \\ a_{ij}^{(2)} - z_{i2} a_{2j}^{(2)}, & j = 3, \ldots, n, & \end{array} \right\} \; i = 3, \ldots, n,$$

$$b_i^{(3)} = \left\{ \begin{array}{ll} b_i^{(2)}, & i = 1, 2 \\ b_i^{(2)} - z_{i2} b_2^{(2)}, & i = 3, \ldots, n. \end{array} \right.$$

De este modo nos queda el sistema equivalente:

$$\begin{array}{rcll} a_{11}^{(1)} u_1 + a_{12}^{(1)} u_2 + a_{13}^{(1)} u_3 + \cdots + a_{1n}^{(1)} u_n & = & b_1^{(1)} & \\ a_{22}^{(2)} u_2 + a_{23}^{(2)} u_3 + \cdots + a_{2n}^{(2)} u_n & = & b_2^{(2)} & \\ a_{33}^{(3)} u_3 + \cdots + a_{3n}^{(3)} u_n & = & b_3^{(3)} & [A_3 u = b^3] \\ \cdots\cdots\cdots\cdots\cdots\cdots & = & \cdots & \\ a_{n3}^{(3)} u_2 + \cdots + a_{nn}^{(3)} u_n & = & b_n^{(3)}, & \end{array}$$

donde (la notación nos recuerda que las 2 primeras filas no se modifican):

$$A_3 = (a_{ij}^{(3)}) = \begin{pmatrix} a_{11}^{(1)} & a_{12}^{(1)} & a_{13}^{(1)} & \cdots & a_{1n}^{(1)} \\ & a_{22}^{(2)} & a_{23}^{(2)} & \cdots & a_{2n}^{(2)} \\ & & a_{33}^{(3)} & \cdots & a_{3n}^{(3)} \\ & & \vdots & \ddots & \vdots \\ & & a_{n3}^{(3)} & \cdots & a_{nn}^{(3)} \end{pmatrix}, \qquad b^3 = \begin{pmatrix} b_1^{(1)} \\ b_2^{(2)} \\ b_3^{(3)} \\ \vdots \\ b_n^{(3)} \end{pmatrix}.$$

De nuevo debe observarse que $A_3 = E_2 A_2 = E_2 E_1 A_1$ siendo E_2 la matriz siguiente:

$$
E_2 = \begin{pmatrix}
1 & & & & & \\
& 1 & & & & \\
& -z_{32} & 1 & & & \\
& -z_{42} & & 1 & & \\
& \vdots & & & \ddots & \\
& -z_{n2} & & & & 1
\end{pmatrix}.
$$

Etapa k: Ceros en a_{ik}, $k + 1 \leq i \leq n$ (columna k), $k = 3, \ldots, n - 1$

Procediendo sucesivamente con la misma técnica en las etapas $3, 4, \ldots, k - 1$, para $2 \leq k \leq n - 2$, se tendría un sistema equivalente de la forma:

$$
\begin{aligned}
a_{11}^{(1)} u_1 + a_{12}^{(1)} u_2 + \cdots + a_{1k}^{(1)} u_k + \cdots + a_{1n}^{(1)} u_n &= b_1^{(1)} \\
a_{22}^{(2)} u_2 + \cdots + a_{2k}^{(2)} u_k + \cdots + a_{2n}^{(2)} u_n &= b_2^{(2)} \\
\cdots\cdots\cdots\cdots\cdots\cdots\cdots &= \cdots \\
a_{kk}^{(k)} u_k + \cdots + a_{kn}^{(k)} u_n &= b_k^{(k)} \qquad [A_k u = b^k] \\
\cdots\cdots\cdots\cdots\cdots\cdots\cdots &= \cdots \\
a_{nk}^{(k)} u_k + \cdots + a_{nn}^{(k)} u_n &= b_n^{(k)},
\end{aligned}
$$

siendo

$$
A_k = \begin{pmatrix}
a_{11}^{(1)} & a_{12}^{(1)} & \cdots & a_{1k}^{(1)} & \cdots & a_{1n}^{(1)} \\
 & a_{22}^{(2)} & \cdots & a_{2k}^{(2)} & \cdots & a_{2n}^{(2)} \\
 & & \ddots & \vdots & \vdots & \vdots \\
 & & & a_{kk}^{(k)} & \cdots & a_{kn}^{(k)} \\
 & & & \vdots & \ddots & \vdots \\
 & & & a_{nk}^{(k)} & \cdots & a_{nn}^{(k)}
\end{pmatrix}, \qquad
b^k = \begin{pmatrix}
b_1^{(1)} \\
b_2^{(2)} \\
\vdots \\
b_k^{(k)} \\
\vdots \\
b_n^{(k)}
\end{pmatrix}.
$$

Además

$$
A_k = E_{k-1} E_{k-2} \cdots E_2 E_1 A_1, \qquad b^k = E_{k-1} E_{k-2} \cdots E_2 E_1 b^1.
$$

Se supone $a_{kk}^{(k)} \neq 0$. Se trata ahora de hacer cero los coeficientes de la incógnita u_k en las ecuaciones $k + 1, k + 2, \ldots, n$. Para ello basta restar a la i-ésima ecuación $(i = k + 1, k + 2, \ldots, n)$, la ecuación k-ésima multiplicada por el factor:

$$
z_{ik} = \frac{a_{ik}^{(k)}}{a_{kk}^{(k)}}.
$$

De esta forma transformamos el sistema $A_k u = b^k$ en el sistema equivalente $A_{k+1} u = b^{k+1}$, donde $A_{k+1} = (a_{ij}^{(k+1)})$ y $b^{k+1} = (b_i^{(k+1)})$ se obtienen del modo siguiente a partir de A_k y b^k:

$$a_{ij}^{(k+1)} = \begin{cases} a_{ij}^{(k)}, & j = 1,2,\ldots,n, \qquad i = 1,2,\ldots,k, \\ a_{ij}^{(k)}, & j = 1,2,\ldots,k-1, \\ 0, & j = k, \\ a_{ij}^{(k)} - z_{ik} a_{kj}^{(k)}, & j = k+1,\ldots,n, \end{cases} \left.\begin{array}{c} \\ \\ \\ \\ \end{array}\right\} \; i = k+1,\ldots,n, \tag{4.1}$$

$$b_i^{(k+1)} = \begin{cases} b_i^{(k)}, & i = 1,2,\ldots,k, \\ b_i^{(k)} - z_{ik} b_k^{(k)}, & i = k+1,\ldots,n. \end{cases} \tag{4.2}$$

Se consigue así el siguiente sistema lineal equivalente $[A_{k+1}u = b^{k+1}]$:

$$
\begin{aligned}
a_{11}^{(1)}u_1 + a_{12}^{(1)}u_2 + \cdots + a_{1k}^{(1)}u_k + \cdots + a_{1,k+1}^{(1)}u_{k+1} + \cdots + a_{1n}^{(1)}u_n &= b_1^{(1)} \\
a_{22}^{(2)}u_2 + \cdots + a_{2k}^{(2)}u_k + \cdots + a_{2,k+1}^{(2)}u_{k+1} + \cdots + a_{2n}^{(2)}u_n &= b_2^{(2)} \\
&\;\; \vdots \\
a_{kk}^{(k)}u_k + \cdots + a_{k,k+1}^{(k)}u_{k+1} + \cdots + a_{kn}^{(k)}u_n &= b_k^{(k)} \\
a_{k+1,k+1}^{(k+1)}u_{k+1} + \cdots + a_{k+1,n}^{(k+1)}u_n &= b_{k+1}^{(k+1)} \\
&\;\; \vdots \\
a_{n,k+1}^{(k+1)}u_{k+1} + \cdots + a_{nn}^{(k+1)}u_n &= b_n^{(k)},
\end{aligned}
$$

donde $A_{k+1} = \left(a_{ij}^{(k+1)}\right)$ y $b^{k+1} = \left(b_i^{(k+1)}\right)$ son de la forma siguiente (la notación nos sigue recordando que las k primeras filas no se modifican):

$$
\begin{pmatrix}
a_{11}^{(1)} & a_{12}^{(1)} & \cdots & a_{1k}^{(1)} & a_{1,k+1}^{(1)} & \cdots & a_{1n}^{(1)} \\
 & a_{22}^{(2)} & \cdots & a_{2k}^{(2)} & a_{2,k+1}^{(2)} & \cdots & a_{2n}^{(2)} \\
 & & \ddots & \vdots & \vdots & \cdots & \vdots \\
 & & & a_{kk}^{(k)} & a_{k,k+1}^{(k)} & \cdots & a_{kn}^{(k)} \\
 & & & & a_{k+1,k+1}^{(k+1)} & \cdots & a_{k+1,n}^{(k+1)} \\
 & & & & \vdots & \ddots & \vdots \\
 & & & & a_{n,k+1}^{(k+1)} & \cdots & a_{nn}^{(k+1)}
\end{pmatrix}, \quad
\begin{pmatrix}
b_1^{(1)} \\
b_2^{(2)} \\
\vdots \\
b_k^{(k)} \\
b_{k+1}^{(k+1)} \\
\vdots \\
b_n^{(k+1)}
\end{pmatrix}.
$$

Se sigue verificando que:

$$A_{k+1} = E_k A_k = E_k E_{k-1} \cdots E_2 E_1 A_1, \quad b^{k+1} = E_k b^k = E_k E_{k-1} \cdots E_2 E_1 b^1,$$

donde E_k es la siguiente matriz (los factores z_{ik} están en la columna k):

$$
E_k = \begin{pmatrix}
1 & & & & & & & \\
 & \ddots & & & & & & \\
 & & 1 & & & & & \\
 & & -z_{k+1,k} & 1 & & & & \\
 & & -z_{k+2,k} & & 1 & & & \\
 & & \vdots & & & \ddots & & \\
 & & -z_{nk} & & & & 1 &
\end{pmatrix}. \tag{4.3}
$$

Final del proceso de eliminación: sustitución regresiva

Después de $n-1$ etapas de eliminación llegamos al siguiente sistema lineal equivalente al sistema original:

$$
\begin{aligned}
a_{11}^{(1)}u_1 + a_{12}^{(1)}u_2 + \cdots + a_{1k}^{(1)}u_k + \cdots + a_{1n}^{(1)}u_n &= b_1^{(1)} \\
a_{22}^{(2)}u_2 + \cdots + a_{2k}^{(2)}u_k + \cdots + a_{2n}^{(2)}u_n &= b_2^{(2)} \\
\cdots\cdots\cdots\cdots\cdots\cdots\cdots\cdots\cdots\cdots &= \ldots \qquad [A_n u = b^n]\\
a_{n-1,n-1}^{(n-1)}u_{n-1} + a_{n-1,n}^{(n-1)}u_n &= b_{n-1}^{(n-1)} \\
a_{nn}^{(n)}u_n &= b_n^{(n)},
\end{aligned}
$$

siendo la matriz $A_n = (a_{ij}^{(n)})$ y el segundo miembro $b^n = (b_i^{(n)})$ de la forma siguiente:

$$
A_n = \begin{pmatrix}
a_{11}^{(1)} & a_{12}^{(1)} & \cdots & a_{1,n-1}^{(1)} & a_{1n}^{(1)} \\
 & a_{22}^{(2)} & \cdots & a_{2,n-1}^{(2)} & a_{2n}^{(2)} \\
 & & \ddots & \vdots & \vdots \\
 & & & a_{n-1,n-1}^{(n-1)} & a_{n-1,n}^{(n-1)} \\
 & & & & a_{nn}^{(n)}
\end{pmatrix}, \; b^n = \begin{pmatrix}
b_1^{(1)} \\
b_2^{(2)} \\
\vdots \\
b_{n-1}^{(n-1)} \\
b_n^{(n)}
\end{pmatrix}. \qquad (4.4)
$$

Se tiene finalmente:

$$
\begin{aligned}
A_n &= E_{n-1}A_{n-1} = E_{n-1}E_{n-2}\cdots E_2 E_1 A_1, & (4.5) \\
b^n &= E_{n-1}b^{n-1} = E_{n-1}E_{n-2}\cdots E_2 E_1 b^1. & (4.6)
\end{aligned}
$$

El método termina con la resolución del sistema lineal $A_n u = b^n$ por sustitución regresiva (remonte), es decir:

$$
u_n = b_n^{(n)}/a_{nn}^{(n)}, \quad u_k = \left(b_k^{(k)} - \sum_{j=k+1}^{n} a_{kj}^{(k)}u_j\right)/a_{kk}^{(k)}, \quad k = n-1, n-2, \ldots, 2, 1.
$$

Observación 4.1 (Aplicación al cálculo de determinantes). El proceso de eliminación de Gauss nos ha conducido a la matriz A_n definida en (4.4) y verificando (4.5). Teniendo en cuenta que $\det(E_k) = 1$, $1 \le k \le n-1$, tendremos la siguiente fórmula para el cálculo del determinante de la matriz A:

$$
\det(A) = \det(A_n) = a_{11}^{(1)}a_{22}^{(2)}\cdots a_{nn}^{(n)}. \qquad (4.7)
$$

Podemos concluir la misma igualdad con solo tener en cuenta que las transformaciones elementales realizadas con las filas de A, durante el proceso de eliminación de Gauss, no afectan al valor del determinante. $\qquad\square$

4.1.2 Bases de codificación

Del proceso anterior es relativamente sencillo concluir un pseudocódigo para implementar el método (véanse los algoritmos 4.1 y 4.2). Solo es importante tener en cuenta las tres *advertencias* siguientes:

Algoritmo 4.1 Etapa de eliminación de Gauss normal para $Au = b$.

    procedure GAUSS$(n, a, b, deter) \rightarrow a, b, deter$ ▷ Sobrescribe A y b

      input $n, a = (a_{ij}), b = (b_i)$

      for $k = 1, 2, \dots, n-1$ **do**   ▷ Bucle de etapas

          if $|a_{kk}| < 10^{-10}$ **then**

              Alerta: Problemas en la eliminación

          end if

          for $i = k+1, k+2, \dots, n$ **do**

              $z \leftarrow a_{ik}/a_{kk}$

              $a_{ik} \leftarrow 0.$ ▷ !Opcional!

              for $j = k+1, k+2, \dots, n$ **do**

                  $a_{ij} \leftarrow a_{ij} - z \times a_{kj}$

              end for

              $b_i \leftarrow b_i - z \times b_k$

          end for

      end for

      if $|a_{nn}| < 10^{-10}$ **then**

          Alerta: Problemas en el remonte

      end if

      $deter \leftarrow 1.$

      for $k = 1, 2, \dots, n$ **do**

          $deter \leftarrow deter \times a_{kk}$

      end for

      return $a = (a_{ij}), b = (b_i), deter$ ▷ A_n, b^n, $\det(A)$

    end procedure

---

i) En la etapa k-ésima del proceso de eliminación (paso de A_k a A_{k+1} y de b^k a b^{k+1} solo se modifican

- los elementos de las filas y columnas $k+1, k+2, \dots, n$ de ,

- los elementos de las filas $k+1, k+2, \dots, n$ y columna k (se ponen a 0),

- las componentes $k+1, k+2, \dots, n$ de b^k.

Por tanto, la nueva matriz A_{k+1} (resp. el nuevo vector b^{k+1}) puede ocupar las posiciones de memoria de la matriz A_k (resp. b^k) pues los datos que se van a necesitar de ésta (filas y componentes $1, 2, \dots, k$) ya no se van a tocar en las etapas siguientes. Esto explica que los resultados $a_{ij}^{(k+1)}$ y $b_i^{(k+1)}$ se almacenen en las mismas posiciones que los $a_{ij}^{(k)}$ y $b_i^{(k)}$ ($k+1 \le i, j \le n$).

Algoritmo 4.2 Método de eliminación de Gauss normal para $Au = b$.

procedure P_GAUSS ▷ Resuelve $Au = b$-Calcula $\det(A)$-Sobrescribe A y b
    input $n, a = (a_{ij}), b = (b_i)$
    $a, b, deter \leftarrow$ GAUSS$(n, a, b, deter)$ ▷ Eliminación
    $u \leftarrow$ SISTU(n, a, b, u) ▷ Remonte
    output $u = (u_i), deter$
end procedure

ii) Los elementos subdiagonales de la columna k de A_{k+1}, $a_{ik}^{(k+1)}$, $i = k+1, \ldots, n$, $(k = 1, 2, \ldots, n-1)$ —que son nulos— los ponemos directamente a cero, por claridad, *pero enfatizamos que no se utilizan nunca* y, por tanto, *en la programación práctica del método, podemos no hacerlo e ignorar los valores reales de esos elementos. Más adelante veremos que estas posiciones de memoria se utilizan para almacenar los factores* $z_{ik}, (i = k+1, \ldots, n)$.

iii) Para evitar la división por números muy pequeños, la condición $a_{kk}^{(k)} \neq 0$, necesaria para la etapa k-ésima $(k = 1, 2, \ldots, n-1)$, se sustituye por $\mid a_{kk}^{(k)} \mid < \varepsilon$ (valor muy pequeño de tolerancia, p. ej. $\varepsilon = 10^{-10}$). Si esto ocurre para algún k, el método de Gauss normal no es aplicable, pero esto no significa que $\det(A)$ sea próximo a 0 (¡la igualdad (4.7) no se ha establecido todavía!). Si el proceso termina y $\mid a_{nn}^{(n)} \mid < \varepsilon$ no se puede iniciar el remonte. Ahora (4.7) es válido, pero el valor de $\det(A) = \det(A_n)$ no es necesariamente pequeño (depende de la magnitud de los coeficientes $a_{kk}^{(k)}$).

Número de operaciones elementales

Para el recuento del número de operaciones elementales que necesita el método utilizamos la fórmula que probamos en el siguiente ejercicio.

EJERCICIO 4.1. Probar que para todo natural $n \geq 1$, se tiene:

$$c_n = \sum_{k=1}^{n} k^2 = 1^2 + 2^2 + \cdots + n^2 = \frac{1}{6}(2n^3 + 3n^2 + n) = \frac{n(n+1)(2n+1)}{6}.$$

Solución. Para probarlo, consideramos el desarrollo:

$$(m+1)^3 = m^3 + 3m^2 + 3m + 1, \ m = 0, 1, 2, \ldots, n.$$

Sumando en m obtenemos:

$$\sum_{m=0}^{n} (m+1)^3 = \sum_{m=0}^{n} m^3 + 3\sum_{m=0}^{n} m^2 + 3\sum_{m=0}^{n} m + \sum_{m=0}^{n} 1.$$

La igualdad anterior es equivalente a la siguiente:

$$\sum_{k=1}^{n} k^3 + (n+1)^3 = \sum_{k=1}^{n} k^3 + 3\sum_{k=1}^{n} k^2 + 3\sum_{k=1}^{n} k + (n+1),$$

de donde se despeja y se concluye el resultado:

$$\sum_{k=1}^{n} k^2 = \frac{1}{3}[(n+1)^3 - 3\sum_{k=1}^{n} k - (n+1)] = \frac{1}{3}[(n+1)^3 - \frac{3n(n+1)}{2} - (n+1)]. \quad \square$$

i) Etapa de eliminación

- *Operaciones en la matriz.* Para pasar de A_k a A_{k+1}, $1 \le k \le n-1$, se efectúan $(n-k)$ divisiones y $(n-k)(n-k)$ multiplicaciones y otras tantas sumas. Utilizando la fórmula probada en el ejercicio anterior obtenemos:

  Multiplicaciones: $(n-1)^2 + \cdots + 2^2 + 1^2 = \frac{1}{6}(2n^3 - 3n^2 + n)$

  Sumas: $(n-1)^2 + \cdots + 2^2 + 1^2 = \frac{1}{6}(2n^3 - 3n^2 + n)$

  Divisiones: $(n-1) + (n-2) + \cdots + 2 + 1 = \frac{1}{2}n(n-1)$

- *Operaciones en el segundo miembro.* Para pasar del vector b^k al vector b^{k+1}, $(1 \le k \le n-1)$, se efectúan $(n-k)$ multiplicaciones y otras tantas sumas. Por tanto, se tienen:

  Multiplicaciones: $(n-1) + (n-2) + \cdots + 2 + 1 = \frac{1}{2}n(n-1)$

  Sumas: $(n-1) + (n-2) + \cdots + 2 + 1 = \frac{1}{2}n(n-1)$

ii) Sustitución regresiva.   Ya hemos visto antes que se necesitan $\frac{1}{2}n(n-1)$ multiplicaciones, otras tantas sumas y n divisiones.

Es fácil ahora concluir el número de operaciones del método (véase la tabla 4.1).

Multiplicaciones	$\frac{1}{6}(2n^3 + 3n^2 - 5n)$
Sumas	$\frac{1}{6}(2n^3 + 3n^2 - 5n)$
Divisiones	$\frac{1}{2}n(n+1)$
TOTAL	$\frac{1}{6}(4n^3 + 9n^2 - 7n)$

Tabla 4.1: Número de operaciones elementales del método de Gauss normal.

Observación 4.2. Es importante notar que para sistemas de gran tamaño (n muy grande) el número de operaciones elementales del método es del orden de $\frac{2}{3}n^3$. Así, para $n = 10$ el método de Gauss necesita exactamente 805 operaciones elementales. Resulta instructivo comparar este número con el número de operaciones que necesita el método de la regla de Cramer: $11! - 11$ sumas, $10 \times 11!$ multiplicaciones y 10 divisiones, cuyo total sobrepasa 400 000 000. $\quad \square$

EJEMPLO 4.1. En la tabla 4.2 tomamos como ejemplo el siguiente sistema

$$\begin{aligned} 2u_1 + 4u_2 + u_3 + u_4 &= 17 \\ u_1 + 6u_2 + 7u_3 - 8u_4 &= 2 \\ -3u_1 + 4u_2 - 6u_3 + 5u_4 &= 7 \\ 4u_1 + 3u_2 - 5u_3 - 4u_4 &= -21, \end{aligned}$$

cuya solución exacta es $u = (1, 2, 3, 4)^T$, y seguimos paso a paso el método haciendo los cálculos manualmente. Nótese que se tiene:

$$E_1 = \begin{pmatrix} 1 & & & \\ -\frac{1}{2} & 1 & & \\ \frac{3}{2} & & 1 & \\ -2 & & & 1 \end{pmatrix} \quad E_2 = \begin{pmatrix} 1 & & & \\ & 1 & & \\ & -\frac{5}{2} & 1 & \\ & \frac{5}{4} & & 1 \end{pmatrix} \quad E_3 = \begin{pmatrix} 1 & & & \\ & 1 & & \\ & & 1 & \\ & & \frac{9}{166} & 1 \end{pmatrix}. \quad \square$$

$a^{(1)}$	$a^{(1)}$	$a^{(1)}$	$a^{(1)}$	$b^{(1)}$	z						mult
$a_{11}^{(1)}$	$a_{12}^{(1)}$	$a_{13}^{(1)}$	$a_{14}^{(1)}$	$b_1^{(1)}$		2	4	1	1	17	
$a_{21}^{(1)}$	$a_{22}^{(1)}$	$a_{23}^{(1)}$	$a_{24}^{(1)}$	$b_2^{(1)}$	z_{21}	1	6	7	-8	2	$\frac{1}{2}$
$a_{31}^{(1)}$	$a_{32}^{(1)}$	$a_{33}^{(1)}$	$a_{34}^{(1)}$	$b_3^{(1)}$	z_{31}	-3	4	-6	5	7	$-\frac{3}{2}$
$a_{41}^{(1)}$	$a_{42}^{(1)}$	$a_{43}^{(1)}$	$a_{44}^{(1)}$	$b_4^{(1)}$	z_{41}	4	3	-5	-4	-21	2
$a_{11}^{(1)}$	$a_{12}^{(1)}$	$a_{13}^{(1)}$	$a_{14}^{(1)}$	$b_1^{(1)}$		2	4	1	1	17	
	$a_{22}^{(2)}$	$a_{23}^{(2)}$	$a_{24}^{(2)}$	$b_2^{(2)}$			4	$\frac{13}{2}$	$-\frac{17}{2}$	$-\frac{13}{2}$	
	$a_{32}^{(2)}$	$a_{33}^{(2)}$	$a_{34}^{(2)}$	$b_3^{(2)}$	z_{32}		10	$-\frac{9}{2}$	$\frac{13}{2}$	$\frac{65}{2}$	$\frac{5}{2}$
	$a_{42}^{(2)}$	$a_{43}^{(2)}$	$a_{44}^{(2)}$	$b_4^{(2)}$	z_{42}		-5	-7	-6	-55	$-\frac{5}{4}$
$a_{11}^{(1)}$	$a_{12}^{(1)}$	$a_{13}^{(1)}$	$a_{14}^{(1)}$	$b_1^{(1)}$		2	4	1	1	17	
	$a_{22}^{(2)}$	$a_{23}^{(2)}$	$a_{24}^{(2)}$	$b_2^{(2)}$			4	$\frac{13}{2}$	$-\frac{17}{2}$	$-\frac{13}{2}$	
		$a_{33}^{(3)}$	$a_{34}^{(3)}$	$b_3^{(3)}$				$-\frac{83}{4}$	$\frac{111}{4}$	$\frac{195}{4}$	
		$a_{43}^{(3)}$	$a_{44}^{(3)}$	$b_4^{(3)}$	z_{43}			$\frac{9}{8}$	$-\frac{133}{8}$	$-\frac{505}{8}$	$-\frac{9}{166}$
$a_{11}^{(1)}$	$a_{12}^{(1)}$	$a_{13}^{(1)}$	$a_{14}^{(1)}$	$b_1^{(1)}$		2	4	1	1	17	
	$a_{22}^{(2)}$	$a_{23}^{(2)}$	$a_{24}^{(2)}$	$b_2^{(2)}$			4	$\frac{13}{2}$	$-\frac{17}{2}$	$-\frac{13}{2}$	
		$a_{33}^{(3)}$	$a_{34}^{(3)}$	$b_3^{(3)}$				$-\frac{83}{4}$	$\frac{111}{4}$	$\frac{195}{4}$	
			$a_{44}^{(4)}$	$b_4^{(4)}$					$-\frac{1255}{83}$	$-\frac{5020}{83}$	

Tabla 4.2: Ejemplo del método de eliminación de Gauss normal.

4.1.3 Aplicabilidad del método: condiciones suficientes

Para que el método de Gauss normal pueda aplicarse hemos supuesto que los sucesivos elementos diagonales eran no nulos: $a_{kk}^{(k)} \neq 0, k = 1, 2, \ldots, n$. A continuación damos dos resultados que aseguran condiciones suficientes sobre la matriz A para que dicho supuesto se cumpla.

Teorema 4.1 (Aplicabilidad del método de Gauss normal). *Sea $A = (a_{ij})$ una matriz $n \times n$ con todas sus submatrices principales Δ_k, $1 \leq k \leq n$, invertibles, i.e.:*

$$\Delta_k = \begin{pmatrix} a_{11} & \cdots & a_{1k} \\ \vdots & & \vdots \\ a_{k1} & \cdots & a_{kk} \end{pmatrix}, \qquad \det(\Delta_k) \neq 0, \quad 1 \le k \le n.$$

Entonces, el proceso de eliminación de Gauss normal, incluida la sustitución regresiva, se puede llevar a cabo.

Demostración. Puesto que $a_{11} \neq 0$ el procedimiento de eliminación se puede iniciar. Supongamos que $a_{ii}^{(i)} \neq 0$, $i = 1, 2, \ldots, k-1$. Probaremos que $a_{kk}^{(k)} \neq 0$. En efecto, la igualdad

$$A_k = (E_{k-1}E_{k-2} \cdots E_2 E_1)A$$

es de la forma siguiente:

$$A_k = \begin{pmatrix} a_{11}^{(1)} & a_{12}^{(1)} & \cdots & a_{1k}^{(1)} & \cdots & a_{1n}^{(1)} \\ & a_{22}^{(2)} & \cdots & a_{2k}^{(2)} & \cdots & a_{2n}^{(2)} \\ & & \ddots & \vdots & \vdots & \vdots \\ & & & a_{kk}^{(k)} & \cdots & a_{kn}^{(k)} \\ & & & \vdots & \ddots & \vdots \\ & & & a_{nk}^{(k)} & \cdots & a_{nn}^{(k)} \end{pmatrix}$$

$$= \begin{pmatrix} 1 & & & & & & \\ \times & 1 & & & & & \\ \vdots & \vdots & \ddots & & & & \\ \times & \times & \cdots & 1 & & & \\ \times & \times & \cdots & \times & 1 & & \\ \vdots & \vdots & \cdots & \vdots & \vdots & \ddots & \\ \times & \times & \cdots & \times & \times & \cdots & 1 \end{pmatrix} \begin{pmatrix} a_{11} & \cdots & a_{1k} & \cdots & a_{1n} \\ \vdots & \ddots & \vdots & \ddots & \vdots \\ a_{k1} & \cdots & a_{kk} & \cdots & a_{kn} \\ \vdots & \ddots & \vdots & \ddots & \vdots \\ a_{n1} & \cdots & a_{nk} & \cdots & a_{nn} \end{pmatrix}.$$

Utilizando la regla de multiplicación por bloques se tiene:

$$\begin{pmatrix} a_{11}^{(1)} & a_{12}^{(1)} & \cdots & a_{1k}^{(1)} \\ & a_{22}^{(2)} & \cdots & a_{2k}^{(2)} \\ & & \ddots & \vdots \\ & & & a_{kk}^{(k)} \end{pmatrix} = \begin{pmatrix} 1 & & & \\ \times & 1 & & \\ \vdots & \vdots & \ddots & \\ \times & \times & \cdots & 1 \end{pmatrix} \begin{pmatrix} a_{11} & \cdots & a_{1k} \\ \vdots & \ddots & \vdots \\ a_{k1} & \cdots & a_{kk} \end{pmatrix}.$$

Por tanto, igualando los determinantes de las matrices anteriores se tiene:

$$a_{11}^{(1)} a_{22}^{(2)} \cdots a_{kk}^{(k)} = \det(\Delta_k) \neq 0,$$

de donde se deduce que $a_{kk}^{(k)} \neq 0$. □

La condición suficiente dada por el teorema anterior no es de ningún interés práctico: en efecto, el coste computacional que necesita la comprobación de tal condición es tan elevado que nada justifica su verificación previa. Es más rentable, iniciar el proceso y continuar hasta que falle. Por el contrario, existen casos particulares para los que se verifica con facilidad que el método de Gauss normal no fallará. Uno de esos casos, muy habitual en la práctica, corresponde a una matriz A *estrictamente diagonal dominante por filas*.

EJERCICIO 4.2. *Método de Gauss en matrices con diagonal dominante.* Probar que si A es una matriz con diagonal estrictamente dominante por filas o por columnas, entonces verifica la condición del teorema 4.1 y, por tanto, el método de Gauss normal se puede aplicar a cualquier sistema lineal con matriz A.

Solución. Basta tener en cuenta que si A es estrictamente diagonal dominante por filas o por columnas, todas sus submatrices principales Δ_k, $(1 \leq k \leq n)$, también lo son y, por el teorema de Hadamard, se tiene $\det \Delta_k \neq 0$, $(1 \leq k \leq n)$. $\square$

4.2   Método de factorización $A=LU$

4.2.1   Factorización $A=LU$: existencia y unicidad

Supongamos que el método de Gauss normal se puede llevar a cabo, es decir que $a_{kk}^{(k)} \neq 0$, $1 \leq k \leq n$. Pongamos

$$M = E_{n-1} E_{n-2} \cdots E_2 E_1, \ U = A_n, \ w = b^n.$$

Se tiene:

- La matriz M es triangular inferior con elementos diagonales iguales a 1. Basta tener en cuenta (4.3): las matrices E_k son triangulares inferiores con elementos diagonales iguales a 1.

- La matriz U es triangular superior y además:

$$U_{kj} = \begin{cases} a_{kj}^{(n)} = a_{kj}^{(k)}, & 1 \leq k \leq j \leq n. \\ 0, & \text{en otro caso.} \end{cases} \qquad (4.8)$$

- De (4.5)–(4.6) tenemos $U = A_n = MA$ y $w = b^n = Mb$.

Concluimos entonces que *el método de Gauss equivale a calcular la matriz triangular superior $U = A_n = MA$ y el vector $w = b^n = Mb$ ¡sin calcular M! y resolver el sistema triangular $Uu=w$ por el método de remonte.*

Como resultado adicional se ha probado el siguiente corolario del teorema 4.1.

Corolario 4.1. *Si A es una matriz cuadrada con submatrices principales no singulares, entonces existe una matriz M triangular inferior con elementos diagonales iguales a 1 tal que $U = MA$ es una matriz triangular superior.*

Con las mismas notaciones, sea ahora

$$L = M^{-1} = E_1^{-1} E_2^{-1} \cdots E_{n-2}^{-1} E_{n-1}^{-1}. \tag{4.9}$$

De la igualdad $MA = U$ se deduce la siguiente factorización de A:

$$A = LU.$$

De la definición (4.3) de la matriz E_k es fácil verificar que E_k^{-1} tiene la forma siguiente (¡atención al cambio de signo!):

$$E_k^{-1} = \begin{pmatrix} 1 & & & & & & \\ & \ddots & & & & & \\ & & 1 & & & & \\ & & z_{k+1,k} & 1 & & & \\ & & z_{k+2,k} & & 1 & & \\ & & \vdots & & & \ddots & \\ & & z_{nk} & & & & 1 \end{pmatrix}, \quad 1 \le k \le n-1. \tag{4.10}$$

En consecuencia, la matriz L es triangular inferior con elementos diagonales iguales a 1, puesto que es inmediata la siguiente identidad (que justifica la notación de los subíndices empleada para z_{ij}):

$$L = \begin{pmatrix} 1 & & & & \\ z_{21} & 1 & & & \\ z_{31} & z_{32} & 1 & & \\ \vdots & \vdots & \cdots & \ddots & \\ z_{n1} & z_{n2} & \cdots & z_{n,n-1} & 1 \end{pmatrix}. \tag{4.11}$$

Por tanto:

$$L_{ik} = \begin{cases} 0, & \text{si } 1 \le i \le k-1 \\ 1, & \text{si } i = k, \\ z_{ik} = a_{ik}^{(k)}/a_{kk}^{(k)}, & \text{si } k+1 \le i \le n. \end{cases}$$

Concluimos de esta manera el resultado que resumimos en el siguiente corolario.

Corolario 4.2 (Factorización $A=LU$). *Si A es una matriz cuadrada que permite llevar a cabo el proceso de Gauss normal entonces admite una factorización $A = LU$ con*

- *L: matriz triangular inferior con todos sus elementos diagonales iguales a 1.*

- *U: matriz triangular superior.*

En particular si A es una matriz cuadrada con todas sus submatrices principales no singulares entonces A admite una factorización $A = LU$.

Observación 4.3. Insistimos en que, si bien la matriz $L = M^{-1}$ se obtiene inmediatamente a partir de las matrices E_k, no ocurre lo mismo con la matriz $M = L^{-1}$ para la que no existe una expresión simple a partir de los elementos de E_k. Ahora bien, como ya hemos señalado, no hay ninguna razón para calcular la matriz M, puesto que lo que nos interesa es la matriz triangular superior $U = MA$.□

4.2.2 Cálculo de la factorización $A=LU$: método de Gauss.

Recordamos que en la etapa k-ésima del método de Gauss normal se crean ceros en las posiciones subdiagonales de la columna k de la matriz $A_{k+1}, 1 \leq k \leq n-1$:

$$a_{ik}^{(k+1)} = 0 : k+1 \leq i \leq n, \ 1 \leq k \leq n-1.$$

Ya hemos insistido también que en la práctica no es necesario forzar la puesta a 0, puesto que esos elementos de las matrices sucesivas ya no se utilizan para nada más. Por consiguiente, *podemos utilizar esas posiciones subdiagonales para almacenar los elementos correspondientes z_{ik}*. Teniendo en cuenta la forma de las matrices A_{k+1} y E_k^{-1}, esta operación es equivalente a manejar la siguiente matriz $\widetilde{A}_{k+1}$ en lugar de la matriz A_{k+1}:

$$\widetilde{A}_{k+1} = A_{k+1} + (E_1^{-1} - I) + \cdots + (E_k^{-1} - I), \ 1 \leq k \leq n-1.$$

Teniendo en cuenta (4.1)–(4.2) y que $\widetilde{A}_1 = A_1 = A$ obtenemos:

$$\widetilde{a}_{ij}^{(k+1)} = \begin{cases} \widetilde{a}_{ij}^{(k)}, & j = 1, 2, \ldots, n & i = 1, 2, \ldots, k \\[2mm] \widetilde{a}_{ij}^{(k)}, & j = 1, 2, \ldots, k-1 \\[2mm] \dfrac{\widetilde{a}_{ik}^{(k)}}{\widetilde{a}_{kk}^{(k)}}, & j = k \\[2mm] \widetilde{a}_{ij}^{(k)} - \dfrac{\widetilde{a}_{ik}^{(k)}}{\widetilde{a}_{kk}^{(k)}} \widetilde{a}_{kj}^{(k)}, & j = k+1, \ldots, n \end{cases} \quad i = k+1, \ldots, n. \tag{4.12}$$

Después de $n-1$ etapas, tendremos la matriz $\widetilde{A}_n = A_n + (E_1^{-1} - I) + \cdots + (E_{n-1}^{-1} - I)$ de llegada y el proceso lo podemos representar esquemáticamente como sigue:

$$A = \begin{pmatrix} a_{11} & a_{12} & \cdots & a_{1n} \\ a_{21} & a_{22} & \cdots & a_{2n} \\ \vdots & \vdots & \vdots & \vdots \\ a_{n1} & a_{n2} & \cdots & a_{nn} \end{pmatrix} \begin{array}{c} (n-1) \\ \text{etapas} \\ \longrightarrow \end{array} \widetilde{A}_n = \begin{pmatrix} a_{11}^{(1)} & a_{12}^{(1)} & \cdots & a_{1n}^{(1)} \\ z_{21} & a_{22}^{(2)} & \cdots & a_{2n}^{(2)} \\ \vdots & \vdots & \ddots & \vdots \\ z_{n1} & z_{n2} & \cdots & a_{nn}^{(n)} \end{pmatrix}.$$

Por tanto, de (4.8) y (4.11) se tiene inmediatamente la siguiente identidad:

$$\widetilde{A}_n = \begin{pmatrix} U_{11} & U_{12} & \cdots & U_{1n} \\ L_{21} & U_{22} & \cdots & U_{2n} \\ \vdots & \vdots & \ddots & \vdots \\ L_{n1} & L_{n2} & \cdots & U_{nn}^{(n)} \end{pmatrix} = U + L - I. \tag{4.13}$$

En resumen: la parte superior (elementos no nulos) de la matriz triangular superior U está almacenada en la parte superior de la matriz de llegada $\tilde{A}_n$ y la parte inferior (elementos no nulos) de la matriz triangular inferior L, salvo los diagonales que son iguales a 1, está almacenada en la parte inferior de dicha matriz de llegada. Es obvio que el cálculo de la matriz $\tilde{A}_n$ se realiza exactamente con el proceso de eliminación de Gauss normal *excluyendo la parte que afecta al vector b* [véase (4.1) y (4.12)]. El código se recoge en el algoritmo 4.3. El número de operaciones elementales coincide con las de la etapa de eliminación vistas en el ejercicio 4.1.

EJEMPLO 4.2. El proceso para el ejemplo 4.1, lo resumimos en la tabla 4.3. Se tiene:

$$
L = \begin{pmatrix} 1 & & & \\ \frac{1}{2} & 1 & & \\ -\frac{3}{2} & \frac{5}{2} & 1 & \\ 2 & -\frac{5}{4} & -\frac{9}{166} & 1 \end{pmatrix} \; ; \; U = \begin{pmatrix} 2 & 4 & 1 & 1 \\ & 4 & \frac{13}{2} & -\frac{17}{2} \\ & & -\frac{83}{4} & \frac{111}{4} \\ & & & -\frac{1255}{83} \end{pmatrix} . \qquad \square
$$

Algoritmo 4.3 Factorización $A = LU$: método de Gauss.

procedure LUGAUSS$(n, a, deter) \rightarrow a, deter$ $\triangleright$ Sobrescribe A
     input $n, a = (a_{ij})$
     for $k = 1, 2, \ldots, n-1$ **do**
         if $|a_{kk}| < 10^{-10}$ **then**
             Alerta: Puede que no exista factorización $A = LU$
         end if
         for $i = k+1, k+2, \ldots, n$ **do**
             $a_{ik} \leftarrow a_{ik}/a_{kk}$
             for $j = k+1, k+2, \ldots, n$ **do**
                 $a_{ij} \leftarrow a_{ij} - a_{ik}a_{kj}$
             end for
         end for
     end for
     if $|a_{nn}| < 10^{-10}$ **then**
         Alerta: matriz «casi singular»
     end if
     $deter \leftarrow 1.$
     for $k = 1, 2, \ldots, n$ **do**
         $deter \leftarrow deter \times a_{kk}$
     end for
     return $a = (a_{ij}), deter$ $\triangleright \tilde{A}_n = U + L - I, \det(A)$
end procedure

$a_{11}^{(1)}$	$a_{12}^{(1)}$	$a_{13}^{(1)}$	$a_{14}^{(1)}$	2	4	1	1
$a_{21}^{(1)}$	$a_{22}^{(1)}$	$a_{23}^{(1)}$	$a_{24}^{(1)}$	1	6	7	-8
$a_{31}^{(1)}$	$a_{32}^{(1)}$	$a_{33}^{(1)}$	$a_{34}^{(1)}$	-3	4	-6	5
$a_{41}^{(1)}$	$a_{42}^{(1)}$	$a_{43}^{(1)}$	$a_{44}^{(1)}$	4	3	-5	-4
$a_{11}^{(1)}$	$a_{12}^{(1)}$	$a_{13}^{(1)}$	$a_{14}^{(1)}$	2	4	1	1
z_{21}	$a_{22}^{(2)}$	$a_{23}^{(2)}$	$a_{24}^{(2)}$	$\frac{1}{2}$	4	$\frac{13}{2}$	$-\frac{17}{2}$
z_{31}	$a_{32}^{(2)}$	$a_{33}^{(2)}$	$a_{34}^{(2)}$	$-\frac{3}{2}$	10	$-\frac{9}{2}$	$\frac{13}{2}$
z_{41}	$a_{42}^{(2)}$	$a_{43}^{(2)}$	$a_{44}^{(2)}$	2	-5	-7	-6
$a_{11}^{(1)}$	$a_{12}^{(1)}$	$a_{13}^{(1)}$	$a_{14}^{(1)}$	2	4	1	1
z_{21}	$a_{22}^{(2)}$	$a_{23}^{(2)}$	$a_{24}^{(2)}$	$\frac{1}{2}$	4	$\frac{13}{2}$	$-\frac{17}{2}$
z_{31}	z_{32}	$a_{33}^{(3)}$	$a_{34}^{(3)}$	$-\frac{3}{2}$	$\frac{5}{2}$	$-\frac{83}{4}$	$\frac{111}{4}$
z_{41}	z_{42}	$a_{43}^{(3)}$	$a_{44}^{(3)}$	2	$-\frac{5}{4}$	$\frac{9}{8}$	$-\frac{133}{8}$
$a_{11}^{(1)}$	$a_{12}^{(1)}$	$a_{13}^{(1)}$	$a_{14}^{(1)}$	2	4	1	1
z_{21}	$a_{22}^{(2)}$	$a_{23}^{(2)}$	$a_{24}^{(2)}$	$\frac{1}{2}$	4	$\frac{13}{2}$	$-\frac{17}{2}$
z_{31}	z_{32}	$a_{33}^{(3)}$	$a_{34}^{(3)}$	$-\frac{3}{2}$	$\frac{5}{2}$	$-\frac{83}{4}$	$\frac{111}{4}$
z_{41}	z_{42}	z_{43}	$a_{44}^{(4)}$	2	$-\frac{5}{4}$	$-\frac{9}{166}$	$-\frac{1255}{83}$

Tabla 4.3: Ejemplo del método de Gauss para factorización $A = LU$.

Concluimos esta sección recordando algunos hechos importantes relativos a la factorización $A = LU$.

Teorema 4.2. *i) Existen matrices que no admiten factorización LU,*

ii) Una matriz no invertible puede admitir más de una factorización LU,

iii) Una matriz invertible solo puede admitir una única factorización LU.

Demostración. i) Basta considerar ejemplos como el siguiente, en el que no puede existir factorización LU. En efecto,

$$\begin{pmatrix} 0 & 1 \\ 1 & 0 \end{pmatrix} = \begin{pmatrix} 1 & 0 \\ a & 1 \end{pmatrix} \begin{pmatrix} b & c \\ 0 & d \end{pmatrix},$$

equivaldría a $b = 0$, $c = 1$, $ab = 1$ y $ac + d = 0$, que es imposible.

ii) Lo vemos con un ejemplo como el siguiente en el que dos factorizaciones, al menos, son posibles:

$$\begin{pmatrix} 0 & 2 \\ 0 & 12 \end{pmatrix} = \begin{pmatrix} 1 & 0 \\ 5 & 1 \end{pmatrix} \begin{pmatrix} 0 & 2 \\ 0 & 2 \end{pmatrix} = \begin{pmatrix} 1 & 0 \\ 3 & 1 \end{pmatrix} \begin{pmatrix} 0 & 2 \\ 0 & 6 \end{pmatrix}.$$

iii) Si A es invertible y suponemos dos factorizaciones tipo LU, $A = L_1 U_1 = L_2 U_2$, tendremos $L_2^{-1} L_1 = U_2 U_1^{-1}$. Pero la matriz $L_2^{-1} L_1$ es triangular inferior con elementos diagonales iguales a 1 (producto de 2 matrices del mismo tipo) y $U_2 U_1^{-1}$ es una matriz triangular superior (también producto de 2 matrices triangulares superiores). Eso solo es posible si $L_2^{-1} L_1 = I$ y $U_2 U_1^{-1} = I$, o sea, $L_2 = L_1$ y $U_2 = U_1$.   □

4.2.3   Cálculo de la factorización $A = LU$: método de Doolittle

El método de Doolittle es una alternativa al método de Gauss para el cálculo de la factorización $A = LU$. Se basa en el cálculo directo de las matrices L y U, suponiendo que existen, a partir de la igualdad $A = LU$, despejando L_{ji}, $j = i + 1, \ldots, n$ y U_{ij}, $j = i, \ldots, n$ para $i = 1, 2, \ldots, n$ en un orden correcto que permita utilizar en el cálculo los elementos calculados previamente:

$$\begin{pmatrix} a_{11} & a_{12} & \cdots & a_{1n} \\ a_{21} & a_{22} & \cdots & a_{2n} \\ \vdots & \vdots & \vdots & \vdots \\ a_{n1} & a_{n2} & \cdots & a_{nn} \end{pmatrix} = \begin{pmatrix} 1 & & & \\ L_{21} & 1 & & \\ \vdots & \vdots & \vdots & \\ L_{n1} & L_{n2} & \cdots & 1 \end{pmatrix} \begin{pmatrix} U_{11} & U_{12} & \cdots & U_{1n} \\ & U_{22} & \cdots & U_{2n} \\ & & \ddots & \vdots \\ & & & U_{nn} \end{pmatrix}.$$

De la igualdad $A = LU$ se tiene:

i) Primera fila de U y primera columna de L:

$$\begin{aligned} U_{1j} &= a_{1j}, j = 1, 2, \ldots, n. \\ L_{j1} U_{11} &= a_{j1}, \text{ de donde: } L_{j1} = a_{j1}/U_{11}, j = 2, 3, \ldots, n. \end{aligned}$$

ii) Fila i-ésima de U y columna i-ésima de L: Supongamos calculadas las filas $1, 2, \ldots, i-1$ de U y las columnas $1, 2, \ldots, i-1$ de L. Podemos calcular entonces la fila i de U y la columna i de L, pues:

$$\begin{aligned} \sum_{k=1}^{i-1} L_{ik} U_{kj} + U_{ij} &= a_{ij}, j = i, i+1, \ldots, n, \text{ de donde:} \\ U_{ij} &= a_{ij} - \sum_{k=1}^{i-1} L_{ik} U_{kj}, j = i, i+1, \ldots, n. \\ \sum_{k=1}^{i-1} L_{jk} U_{ki} + L_{ji} U_{ii} &= a_{ji}, j = i+1, \ldots, n, \text{ de donde:} \\ L_{ji} &= (a_{ji} - \sum_{k=1}^{i-1} L_{jk} U_{ki})/U_{ii}, j = i+1, \ldots, n. \end{aligned}$$

Las igualdades anteriores se resumen en las siguientes fórmulas que permiten obtener los elementos de L y U a partir de los de A.

Fórmulas de Doolittle (Cálculo de L por columnas y U por filas)

$$U_{1j} = a_{1j}, \qquad\qquad j = 1, 2, \ldots, n$$
$$L_{j1} = a_{j1}/U_{11}, \qquad\qquad j = 2, 3, \ldots, n.$$

$$\left.\begin{array}{ll} U_{ij} = a_{ij} - \displaystyle\sum_{k=1}^{i-1} L_{ik}U_{kj}, & j = i, i+1, \ldots, n. \\[3mm] L_{ji} = (a_{ji} - \displaystyle\sum_{k=1}^{i-1} L_{jk}U_{ki})/U_{ii}, & j = i+1, \ldots, n \end{array}\right\} \; i = 2, 3, \ldots, n.$$

Se debe notar que para el cálculo de un elemento cualquiera L_{pq} (fila p, columna q de L, $q < p$) y U_{pq} (fila p, columna q de U, $p \leq q$) se requiere únicamente el elemento a_{pq} correspondiente y los elementos anteriores $(1, 2, \ldots, p-1)$ de la misma la fila p de L y de los elementos anteriores $(1, 2, \ldots, q-1)$ de la misma columna q de U. Por tanto, nada impide realizar el cálculo de L por filas y de U por columnas e incluso L y U por filas como se indica a continuación. En la figura 4.1 se ilustra el orden de cálculo de filas y columnas en cada una de ellas.

EJERCICIO 4.3. *Fórmulas para el cálculo de L por filas y U por columnas*

$$U_{11} = a_{11}; \; \text{Para } i = 2, \ldots, n:$$

$$\left.\begin{array}{ll} L_{i1} = a_{i1}/U_{11}; \quad L_{ij} = (a_{ij} - \displaystyle\sum_{k=1}^{j-1} L_{ik}U_{kj})/U_{jj}, & j = 2, 3, \ldots, i-1, \\[3mm] U_{1i} = a_{1i}; \qquad U_{ji} = a_{ji} - \displaystyle\sum_{k=1}^{j-1} L_{jk}U_{ki}, & j = 2, 3, \ldots, i. \end{array}\right\}$$

EJERCICIO 4.4. *Fórmulas de Banachiewicz: Cálculo de L y U por filas*

$$U_{1j} = a_{1j}, \, j = 1, 2, \ldots, n. \; \text{Para } i = 2, \ldots, n:$$

$$\left.\begin{array}{ll} L_{i1} = a_{i1}/U_{11}; \quad L_{ij} = (a_{ij} - \displaystyle\sum_{k=1}^{j-1} L_{ik}U_{kj})/U_{jj}, & j = 2, 3, \ldots, i-1, \\[3mm] U_{ij} = a_{ij} - \displaystyle\sum_{k=1}^{i-1} L_{ik}U_{kj}, & j = i, i+1, \ldots, n. \end{array}\right\}$$

Observación 4.4. Las fórmulas de factorización LU fueron obtenidas bajo la hipótesis de existencia de la misma. Si el cálculo anterior se aplica a una matriz cualquiera puede ocurrir:

a) Todos los elementos U_{ii} resultan distintos de cero: entonces el proceso culmina y la matriz admite factorización LU. En tal caso se tiene:

$$\det(A) = \det(L)\det(U) = \det(U) = U_{11}U_{22}\cdots U_{nn}. \tag{4.14}$$

b) Algún elemento U_{ii} resulta igual a cero y, por tanto, el cálculo no puede continuar: la matriz no admite factorización LU. *Insistimos en que no podemos concluir que el* $\det(A) = 0$, *sino que A no admite factorización LU y, por ello, no puede utilizarse (4.14).* □

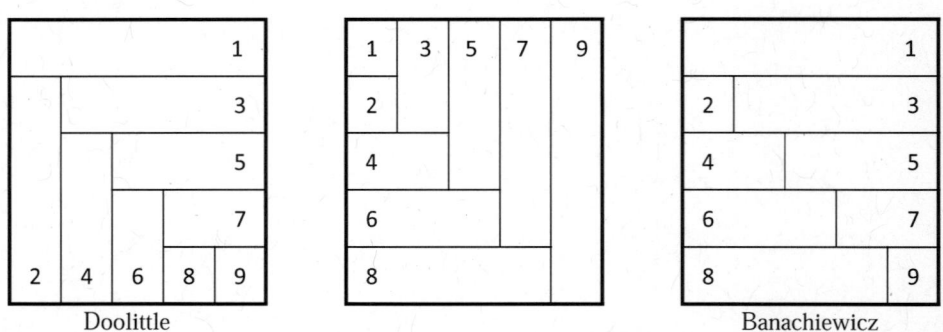

Doolittle   Banachiewicz

Figura 4.1: Orden de cálculo de L y U en las distintas fórmulas.

Número de operaciones elementales

Para cualesquiera de las fórmulas se tiene el siguiente recuento de operaciones elementales:

Multiplicaciones: $\displaystyle\sum_{i=2}^{n}[(i-1)(n-i+1)+(i-1)(n-i)] = \frac{1}{6}(2n^3 - 3n^2 + n)$.

Sumas: $\displaystyle\sum_{i=2}^{n}[(i-1)(n-i+1)+(i-1)(n-i)] = \frac{1}{6}(2n^3 - 3n^2 + n)$.

Divisiones: $(n-1)+(n-2)+\cdots+2+1 = \frac{1}{2}n(n-1)$.

Observación 4.5. Nótese que el número de operaciones elementales es el mismo que las que se realizan en el método de Gauss para transformar la matriz A (excluido el segundo miembro) en la matriz U, lo que abunda en la equivalencia de ambas formas de proceder que ya hemos señalado. □

Pseudocódigo

Se observará en las fórmulas de Doolittle que cada elemento a_{ji}, ($j = i+1, \ldots, n$; $i = 1, \ldots, n-1$) interviene únicamente para el cálculo del elemento L_{ji} correspondiente pero ya no interviene en ningún cálculo posterior. Esto significa que el elemento L_{ji} se puede almacenar en la posición que ocupa a_{ji}. Del mismo modo, el elemento a_{ij}, ($i = 1, 2, \ldots, n$; $j = i, i+1, \ldots, n$) se utiliza solamente para el cálculo de U_{ij}. Por tanto, U_{ij} se puede almacenar en la posición de memoria que ocupa a_{ij}. De esta manera, después del cálculo, la matriz A ya no se conserva y en su lugar está la matriz $\widetilde{A}_n = U + L - I$ de (4.13), igual a la obtenida en el proceso de eliminación de Gauss. De esta manera, siguiendo las fórmulas de Doolittle, la codificación nos lleva al algoritmo 4.4 (obsérvese que las variables L_{ji} y U_{ij} se han sustituido por a_{ji} y a_{ij}).

Algoritmo 4.4 Factorización $A = LU$: método de Doolittle.

---

procedure LUDL$(n, a, deter) \to a, deter$ ▷ Sobrescribe A

    input $n, a = (a_{ij})$

    if $|a_{11}| < 10^{-10}$ **then**

        Alerta: Duda sobre la existencia de factorización $A = LU$

    end if

    for $j = 2, \ldots, n$ **do** ▷ Col 1 de L (Fila 1 de U = Fila 1 de A)

        $a_{j1} \leftarrow a_{j1}/a_{11}$

    end for

    for $i = 2, \ldots, n$ **do** ▷ Fila i de U

        for $j = i, i+1, \ldots, n$ **do**

            for $k = 1, \ldots, i - 1$ **do**

                $a_{ij} \leftarrow a_{ij} - a_{ik}a_{kj}$

            end for

        end for

        if $|a_{ii}| < 10^{-10}$ **then**

            Alerta: Duda sobre la existencia de factorización $A = LU$

        end if

        for $j = i + 1, \ldots, n$ **do** ▷ Columna i de L

            for $k = 1, \ldots, i - 1$ **do**

                $a_{ji} \leftarrow a_{ji} - a_{jk}a_{ki}$

            end for

            $a_{ji} \leftarrow a_{ji}/a_{ii}$

        end for

    end for

    $deter \leftarrow \prod_{k=1}^{n} a_{kk}$

    return $a = (a_{ij}), deter$ ▷ $\widetilde{A}_n = U + L - I$

end procedure

4.2.4   Método de factorización $A=LU$ para sistemas lineales

Si la matriz A del sistema lineal $Au = b$ admite factorización $A = LU$, entonces el sistema lineal se escribe en la forma $LUu = b$. Poniendo $Uu = w$, vemos que la resolución de $Au = b$ equivale a resolver sucesivamente los dos sistemas triangulares: $Lw = b$ y $Uu = w$. Este método se llama de *factorización $A = LU$* y se resume entonces en las dos etapas siguientes:

a) Calcular (utilizando Gauss o Doolittle) las matrices L y U (si existen).

b) Resolver por sustitución sucesivamente los dos sistemas triangulares:

$$Lw = b : \; w_1 = b_1; \; w_i = b_i - \sum_{k=1}^{i-1} L_{ik}w_k, \; i = 2, 3, \ldots, n,$$

$$Uu = w : u_n = w_n/U_{nn}, \; u_i = (w_i - \sum_{k=i+1}^{n} U_{ik}u_k)/U_{ii}, \; i = n-1, \ldots, 2, 1.$$

Cada uno de ellos necesita $n(n-1)/2$ multiplicaciones y otras tantas sumas y el segundo además n divisiones. Si añadimos estas operaciones a las de la factorización $A = LU$ —por Gauss o Doolittle— el número total de operaciones del método de factorización LU vuelve a coincidir con las de Gauss normal (véase la tabla 4.1). La codificación del método resulta directamente de traducir las dos etapas anteriores, diferenciándose por el método utilizado para calcular la factorización LU de A (véase el procedimiento en el algoritmo 4.5).

Algoritmo 4.5 Métodos de factorización LU-Gauss y LU-Doolittle.

---

  procedure P_LU   ▷ Resuelve $Au = b$ y calcula $\det(A)$-Sobrescribe A y b
    input $n, a = (a_{ij}), b = (b_i)$
    input mf ▷ Método de factorización: 1- Gauss, 2-Doolittle
    if $mf = 1$ **then**
        $a, deter \leftarrow$ LUGAUSS$(n, a, deter)$ ▷ Factorización Gauss
    else if $mf = 2$ **then**
        $a, deter \leftarrow$ LUDL$(n, a, deter)$ ▷ Factorización Doolittle
    else
        Alerta: método no válido - Acabar
    end if
    $w \leftarrow$ SISTL1(n, a, b, w) ▷ Descenso: $Lw = b$
    $u \leftarrow$ SISTU(n, a, w, u) ▷ Remonte: $Uu = w$
    output $u = (u_i), deter$
  end procedure

4.2.5   Conservación del perfil en la factorización $A=LU$

Si la matriz A es hueca con perfil próximo a la diagonal principal, la factorización LU permite sacar ventaja del almacenamiento perfil de la matriz A y de las matrices L y U. En efecto, la factorización LU conserva el perfil de la matriz A en el sentido de que L *tiene el mismo perfil inferior que A y U tiene el mismo perfil superior*. Gráficamente, se comprende fácilmente observando la figura 4.2 y se especifica rigurosamente en el siguiente teorema.

Definición 4.1. *Dada la matriz $A = (a_{ij})$ sean λ y β los punteros del perfil inferior y superior de A, respectivamente, definidos de la forma siguiente (véase la figura 4.2):*

$$\lambda(i) = \min\{j : a_{ij} \neq 0, \; 1 \leq j \leq i\},$$
$$\beta(j) = \min\{i : a_{ij} \neq 0, \; 1 \leq i \leq j\}.$$

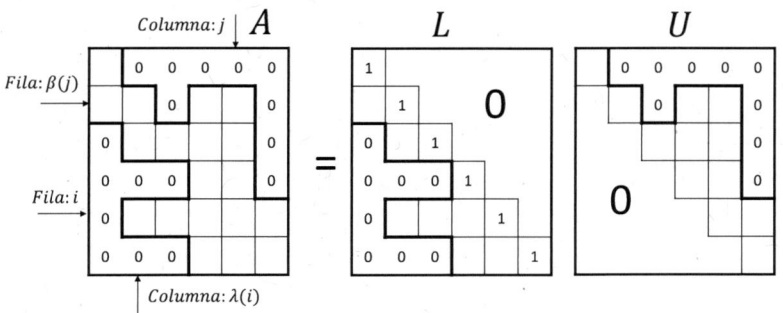

Figura 4.2: Conservación del perfil en la factorización LU.

Nótese que, por definición, se tiene:

$$a_{ik} = 0, \ k = 1, 2, \ldots, \lambda(i) - 1; \quad a_{i\lambda(i)} \neq 0, \ (i = 1, 2, \ldots, n)$$

$$a_{kj} = 0, \ k = 1, 2, \ldots, \beta(j) - 1; \quad a_{\beta(j)j} \neq 0, \ (j = 1, 2, \ldots, n).$$

Teorema 4.3. *La factorización $A = LU$ conserva los perfiles inferior y superior de la matriz A: la matriz L tiene el mismo perfil inferior que la matriz A y la matriz U el mismo perfil superior, es decir:*

$$L_{ik} = 0, \ k = 1, 2, \ldots, \lambda(i) - 1; \quad L_{i\lambda(i)} \neq 0, \ (i = 1, 2, \ldots, n)$$

$$U_{kj} = 0, \ k = 1, 2, \ldots, \beta(j) - 1; \quad U_{\beta(j)j} \neq 0, \ (j = 1, 2, \ldots, n).$$

Demostración. Basta proceder por recurrencia en el cálculo de la fila i de L y la columna j de U en las fórmulas de Doolittle:

$L_{i1} = a_{i1}/U_{11} = 0,$

$L_{i2} = (a_{i2} - L_{i1}U_{12})/U_{22} = a_{i2}/U_{22} = 0.$

$\vdots = \vdots$

$L_{ik} = (a_{ik} - L_{i1}U_{1k} - \cdots - L_{i,k-1}U_{k-1,k})/U_{kk} = a_{ik}/U_{kk} = 0,$
$$k = 1, \ldots, \lambda(i) - 1.$$

$U_{1j} = a_{1j} = 0,$

$U_{2j} = a_{2j} - L_{21}U_{1j} = a_{2j} = 0,$

$\vdots = \vdots$

$U_{kj} = a_{kj} - L_{k1}U_{1j} - \cdots - L_{k,k-1}U_{k-1,j} = a_{kj} = 0, \ k = 1, \ldots, \beta(j) - 1.$ $\square$

Corolario 4.3. *Se tiene para $1 \leq i, j \leq n$:*

$$L_{i\lambda(i)} = a_{i\lambda(i)}/U_{\lambda(i)\lambda(i)}; \quad U_{\beta(j)j} = a_{\beta(j)j}.$$

Demostración. En efecto,

$$L_{i\lambda(i)} = (a_{i\lambda(i)} - \sum_{k=1}^{\lambda(i)-1} L_{ik}U_{k\lambda(i)})/U_{\lambda(i)\lambda(i)} = a_{i\lambda(i)}/U_{\lambda(i)\lambda(i)},$$

$$U_{\beta(j)j} = a_{\beta(j)j} - \sum_{k=1}^{\beta(j)-1} L_{\beta(j)k}U_{kj} = a_{\beta(j)j}. \qquad \square$$

Observación 4.6 (Efecto de relleno del perfil). Por las importantes consecuencias que reporta, se debe tener presente que si $a_{ij} = 0$ para algún j tal que $\lambda(i) < j \leq i$ (resp. para algún i tal que $\beta(j) < i \leq j$) en general se tendrá $L_{ij} \neq 0$ (resp. $U_{ij} \neq 0$). Este fenómeno se conoce como *relleno del perfil* durante el proceso de factorización y obliga a calcular todos los elementos de L y de U que pertenecen al perfil. Por otra parte, si queremos almacenar y utilizar únicamente los elementos del perfil para realizar la factorización, entonces las fórmulas deben adecuarse (véase la sección 4.2.6). $\qquad \square$

4.2.6 Factorización $A=LU$ en almacenamiento perfil

En las fórmulas de cálculo de L y U observamos que para obtener U_{ij}, $j \geq i$, intervienen los productos

$$L_{i1}U_{1j}, \ldots, L_{i,i-1}U_{i-1,j}$$

que en el caso de una matriz hueca se quedarán reducidos, por una parte, a:

$$L_{i\lambda(i)}U_{\lambda(i)j}, \ldots, L_{i,i-1}U_{i-1,j}$$

y por la otra a:

$$L_{i\beta(j)}U_{\beta(j)j}, \ldots, L_{i,i-1}U_{i-1,j}.$$

Por tanto, solo permanecen los productos:

$$L_{ik}U_{kj}: \quad \max\{\lambda(i),\beta(j)\} \leq k \leq i-1.$$

Análogamente, para calcular L_{ji}, $j \leq i$, intervienen los productos $L_{j1}U_{1i}, \ldots,$ $L_{j,i-1}U_{i-1,i}$, que quedarán reducidos, por una parte, a

$$L_{j\lambda(j)}U_{\lambda(j)i}, \ldots, L_{j,i-1}U_{i-1,i}$$

y por la otra a

$$L_{j\beta(i)}U_{\beta(i)i}, \ldots, L_{j,i-1}U_{i-1,j}.$$

Es decir, que solo debemos tener en cuenta los productos:

$$L_{jk}U_{ki}: \quad \max\{\lambda(j),\beta(i)\} \leq k \leq i-1.$$

De todo ello, las fórmulas de cálculo de L por filas y U por columnas y las fórmulas de descenso y remonte para los sistemas triangulares se pueden formular de la siguiente manera donde únicamente se utilizan los elementos del perfil. Las fórmulas para el caso de matrices con perfil simétrico (no necesariamente simétricas) se obtienen poniendo $\beta(i) = \lambda(i)$, $1 \leq i \leq n$.

Almacenamiento perfil: fórmulas de factorización $A=LU$ (L por filas, U por columnas) con descenso y remonte

$U_{11} = a_{11}$. Para $i = 2, \ldots, n$:

$$\left. \begin{aligned} & L_{i\lambda(i)} = a_{i\lambda(i)}/U_{\lambda(i)\lambda(i)}, \\ & L_{ij} = (a_{ij} - \sum_{k=\max\{\lambda(i),\beta(j)\}}^{j-1} L_{ik}U_{kj})/U_{jj}, \quad j = \lambda(i)+1, \ldots, i-1; \\ & U_{\beta(i)i} = a_{\beta(i)i}, \\ & U_{ji} = a_{ji} - \sum_{\max\{\lambda(j),\beta(i)\}}^{j-1} L_{jk}U_{ki}, \qquad\qquad j = \beta(i)+1, \ldots, i. \end{aligned} \right\}$$

$$\begin{aligned} Lw = b : \quad w_1 &= b_1, \\ w_i &= b_i - \sum_{k=\lambda(i)}^{i-1} L_{ik}w_k, \; i = 2, 3, \ldots, n; \\ Uu = w : \quad u_n &= w_n/U_{nn}, \\ u_i &= (w_i - \sum_{k=i+1,\, k \geq \beta(i)}^{n} U_{ik}u_k)/U_{ii}, \; i = n-1, n-2, \ldots, 1. \end{aligned}$$

4.2.7 Factorización $A=LU$ para sistemas tridiagonales

Entre las matrices con perfil simétrico de gran interés en la práctica están las matrices banda. Si A tiene ancho de banda $2p+1$ y admite factorización LU los resultados anteriores sobre conservación del perfil nos demuestran que las matrices L y U tienen ambas $p+1$ diagonales no nulas (la principal y las p diagonales más próximas) siendo todos los demás elementos nulos. Basta tener en cuenta que para este caso se tiene:

$$\lambda(i) = \begin{cases} 1, & \text{si } i = 1, 2, \ldots, p+1, \\ i - p, & \text{si } i = p+2, \ldots, n. \end{cases}$$

Esto permite adaptar las fórmulas anteriores para el cálculo de las matrices y resolución de sistemas en forma perfil. Puede resultar más sencillo deducir las fórmulas en cada caso que interesa: tridiagonales, pentadiagonales, etc. Nosotros lo hacemos a continuación para las matrices tridiagonales. El método es debido a Llewellyn Hilleth Thomas (1903–1992).

Sea A una matriz tridiagonal de la forma siguiente:

$$\begin{pmatrix} a_1 & b_1 & & & & \\ c_2 & a_2 & b_2 & & & \\ & c_3 & a_3 & b_3 & & \\ & & \ddots & \ddots & \ddots & \\ & & & c_{n-1} & a_{n-1} & b_{n-1} \\ & & & & c_n & a_n \end{pmatrix}. \tag{4.15}$$

Suponemos que A admite una factorización LU. Sabemos que una condición suficiente es que sea de diagonal estrictamente dominante, que en este caso se traduciría en:

$$\mid a_1 \mid > \mid b_1 \mid, \ \mid a_i \mid > \mid b_i \mid + \mid c_i \mid, 2 \le i \le n-1, \ \mid a_n \mid > \mid c_n \mid .$$

Sabemos, pues, que las matrices de la factorización $A = LU$ son de la forma:

$$L = \begin{pmatrix} 1 & & & & & \\ z_2 & 1 & & & & \\ & \ddots & \ddots & & & \\ & & z_i & 1 & & \\ & & & \ddots & \ddots & \\ & & & & z_n & 1 \end{pmatrix}, \ U = \begin{pmatrix} x_1 & y_1 & & & & \\ & x_2 & y_2 & & & \\ & & \ddots & \ddots & & \\ & & & x_i & y_i & \\ & & & & \ddots & y_{n-1} \\ & & & & & x_n \end{pmatrix}$$

Para deducir las fórmulas de cálculo de x_i, y_i, z_i procedemos en forma análoga que en el caso general. La igualdad $A = LU$ impone:

$$
\begin{array}{lll}
 & a_1 = x_1, & b_1 = y_1, \\
c_2 = z_2 x_1, & a_2 = z_2 y_1 + x_2, & b_2 = y_2, \\
\cdots\cdots & \cdots\cdots\cdots & \cdots\cdots \\
c_i = z_i x_{i-1}, & a_i = z_i y_{i-1} + x_i, & b_i = y_i, \\
\cdots\cdots & \cdots\cdots\cdots & \cdots\cdots \\
c_{n-1} = z_{n-1} x_{n-2}, & a_{n-1} = z_{n-1} y_{n-2} + x_{n-1}, & b_{n-1} = y_{n-1}, \\
c_n = z_n x_{n-1}, & a_n = z_n y_{n-1} + x_n.
\end{array}
$$

Adoptando, por ejemplo, el orden de cálculo de L por filas y U por columnas se deducen las siguientes fórmulas (de izquierda a derecha y de arriba a abajo):

$$
\begin{array}{lll}
 & x_1 = a_1, & y_1 = b_1, \\
z_2 = c_2/x_1, & x_2 = a_2 - z_2 y_1, & y_2 = b_2, \\
\cdots\cdots & \cdots\cdots\cdots & \cdots\cdots \\
z_i = c_i/x_{i-1}, & x_i = a_i - z_i y_{i-1}, & y_i = b_i, \\
\cdots\cdots & \cdots\cdots\cdots & \cdots\cdots \\
z_{n-1} = c_{n-1}/x_{n-2}, & x_{n-1} = a_{n-1} - z_{n-1} y_{n-2}, & y_{n-1} = b_{n-1}, \\
z_n = c_n/x_{n-1}, & x_n = a_n - z_n y_{n-1},
\end{array}
$$

que se resumen en las siguientes:

$$
\begin{aligned}
&y_i = b_i, 1 \le i \le n, \\
&x_1 = a_1, \\
&\left. \begin{array}{l} z_i = c_i/x_{i-1}, \\ x_i = a_i - z_i y_{i-1} \end{array} \right\} \ i = 2, 3, \ldots, n.
\end{aligned}
$$

El número de operaciones elementales es tan solo de $n-1$ divisiones, $n-1$ productos y $n-1$ sumas.

Algoritmo 4.6 Método de factorización LU para $Au = d$, A tridiagonal.

procedure P_LU3D ▷ Sobrescribe diagonales a, b, c y s.m. d
   input $n, a = (a_i)_{i=1}^{n}, b = (b_i)_{i=1}^{n-1}, c = (c_i)_{i=2}^{n}, d = (d_i)_{i=1}^{n}$
   for $i = 2, \ldots, n$ **do** ▷ Factorización
      $c_i \leftarrow c_i/a_{i-1}$
      $a_i \leftarrow a_i - c_i b_{i-1}$
   end for
   for $i = 2, \ldots, n$ **do** ▷ Descenso
      $d_i \leftarrow d_i - c_i d_{i-1}$
   end for
   $d_n \leftarrow d_n/a_n$ ▷ Remonte
   for $i = n - 1, n - 2, \ldots, 1$ **do**
      $d_i \leftarrow (d_i - b_i d_{i+1})/a_i$
   end for
   output $d = (d_i)$
end procedure

La resolución de un sistema lineal $Au = d$ con la matriz tridiagonal dada se completaría ahora con la resolución de los sistemas triangulares $Lw = d$ y $Uu = w$ que se reducen a las siguientes recurrencias (que necesitan n divisiones, $2(n-1)$ multiplicaciones y $2(n-1)$ sumas):

$$w_1 = d_1, \qquad w_i = d_i - z_i w_{i-1}, \qquad i = 2, 3, \ldots, n,$$
$$u_n = w_n/x_n, \quad u_i = (w_i - b_i u_{i+1})/x_i, \quad i = n-1, n-2, \ldots, 2, 1.$$

Así pues, la resolución del sistema lineal $Au = d$ con matriz tridiagonal por el método LU necesita $3(n-1)$ multiplicaciones, $3(n-1)$ sumas y $2n - 1$ divisiones, esto es, un total de $8n - 7$ operaciones elementales. Las 3 diagonales de la matriz A y el vector d ocupan $3n - 2$ y n posiciones de memoria respectivamente. Como en el caso general, podemos almacenar las matrices L y U ocupando las posiciones correspondientes de A, esto es, x_i, y_i, z_i en a_i, b_i y c_i, respectivamente. Además, los vectores u y w podemos eliminarlos y utilizar d para almacenar los resultados intermedios y la solución final. En resumen, con estas optimizaciones la resolución del sistema con matriz tridiagonal necesita $4n - 2$ posiciones de memoria. Teniendo en cuenta estas indicaciones, la codificación puede verse en el algoritmo 4.6.

4.3 Ejercicios

EJERCICIO 4.5. *Método de Gauss sin pivote.* Utilizar los pseudocódigos 4.1 y 4.2 y escribir los procedimientos gauss(n,a,b,deter) y p_gauss para implementar el método de eliminación Gauss normal (sin pivote) para un sistema lineal $Au = b$ y calcular el determinante de A. Verificar el código con varios ejemplos de solución conocida (p. ej. el del ejercicio 4.7). Comprobar el resultado viendo que el residuo

$\|Au - b\|$ es próximo a cero para una norma vectorial elegida, siendo u la solución calculada. *Nota.- En ese caso, se debe tener en cuenta que el proceso de eliminación destruye la matriz A y el segundo miembro b originales, por lo que será necesario conservarlos en posiciones adicionales.*

EJERCICIO 4.6. *Variante de Gauss con vectorización en la eliminación.* En el procedimiento de eliminación `gauss(n,a,b,deter)` es posible realizar la etapa k de eliminación $(1 \le k \le n - 1)$ con el siguiente código vectorizado, que resulta menos costoso computacionalmente:

$a(k + 1 : n, k) = a(k + 1 : n, k)/a(k, k)$
for $j = k + 1, \ldots, n$ **do**
$\quad a(k + 1 : n, j) = a(k + 1 : n, j) - a(k + 1 : n, k) * a(k, j)$
end for
$b(k + 1 : n) = b(k + 1 : n) - a(k + 1 : n, k) * b(k)$

EJERCICIO 4.7. Resolver manualmente por el método de eliminación de Gauss normal el sistema lineal $Au = b$ con

$$A = \begin{pmatrix} -4 & 3 & -2 & 1 \\ -8 & 2 & -1 & 0 \\ -12 & 1 & -4 & 2 \\ -16 & 0 & -7 & 0 \end{pmatrix}; \quad b = \begin{pmatrix} -1 \\ 0 \\ -7 \\ -14 \end{pmatrix}. \text{ Solución: } (0, 1, 2, 0)^T.$$

Deducir, si existen, las matrices L y U de factorización $A = LU$ y comprobar la igualdad. Utilizando dicha factorización, resolver el mismo sistema lineal y calcular $\det(A)$.

EJERCICIO 4.8. *i)* Resolver el siguiente sistema lineal con matriz de Hessenberg superior mediante el método de eliminación Gauss.

$$\begin{pmatrix} 1 & 2 & 3 & -4 \\ 2 & 3 & 4 & 1 \\ 0 & -2 & 5 & 6 \\ 0 & 0 & 2 & 7 \end{pmatrix} u = \begin{pmatrix} 4 \\ 6 \\ 5 \\ 2 \end{pmatrix}.$$

ii) Generalizando el proceso anterior, siguiendo las fórmulas generales del método de eliminación de Gauss, obtener las fórmulas particulares para resolver por eliminación de Gauss un sistema $Au = b$ con A matriz de Hessenberg superior.

iii) Escribir un procedimiento `gaussh(n,a,b,u,deter)` que implemente dicho método de eliminación y calcule también $\det(A)$.

iv) Verificar el código con ejemplos de solución conocida como el del apartado *i)*.

EJERCICIO 4.9. *Inversión de una matriz.* Escribir un procedimiento `gaussinv(n,a,inva)` que devuelva en `inva` la matriz inversa de una matriz A, almacenada en `a`, de orden $n \times n$, resolviendo *simultáneamente* por el método de Gauss normal los n sistemas lineales, $Au_j = e_j, j = 1, \ldots, n$, donde e_j es el j-ésimo vector de la base canónica de $\mathbb{R}^n$ y, por tanto, u_j la j-ésima columna de A^{-1}. Comprobar el código verificando que $AA^{-1} = I$ con ejemplos sencillos.

EJERCICIO 4.10. Considerar sistemas lineales $Au = b$ en los que la matriz A tiene la siguiente estructura:

$$\begin{pmatrix} a_1 & c_1 & \cdots & c_{n-2} & c_{n-1} \\ 0 & a_2 & \cdots & 0 & 0 \\ \vdots & 0 & \ddots & 0 & \vdots \\ 0 & 0 & 0 & a_{n-1} & 0 \\ \alpha & 0 & \cdots & 0 & a_n \end{pmatrix}.$$

i) Deducir las fórmulas particulares del método de eliminación de Gauss para este sistema.

ii) Escribir el procedimiento `gauss_acalfa(n,a,c,alfa,b,u,deter)` que implemente dicho método y calcule $\det(A)$.

iii) Verificar el código con ejemplos sencillos de solución conocida como el siguiente:

$$A = \begin{pmatrix} 1 & 5 & 6 & 7 \\ 0 & 2 & 0 & 0 \\ 0 & 0 & 3 & 0 \\ 10 & 0 & 0 & 4 \end{pmatrix} ; b = \begin{pmatrix} -5 \\ -2 \\ 3 \\ 6 \end{pmatrix}. \text{Solución: } u = \begin{pmatrix} 1 \\ -1 \\ 1 \\ -1 \end{pmatrix}.$$

EJERCICIO 4.11. Se suponen dadas las matrices cuadradas A y B de orden n, siendo A no singular. Generalizar la técnica del ejercicio 4.9 para realizar un procedimiento `p_AUB(n,A,B,U)` que calcule la matriz cuadrada U, única solución del problema $AU = B$. *Téngase en cuenta que la columna j-ésima de U es solución del sistema lineal $AU_j = B_j$, siendo B_j la j-ésima columna de B.*

EJERCICIO 4.12. *Método de factorización $A = LU$.* En este ejercicio se trata de calcular la factorización $A = LU$ por el método de eliminación de Gauss o por el método de Doolittle (dando opción de elegir) y resolver el sistema lineal $Au = b$ por el método de factorización:

$$Au = b \Leftrightarrow LUu = b \Leftrightarrow \begin{cases} Lw = b, \\ Uu = w. \end{cases}$$

Utilizando los pseudocódigo 4.3 y 4.4 escribir los procedimientos `lugauss(n,a,deter)` y `ludl(n,a,deter)` que calculan, si existe, la factorización $A = LU$ y $\det(A)$ por el método de eliminación de Gauss y fórmulas de Doolittle, respectivamente. Utilizando el pseudocódigo 4.5 escribir el procedimiento `p_lu` para implementar el método de factorización LU dando opción de elegir con qué algoritmo realizamos la factorización (1: Gauss, 2: Doolittle). Comprobar el buen funcionamiento del programa con distintos ejemplos de solución conocida (p. ej. el sistema del ejercicio 4.7). También se puede incluir en el programa comprobaciones académicas como las igualdades $A = LU$ y $Au = b$ (o sea, $\|A - LU\|$ y $\|Au - b\|$ próximos a cero) con las matrices L y U y el vector solución u calculados.

EJERCICIO 4.13. *Factorización $A = LU$ para matrices tridiagonales.* Siguiendo el pseudocódigo 4.6 escribir el procedimiento `p_lu3d` para resolver un sistema lineal $Au = \quad d$ de orden n donde A es una matriz tridiagonal de la forma 4.15. Comprobar el código con sistemas de solución conocida (p. ej. el del ejercicio 4.14) y también con el sistema de la forma siguiente para varios valores de n:

$$a_i = 4, 1 \leq i \leq n; \; b_i = -1, \; 1 \leq i \leq n-1; \; c_i = -2, \; 2 \leq i \leq n;$$
$$d = (3, 1, \ldots, 1, 2)^T. \text{ Solución: } (1, 1, \ldots, 1, 1)^T.$$

Incluir también una comprobación del resultado calculando una norma del residuo $\|Au - d\|$ y viendo que es próxima a cero.

EJERCICIO 4.14. Utilizando el proceso estudiado en la sección 4.2.7, calcular manualmente la factorización $A = LU$ de la matriz tridiagonal siguiente y resolver el sistema lineal $Au = b$ con $b = (3, 5, 0, 11, -2)^T$. Solución: $(1, 0, 1, 0, 1)^T$.

$$\begin{pmatrix} 3 & -1 & 0 & 0 & 0 \\ 6 & 1 & -1 & 0 & 0 \\ 0 & 9 & 0 & -1 & 0 \\ 0 & 0 & 12 & -1 & -1 \\ 0 & 0 & 0 & 15 & -2 \end{pmatrix}.$$

EJERCICIO 4.15. *Conservación del perfil en la factorización $A = LU$.* Sea A una matriz real de la forma siguiente:

$$\begin{pmatrix} a_1 & & & & c_1 \\ & \ddots & & & \vdots \\ & & & a_{n-1} & c_{n-1} \\ b_1 & \cdots & & b_{n-1} & a_n \end{pmatrix}$$

i) Deducir las fórmulas para calcular la factorización $A = LU$ utilizando únicamente los elementos no nulos de la matriz A.

ii) Utilizar esas fórmulas para calcular la factorización $A = LU$ de la matriz

$$\begin{pmatrix} -1 & 0 & 0 & 0 & -1 \\ 0 & -2 & 0 & 0 & -2 \\ 0 & 0 & -3 & 0 & -3 \\ 0 & 0 & 0 & -4 & -4 \\ -1 & -4 & -9 & -16 & -35 \end{pmatrix}.$$

iii) Resolver el sistema lineal $Au = b$ con $b = (-2, -2, -3, -4, -36)^T$.

EJERCICIO 4.16. Consideremos una matriz cuadrada A de orden n de la forma siguiente:

$$A = \begin{pmatrix} 1 & & & & 1 \\ -1 & 1 & & & 1 \\ -1 & -1 & 1 & & 1 \\ \vdots & \cdots & \ddots & \ddots & \vdots \\ -1 & -1 & \cdots & -1 & 1 \end{pmatrix}.$$

Probar que A admite una única factorización $A = LU$ tal que $|L_{ij}| \leq 1$ y $U_{nn} = 2^{n-1}$. Encontrar las fórmulas para calcular L y U.

5

Eliminación de Gauss con pivote y factorización $PA{=}LU$

La belleza y la utilidad del método de eliminación de Gauss adolece de una importante deficiencia: no es aplicable a todos los sistemas, pues existen matrices para las que algún paso de la eliminación conduce a un coeficiente diagonal nulo que imposibilita continuarla. Además, los famosos estudios de la propagación de los errores de redondeo, debidos principalmente a James Hardy Wilkinson (1919–1986) — véase WILKINSON [1964,1965a]— y George Elmer Forsythe (1917–1972) con Clive Barry Moler (n. 1935) —véase FORSYTHE–MOLER [1967]— demostraron enseguida que su propagación tenía efectos desastrosos.

Para evitar la primera dificultad es suficiente con intercambiar dos ecuaciones del sistema. Sin embargo, para tratar de minimizar la propagación de los errores de redondeo es necesario evitar la división por números pequeños. Surgen así las denominadas *técnicas de pivote o pivoteo* que proporcionan estrategias para seleccionar las ecuaciones que se intercambian. Las denominaciones de *pivote parcial*, que estudiamos en este capítulo, y *pivote total* fueron introducidas en 1961. Posteriormente, se propusieron otras estrategias de pivoteo como las que se pueden ver en CHEN–TEWARSON [1972] y POOLE–NEAL [1992]. Nuevamente aconsejamos consultar BREZINSKI–MEURANT–REDIVO-ZAGLIA [2023, sec. 2.11] para ver la evolución histórica de las estrategias de pivote y sus factorizaciones asociadas (en el caso del pivote parcial, la factorización es de la forma $PA = LU$, donde P es una matriz de permutación).

En este capítulo describimos y programamos, primero, el método de Gauss con pivote parcial y, a continuación, el método de factorización asociado con la factorización $PA = LU$. Las referencias más indicadas son STOER–BULIRSCH [1980], CIARLET [1989], KINCAID–CHENEY [1994], QUARTERONI–SACCO–SALERI [2000], INFANTE–REY [2002] y ALLAIRE–KABER [2008].

5.1 Método de eliminación de Gauss con pivote parcial

5.1.1 Motivación de la estrategia de pivote

No es difícil encontrar ejemplos de sistemas lineales para los que el proceso de eliminación de Gauss normal no puede llevarse a cabo puesto que algún elemento $a_{kk}^{(k)}$ resulta nulo para algún $k \in \{1, 2, \ldots, n-1\}$. Ahora bien, si algún coeficiente de la incógnita u_k en las ecuaciones $k+1, \ldots, n$ es distinto de cero —ecuación o fila del «pivote»—, nada impide efectuar *un intercambio de ecuaciones* y proceder a «hacer ceros» en la columna k de las nuevas filas $k+1, \ldots, n$. Esta es la idea básica del método de Gauss con pivote parcial, aunque es preciso aclarar que *el intercambio de la ecuación k-ésima con la ecuación del «pivote» es meramente metodológico porque desde el punto de vista conceptual es algo totalmente innecesario y además ilógico desde el punto de vista de la computación: podemos dejar la ecuación del pivote donde está y hacer ceros en la columna k-ésima de las filas distintas de aquellas en las que se han encontrado los k-primeros pivotes. De este modo, el sistema al que llegaríamos, no es triangular superior, pero sí convertible a uno triangular superior, mediante una permutación de sus ecuaciones.*

Iremos aclarando estas ideas en la presentación del método que hacemos a continuación, pero, antes de hacerlo, queremos motivar la *necesidad de este método también para evitar la propagación de errores de redondeo y fijar una estrategia de elección de la ecuación del pivote en la etapa k (coeficiente de u_k distinto de cero que elegimos para pivotar).*

La propagación de los errores de redondeo en el método de Gauss normal puede tener consecuencias desastrosas sobre el resultado final. Esto se produce cuando nos vemos obligados a dividir por números pequeños en el cálculo $a_{ik}^{(k)}/a_{kk}^{(k)}$. Ilustramos este hecho con un sistema 2×2 suponiendo una aritmética de punto flotante de 24 dígitos en la mantisa (precisión simple). Por tanto, todos los números son redondeados a 24 dígitos binarios.

Consideremos entonces el sistema exacto:

$$2^{-30}u_1 - u_2 = -1,$$
$$u_1 + u_2 = 2,$$

cuya solución «exacta» es (sumar las dos ecuaciones para despejar u_1):

$$u_1 = \frac{1}{2^{-30}+1} = \frac{2^{30}}{1+2^{30}} = 0.9999999990686\ldots \approx 1.$$
$$u_2 = 2 - u_1 = 1.0000000009312\ldots \approx 1.$$

Veamos cómo se comporta el método de Gauss normal. Puesto que $2^{-30} \neq 0$ aplicamos la primera etapa y obtenemos el sistema siguiente y su equivalente redondeado en máquina a 24 dígitos binarios en la mantisa:

$$
\begin{array}{rcl}
2^{-30}u_1 - u_2 &=& -1, \\
(1 + 2^{30})u_2 &=& 2 + 2^{30},
\end{array}
\quad \rightarrow \quad
\begin{array}{rcl}
2^{-30}u_1 - u_2 &=& -1, \\
2^{30}u_2 &=& 2^{30}.
\end{array}
$$

En efecto, en escritura binaria normalizada las operaciones se realizarían del modo siguiente:

$$
\begin{array}{rcl}
1 + 2^{30} &=& (2^{-31} + 2^{-1})2^{31} \rightarrow 2^{-1} \cdot 2^{31} = 2^{30} \\
2 + 2^{30} &=& (2^{-30} + 2^{-1})2^{31} \rightarrow 2^{-1} \cdot 2^{31} = 2^{30}.
\end{array}
$$

Se obtiene entonces como solución $u_2 = 1.$ y $u_1 = 0.$, que está verdaderamente lejos de la solución exacta. La causa es la división por un número muy pequeño (en este caso 2^{-30}). Por el contrario si hacemos una permutación previa de las ecuaciones —motivado porque el coeficiente de u_1 en la segunda ecuación es mayor que en la primera— se tendrá:

$$
\begin{array}{rcl}
u_1 + u_2 &=& 2, \\
2^{-30}u_1 - u_2 &=& -1.
\end{array}
$$

Ahora la eliminación y los redondeos conducen a:

$$
\begin{array}{rcl}
u_1 + u_2 &=& 2, \\
(-1 - 2^{-30})u_2 &=& -1 - 2^{-29},
\end{array}
\quad \rightarrow \quad
\begin{array}{rcl}
u_1 + u_2 &=& 2, \\
-u_2 &=& -1,
\end{array}
$$

de donde se obtiene $u_2 = 1.$ y $u_1 = 1.$, que es bastante más satisfactoria. En efecto, se tendría:

$$
\begin{array}{rcl}
-1 - 2^{-30} &=& (-2^{-1} - 2^{-31})2^1 \rightarrow -2^{-1}2^1 = -1, \\
-1 - 2^{-29} &=& (-2^{-1} - 2^{-30})2^1 \rightarrow -2^{-1}2^1 = -1.
\end{array}
$$

Así pues, las estrategias de cambio del orden de las ecuaciones deben intentar evitar las divisiones por números muy pequeños. Las más utilizadas en la práctica son:

– *Estrategia de pivote parcial.* En la etapa k-ésima se elige como fila pivote una fila p, $k \leq p \leq n$, tal que

$$
\mid a_{pk}^{(k)} \mid = \max_{k \leq i \leq n} \mid a_{ik}^{(k)} \mid.
$$

– *Estrategia de pivote de filas escaladas.* Sea

$$
s_i^{(k)} = \max_{k \leq j \leq n} \mid a_{ij}^{(k)} \mid, \quad k \leq i \leq n.
$$

Entonces en la k-ésima etapa se elige como pivote una fila p, $k \leq p \leq n$, tal que:

$$
\frac{\mid a_{pk}^{(k)} \mid}{s_p^{(k)}} = \max_{k \leq i \leq n} \frac{\mid a_{ik}^{(k)} \mid}{s_i^{(k)}}.
$$

– *Estrategia de pivote total.* En esta estrategia se busca el elemento de mayor módulo en todas las filas y columnas de la submatriz correspondiente a A_k y no sólo en la columna k: en la etapa k se elige como pivote un elemento $a_{pq}^{(k)}$ tal que:

$$| \, a_{pq}^{(k)} \, | \; = \; \max_{k \le i,j \le n} \; | \, a_{ij}^{(k)} \, | \, .$$

Si el pivote elegido no está en la columna k es necesario hacer un intercambio de la columna k con la columna q lo que equivale a intercambiar el orden de las incógnitas o sea, multiplicar a la derecha por la matriz de permutación $T_{kq}^T = T_{qk}$. Estos intercambios habrán de ser tenidos en cuenta al escribir el sistema equivalente final.

La estrategia de elección del pivote no afecta en nada a la descripción del método, pero, para fijar las ideas, supondremos de ahora en adelante la estrategia de pivote parcial.

5.1.2   Descripción del método

Partiendo del sistema lineal $Au = b$, pondremos $A_1 = A$, $A_1 = (a_{ij}^{(1)})$, $b^1 = b$, $b^1 = (b_i^{(1)})$, de modo que se tiene:

$$
\begin{array}{rcll}
a_{11}^{(1)}u_1 + a_{12}^{(1)}u_2 + \cdots + a_{1n}^{(1)}u_n & = & b_1^{(1)} & \\
a_{21}^{(1)}u_1 + a_{22}^{(1)}u_2 + \cdots + a_{2n}^{(1)}u_n & = & b_2^{(1)} & [A_1 u = b^1] \\
\cdots\cdots\cdots\cdots\cdots\cdots\cdots\cdots\cdots\cdots\cdots & = & \cdots & \\
a_{n1}^{(1)}u_1 + a_{n2}^{(1)}u_2 + \cdots + a_{nn}^{(1)}u_n & = & b_n^{(1)}. &
\end{array}
$$

Para llevar cuenta de la posición que ocupa cada ecuación original y también las filas en las que vamos encontrando cada pivote, introducimos el puntero $l = (l_1, l_2, \ldots, l_n)$. Después de cada etapa $k = 1, 2, \ldots, n-1$, l_i, $i = 1, 2, \ldots, k$ es el número de la ecuación original en la que se encontró el i-ésimo pivote y que, por tanto, «pasa» a ocupar el lugar i-ésimo después de las permutaciones. *Se notará en la descripción de la estrategia que el número l_i se fija en la etapa i y ya no se modifica en las siguientes etapas.*

Inicialmente se fija $l = (1, 2, \ldots, n)$, o sea $l_i = i$, $1 \le i \le n$ y por comodidad y completitud sea $A_1 = A$, $b^1 = b$. Definimos

$$\Omega_1 = A_1 = A, \quad \beta^1 = b^1 = b,$$

Formalmente,

$$\Omega_{ij}^{(1)} = a_{l_i j}^{(1)} = a_{l_i j} = a_{ij}, \; \beta_i^{(1)} = b_{l_i}^{(1)} = b_{l_i} = b_i, \; 1 \le i, j \le n.$$

El sistema inicial $Au = A_1 = b = b^1$ es equivalente (en este caso igual) al sistema lineal $\Omega_1 u = \beta^1$, que se escribe en la forma siguiente:

$$a_{l_1 1}^{(1)} u_1 + a_{l_1 2}^{(1)} u_2 + \cdots + a_{l_1 n}^{(1)} u_n = b_{l_1}^{(1)}$$

$$a_{l_2 1}^{(1)} u_1 + a_{l_2 2}^{(1)} u_2 + \cdots + a_{l_2 n}^{(1)} u_n = b_{l_2}^{(1)} \qquad [\Omega_1 u = \beta^1] \qquad (5.1)$$

$$\cdots\cdots\cdots\cdots\cdots\cdots\cdots\cdots\cdots = \cdots$$

$$a_{l_n 1}^{(1)} u_1 + a_{l_n 2}^{(1)} u_2 + \cdots + a_{l_n n}^{(1)} u_n = b_{l_n}^{(1)}.$$

Podemos escribir el sistema anterior en la forma abreviada siguiente:

$$\sum_{j=1}^{n} a_{l_i j}^{(1)} u_j = b_{l_i}^{(1)}, \quad 1 \le i \le n. \qquad (5.2)$$

Etapa 1: Ceros en la columna 1

Al menos uno de los elementos $a_{l_i 1}^{(1)}$, $1 \le i \le n$, es distinto de cero pues en caso contrario la matriz sería singular. Sea $p_1 \in \{1, 2, \ldots, n\}$ un índice tal que

$$\mid a_{l_{p_1} 1}^{(1)} \mid = \max_{1 \le i \le n} \mid a_{l_i 1}^{(1)} \mid,$$

es decir, una de las filas que tienen el elemento de mayor valor absoluto en la columna 1.

Si $p_1 \ne 1$ (o sea $l_{p_1} \ne l_1$) se deben «intercambiar» las ecuaciones l_1 y l_{p_1} (la fila l_{p_1} del pivote «pasa» al primer lugar). Para ello bastará intercambiar los valores de l_1 y l_{p_1}:

$$l_1 \leftrightarrow l_{p_1} : (l_1, l_2, \ldots, l_{p_1}, \ldots, l_n) = (p_1, 2, 3, \ldots, p_1 - 1, 1, p_1 + 1, \ldots, n) \qquad (5.3)$$

Lo más importante al hacer este intercambio es que el nuevo sistema se escribe formalmente igual que el anterior: después de (5.3), el sistema (5.2) «tiene en primer lugar» la ecuación original p_1-ésima (que es la del pivote).

Por tanto, hacer ceros en todas las ecuaciones salvo la del pivote es lo mismo que hacer ceros en las filas $l_2, l_3, \ldots, l_n$. Para ello, bastará restar a cada fila l_i, la fila l_1 multiplicada por el factor

$$z_{l_i 1} := \frac{a_{l_i 1}^{(1)}}{a_{l_1 1}^{(1)}}.$$

De esta forma transformamos el sistema $Au = b$ (o sea $\Omega_1 u = \beta^1$) en el sistema equivalente $\Omega_2 u = \beta^2$, donde $\Omega_2 = (\Omega_{ij}^{(2)}) = (a_{l_i j}^{(2)})$ y $\beta^2 = (\beta_i^{(2)}) = (b_{l_i}^{(2)})$ se obtienen del modo siguiente:

$$a_{l_i j}^{(2)} = \left\{ \begin{array}{ll} a_{l_i j}^{(1)}, & j = 1, 2, \ldots, n, \quad i = 1, \\ 0, & j = 1, \\ a_{l_i j}^{(1)} - z_{l_i 1} a_{l_1 j}^{(1)}, & j = 2, \ldots, n, \end{array} \right\} \quad i = 2, \ldots, n.$$

$$b_{l_i}^{(2)} = \begin{cases} b_{l_i}^{(1)}, & i = 1, \\ b_{l_i}^{(1)} - z_{l_i 1} b_{l_1}^{(1)}, & i = 2, \ldots, n. \end{cases}$$

Con esta transformación el sistema original es equivalente al siguiente:

$$\begin{aligned} a_{l_1 1}^{(1)} u_1 + a_{l_1 2}^{(1)} u_2 + \cdots + a_{l_1 n}^{(1)} u_n &= b_{l_1}^{(1)} \\ a_{l_2 2}^{(2)} u_2 + \cdots + a_{l_2 n}^{(2)} u_n &= b_{l_2}^{(2)} \qquad [\Omega_2 u = \beta^2] \\ \cdots\cdots\cdots\cdots\cdots\cdots\cdots\cdots\cdots\cdots &= \cdots \\ a_{l_n 2}^{(2)} u_2 + \cdots + a_{l_n n}^{(2)} u_n &= b_{l_n}^{(2)}, \end{aligned}$$

donde la matriz Ω_2 y el vector β^2 tienen la forma siguiente:

$$\Omega_2 = \begin{pmatrix} a_{l_1 1}^{(1)} & a_{l_1 2}^{(1)} & \cdots & a_{l_1 n}^{(1)} \\ & a_{l_2 2}^{(2)} & \cdots & a_{l_2 n}^{(2)} \\ & \vdots & \vdots & \vdots \\ & a_{l_n 2}^{(2)} & \cdots & a_{l_n n}^{(2)} \end{pmatrix}, \qquad \beta^2 = \begin{pmatrix} b_{l_1}^{(1)} \\ b_{l_2}^{(2)} \\ \vdots \\ b_{l_n}^{(2)} \end{pmatrix}.$$

Si denotamos por P_1 la matriz de permutación y por E_1 la matriz «de eliminación» siguientes

$$P_1 = T_{1p_1}; \quad E_1 = \begin{pmatrix} 1 & & & & \\ -z_{l_2 1} & 1 & & & \\ -z_{l_3 1} & & 1 & & \\ \vdots & & & \ddots & \\ -z_{l_n 1} & & & & 1 \end{pmatrix},$$

la etapa 1 equivale a las siguientes operaciones matriciales, donde $A_2 = (a_{ij}^{(2)})$ y $b^2 = (b_i^{(2)})$:

$$\Omega_2 = E_1 P_1 A, \ \beta^2 = E_1 P_1 b; \ \Omega_2 = P_1 A_2, \ \beta^2 = P_1 b^2.$$

Se recuerda que la premultiplicación por $P_1 = T_{1p_1}$ intercambia las filas 1 y p_1 y, por tanto, las ecuaciones originales l_1 y l_{p_1} que, en esta primera etapa, coinciden con 1 y p_1. Veremos que en las etapas siguientes ya puede ocurrir que p_k sea distinto de l_{p_k}.

Etapa 2: Ceros en la columna 2

El segundo pivote se busca en la columna 2 de Ω_2 entre los elementos $a_{l_i 2}^{(2)}$, $2 \leq i \leq n$. Sea $p_2 \in \{2, 3, \ldots, n\}$ tal que:

$$\mid a_{l_{p_2} 2}^{(2)} \mid = \max_{2 \leq i \leq n} \mid a_{l_i 2}^{(2)} \mid.$$

El término $a_{l_2 2}^{(2)}$ debe ser distinto de cero pues en caso contrario se tendría $a_{l_i 2}^{(2)} = 0$ para $i = 2, 3, \ldots, n$ y la matriz Ω_2 sería singular (por consiguiente, también lo sería A_2 y la matriz de partida A).

Si $p_2 \neq 2$, debemos «intercambiar» la ecuación que está en la posición 2 con la que está en la posición p_2, o sea, debemos intercambiar las ecuaciones originales l_2 y l_{p_2}:

$$l_2 \leftrightarrow l_{p_2}. \tag{5.4}$$

Nota.- Obsérvese que el pivote puede aparecer en una de las ecuaciones intercambiadas: nada impide que p_2 coincida con p_1 y, por tanto, el pivote de la etapa 2 se encuentra en la ecuación original $l_{p_1} = 1$ y se tenga $l_{p_2} = l_{p_1} = 1$ (después del intercambio $l_1 \leftrightarrow l_{p_1}$ de la etapa 1). En ese caso, después del intercambio $l_2 \leftrightarrow l_{p_2}$, se tendría $l_2 = 1$, $l_{p_2} = 2$.

Después del intercambio (5.4) el nuevo sistema se escribe formalmente igual que $\Omega_2 u = \beta^2$, *es decir:*

$$\sum_{j=1}^{n} a_{l_i j}^{(2)} u_j = b_{l_i}^{(2)}, 1 \leq i \leq n.$$

con la diferencia que ahora «tiene como segunda ecuación» la ecuación original l_2-*ésima (que es la del pivote).*

En consecuencia, para hacer ceros en la columna 2 y en todas las ecuaciones excepto las dos en las que se han encontrado los pivotes es lo mismo que hacer ceros en la columna 2 de las filas $l_3, \ldots, l_n$. Para ello, bastará restar a cada ecuación l_i, la fila l_2 multiplicada por el factor

$$z_{l_i 2} := \frac{a_{l_i 2}^{(2)}}{a_{l_2 2}^{(2)}}.$$

De esta forma transformamos el sistema $\Omega_2 u = \beta^2$ en el sistema equivalente $\Omega_3 u = \beta^3$, donde $\Omega_3 = (\Omega_{ij}^{(3)}) = (a_{l_i j}^{(3)})$ y $\beta^3 = (\beta_i^{(3)}) = (b_{l_i}^{(3)})$ se obtienen del modo siguiente:

$$a_{l_i j}^{(3)} = \begin{cases} a_{l_i j}^{(2)}, & j = 1, 2, \ldots, n, \quad i = 1, 2, \\ a_{l_i j}^{(2)}, & j = 1, \\ 0, & j = 2, \\ a_{l_i j}^{(2)} - z_{l_i 2} a_{l_2 j}^{(2)}, & j = 3, \ldots, n, \end{cases} \left. \begin{matrix} \\ \\ \\ \end{matrix} \right\} \; i = 3, \ldots, n,$$

$$b_{l_i}^{(3)} = \begin{cases} b_{l_i}^{(2)}, & i = 1, 2, \\ b_{l_i}^{(2)} - z_{l_i 2} b_{l_i}^{(2)}, & i = 3, \ldots, n. \end{cases}$$

Con esta transformación el sistema $A_2 u = b^2$ es equivalente al siguiente:

$$
\begin{aligned}
a_{l_1 1}^{(1)} u_1 + a_{l_1 2}^{(1)} u_2 + a_{l_1 3}^{(1)} u_3 + \cdots + a_{l_1 n}^{(1)} u_n &= b_{l_1}^{(1)} \\
a_{l_2 2}^{(2)} u_2 + a_{l_2 3}^{(2)} u_3 + \cdots + a_{l_2 n}^{(2)} u_n &= b_{l_2}^{(2)} \\
a_{l_3 3}^{(3)} u_3 + \cdots + a_{l_3 n}^{(3)} u_n &= b_{l_3}^{(3)} \qquad [\Omega_3 u = \beta^3] \\
\cdots\cdots\cdots\cdots\cdots\cdots\cdots &= \cdots \\
a_{l_n 3}^{(3)} u_3 + \cdots + a_{l_n n}^{(3)} u_n &= b_{l_n}^{(3)},
\end{aligned}
$$

donde

$$\Omega_3 = \begin{pmatrix} a_{l_11}^{(1)} & a_{l_12}^{(1)} & a_{l_13}^{(1)} & \cdots & a_{l_1n}^{(1)} \\ & a_{l_22}^{(2)} & a_{l_23}^{(2)} & \cdots & a_{l_2n}^{(2)} \\ & & a_{l_33}^{(3)} & \cdots & a_{l_3n}^{(3)} \\ & & \vdots & \ddots & \vdots \\ & & a_{l_n3}^{(3)} & \cdots & a_{l_nn}^{(3)} \end{pmatrix}, \qquad \beta^3 = \begin{pmatrix} b_{l_1}^{(1)} \\ b_{l_2}^{(2)} \\ b_{l_3}^{(3)} \\ \vdots \\ b_{l_n}^{(3)} \end{pmatrix}.$$

De nuevo debe observarse que

$$\Omega_3 = E_2 P_2 \Omega_2 = E_2 P_2 E_1 P_1 A, \quad \beta^3 = E_2 P_2 \beta^2 = E_2 P_2 E_1 P_1 b$$
$$\Omega_3 = P_2 P_1 A_3, \qquad\qquad\qquad \beta^3 = P_2 P_1 b^3$$

donde $A_3 = (a_{ij}^{(3)})$, $b^3 = (b_i^{(3)})$ con P_2 y E_2 dadas por:

$$P_2 = T_{2p_2}; \quad E_2 = \begin{pmatrix} 1 \\ & 1 \\ & -z_{l_32} & 1 \\ & -z_{l_42} & & 1 \\ & \vdots & & & \ddots \\ & -z_{l_n2} & & & & 1 \end{pmatrix}.$$

Se notará que la premultiplicación por la matriz $P_2=T_{2p_2}$ intercambia las filas actuales 2 y p_2, es decir, las ecuaciones originales l_2 y l_{p_2}, que no coinciden necesariamente con 2 ni con p_2.

Etapa k: Ceros en la columna k

Procediendo sucesivamente con la misma técnica en las etapas $3, 4, \ldots, k-1$, $(2 \le k \le n-2)$ se tendría un sistema equivalente $\Omega_k u = b^k$ que tiene la forma siguiente:

$$\begin{aligned}
a_{l_11}^{(1)}u_1 + a_{l_12}^{(1)}u_2 + \cdots + a_{l_1k}^{(1)}u_k + \cdots + a_{l_1n}^{(1)}u_n &= b_{l_1}^{(1)} \\
a_{l_22}^{(2)}u_2 + \cdots + a_{l_2k}^{(2)}u_k + \cdots + a_{l_2n}^{(2)}u_n &= b_{l_2}^{(2)} \\
\cdots\cdots\cdots\cdots\cdots\cdots\cdots\cdots\cdots\cdots &= \cdots \\
a_{l_kk}^{(k)}u_k + \cdots + a_{l_kn}^{(k)}u_n &= b_{l_k}^{(k)} \\
\cdots\cdots\cdots\cdots\cdots\cdots\cdots\cdots\cdots\cdots &= \cdots \\
a_{l_nk}^{(k)}u_k + \cdots + a_{l_nn}^{(k)}u_n &= b_{l_n}^{(k)},
\end{aligned} \qquad [\Omega_k u = \beta^k]$$

siendo

$$\Omega_k = \begin{pmatrix} a_{l_11}^{(1)} & a_{l_12}^{(1)} & \cdots & a_{l_1k}^{(1)} & \cdots & a_{l_1n}^{(1)} \\ & a_{l_22}^{(2)} & \cdots & a_{l_2k}^{(2)} & \cdots & a_{l_2n}^{(2)} \\ & & \ddots & \vdots & \vdots & \vdots \\ & & & a_{l_kk}^{(k)} & \cdots & a_{l_kn}^{(k)} \\ & & & \vdots & \ddots & \vdots \\ & & & a_{l_nk}^{(k)} & \cdots & a_{l_nn}^{(k)} \end{pmatrix}, \qquad \beta^k = \begin{pmatrix} b_{l_1}^{(1)} \\ b_{l_2}^{(2)} \\ \vdots \\ b_{l_k}^{(k)} \\ \vdots \\ b_{l_n}^{(k)} \end{pmatrix}.$$

Además, denotando A_k la matriz $A_k = (a_{ij}^{(k)})$ y b^k el vector $b^k = (b_i^{(k)})$:

$$\Omega_k = E_{k-1}P_{k-1}E_{k-2}P_{k-2}\cdots E_2P_2E_1P_1A;$$
$$\beta^k = E_{k-1}P_{k-1}E_{k-2}P_{k-2}\cdots E_2P_2E_1P_1b,$$
$$\Omega_k = P_{k-1}P_{k-2}\cdots P_2P_1A_k; \qquad \beta^k = P_{k-1}P_{k-2}\cdots P_2P_1b^k.$$

Se trata ahora de hacer cero los coeficientes de la incógnita u_k con la técnica ya utilizada, esto es, buscamos el pivote k-ésimo en la columna k y las ecuaciones $l_k, l_{k+1}, \ldots, l_n$. Sea $p_k \in \{k, k+1, \ldots, n\}$ tal que

$$\mid a_{l_{p_k}k}^{(k)} \mid = \max_{k \le i \le n} \mid a_{l_ik}^{(k)} \mid.$$

El término $a_{l_kk}^{(k)}$ debe ser distinto de cero pues en caso contrario se tendría $a_{l_ik}^{(k)} = 0$ para $i = k, k+1, \ldots, n$ y la matriz Ω_k sería singular (por tanto, también lo sería A_k y la matriz de partida A).

Si $p_k \ne k$, debemos «intercambiar» la ecuación que está en la posición k con la que está en la posición p_k, o sea, debemos intercambiar las ecuaciones originales de números l_k y l_{p_k}:

$$l_k \leftrightarrow l_{p_k}.$$

Hecho este intercambio el sistema —equivalente al sistema de partida—, se escribe exactamente igual que el sistema $\Omega_k u = \beta^k$:

$$\sum_{j=1}^{n} a_{l_ij}^{(k)}u_j = b_{l_i}^{(k)}, 1 \le i \le n,$$

pero ahora tiene como k-ésima ecuación la ecuación original l_k-ésima en la que se ha encontrado el pivote. De ahí que, para hacer ceros en la columna k y en todas las ecuaciones excepto las k donde se han encontrado los pivotes es lo mismo que hacer ceros en la columna k de las filas $l_{k+1}, \ldots, l_n$. Para ello, bastará restar a cada ecuación l_i, la ecuación l_k multiplicada por el factor

$$z_{l_ik} := \frac{a_{l_ik}^{(k)}}{a_{l_kk}^{(k)}}.$$

De esta forma transformamos el sistema $\Omega_k u = \beta^k$ en el sistema equivalente $\Omega_{k+1} u = \beta^{k+1}$, donde $\Omega_{k+1} = (\Omega_{ij}^{(k+1)}) = (a_{l_ij}^{(k+1)})$ y $\beta^{k+1} = (\beta_i^{(k+1)}) = (b_{l_i}^{(k+1)})$ se obtienen del modo siguiente:

$$a_{l_ij}^{(k+1)} = \begin{cases} a_{l_ij}^{(k)}, & j = 1, 2, \ldots, n, & i = 1, 2, \ldots, k, \\ a_{l_ij}^{(k)}, & j = 1, 2, \ldots, k-1, & \\ 0, & j = k, & i = k+1, \ldots, n, \\ a_{l_ij}^{(k)} - z_{l_ik}a_{l_kj}^{(k)}, & j = k+1, \ldots, n, & \end{cases} \tag{5.5}$$

$$b_{l_i}^{(k+1)} = \begin{cases} b_{l_i}^{(k)}, & i = 1, 2, \ldots, k, \\ b_{l_i}^{(k)} - z_{l_i k} b_{l_k}^{(k)}, & i = k+1, \ldots, n. \end{cases} \tag{5.6}$$

El sistema lineal $\Omega_{k+1} u = \beta^{k+1}$ es de la forma siguiente:

$$
\begin{array}{rcl}
a_{l_1 1}^{(1)} u_1 + a_{l_1 2}^{(1)} u_2 + \cdots + a_{l_k}^{(1)} u_k + \cdots + a_{l_1, k+1}^{(1)} u_{k+1} + \cdots + a_{l_1 n}^{(1)} u_n & = & b_{l_1}^{(1)} \\
a_{l_2 2}^{(2)} u_2 + \cdots + a_{l_2 k}^{(2)} u_k + \cdots + a_{l_2, k+1}^{(2)} u_{k+1} + \cdots + a_{l_2 n}^{(2)} u_n & = & b_{l_2}^{(2)} \\
& = & \ldots \\
a_{l_k k}^{(k)} u_k + \cdots + a_{l_k, k+1}^{(k)} u_{k+1} + \cdots + a_{l_k n}^{(k)} u_n & = & b_{l_k}^{(k)} \\
a_{l_{k+1}, k+1}^{(k+1)} u_{k+1} + \cdots + a_{l_{k+1}, n}^{(k+1)} u_n & = & b_{l_{k+1}}^{(k+1)} \\
& = & \ldots \\
a_{l_n, k+1}^{(k+1)} u_{k+1} + \cdots + a_{l_n n}^{(k+1)} u_n & = & b_{l_n}^{(k)},
\end{array}
$$

$$\left[\Omega_{k+1} u = \beta^{k+1} \right]$$

donde Ω_{k+1} y β^{k+1} tienen la forma siguiente:

$$
\begin{pmatrix}
a_{l_1 1}^{(1)} & a_{l_1 2}^{(1)} & \cdots & a_{l_1 k}^{(1)} & a_{l_1, k+1}^{(1)} & \cdots & a_{l_1 n}^{(1)} \\
& a_{l_2 2}^{(2)} & \cdots & a_{l_2 k}^{(2)} & a_{l_2, k+1}^{(2)} & \cdots & a_{l_2 n}^{(2)} \\
& & \ddots & \vdots & \vdots & \cdots & \vdots \\
& & & a_{l_k k}^{(k)} & a_{l_k, k+1}^{(k)} & \cdots & a_{l_k n}^{(k)} \\
& & & & a_{l_{k+1}, k+1}^{(k+1)} & \cdots & a_{l_{k+1}, n}^{(k+1)} \\
& & & & \vdots & \ddots & \vdots \\
& & & & a_{l_n, k+1}^{(k+1)} & \cdots & a_{l_n n}^{(k+1)}
\end{pmatrix},
\begin{pmatrix}
b_{l_1}^{(1)} \\
b_{l_2}^{(2)} \\
\vdots \\
b_{l_k}^{(k)} \\
b_{l_{k+1}}^{(k+1)} \\
\vdots \\
b_{l_n}^{(k+1)}
\end{pmatrix}. \tag{5.7}
$$

Se sigue verificando que:

$$
\begin{aligned}
\Omega_{k+1} &= E_k P_k \Omega_k = E_k P_k E_{k-1} P_{k-1} \cdots E_2 P_2 E_1 P_1 A, \\
\beta^{k+1} &= E_k P_k \beta^k = E_k P_k E_{k-1} P_{k-1} \cdots E_2 P_2 E_1 P_1 b, \\
\Omega_{k+1} &= P_k P_{k-1} P_{k-2} \cdots P_2 P_1 A_{k+1}; \quad \beta_{k+1} = P_k P_{k-1} P_{k-2} \cdots P_2 P_1 b^{k+1},
\end{aligned}
$$

donde $A_{k+1} = (a_{ij}^{(k+1)})$, $b^{k+1} = (b_i^{(k+1)})$, $P_k = T_{k p_k}$, matriz de permutación y

$$
E_k = \begin{pmatrix}
1 & & & & & & \\
& \ddots & & & & & \\
& & 1 & & & & \\
& & -z_{l_{k+1}, k} & 1 & & & \\
& & -z_{l_{k+2}, k} & & 1 & & \\
& & \vdots & & & \ddots & \\
& & -z_{l_n k} & & & & 1
\end{pmatrix}, \tag{5.8}
$$

subrayando que los factores $-z_{l_i,k}$ están en la columna número k, tal como sugiere la notación utilizada. Nuevamente recordamos que la premultiplicación por la matriz $P_k=T_{kp_k}$ intercambia las filas k y p_k, es decir, las ecuaciones originales l_k y l_{p_k} que no son necesariamente coincidentes con k ni con p_k.

Final del proceso de eliminación: sustitución regresiva

Después de $n-1$ etapas de eliminación llegamos al sistema lineal $\Omega_n u = \beta^n$, con $\Omega_n = (\Omega_{ij}^{(n)}) = (a_{l_ij}^{(n)})$ y $\beta^n = (\beta_i^{(n)}) = (b_{l_i}^{(n)})$, es de la forma:

$$
\begin{aligned}
a_{l_11}^{(1)}u_1 + a_{l_12}^{(1)}u_2 + \cdots + a_{l_1k}^{(1)}u_k + \cdots + a_{l_1n}^{(1)}u_n &= b_{l_1}^{(1)} \\
a_{l_22}^{(2)}u_2 + \cdots + a_{l_2k}^{(2)}u_k + \cdots + a_{l_2n}^{(2)}u_n &= b_{l_2}^{(2)} \\
\cdots\cdots\cdots\cdots\cdots\cdots &= \cdots \qquad [\Omega_n u = \beta^n] \\
a_{l_{n-1},n-1}^{(n-1)}u_{n-1} + a_{l_{n-1},n}^{(n-1)}u_n &= b_{l_{n-1}}^{(n-1)} \\
a_{l_nn}^{(n)}u_n &= b_{l_n}^{(n)},
\end{aligned}
$$

siendo

$$
\Omega_n = \begin{pmatrix}
a_{l_11}^{(1)} & a_{l_12}^{(1)} & \cdots & a_{l_1,n-1}^{(1)} & a_{l_1n}^{(1)} \\
& a_{l_22}^{(2)} & \cdots & a_{l_2,n-1}^{(2)} & a_{l_2n}^{(2)} \\
& & \ddots & \vdots & \vdots \\
& & & a_{l_{n-1},n-1}^{(n-1)} & a_{l_{n-1},n}^{(n-1)} \\
& & & & a_{l_nn}^{(n)}
\end{pmatrix}, \quad
\beta^n = \begin{pmatrix}
b_{l_1}^{(1)} \\
b_{l_2}^{(2)} \\
\vdots \\
b_{l_{n-1}}^{(n-1)} \\
b_{l_n}^{(n)}
\end{pmatrix}. \tag{5.9}
$$

Se tiene finalmente:

$$
\begin{aligned}
\Omega_n &= E_{n-1}P_{n-1}\Omega_{n-1} = E_{n-1}P_{n-1}E_{n-2}P_{n-2}\cdots E_2P_2E_1P_1A, & (5.10) \\
\beta^n &= E_{n-1}P_{n-1}\beta^{n-1} = E_{n-1}P_{n-1}E_{n-2}P_{n-2}\cdots E_2P_2E_1P_1b. & (5.11) \\
\Omega_n &= P_{n-1}P_{n-2}\cdots P_2P_1A_n; \ \beta^n = P_{n-1}P_{n-2}\cdots P_2P_1b^n, & (5.12)
\end{aligned}
$$

donde $A_n = (a_{ij}^{(n)})$, $b^n = (b_i^{(n)})$ y

$$
P_{n-1} = T_{n-1,p_{n-1}}; \quad E_{n-1} = \begin{pmatrix}
1 & & & & & \\
& \ddots & & & & \\
& & 1 & & & \\
& & & \ddots & & \\
& & & & 1 & \\
& & & & -z_{l_n,n-1} & 1
\end{pmatrix}.
$$

Suponiendo ahora que $a_{l_nn}^{(n)} \neq 0$, el método termina con la resolución del sistema lineal triangular superior $\Omega_n u = \beta^n$ por sustitución regresiva (remonte):

$$
u_n = b_{l_n}^{(n)}/a_{l_nn}^{(n)}, \ u_i = \left(b_{l_i}^{(i)} - \sum_{k=i+1}^{n} a_{l_ik}^{(i)}u_k\right)/a_{l_ii}^{(i)}, \ i = n-1, n-2, \ldots, 2, 1. \tag{5.13}
$$

Observación 5.1. Es claro que las operaciones elementales que necesita el método de Gauss con pivote parcial es exactamente el mismo que el de Gauss normal, a las que habría que añadir la búsqueda del pivote en cada etapa k y el intercambio l_k con l_{p_k}, $1 \leq k \leq n$. □

Observación 5.2 (Aplicación al cálculo de determinantes). El proceso de eliminación de Gauss nos ha conducido a la matriz Ω_n definida en (5.9) que verifica (5.10) y (5.12). Es elemental que las matrices P_k son simétricas y ortogonales ($P_k = P_k^T = P_k^{-1}$) y además para $1 \leq k \leq n-1$, tenemos

$$\det(P_k) = \det(T_{kp_k}) = \det(P_k^{-1}) = \begin{cases} 1, & \text{si } k = p_k \, [T_{kp_k} = I] \\ -1, & \text{si } k \neq p_k \end{cases}$$
$$\det(E_k) = 1.$$

Por tanto, de (5.10) concluimos que

$$\det(A) = \det(P_{n-1}) \det(P_{n-2}) \cdots \det(P_1) \det(\Omega_n) = (-1)^m a_{l_1 1}^{(1)} a_{l_2 2}^{(2)} \cdots a_{l_n n}^{(n)},$$

donde m es el número de matrices de permutación distintas de la matriz identidad o sea el número de intercambios reales de filas realizado, que coincide con la signatura de la permutación l. Podemos concluir la misma igualdad con sólo tener en cuenta que las transformaciones elementales realizadas con las filas de A, durante el proceso de Gauss con pivote parcial, sólo afectan al signo del determinante de A cada vez que se hace intercambio de filas. □

5.1.3   Bases de codificación

Para elaborar un pseudocódigo del método separamos la etapa de eliminación (algoritmo 5.1) del procedimiento principal (algoritmo 5.2) y tenemos en cuenta las siguientes observaciones:

i) En primer lugar, dado que $\Omega_{ij}^{(k)} = a_{l_i j}^{(k)}$ y $\beta_i^{(k)} = b_{l_i}^{(k)}$, $1 \leq i,j \leq n$, donde $l = (l_i)$ toma los valores correspondientes a la culminación de la etapa $(k-1)$, es suficiente manejar en todo momento las variables $a_{l_i j}$ y *no* introducir las variables Ω_{ij}. Por otra parte, los elementos $a_{l_i j}^{(k+1)}$ y $b_{l_i}^{(k+1)}$ pueden ocupar las mismas posiciones que los elementos $a_{l_i j}^{(k)}$ y $b_{l_i}^{(k)}$, respectivamente, porque éstos ya no se necesitan después de la etapa número k.

ii) Dado que los valores $a_{l_i k}^{(k)}$, $k+1 \leq i \leq n$, en las posiciones donde se crean los ceros de la etapa k, ya no se utilizan posteriormente, en lugar de forzarlos al valor 0, se utilizarán para almacenar los valores $z_{l_i k} = a_{l_i k}^{(k)}/a_{l_k k}^{(k)}$, $k+1 \leq i \leq n$, imprescindibles en la factorización $PA = LU$ (sección 5.2.2).

iii) Para prevenir el caso en que la matriz A sea singular (o «casi» singular) comprobamos en cada etapa si el valor del pivote $a_{l_k k}^{(k)}$ es «casi» nulo, digamos menor que un valor muy pequeño ε que fijamos a nuestra conveniencia en función de la precisión utilizada. En el código de abajo tomamos $\varepsilon = 10^{-10}$. Si, después del cambio

$l_k \leftrightarrow l_{p_k}$, se tiene $| a_{l_k k}^{(k)} | < \varepsilon$ se considera que todos los elementos $a_{l_i k}^{(k)}$, $k \leq i \leq n$, son «casi» nulos y, por esta razón, las matrices A_k y A son «casi singulares»: el proceso debe detenerse.

iv) Se notará que las fórmulas (5.13) coinciden con las fórmulas (3.8) de resolución del sistema $A_n u = b^n$ permutable a triangular superior $\Omega_n u = \beta^n$ mediante la permutación $l = (l_i)$. Por esta razón, en su resolución es lógico utilizar el algoritmo 3.8.

Algoritmo 5.1 Etapa de eliminación de Gauss con pivote para $Au = b$.

---

procedure GAUSSPP$(n, a, b, deter, l) \rightarrow a, b, deter, l$
    input $n, a = (a_{ij}), b = (b_i)$ ▷ Sobrescribe A y b-Calcula $\det(A)$
    for $i = 1, \ldots, n$ **do**
        $l_i \leftarrow i$
    end for
    $deter \leftarrow 1.$
    for $k = 1, 2, \ldots, n-1$ **do**   ▷ Etapas
        $|a_{l_p k}| = \max\{|a_{l_i k}| : i = k, k+1, \ldots, n\}$ ▷ Ahora *pivote* $= a_{l_p k}$
        if $p \neq k$ **then**
            $l_k \leftrightarrow l_p; deter \leftarrow -deter$ ▷ Ahora *pivote* $= a_{l_k k}$
        end if
        $deter \leftarrow deter \times a_{l_k k}$
        if $|a_{l_k k}| < 10^{-10}$ **then**
            Alerta: matriz «casi singular»
        end if
        for $i = k+1, \ldots, n$ **do**
            $z \leftarrow a_{l_i k}/a_{l_k k}$
            $a_{l_i k} \leftarrow 0.$ ▷ Opcional
            for $j = k+1, \ldots, n$ **do**
                $a_{l_i j} \leftarrow a_{l_i j} - z \times a_{l_k j}$
            end for
            $b_{l_i} \leftarrow b_{l_i} - z \times b_{l_k}$
        end for
    end for
    $deter \leftarrow deter \times a_{l_n n}$
    if $|a_{l_n n}| < 10^{-10}$ **then**
        Alerta: matriz «casi singular»
    end if
    return $a = (a_{ij}), b = (b_i), l = (l_i), deter$ ▷ A_n; b^n; l, $\det(A)$
end procedure   ▷ $P = (\delta_{l_i j})$: $PA_n = \Omega_n$ tr. sup., $Pb^n = \beta^n$

Algoritmo 5.2 Método de eliminación de Gauss con pivote para $Au = b$.

procedure P_GAUSSPP   ▷ Resuelve $Au = b$; $\det(A)$; Sobrescribe A y b
  input $n, a = (a_{ij}), b = (b_i)$
  $a, b, deter, l \leftarrow \text{GAUSSPP}(n, a, b, deter, l)$ ▷ Eliminación
  $u \leftarrow \text{SISTUPF}(n, a, b, l, u)$ ▷ Remonte
  output $u = (u_i)$
end procedure

EJEMPLO 5.1. En la tabla 5.1 hacemos los cálculos manualmente, paso a paso, para el siguiente sistema de orden 3, cuya solución exacta es $u = (1, 1, 1)^T$:

$$
\begin{aligned}
5u_1 + 3u_2 - u_3 &= 7 \\
2u_1 + 2u_2 + u_3 &= 5 \\
10u_1 - 4u_2 + u_3 &= 7.
\end{aligned}
$$

$a_{l_1 1}^{(1)}$	$a_{l_1 2}^{(1)}$	$a_{l_1 3}^{(1)}$	$b_{l_1}^{(1)}$		5	3	−1	7	$l_1 = 1$	
$a_{l_2 1}^{(1)}$	$a_{l_2 2}^{(1)}$	$a_{l_2 3}^{(1)}$	$b_{l_2}^{(1)}$		2	2	1	5	$l_2 = 2$	
$a_{l_3 1}^{(1)}$	$a_{l_3 2}^{(1)}$	$a_{l_3 3}^{(1)}$	$b_{l_3}^{(1)}$		10	−4	1	7	$l_3 = 3$	
$a_{l_1 1}^{(1)}$	$a_{l_1 2}^{(1)}$	$a_{l_1 3}^{(1)}$	$b_{l_1}^{(1)}$		10	−4	1	7	$l_1 = 3$	
$a_{l_2 1}^{(1)}$	$a_{l_2 2}^{(1)}$	$a_{l_2 3}^{(1)}$	$b_{l_2}^{(1)}$	$z_{l_2 1}$	2	2	1	5	$l_2 = 2$	$\frac{1}{5}$
$a_{l_3 1}^{(1)}$	$a_{l_3 2}^{(1)}$	$a_{l_3 3}^{(1)}$	$b_{l_3}^{(1)}$	$z_{l_3 1}$	5	3	−1	7	$l_3 = 1$	$\frac{1}{2}$
$a_{l_1 1}^{(1)}$	$a_{l_1 2}^{(1)}$	$a_{l_1 3}^{(1)}$	$b_{l_1}^{(1)}$		10	−4	1	7	$l_1 = 3$	
	$a_{l_2 2}^{(2)}$	$a_{l_2 3}^{(2)}$	$b_{l_2}^{(2)}$			$\frac{14}{5}$	$\frac{4}{5}$	$\frac{18}{5}$	$l_2 = 2$	
	$a_{l_3 2}^{(2)}$	$a_{l_3 3}^{(2)}$	$b_{l_3}^{(2)}$			5	$-\frac{3}{2}$	$\frac{7}{2}$	$l_3 = 1$	
$a_{l_1 1}^{(1)}$	$a_{l_1 2}^{(1)}$	$a_{l_1 3}^{(1)}$	$b_{l_1}^{(1)}$		10	−4	1	7	$l_1 = 3$	
	$a_{l_2 2}^{(2)}$	$a_{l_2 3}^{(2)}$	$b_{l_2}^{(2)}$			5	$-\frac{3}{2}$	$\frac{7}{2}$	$l_2 = 1$	
	$a_{l_3 2}^{(2)}$	$a_{l_3 3}^{(2)}$	$b_{l_3}^{(2)}$	$z_{l_3 2}$		$\frac{14}{5}$	$\frac{4}{5}$	$\frac{18}{5}$	$l_3 = 2$	$\frac{14}{25}$
$a_{l_1 1}^{(1)}$	$a_{l_1 2}^{(1)}$	$a_{l_1 3}^{(1)}$	$b_{l_1}^{(1)}$		10	−4	1	7	$l_1 = 3$	
	$a_{l_2 2}^{(2)}$	$a_{l_2 3}^{(2)}$	$b_{l_2}^{(2)}$			5	$-\frac{3}{2}$	$\frac{7}{2}$	$l_2 = 1$	
		$a_{l_3 3}^{(3)}$	$b_{l_3}^{(3)}$				$\frac{41}{25}$	$\frac{41}{25}$	$l_3 = 2$	

Tabla 5.1: Ejemplo del método de eliminación de Gauss con pivote.

5.2   Método de factorización $PA=LU$

5.2.1   Factorización $PA=LU$: existencia

Apliquemos a cualquier matriz no singular A el proceso de eliminación de Gauss con pivote parcial descrito en la sección anterior y pongamos:

$$M = E_{n-1}P_{n-1}\cdots E_1 P_1, \quad U = \Omega_n, \quad w = \beta^n.$$

Se tiene:

- La matriz M es invertible y $\det(M) = \pm 1$.

- La matriz U es triangular superior y además:

$$U_{kj} = \Omega_{kj}^{(n)} = \begin{cases} a_{l_k j}^{(n)} = a_{l_k j}^{(k)}, & 1 \le k \le j \le n, \\ 0, & \text{en otro caso.} \end{cases} \tag{5.14}$$

- De (5.10) y (5.11) tenemos: $U = MA$ y $w = Mb$.

Concluimos entonces que el *método de Gauss con pivote parcial equivale a calcular y resolver el sistema equivalente, triangular superior*, $\Omega_n u = \beta^n$, es decir, $Uu = w$ donde $U = \Omega_n = MA$ y $w = \beta^n = Mb$, ¡sin calcular M! Adicionalmente tenemos el siguiente resultado.

Teorema 5.1. *Dada cualquier matriz cuadrada (invertible o no), existe una matriz invertible M con $\det(M) = \pm 1$ tal que $MA = U$ es una matriz triangular superior.*

Demostración. El resultado lo acabamos de demostrar para las matrices invertibles. Si A no es invertible, ocurrirá en alguna etapa k, $1 \le k \le n-1$, que son nulos todos los elementos $a_{l_i k}^{(k)}$, $i = k, k+1, \ldots, n$. Pero, en ese caso, la matriz Ω_k ya tiene la forma requerida a Ω_{k+1} y no es necesaria la eliminación. Basta tomar $P_k = E_k = I$ y continuar el proceso. □

Sea ahora P la siguiente matriz de permutación que no es otra que la matriz de permutación asociada a la permutación $l = (l_i)$ *final* de todo el proceso:

$$P = P_{n-1}P_{n-2}\cdots P_2 P_1; \quad p_{ij} = \delta_{l_i j}, \, 1 \le i, j \le n,$$

y sea L la matriz

$$L := PM^{-1} = P(E_{n-1}P_{n-1}\cdots E_1 P_1)^{-1}. \tag{5.15}$$

Teniendo en cuenta que $U = MA$ y $L = PM^{-1}$ se deduce la siguiente factorización de la matriz PA:

$$LU = (PM^{-1})(MA) = PA.$$

Veremos a continuación que L es triangular inferior con elementos diagonales iguales a 1, por lo que se concluye el siguiente importante resultado:

Teorema 5.2 (Factorización $PA=LU$ de una matriz). *Dada una matriz cuadrada A, existe una matriz de permutación P —producto de $n-1$ matrices de permutación elementales— tal que $PA = LU$, donde L es una matriz triangular inferior con elementos diagonales iguales a 1 y U una matriz triangular superior.*

Proposición 5.1. *La matriz L, definida en (5.15), es triangular inferior con elementos diagonales iguales a 1. Además, se tiene, para $1 \le j \le n$*

$$L_{kj} = \begin{cases} 0, & 1 \le k \le j-1, \\ 1, & k = j, \\ z_{l_k j} = a^{(k)}_{l_k j}/a^{(k)}_{l_k k}, & j+1 \le k \le n, \end{cases} \tag{5.16}$$

donde $l = (l_i)$ es la permutación final resultante de la etapa de eliminación.

Demostración. La demostración que desarrollamos a continuación se presenta también, de una forma ligeramente diferente, en INFANTE–REY [2002, sec. 4.3.3]. Puede verse una demostración alternativa en KINCAID–CHENEY [1994, p. 152].

Dado que $P_k^{-1} = P_k$, se tendrá:

$$\begin{aligned} L &= [P_{n-1}P_{n-2}\cdots P_2 P_1][P_1 E_1^{-1} P_2 E_2^{-1} P_3 \cdots P_{n-1}E_{n-1}^{-1}] \\ &= P_{n-1}P_{n-2}\cdots P_3(P_2 E_1^{-1} P_2 E_2^{-1})P_3 \cdots P_{n-1}E_{n-1}^{-1}. \end{aligned} \tag{5.17}$$

Las matrices E_k^{-1} tienen la forma siguiente (¡atención al cambio de signo con respecto a E_k!):

$$E_k^{-1} = \begin{pmatrix} 1 & & & & & & \\ & \ddots & & & & & \\ & & 1 & & & & \\ & & z_{l_{k+1},k} & 1 & & & \\ & & z_{l_{k+2},k} & & 1 & & \\ & & \vdots & & & \ddots & \\ & & z_{l_n k} & & & & 1 \end{pmatrix},$$

donde $l = (l_i)$ toma los valores fijados en la etapa k. Así, para $k=1$, tenemos la forma siguiente para Λ_1, donde $l = (l_i)$ corresponde a los valores de la etapa 1:

$$\Lambda_1 := E_1^{-1} = \begin{pmatrix} 1 & & & \\ z_{l_2 1} & 1 & & \\ z_{l_3 1} & & 1 & \\ \vdots & & & \ddots \\ z_{l_n 1} & & & & 1 \end{pmatrix}.$$

Dado que $P_2 = T_{2p_2}$, donde $p_2 \ge 2$ es la fila en la que se ha encontrado el pivote, al premultiplicarla por E_1^{-1} intercambia la fila 2 con la fila p_2, o , en términos de las ecuaciones primitivas, intercambia la número l_2 con la número l_{p_2}. Al postmultiplicarla intercambia las columnas 2 y p_2 que afecta solo a los elementos diagonales, pero no afecta a los demás elementos no nulos. Por tanto, el único efecto sobre la matriz E_1^{-1} es que se intercambian los elementos $z_{l_2 1} = a_{l_2 1}^{(1)}/a_{l_1 1}^{(1)}$ y $z_{l_{p_2} 1} = a_{l_{p_2} 1}^{(1)}/a_{l_1 1}^{(1)}$, justamente el mismo intercambio que en la etapa 2: $l_2 \leftrightarrow l_{p_2}$. Por ello, $P_2 E_1^{-1} P_2$ y $\Lambda_2 := P_2 E_1^{-1} P_2 E_2^{-1} = P_2 \Lambda_1 P_2 E_2^{-1}$ son de la forma siguiente, donde $l = (l_i)$ toma los valores de la etapa 2:

$$
P_2 E_1^{-1} P_2 = \begin{pmatrix} 1 & & & & \\ z_{l_2 1} & 1 & & & \\ z_{l_3 1} & 0 & 1 & & \\ \vdots & \vdots & \vdots & \ddots & \\ z_{l_n 1} & 0 & 0 & \cdots & 1 \end{pmatrix}, \quad \Lambda_2 = \begin{pmatrix} 1 & & & & \\ z_{l_2 1} & 1 & & & \\ z_{l_3 1} & z_{l_3 2} & 1 & & \\ \vdots & \vdots & \vdots & \ddots & \\ z_{l_n 1} & z_{l_n 2} & 0 & \cdots & 1 \end{pmatrix}.
$$

Dado que $P_3 = T_{3 p_3}$ con $p_3 \geq 3$, en $P_3 (P_2 E_1^{-1} P_2 E_2^{-1}) P_3 = P_3 \Lambda_2 P_3$, la premultiplicación por P_3 tiene el efecto de cambiar la fila 3 con la fila p_3, es decir, en términos de las ecuaciones originales, de hacer el intercambio $l_3 \leftrightarrow l_{p_3}$ (justamente el cambio de la etapa 3) y la postmultiplicación por P_3 únicamente cambia la columna 3 con la columna p_3 que afecta sólo a los elementos diagonales, pero no produce ningún cambio en los demás elementos. De esta manera $P_3 (P_2 E_1^{-1} P_2 E_2^{-1}) P_3 = P_3 \Lambda_2 P_3$ y $\Lambda_3 := P_3 \Lambda_2 P_3 E_3^{-1}$ tienen, respectivamente la forma siguiente, donde ahora $l = (l_i)$ toma los valores correspondientes a la etapa 3:

$$
\begin{pmatrix} 1 & & & & \\ z_{l_2 1} & 1 & & & \\ z_{l_3 1} & z_{l_3 2} & 1 & & \\ \vdots & \vdots & & \ddots & \\ z_{l_n 1} & z_{l_n 2} & 0 & \cdots & 1 \end{pmatrix}, \quad \begin{pmatrix} 1 & & & & & \\ z_{l_2 1} & 1 & & & & \\ z_{l_3 1} & z_{l_3 2} & 1 & & & \\ z_{l_4 1} & z_{l_4 2} & z_{l_4 3} & 1 & & \\ \vdots & \vdots & \vdots & \vdots & \ddots & \\ z_{l_n 1} & z_{l_n 2} & z_{l_n 3} & 0 & \cdots & 1 \end{pmatrix}.
$$

Prosiguiendo sucesivamente con las matrices $\Lambda_3, \Lambda_4, \dots, \Lambda_{n-1}$ donde, para $k = 1, 2, \dots, n-1$, $\Lambda_k = P_k \Lambda_{k-1} P_k E_k^{-1}$ tiene la forma siguiente, con $l = (l_i)$ tomando los valores fijados en la etapa k:

$$
\Lambda_k = \begin{pmatrix}
1 & & & & & & & & & \\
z_{l_2 1} & 1 & & & & & & & & \\
\vdots & \vdots & \ddots & & & & & & & \\
z_{l_k 1} & \cdots & z_{l_k k-1} & 1 & & & & & & \\
z_{l_{k+1} 1} & \cdots & z_{l_{k+1} k-1} & z_{l_{k+1} k} & 1 & & & & & \\
z_{l_{k+2} 1} & \cdots & z_{l_{k+2} k-1} & z_{l_{k+2} k} & 0 & 1 & & & & \\
\vdots & \vdots & \vdots & \vdots & \vdots & & \ddots & \ddots & & \\
z_{l_n 1} & \cdots & z_{l_n k-1} & z_{l_n k} & 0 & \cdots & 0 & 1
\end{pmatrix}. \tag{5.18}
$$

De la expresión (5.17) obtenemos:

$$L = \Lambda_{n-1} = \begin{pmatrix} 1 & & & & \\ z_{l_2 1} & 1 & & & \\ z_{l_3 1} & z_{l_3 2} & 1 & & \\ \vdots & \vdots & \ddots & \ddots & \\ z_{l_n 1} & z_{l_n 2} & \cdots & z_{l_n n-1} & 1 \end{pmatrix}, \tag{5.19}$$

donde $l = (l_i)$ tiene los valores de la etapa $(n-1)$, o sea, los valores finales de la fase de eliminación. De esta manera —*teniendo en cuenta que el valor* l_k *se fija en la etapa* k *y ya no se modifica en las siguientes*— se concluye (5.16). □

EJEMPLO 5.2. En el ejemplo anterior se tendrá:

$$p_1 = 3, \quad (l_1, l_2, l_3) = (3, 2, 1), \quad z_{l_2 1} = \frac{a_{l_2 1}^{(1)}}{a_{l_1 1}^{(1)}} = \frac{2}{10} = \frac{1}{5}, \quad z_{l_3 1} = \frac{a_{l_3 1}^{(1)}}{a_{l_1 1}^{(1)}} = \frac{1}{2},$$

$$P_1 = T_{13} = \begin{pmatrix} 0 & 0 & 1 \\ 0 & 1 & 0 \\ 1 & 0 & 0 \end{pmatrix}, \quad E_1 = \begin{pmatrix} 1 & & \\ -\frac{1}{5} & 1 & \\ -\frac{1}{2} & 0 & 1 \end{pmatrix}, \quad E_1^{-1} = \begin{pmatrix} 1 & & \\ \frac{1}{5} & 1 & \\ \frac{1}{2} & 0 & 1 \end{pmatrix},$$

$$p_2 = 3, \quad (l_1, l_2, l_3) = (3, 1, 2), \quad z_{l_3 2} = \frac{a_{l_3 2}^{(2)}}{a_{l_2 2}^{(2)}} = \frac{14}{25},$$

$$P_2 = T_{23} = \begin{pmatrix} 1 & 0 & 0 \\ 0 & 0 & 1 \\ 0 & 1 & 0 \end{pmatrix}, \quad E_2 = \begin{pmatrix} 1 & & \\ & 1 & \\ & -\frac{14}{25} & 1 \end{pmatrix}, \quad E_2^{-1} = \begin{pmatrix} 1 & & \\ & 1 & \\ & \frac{14}{25} & 1 \end{pmatrix},$$

$$P = P_2 P_1 = T_{23} T_{13} = \begin{pmatrix} 0 & 0 & 1 \\ 1 & 0 & 0 \\ 0 & 1 & 0 \end{pmatrix} = (\delta_{l_i} j); \quad M = E_2 P_2 E_1 P_1;$$

$$M^{-1} = P_1 E_1^{-1} P_2 E_2^{-1} = \begin{pmatrix} \frac{1}{2} & 0 & 1 \\ \frac{1}{5} & 1 & \\ 1 & & \end{pmatrix} \begin{pmatrix} 1 & & \\ & \frac{14}{25} & 1 \\ & 1 & \end{pmatrix} = \begin{pmatrix} \frac{1}{2} & 1 & 0 \\ \frac{1}{5} & \frac{14}{25} & 1 \\ 1 & 0 & 0 \end{pmatrix},$$

$$L = P M^{-1} = \begin{pmatrix} 1 & 0 & 0 \\ \frac{1}{2} & 1 & 0 \\ \frac{1}{5} & \frac{14}{25} & 1 \end{pmatrix}, \quad U = A_3 = \begin{pmatrix} 10 & -4 & 1 \\ & 5 & -\frac{3}{2} \\ & & \frac{41}{25} \end{pmatrix}.$$

Nótese que en efecto:

$$LU = \begin{pmatrix} 10 & -4 & 1 \\ 5 & 3 & -1 \\ 2 & 2 & 1 \end{pmatrix} = PA.$$

□

5.2.2 Factorización $PA=LU$: cálculo por el método de Gauss

Recordamos que en la etapa k-ésima del método de Gauss con pivote parcial se crean ceros en las posiciones subdiagonales de la columna k de la matriz $P_k\Omega_k$, para pasar a la matriz $\Omega_{k+1} = E_k P_k \Omega_k$, $1 \le k \le n-1$, o sea:

$$a_{l_i k}^{(k+1)} = 0, \ \ k+1 \le i \le n, \ \ 1 \le k \le n-1.$$

Ya hemos insistido también que en la práctica no es necesario forzar la puesta a 0 de estos elementos, puesto que ya no se utilizan para nada más en las etapas siguientes y que *utilizamos esas posiciones subdiagonales para almacenar los factores de eliminación correspondientes* $z_{l_i k}$. Teniendo en cuenta la relación entre las matrices A_{k+1} y Ω_{k+1} y la forma de E_k^{-1} y Λ_k, —véanse (5.7) y (5.18)— este almacenamiento es equivalente a manejar las matrices $\widetilde{A}_{k+1} = (\widetilde{a}_{ij}^{(k+1)})$ y $\widetilde{\Omega}_{k+1} = (\widetilde{\Omega}_{ij}^{(k+1)})$ tales que (con $l = (l_i)$ correspondiente a la etapa k):

$$\widetilde{\Omega}_{k+1} = \Omega_{k+1} + (\Lambda_k - I),$$

$$\widetilde{\Omega}_{k+1} = P_k P_{k-1} P_{k-2} \cdots P_2 P_1 \widetilde{A}_{k+1} \ [\text{ i.e. } \widetilde{\Omega}_{ij}^{(k+1)} = \widetilde{a}_{l_i j}^{(k+1)}, 1 \le i, j \le n-1],$$

Teniendo en cuenta (5.5)–(5.6) y (5.18) se tiene el siguiente algoritmo de cálculo, partiendo de $A = \widetilde{A}_1 = \widetilde{\Omega}_1$ para $k = 1, 2, \ldots, n-1$:

$$\widetilde{\Omega}_{ij}^{k+1} = \widetilde{a}_{l_i j}^{(k+1)} = \begin{cases} \widetilde{a}_{l_i j}^{(k)}, & j = 1, 2, \ldots, n, \qquad i = 1, 2, \ldots, k, \\[2mm] \widetilde{a}_{l_i j}^{(k)}, & j = 1, 2, \ldots, k-1, \\[2mm] \dfrac{\widetilde{a}_{l_i k}^{(k)}}{\widetilde{a}_{l_k k}^{(k)}}, & j = k, \\[3mm] \widetilde{a}_{l_i j}^{(k)} - \dfrac{\widetilde{a}_{l_i k}^{(k)}}{\widetilde{a}_{l_k k}^{(k)}} \widetilde{a}_{l_k j}^{(k)}, & j = k+1, \ldots, n, \end{cases} \Bigg\} \ \ k+1 \le i \le n.$$

$$(5.20)$$

donde $l = (l_i)$ toma los valores correspondientes a la etapa k.

En esta formulación se recogen los siguientes hechos, ya establecidos de la etapa k de la eliminación:

– Las ecuaciones $l_1, l_2, \ldots, l_k$ no se modifican.

– Las columnas $l_1, l_2, \ldots, l_{k-1}$ no se modifican.

– Las filas y las columnas $l_{k+1}, \ldots, l_n$ se modifican por el proceso de eliminación.

– Además, en las posiciones $l_{k+1}, \ldots, l_n$ de la columna k —donde se hacen ceros— se almacenan los factores $a_{l_{k+1},k}^{(k)}/a_{l_k k}^{(k)}, \ldots, a_{l_n k}^{(k)}/a_{l_k k}^{(k)}$, que, salvo el signo, coinciden con los elementos de la columna k de E_k.

Concluimos entonces que *las $(n-1)$ etapas del método de Gauss con pivote parcial y almacenamiento de factores de eliminación descrito en (5.20) nos permiten calcular las matrices P, L y U tales que $PA = LU$ puesto que se tiene:*

– P matriz de permutación asociada a la permutación $l = (l_i)$ calculada en el proceso: $p_{ij} = \delta_{l_ij}$, $1 \le i, j \le n$.

– $\widetilde{\Omega}_n = P_{n-1}P_{n-2}\cdots P_2 P_1 \widetilde{A}_n = P\widetilde{A}_n = \Omega_n + \Lambda_{n-1} - I = U + L - I$.

Esquemáticamente:

$$
A = \begin{pmatrix} a_{11} & a_{12} & \cdots & a_{1n} \\ a_{21} & a_{22} & \cdots & a_{2n} \\ \vdots & \vdots & \vdots & \vdots \\ a_{n1} & a_{n2} & \cdots & a_{nn} \end{pmatrix} \begin{bmatrix} (n-1) \\ \text{etapas} \\ \longrightarrow \end{bmatrix} \widetilde{\Omega}_n = \begin{pmatrix} a_{l_1 1}^{(1)} & a_{l_1 2}^{(1)} & \cdots & a_{l_1 n}^{(1)} \\ z_{l_2 1} & a_{l_2 2}^{(2)} & \cdots & a_{l_2 n}^{(2)} \\ \vdots & \vdots & \ddots & \vdots \\ z_{l_n 1} & z_{l_n 2} & \cdots & a_{l_n n}^{(n)} \end{pmatrix}.
$$

Por tanto, de (5.14) y (5.16) se tiene inmediatamente la siguiente igualdad:

$$
\widetilde{\Omega}_n = \begin{pmatrix} U_{11} & U_{12} & \cdots & U_{1n} \\ L_{21} & U_{22} & \cdots & U_{2n} \\ \vdots & \vdots & \ddots & \vdots \\ L_{n1} & L_{n2} & \cdots & U_{nn} \end{pmatrix} = U + L - I. \tag{5.21}
$$

Observación 5.3. Nótese que la fórmula $\widetilde{\Omega}_n = U + L - I$ es una forma abreviada de decir que la parte triangular superior de la matriz U está en la parte triangular superior de $\widetilde{\Omega}_n$ y la parte triangular inferior de L sin la diagonal está en la parte triangular subdiagonal de $\widetilde{\Omega}_n$. De forma equivalente:

$$
U_{ij} = \begin{cases} 0, & 1 \le j \le i-1, \\ \widetilde{a}_{l_ij}^{(n)} = a_{l_ij}^{(n)} = a_{l_ij}^{(i)}, & i \le j \le n, \end{cases} \Bigg\} \, 1 \le i \le n, \tag{5.22}
$$

$$
L_{ij} = \begin{cases} 0, & 1 \le i \le j-1, \\ 1, & i = j, \\ \widetilde{a}_{l_ij}^{(n)} = z_{l_ij} = a_{l_ij}^{(i)}/a_{l_ii}^{(i)}, & j+1 \le i \le n, \end{cases} \Bigg\} \, 1 \le j \le n, \tag{5.23}
$$

donde $l = (l_i)$ toma los valores finales del proceso de eliminación. $\quad\square$

Ejemplo 5.3. Este proceso para el sistema del ejemplo 5.1 se resume en la tabla 5.2, donde solamente ponemos la notación $\widetilde{a}_{l_ij}^{(k)}$ en las posiciones que son cero en Ω_k. Véase que al final se tiene $\widetilde{\Omega}_3 = U + L - I$. $\quad\square$

El algoritmo para el cálculo de $\widetilde{\Omega}_n$ es el mismo que el del método de Gauss con pivote parcial (después de suprimir los cálculos relativos al segundo miembro y los de descenso y remonte) pero almacenando los factores de eliminación $a_{l_ik}^{(k)}/a_{l_kk}^{(k)}$ en las posiciones en las que se crean los ceros correspondientes y afectándolos de las permutaciones en las etapas siguientes (algoritmo 5.3).

$a^{(1)}_{l_1 1}$	$a^{(1)}_{l_1 2}$	$a^{(1)}_{l_1 3}$	$b^{(1)}_{l_1}$	5	3	-1	7	$l_1 = 1$
$a^{(1)}_{l_2 1}$	$a^{(1)}_{l_2 2}$	$a^{(1)}_{l_2 3}$	$b^{(1)}_{l_2}$	2	2	1	5	$l_2 = 2$
$a^{(1)}_{l_3 1}$	$a^{(1)}_{l_3 2}$	$a^{(1)}_{l_3 3}$	$b^{(1)}_{l_3}$	10	-4	1	7	$l_3 = 3$
$a^{(1)}_{l_1 1}$	$a^{(1)}_{l_1 2}$	$a^{(1)}_{l_1 3}$	$b^{(1)}_{l_1}$	10	-4	1	7	$l_1 = 3$
$\tilde{a}^{(1)}_{l_2 1}$	$a^{(1)}_{l_2 2}$	$a^{(1)}_{l_2 3}$	$b^{(1)}_{l_2}$	2	2	1	5	$l_2 = 2$
$\tilde{a}^{(1)}_{l_3 1}$	$a^{(1)}_{l_3 2}$	$a^{(1)}_{l_3 3}$	$b^{(1)}_{l_3}$	5	3	-1	7	$l_3 = 1$
$a^{(1)}_{l_1 1}$	$a^{(1)}_{l_1 2}$	$a^{(1)}_{l_1 3}$	$b^{(1)}_{l_1}$	10	-4	1	7	$l_1 = 3$
$\tilde{a}^{(2)}_{l_2 1}$	$a^{(2)}_{l_2 2}$	$a^{(2)}_{l_2 3}$	$b^{(2)}_{l_2}$	$\frac{1}{5}$	$\frac{14}{5}$	$\frac{4}{5}$	$\frac{18}{5}$	$l_2 = 2$
$\tilde{a}^{(2)}_{l_3 1}$	$a^{(2)}_{l_3 2}$	$a^{(2)}_{l_3 3}$	$b^{(2)}_{l_3}$	$\frac{1}{2}$	5	$-\frac{3}{2}$	$\frac{7}{2}$	$l_3 = 1$
$a^{(1)}_{l_1 1}$	$a^{(1)}_{l_1 2}$	$a^{(1)}_{l_1 3}$	$b^{(1)}_{l_1}$	10	-4	1	7	$l_1 = 3$
$\tilde{a}^{(2)}_{l_2 1}$	$a^{(2)}_{l_2 2}$	$a^{(2)}_{l_2 3}$	$b^{(2)}_{l_2}$	$\frac{1}{2}$	5	$-\frac{3}{2}$	$\frac{7}{2}$	$l_2 = 1$
$\tilde{a}^{(2)}_{l_3 1}$	$a^{(2)}_{l_3 2}$	$a^{(2)}_{l_3 3}$	$b^{(2)}_{l_3}$	$\frac{1}{5}$	$\frac{14}{5}$	$\frac{4}{5}$	$\frac{18}{5}$	$l_3 = 2$
$a^{(1)}_{l_1 1}$	$a^{(1)}_{l_1 2}$	$a^{(1)}_{l_1 3}$	$b^{(1)}_{l_1}$	10	-4	1	7	$l_1 = 3$
$\tilde{a}^{(2)}_{l_2 1}$	$a^{(2)}_{l_2 2}$	$a^{(2)}_{l_2 3}$	$b^{(2)}_{l_2}$	$\frac{1}{2}$	5	$-\frac{3}{2}$	$\frac{7}{2}$	$l_2 = 1$
$\tilde{a}^{(2)}_{l_3 1}$	$\tilde{a}^{(2)}_{l_3 2}$	$a^{(3)}_{l_3 3}$	$b^{(3)}_{l_3}$	$\frac{1}{5}$	$\frac{14}{25}$	$\frac{41}{25}$	$\frac{41}{25}$	$l_3 = 2$

Tabla 5.2: Ejemplo del método de Gauss con pivote para factorización $PA = LU$.

5.2.3 Método de factorización $PA=LU$

Procediendo de la misma forma que en el caso del método de Gauss sin pivote, podemos asociar a la factorización $PA = LU$ un método de resolución del sistema lineal $Au = b$, consistente en la resolución del sistema lineal equivalente $PAu = LUu = Pb$, mediante la resolución sucesiva de los dos sistemas triangulares siguientes: $Lw = Pb$ y $Uu = w$:

$$Au = b \Leftrightarrow PAu = Pb \Leftrightarrow LUu = Pb \Leftrightarrow \begin{cases} Lw = Pb, \\ Uu = w. \end{cases}$$

Aprovechando que las matrices L y U están definidas por las fórmulas (5.23)–(5.23), se tiene:

$$Lw = Pb \Leftrightarrow \sum_{k=1}^{i-1} \tilde{a}^{(n)}_{l_i k} w_k + w_i = b_{l_i}, \ 1 \le i \le n,$$

$$Uu = w \Leftrightarrow \sum_{k=i}^{n} \tilde{a}^{(n)}_{l_i k} u_k = w_i, \ 1 \le i \le n.$$

Algoritmo 5.3 Factorización $PA = LU$ de A: método de Gauss.

procedure LUGAUSSPP$(n, a, deter, l) \rightarrow a, deter, l$ ▷ L, U, P, $\det(A)$
    input $n, a = (a_{ij})$ ▷ Sobrescribe A
    for $i = 1, \ldots, n$ **do**
        $l_i \leftarrow i$
    end for
    $deter \leftarrow 1.$
    for $k = 1, 2, \ldots, n - 1$ **do**
        $|a_{l_p k}| = \max\{|a_{l_i k}| : i = k, k + 1, \ldots, n\}$
        if $p \neq k$ **then**
            $l_k \leftrightarrow l_p$; $det \leftarrow -det$
        end if
        $det \leftarrow det \times a_{l_k k}$
        if $|a_{l_k k}| < 10^{-10}$ **then**
            Alerta: matriz «casi singular»
            return
        end if
        for $i = k + 1, \ldots, n$ **do**
            $a_{l_i k} \leftarrow a_{l_i k}/a_{l_k k}$
            for $j = k + 1, \ldots, n$ **do**
                $a_{l_i j} \leftarrow a_{l_i j} - a_{l_i k} \times a_{l_k j}$
            end for
        end for
    end for
    $deter \leftarrow deter \times a_{l_n n}$
    if $|a_{l_n n}| < 10^{-10}$ **then**
        Alerta: matriz «casi singular»
    end if
    return $a = (a_{ij}), l = (l_i), deter$ ▷ $\widetilde{A}_n$, permutación l, $\det(A)$
end procedure   ▷ $P = (\delta_{l_i j})$: $P\widetilde{A}_n = \widetilde{\Omega}_n = U + L - I$

En consecuencia, el descenso y el remonte equivalen a:

$$
\begin{aligned}
w_1 &= b_{l_1}, \\
w_i &= b_{l_i} - \sum_{k=1}^{i-1} \widetilde{a}_{l_i k}^{(n)} w_k, \quad i = 2, 3, \ldots, n; \\
u_n &= w_n / \widetilde{a}_{l_n n}^{(n)} = w_n / U_{nn}, \\
u_i &= (w_i - \sum_{k=i+1}^{n} \widetilde{a}_{l_i k}^{(n)} u_k) / \widetilde{a}_{l_i i}^{(n)}, \quad i = n - 1, \ldots, 2, 1.
\end{aligned}
$$

La codificación debe contemplar las siguientes etapas (algoritmo 5.4):

– Cálculo de la factorización $PA = LU$ por el método de Gauss con pivote parcial. Esto es calcular la matriz $\widetilde{A}_n$ y la matriz y la permutación l (a la que se asocia la matriz de permutación P) tal que $\widetilde{\Omega}_n = P\widetilde{A}_n = U + L - I$

– Resolución del sistema lineal $Lw = Pb$: L es triangular con elementos diagonales iguales a 1 y además $L = \widetilde{\Omega}_n - U + I = P\widetilde{A}_n - U + I$. Dado que la parte superior de la matriz no interviene en los cálculos, *el código trabajará como si L fuese $P\widetilde{A}_n$, pero sin utilizar los elementos diagonales (que son iguales a 1, ¡pero no están en esta matriz!)*. Es lógico, entonces, utilizar el algoritmo 3.7, expresamente pensado para este caso.

– Resolución del sistema lineal $Uu = w$: U es triangular superior de la forma $U = \widetilde{\Omega}_n - L + I = P\widetilde{A}_n - L + I$. De nuevo, dado que los cálculos no utilizan la parte inferior de la matriz el *código trabajará como si U fuese $P\widetilde{A}_n$ (ahora incluida también la diagonal ¡que es la diagonal de U!)*. Por tanto, el algoritmo 3.9 pensado para sistemas de esta forma nos encaja perfectamente.

EJEMPLO 5.4. En el ejemplo precedente se tiene:

$$
Pb = \begin{pmatrix} 7 \\ 7 \\ 5 \end{pmatrix}, \quad w = \begin{pmatrix} 7 \\ \frac{7}{2} \\ \frac{41}{25} \end{pmatrix}, \quad u = \begin{pmatrix} 1 \\ 1 \\ 1 \end{pmatrix}. \qquad \square
$$

Algoritmo 5.4 Método de factorización $PA = LU$ para $Au = b$.

$\quad$ **procedure** P_PALU $\quad \triangleright$ Calcula $P, L, U, \det(A)$, resuelve $PAu = LUu = Pb$
$\quad\quad$ **input** $n, a = (a_{ij}), b = (b_i)$ $\qquad\qquad\qquad\qquad \triangleright$ Sobrescribe A y b
$\quad\quad$ $a, deter, l \leftarrow$ LUGAUSSPP$(n, a, deter, l)$ $\qquad \triangleright$ Factorización $PA = LU$
$\quad\quad$ $w \leftarrow$ SISTLPF1(n, a, b, l, w) $\qquad\qquad \triangleright$ Descenso $Lw = Pb$; L en $P\widetilde{A}_n$
$\quad\quad$ $u \leftarrow$ SISTUPFM(n, a, w, l, u) $\qquad\qquad \triangleright$ Remonte $Uu = w$; U en $P\widetilde{A}_n$
$\quad\quad$ **output** $u = (u_i)$
$\quad$ **end procedure**

5.3 Ejercicios

EJERCICIO 5.1. Dada la siguiente matriz A y el vector b, resolver manualmente, por el método de eliminación de Gauss con pivote parcial, el sistema $Au = b$, deduce las matrices P, L y U tales que $PA = LU$ y comprueba la igualdad.

$$
A = \begin{pmatrix} 6 & -2 & 2 & 4 \\ 12 & -8 & 6 & 10 \\ 3 & -13 & 9 & 3 \\ -6 & 4 & 1 & -18 \end{pmatrix}; \quad b = \begin{pmatrix} -18 \\ -42 \\ -22 \\ 34 \end{pmatrix}.
$$

EJERCICIO 5.2. Mediante el proceso de eliminación de Gauss con pivote parcial, calcular las matrices P, L y U tales que $PA = LU$, siendo A la matriz siguiente:

$$A = \begin{pmatrix} 1 & -1 & -1 & -1 & -1 \\ 0 & 1 & -1 & -1 & -1 \\ 0 & 0 & 1 & -1 & -1 \\ 0 & 0 & 0 & 1 & -1 \\ 1 & 1 & 1 & 1 & 1 \end{pmatrix}.$$

Utilizando dicha factorización, resolver el sistema lineal $Au = b$, con término independiente: $b = (2, -1, 0, 4, 0)^T$.

EJERCICIO 5.3. Dada la matriz:

$$A = \begin{pmatrix} 1 & 1 & -1 & -1 \\ 0 & \epsilon & 0 & 0 \\ 0 & \epsilon/2 & \epsilon & 0 \\ 2 & 0 & 0 & 2 \end{pmatrix},$$

realizar manualmente la eliminación de Gauss con estrategia de pivote parcial suponiendo que $0 < \epsilon < 1/2$. Deducir su factorización $PA = LU$ y comprobar la igualdad.

EJERCICIO 5.4. *Método de eliminación de Gauss con pivote parcial.* Siguiendo los pseudocódigos 5.1 y 5.2 escribir los procedimientos `gausspp(n,a,b,deter,l)` y `p_gausspp` para implementar el método de eliminación de Gauss con pivote parcial para el sistema lineal $Au = b$ y calcular el determinante de A. Verificar el código con varios ejemplos de solución conocida (p. ej. el del ejercicio 5.1) y comprobar el resultado viendo que el residuo $\|Au - b\|$ es próximo a cero para una norma vectorial elegida, siendo u la solución calculada. *Se debe tener en cuenta la misma observación que en el ejercicio 4.5.*

EJERCICIO 5.5. *Método de factorización $PA = LU$.* En este ejercicio se programa la resolución de un sistema lineal $Au = b$ por el método de factorización $PA = LU$, esto es:

$$Au = b \Leftrightarrow PA = Pb \Leftrightarrow LUu = Pb \Leftrightarrow \begin{cases} Lw = Pb, \\ Uu = w. \end{cases}$$

Guiándose por los códigos 5.3 y 5.4, escribir los procedimientos `lugausspp (n,a,deter,l)` y `p_palu` para implementar el método de factorización $PA = LU$ estudiado en este capítulo. Aprovecharlo para calcular el $\det(A)$. Verificar el código con diversos ejemplos de solución conocida (p. ej. los sistemas de los ejercicios anteriores) o incluir la verificación de resultados viendo que una norma vectorial del residuo $\|Au - b\|$ es muy próxima a 0 y que se cumple la igualdad $PA = LU$.

EJERCICIO 5.6. Estudiar y practicar con las siguientes órdenes de Matlab: `X = lu(A)`, `[L,U] = lu(A)`, `u=U\(L\b)`, `[L,U,P]= lu(A)`, `u=U\(L\P*b)`. Utilizarlos para comprobar los resultados de los ejercicios y programas precedentes.

EJERCICIO 5.7. Se considera el sistema $Au = b$ con

$$A = \begin{pmatrix} 0.1 & 1 & 1 \\ 1 & -1 & 1 \\ 1 & 0 & 1 \end{pmatrix} \begin{pmatrix} 2 \\ 0 \\ 1 \end{pmatrix}. \quad \text{Solución exacta: } u = \begin{pmatrix} 0 \\ 1 \\ 1 \end{pmatrix}.$$

- Con el programa `p_lu` calcular las matrices L_1 y U_1 de la factorización $A = L_1 U_1$ y resolver el sistema.
- Con el programa `p_palu` calcular las matrices P_2, L_2, y U_2 tales que $P_2 A = L_2 U_2$ y resolver el sistema.
- Con el programa `p_lu`, calcular las matrices L_3 y U_3 de la factorización $P_2 A = L_3 U_3$.
- Ejecutar la siguiente orden de Matlab `[L4,U4,P4]=lu(A)` y resolver el sistema.
- Ejecutar la orden de Matlab `X=lu(A)`.

Comparar y relacionar todas las matrices L y U obtenidas y también la matriz X. Sacar conclusiones.

EJERCICIO 5.8. La estabilidad numérica de los métodos de eliminación de Gauss se relaciona con la proximidad a 1 del siguiente parámetro β:

$$\beta = \frac{\max_{1 \leq i,j \leq n} |a_{ij}^{(n)}|}{\max_{1 \leq i,j \leq n} |a_{ij}|},$$

donde $A = (a_{ij})$ es la matriz del sistema y $A_n = (a_{ij}^{(n)})$ es la matriz triangular (o permutable a triangular) de llegada del método de eliminación.

Se pide hacer un programa `p_estabilidad_gauss` que compare los valores de β para Gauss sin pivote y Gauss con pivote parcial para diferentes valores de n y diferentes tipos de matrices. En concreto proponemos que para $n = 10, 20, \ldots, 100$ se haga con sistemas de matriz aleatoria especial obtenida con todas las opciones $1, 2, \ldots, 7$ del procedimiento `genera_matriz_especial` vista en el ejercicio 2.26. En general, ¿para qué matrices son más estables los métodos y cuál de ellos es más estable? *Nota.- Se pueden utilizar los procedimientos gauss y gausspp con cualquier vector b (incluso b = θ) o bien lugauss y lugausspp teniendo en cuenta que A_n coincide con la matriz U de las factorizaciones A = LU y PA = LU, respectivamente.*

6

Método de factorización de Cholesky

En este capítulo estudiamos uno de los métodos más importantes en la resolución de sistemas lineales con *matriz de coeficientes simétrica y definida positiva*. Se trata del *método de Cholesky* asociado a la *factorización de Cholesky* $A = BB^T$, con B matriz triangular inferior y coeficientes diagonales positivos.

Aunque actualmente la factorización de Cholesky se presenta como consecuencia de la factorización $A = LU$ (nosotros lo hacemos también), lo cierto es que su descubrimiento ocurrió de manera independiente (véase BREZINSKI–MEURANT–REDIVO-ZAGLIA [2023, secs. 2.11 y 10.12]). En efecto, André-Louis Cholesky (1875–1918) fue un militar francés, especialista en geodesia, que participó en la I Guerra Mundial. Desarrolló el método, que ahora lleva su nombre, para resolver, de manera eficaz, sistemas lineales con matriz simétrica y definida positiva de la forma $A = C^T C$, que obtenía en su trabajo en el Servicio Geográfico. Cholesky nunca publicó su método en vida. Lo hizo un compañero suyo, el mayor Ernest Benoit (1873–1956) en 1924, aunque en 2005 se encontró un manuscrito inédito, fechado en 1910, en el que Cholesky escribió su método que, probablemente, desarrolló entre 1902 y 1904, mientras estaba en el norte de África, donde murió.

El método de Cholesky pasó bastante desapercibido durante casi 20 años, hasta la década de 1940, a partir de la cual ha cobrado su verdadera importancia, sobre todo con la llegada de los ordenadores. Después de Cholesky el método fue «redescubierto», de manera independiente, muchas veces. En particular, guarda una gran similitud el denominado *método de la raíz cuadrada*, presentado por T. Banachiewicz en 1938.

El método de Cholesky se ha convertido en un clásico en el cálculo numérico matricial y se encuentra en todos los libros de la materia. Nosotros seguimos especialmente STOER–BULIRSCH [1980], KINCAID–CHENEY [1994], CIARLET [1989] y ALLAIRE–KABER [2008].

6.1 Factorización de Cholesky

6.1.1 Existencia y unicidad

Dada una matriz $A \in \mathcal{M}_{n \times n}(\mathbb{R})$, *simétrica y definida positiva* se llama factorización de Cholesky a una factorización de la forma $A = BB^T$, donde la matriz B (llamada matriz de Cholesky) es *triangular inferior con* $b_{ii} > 0$, $1 \le i \le n$.

La existencia y unicidad de la factorización de Cholesky de una matriz simétrica y definida positiva se prueba en base a la existencia de una factorización $A = LU$ de dicha matriz, aunque existen demostraciones directas basadas en un proceso de inducción. De hecho, el resultado que damos a continuación prueba que solo las matrices simétricas y definidas positivas admiten factorización de Cholesky y solo estas tienen todos sus menores fundamentales positivos. Recordamos que los menores fundamentales de A son

$$
\det(\Delta_k), \; \Delta_k = \begin{pmatrix} a_{11} & \cdots & a_{1k} \\ \vdots & \ddots & \vdots \\ a_{k1} & \cdots & a_{kk} \end{pmatrix}, \quad 1 \le k \le n.
$$

Teorema 6.1 (Existencia y unicidad de la factorización de Cholesky). *Para una matriz real A, cuadrada de orden n, las tres afirmaciones siguientes son equivalentes:*

i) La matriz A es simétrica y definida positiva.

ii) La matriz A es simétrica y $\det(\Delta_k) > 0$, $1 \le k \le n$.

iii) La matriz A admite una única factorización de Cholesky $A = BB^T$ con B triangular inferior con elementos diagonales positivos: $b_{ii} > 0$, $1 \le i \le n$.

Demostración. Demostraremos las implicaciones en el siguiente orden: *i) ⇒ ii) ⇒ iii) ⇒ i)*:

i) ⇒ ii). Ya lo conocemos de los resultados elementales de matrices. De hecho, sabemos que las submatrices principales Δ_k son simétricas y definidas positivas y, por tanto, tienen determinante positivo.

ii) ⇒ iii) a) Existencia de la factorización de Cholesky. Del tema de factorizaciones LU sabemos que, para una matriz cualquiera, la condición, $\det(\Delta_k) \ne 0$, $1 \le k \le n$, es suficiente para asegurar que A admite una única factorización $A = LU$ con L triangular inferior y $l_{ii} = 1$, $1 \le i \le n$, y U triangular superior. Para cada k tal que

$1 \leq k \leq n$, observemos $A = (a_{ij})$ en la forma siguiente:

$$
A = \begin{pmatrix} a_{11} & \cdots & a_{1k} & \cdots & a_{1n} \\ \vdots & \ddots & \vdots & \ddots & \vdots \\ a_{k1} & \cdots & a_{kk} & \cdots & a_{kn} \\ \vdots & \ddots & \vdots & \ddots & \vdots \\ a_{n1} & \cdots & a_{nk} & \cdots & a_{nn} \end{pmatrix},
$$

de modo que la igualdad $A = LU$ la ponemos explícitamente como:

$$
A = \begin{pmatrix} 1 & & & & \\ \vdots & \ddots & & & \\ l_{k1} & \cdots & 1 & & \\ \vdots & \cdots & \vdots & \ddots & \\ l_{n1} & \cdots & l_{nk} & \cdots & 1 \end{pmatrix} \begin{pmatrix} u_{11} & \cdots & u_{1k} & \cdots & u_{1n} \\ & \ddots & \vdots & \cdots & \vdots \\ & & u_{kk} & \cdots & u_{kn} \\ & & & \ddots & \vdots \\ & & & & u_{nn} \end{pmatrix}.
$$

Entonces, la multiplicación por bloques nos asegura que:

$$
\Delta_k = \begin{pmatrix} a_{11} & \cdots & a_{1k} \\ \vdots & \ddots & \vdots \\ a_{k1} & \cdots & a_{kk} \end{pmatrix} = \begin{pmatrix} 1 & & \\ \vdots & \ddots & \\ l_{k1} & \cdots & 1 \end{pmatrix} \begin{pmatrix} u_{11} & \cdots & u_{1k} \\ & \ddots & \vdots \\ & & u_{kk} \end{pmatrix}.
$$

De este modo:

$$
\det(\Delta_k) = \det \begin{pmatrix} u_{11} & \cdots & u_{1k} \\ & \ddots & \vdots \\ & & u_{kk} \end{pmatrix} = \prod_{i=1}^{k} u_{ii} > 0, 1 \leq k \leq n.
$$

Se deduce, por recurrencia, que $u_{ii} > 0$, $1 \leq i \leq n$. Sea $D = \mathrm{diag}(u_{11}, \ldots, u_{nn})$. Probemos que $U = DL^T$. En efecto, al ser A simétrica se tendrá:

$$
A = LU = A^T = U^T L^T = U^T D^{-1} D L^T = \tilde{L}\tilde{U}; \quad \tilde{L} = U^T D^{-1}, \tilde{U} = DL^T.
$$

Se tiene que $\tilde{L}$ es triangular inferior con coeficientes diagonales iguales a 1 y $\tilde{U}$ es triangular superior. Tendríamos pues otra factorización LU de A. Por la unicidad de la factorización (A es invertible) se tiene: $L = \tilde{L}$ y $U = \tilde{U}$, o sea $U = DL^T$, como queríamos ver. Así pues, $A = LDL^T$.

Sea

$$
\Lambda = \mathrm{diag}(\sqrt{u_{11}}, \ldots, \sqrt{u_{nn}}).
$$

Se tiene $D = \Lambda^2$ y por tanto:

$$
A = L\Lambda\Lambda L^T = BB^T; \quad B := L\Lambda \text{ (triangular inferior con } b_{ii} > 0, 1 \leq i \leq n).
$$

b) Unicidad de la factorización. Supongamos que existen dos factorizaciones $A = B_1 B_1^T$ y $A = B_2 B_2^T$ con $B_1 = (b_{ij}^{(1)})$ y $B_2 = (b_{ij}^{(2)})$ triangulares inferiores y $b_{ii}^{(1)} > 0$, $b_{ii}^{(2)} > 0$, $1 \le i \le n$. Sea $\Delta_m = \mathrm{diag}(b_{ii}^{(m)}, \ldots, b_{nn}^{(m)})$, $m = 1, 2$. Se tendrá:

$$L_m = B_m \Delta_m^{-1} : \text{triangular inferior con elementos diagonales iguales a } 1 ,$$
$$U_m = \Delta_m B_m^T : \text{triangular superior.}$$

Además:

$$A = B_m B_m^T = B_m \Delta_m^{-1} \Delta_m B_m^T = L_m U_m, \quad m = 1, 2.$$

Se tendrían pues dos factorizaciones LU de A y, de nuevo, por la unicidad de la misma, se deduce que $L_1 = L_2$ y $U_1 = U_2$, es decir:

$$\Delta_1 B_1^T = \Delta_2 B_2^T.$$

En particular, la igualdad de los elementos diagonales de las matrices anteriores nos da:

$$[b_{ii}^{(1)}]^2 = [b_{ii}^{(2)}]^2, \quad 1 \le i \le n.$$

Puesto que ambos son positivos se deduce $b_{ii}^{(1)} = b_{ii}^{(2)}$, $1 \le i \le n$, o sea $\Delta_1 = \Delta_2$ y, por ende, $B_1 = B_2$.

iii) $\Rightarrow$ *i).* Supongamos pues que $A = BB^T$ con B en las condiciones del enunciado. Es evidente, entonces, que A es simétrica y que $\det(A) = [\det(B)]^2 = \prod_{i=1}^{n} b_{ii}^2 > 0$, por lo que es invertible. Así pues, dado $v \in \mathbb{R}^n$, $v \ne \theta$, se tiene $B^T v \ne \theta$ y:

$$v^T A v = v^T (BB^T) v = (B^T v)^T (B^T v) = \|B^T v\|_2^2 > 0,$$

lo que prueba que A es definida positiva.   □

Observación 6.1. La condición *ii)* se conoce con el nombre de *criterio de Sylvester* para probar que una matriz simétrica es definida positiva.   □

Observación 6.2 (Factorización de Cholesky de una matriz compleja). La demostración que hemos hecho de la existencia de la factorización de Cholesky para matrices reales, simétricas y definidas positivas, no es aplicable a matrices complejas, hermitianas y definidas positivas. Sin embargo, una demostración constructiva por recurrencia es posible para demostrar el siguiente resultado.   □

Teorema 6.2. *Una matriz A cuadrada de orden $n \times n$ es hermitiana y definida positiva si y solamente si existe una única matriz B triangular inferior con elementos diagonales reales $b_{ii} > 0, 1 \le i \le n$, tal que $A = BB^*$. Además si A es real entonces B también lo es.*

Observación 6.3 (Aplicación al cálculo del determinante). Para una matriz A simétrica y definida positiva, la factorización de Cholesky proporciona un método de cálculo del determinante de la matriz A puesto que se tiene:

$$\det(A) = \det(BB^T) = [\det(B)]^2 = b_{11}^2 b_{22}^2 \cdots b_{nn}^2.$$ □

6.1.2 Cálculo de la factorización

Se trata de determinar $b_{ij}, 1 \leq j \leq i \leq n$, con $b_{ii} > 0$ tales que

$$
\begin{pmatrix}
a_{11} & a_{21} & \cdots & a_{n1} \\
a_{21} & a_{22} & \cdots & a_{n2} \\
\vdots & \vdots & \ddots & \vdots \\
a_{n1} & a_{n2} & \cdots & a_{nn}
\end{pmatrix}
=
\begin{pmatrix}
b_{11} & & & \\
b_{21} & b_{22} & & \\
\vdots & \vdots & \ddots & \\
b_{n1} & b_{n2} & \cdots & b_{nn}
\end{pmatrix}
\begin{pmatrix}
b_{11} & b_{21} & \cdots & b_{n1} \\
& b_{22} & \cdots & b_{n2} \\
& & \ddots & \vdots \\
& & & b_{nn}
\end{pmatrix}.
$$

Teniendo en cuenta que A es simétrica y B triangular inferior la igualdad $A = BB^T$ equivale a:

$$
a_{ik} = \sum_{j=1}^{k} b_{ij}b_{kj}, \quad 1 \leq k \leq i \leq n,
$$

lo que nos va a permitir el cálculo de la matriz B columna a columna o fila a fila.

Cálculo de B por columnas

Tomando $k = 1$ se tiene:

$$
a_{11} = b_{11}^2; \quad a_{i1} = b_{i1}b_{11}, \quad i = 2, 3, \ldots, n,
$$

lo que permite determinar la *primera columna*:

$$
b_{11} = \sqrt{a_{11}}; \quad b_{i1} = \frac{a_{i1}}{b_{11}}, \quad i = 2, 3, \ldots, n.
$$

Supongamos calculadas las columnas $1, 2, \ldots, k-1$ de B y tratamos de calcular la columna k-ésima. De la fórmula general tendremos:

$$
a_{kk} = \sum_{j=1}^{k} b_{kj}^2 = b_{kk}^2 + \sum_{j=1}^{k-1} b_{kj}^2,
$$

$$
a_{ik} = \sum_{j=1}^{k} b_{ij}b_{kj} = b_{ik}b_{kk} + \sum_{j=1}^{k-1} b_{ij}b_{kj}, \quad i = k+1, \ldots, n,
$$

lo que nos permite obtener la *columna k-ésima de B* $(2 \leq k \leq n)$:

$$
b_{kk} = \left(a_{kk} - \sum_{j=1}^{k-1} b_{kj}^2 \right)^{1/2},
$$

$$
b_{ik} = \left(a_{ik} - \sum_{j=1}^{k-1} b_{ij}b_{kj} \right) /b_{kk}, \quad i = k+1, \ldots, n.
$$

En resumen, nos quedaría el siguiente algoritmo de *cálculo de B por columnas*:

$$b_{11} = \sqrt{a_{11}},$$

$$b_{i1} = \frac{a_{i1}}{b_{11}}, \quad i = 2, 3, \ldots, n,$$

$$\left. \begin{array}{l} b_{kk} = \left(a_{kk} - \displaystyle\sum_{j=1}^{k-1} b_{kj}^2 \right)^{1/2}, \\[3em] b_{ik} = \left(a_{ik} - \displaystyle\sum_{j=1}^{k-1} b_{ij}b_{kj} \right) / b_{kk}, \quad i = k+1, \ldots, n. \end{array} \right\} \quad k = 2, 3, \ldots, n.$$

Cálculo de B por filas

Observemos en las fórmulas anteriores el hecho relevante de que en el cálculo del elemento b_{ik} intervienen, además de a_{ik}, únicamente los elementos ya calculados de la fila i-ésima y de la k-ésima de la matriz B, como se intenta reflejar en la matriz siguiente:

$$\begin{pmatrix} \times & & & & & & \\ \times & \times & & & & & \\ \vdots & & \ddots & & & & \\ b_{k1} & \cdots & b_{k,k-1} & b_{kk} & & & \\ \vdots & \ddots & \vdots & \vdots & \ddots & & \\ b_{i1} & \cdots & b_{i,k-1} & \boldsymbol{b_{ik}} & \cdots & \times & \\ \vdots & \ddots & \vdots & \vdots & \ddots & \vdots & \ddots \\ \times & \cdots & \times & \times & \cdots & \times & \cdots & \times \end{pmatrix}$$

Esta propiedad tiene dos consecuencias importantes. Por una parte, vemos que un elemento a_{ik}, $1 \le k \le i$, de la matriz A, interviene tan solo para el cálculo del elemento b_{ik} de la matriz B y ya no se vuelve a necesitar, lo que nos *permite almacenar los elementos de la matriz B en las correspondientes posiciones de la matriz A* (siempre que no la necesitemos para otros cálculos). Por otra, nos permite realizar un cambio de orden en el cálculo de los elementos de B y obtenerlos fila a fila:

$$\left. \begin{array}{l} b_{11} = \sqrt{a_{11}}, \\[1em] b_{i1} = \dfrac{a_{i1}}{b_{11}}, \\[1.5em] b_{ik} = \left(a_{ik} - \displaystyle\sum_{j=1}^{k-1} b_{ij}b_{kj} \right) / b_{kk}, \quad k = 2, \ldots, i-1, \\[3em] b_{ii} = \left(a_{ii} - \displaystyle\sum_{j=1}^{i-1} b_{ij}^2 \right)^{1/2}, \end{array} \right\} \quad i = 2, 3, \ldots, n.$$

Observación 6.4. Si la matriz A es simétrica y definida positiva, la existencia y unicidad de la matriz B con elementos diagonales $b_{kk} > 0, 1 \leq k \leq n$, garantiza que las operaciones precedentes deben poder llevarse a cabo, es decir, que se encontrará en todos los pasos:

$$a_{kk} - \sum_{j=1}^{k-1} b_{kj}^2 > 0, \quad 1 \leq k \leq n.$$

Por el contrario, si A no es definida positiva la matriz B no existe y, por tanto, el cálculo anterior debe fallar en algún momento, es decir:

$$a_{kk} - \sum_{j=1}^{k-1} b_{kj}^2 \leq 0, \text{ para algún } k \in \{1, 2, \ldots, n\}.$$

En consecuencia, *el cálculo de B es un algoritmo válido para comprobar si una matriz simétrica es definida positiva o no.* □

Observación 6.5 (Número de factorizaciones de Cholesky de una matriz). Si la condición $b_{kk} > 0$, $1 \leq k \leq n$, es eliminada, el razonamiento anterior para calcular la matriz B sigue siendo válido, pero se tendrían dos posibilidades de elección para cada elemento diagonal:

$$b_{11} = \pm\sqrt{a_{11}}; \, b_{kk} = \pm \left(a_{kk} - \sum_{j=1}^{k-1} b_{kj}^2 \right)^{1/2}, \quad k = 2, 3, \ldots, n.$$

Así pues, podemos afirmar que *toda matriz simétrica y definida positiva admite 2^n factorizaciones de Cholesky $A = BB^T$, con B matriz triangular inferior.* □

6.2 Método de Cholesky

El método de Cholesky es un método de factorización para resolver sistemas lineales $Au = c$ con matriz A *simétrica y definida positiva*. Se basa en:

i) Calcular la factorización de Cholesky de la matriz $A = BB^T$, con $b_{ii} > 0, 1 \leq i \leq n$, utilizando las fórmulas estudiadas en el apartado anterior.

ii) Resolver los dos sistemas triangulares $Bw = c$ y $B^T u = w$, por el método de sustitución progresiva (descenso) y sustitución regresiva (remonte), respectivamente:

$$w_1 = c_1/b_{11}; \, w_i = \left(c_i - \sum_{k=1}^{i-1} b_{ik} w_k \right) /b_{ii}, \quad i = 2, \ldots, n,$$

$$u_n = w_n/b_{nn}; \, u_i = \left(w_i - \sum_{k=i+1}^{n} b_{ki} u_k \right) /b_{ii}, \quad i = n-1, n-2, \ldots, 2, 1.$$

Número de operaciones elementales

Hacemos el recuento con las fórmulas de cálculo de B por columnas. Obviamente el número de operaciones es el mismo si lo hacemos por filas (véase la tabla 6.1).

- Etapa del cálculo de la matriz de Cholesky B

  - n raíces cuadradas,

  $$-\sum_{k=1}^{n}(n-k) = \sum_{k=1}^{n-1}k = \frac{1}{2}n(n-1) \text{ divisiones,}$$

  $$-\sum_{k=2}^{n}[(k-1)(n-k+1)] = \sum_{k=1}^{n-1}[k(n-k)] = \frac{1}{6}n(n^2-1) \text{ multiplicaciones,}$$

  $$-\sum_{k=2}^{n}[(k-1)(n-k+1)] = \sum_{k=1}^{n-1}[k(n-k)] = \frac{1}{6}n(n^2-1) \text{ sumas.}$$

- Etapa de sustitución en los 2 sistemas $Bw = c$, $B^T u = w$

  - $2n$ divisiones, $n(n-1)$ multiplicaciones, $n(n-1)$ sumas.

Raíces cuadradas	n
Divisiones	$\frac{1}{2}n(n^2+3)$
Multiplicaciones	$\frac{1}{6}(n^3+6n^2-7n)$
Sumas	$\frac{1}{6}(n^3+6n^2-7n)$
TOTAL	$\frac{1}{6}(2n^3+15n^2+n)$

Tabla 6.1: Número de operaciones elementales del método de Cholesky.

Observación 6.6. Es muy importante destacar que el número total de operaciones del método de Cholesky es del orden $O(\frac{1}{3}n^3)$, o sea, la mitad de las que se necesitan para el método de Gauss o el método de factorización LU. Por tanto, si la matriz del sistema es simétrica y definida positiva, el método de Cholesky ofrece una considerable ventaja frente al método de Gauss, sobre todo para valores muy grandes de n.   □

Algoritmo 6.1 Factorización de Cholesky $A = BB^T$, A simétrica def. pos.

procedure CHOL$(n, a, deter) \rightarrow a, deter$	$\triangleright$ B, $\det(A)$ - Sobrescribe A
input $n, a = (a_{ij})$	$\triangleright$ Cálculo por columnas

    if $a_{11} < 10^{-10}$ **then**

        Alerta: Quizá A no sea definida positiva

    end if

    $a_{11} \leftarrow \sqrt{a_{11}}$ $\triangleright$ Primera columna de B

    for $i = 2, \ldots, n$ **do**

        $a_{i1} \leftarrow a_{i1}/a_{11}$

        $a_{1i} \leftarrow 0.$ $\triangleright$ Opcional

    end for

    for $k = 2, \ldots, n$ **do** $\triangleright$ Columna k de B

        for $j = 1, \ldots, k-1$ **do** $\triangleright$ b_{kk}

            $a_{kk} \leftarrow a_{kk} - a_{kj}^2$

        end for

        if $a_{kk} < 10^{-10}$ **then**

            Alerta: Quizá A no sea definida positiva

        end if

        $a_{kk} \leftarrow \sqrt{a_{kk}}$

        for $i = k+1, \ldots, n$ **do** $\triangleright$ b_{ik}

            for $j = 1, \ldots, k-1$ **do**

                $a_{ik} \leftarrow a_{ik} - a_{ij}a_{kj}$

            end for

            $a_{ik} \leftarrow a_{ik}/a_{kk}$

            $a_{ki} \leftarrow 0.$ $\triangleright$ Opcional

        end for

    end for

    $deter \leftarrow \prod_{i=1}^{n} a_{ii}^2$

    return $a = (a_{ij}), deter$ $\triangleright$ Matriz de Cholesky B, $\det(A)$

end procedure

Bases de codificación

Con las fórmulas y observaciones anteriores se propone el algoritmo 6.1 para el cálculo de la factorización y el algoritmo 6.2 para la resolución de un sistema lineal $Au = c$ con matriz A simétrica y definida positiva. Utilizamos almacenamiento normal, pero, teniendo en cuenta que la matriz es simétrica, lo recomendable en grandes sistemas es utilizar almacenamiento perfil para la matriz simétrica A y la triangular B. Se observará que, *por claridad, se ponen a cero los elementos superdiagonales de la matriz B, pero, en la práctica, es innecesario pues son elementos que no se utilizan nunca.*

Algoritmo 6.2 Método de Cholesky para $Au = c$, A sim. def. pos.

procedure P_CHOL	▷ Resuelve $Au = BB^Tu = c$ - Calcula $\det(A)$
input $n, a = (a_{ij}), c = (c_i)$	▷ Sobrescribe A
$a, deter \leftarrow$ CHOL$(n, a, deter)$	▷ Factorización $A = BB^T$
$w \leftarrow$ SISTL(n, a, c, w)	▷ Descenso: $Bw = c$
$u \leftarrow$ SISTU$(n, transpose(a), w, u)$	▷ Remonte: $B^Tu = w$
output $a = (a_{ij}), u = (u_i), deter$	▷ B,u,$\det(A)$
end procedure	

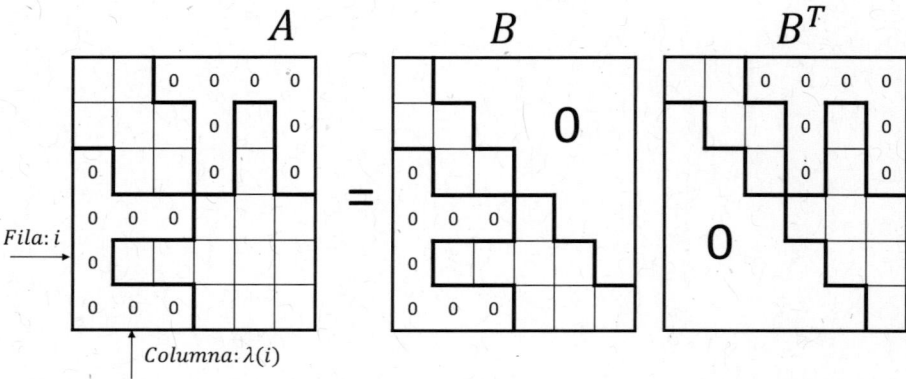

Figura 6.1: Conservación del perfil en la factorización de Cholesky.

6.3   Conservación del perfil en la matriz de Cholesky

La factorización de Cholesky, igual que la LU, conserva el perfil inferior de la matriz A (figura 6.1) tal como ponemos de manifiesto en la siguiente proposición.

Proposición 6.1 (Conservación del perfil en la matriz de Cholesky). *Sea A una matriz simétrica y definida positiva de orden n y sea $\lambda(i) = \min\{j : a_{ij} \neq 0, 1 \leq j \leq i\}$, $1 \leq i \leq n$, de tal modo que:*

$$a_{i1} = a_{i2} = \cdots = a_{i,\lambda(i)-1} = 0, \ a_{i\lambda(i)} \neq 0, \ 1 \leq i \leq n.$$

Entonces, la matriz B de Cholesky, triangular inferior, tal que $A = BB^T$ también verifica:

$$b_{i1} = b_{i2} = \cdots = b_{i,\lambda(i)-1} = 0, \ b_{i\lambda(i)} \neq 0, \ 1 \leq i \leq n.$$

Demostración. La demostración se hace por inducción utilizando las fórmulas del cálculo de B por filas. Se tendrá:

$$b_{i1} = a_{i1}/b_{11} = 0.$$

Supongamos, como hipótesis de inducción, que $b_{i1} = \cdots = b_{i,k-1} = 0$, $2 \leq k \leq \lambda(i) - 2$. Entonces:

$$b_{ik} = \left(a_{ik} - \sum_{j=1}^{k-1} b_{ij}b_{kj} \right) /b_{kk} = 0. \qquad \square$$

Como consecuencia de la proposición anterior podemos modificar las fórmulas de cálculo de B utilizando solo los elementos del perfil: $\{a_{ij} : \lambda(i) \leq j \leq i, 1 \leq i \leq n\}$. Se tendrá:

$$b_{i\lambda(i)} = \left(a_{i\lambda(i)} - \sum_{j=1}^{\lambda(i)-1} b_{ij}b_{\lambda(i)j} \right) /b_{\lambda(i)\lambda(i)} = a_{i\lambda(i)}/b_{\lambda(i)\lambda(i)},$$

y para $k = \lambda(i) + 1, \ldots, i - 1$:

$$b_{ik} = \left(a_{ik} - \sum_{j=1}^{k-1} b_{ij}b_{kj} \right) /b_{kk} = \left(a_{ik} - \sum_{j=\max\{\lambda(i),\lambda(k)\}}^{k-1} b_{ij}b_{kj} \right) /b_{kk}.$$

Finalmente, para el elemento diagonal:

$$b_{ii} = \left(a_{ii} - \sum_{j=1}^{i-1} b_{ij}^2 \right)^{1/2} = \left(a_{ii} - \sum_{j=\lambda(i)}^{i-1} b_{ij}^2 \right)^{1/2}.$$

En resumen, se tienen las siguientes *fórmulas de factorización de Cholesky recomendables cuando A y B se almacenan en forma perfil:*

$b_{11} = \sqrt{a_{11}}$. Para $i = 2, 3, \ldots, n$:

$$b_{i\lambda(i)} = \frac{a_{i\lambda(i)}}{b_{\lambda(i)\lambda(i)}}, \quad (\text{si } \lambda(i) < i),$$

$$b_{ik} = \left(a_{ik} - \sum_{j=\max\{\lambda(i),\lambda(k)\}}^{k-1} b_{ij}b_{kj} \right) /b_{kk}, \; k = \lambda(i) + 1, \ldots i - 1,$$

$$b_{ii} = \left(a_{ii} - \sum_{j=\lambda(i)}^{i-1} b_{ij}^2 \right)^{1/2}.$$

Observación 6.7. Es importante recordar que en la factorización de Cholesky también se produce el efecto «relleno», es decir, que si $a_{ij} = 0$, para algún j tal que $\lambda(i) < j \leq i - 1$, en general, se tendrá $b_{ij} \neq 0$. $\qquad \square$

Las fórmulas anteriores deben completarse con las *fórmulas del descenso y remonte para B en forma perfil (se supone $Au = BB^T u = c$):*

$$w_1 = c_1/b_{11}; \; w_i = (c_i - \sum_{k=\lambda(i)}^{i-1} b_{ik}w_k)/b_{ii}, \quad i = 2, \ldots, n,$$

$$u_n = w_n/b_{nn}; \; u_i = (w_i - \sum_{k=i+1, \lambda(k)\leq i}^{n} b_{ki}u_k)/b_{ii}, \quad i = n - 1, n - 2, \ldots, 2, 1.$$

6.4 Método de Cholesky para sistemas tridiagonales

Una aplicación especialmente importante de la factorización de Cholesky en forma perfil es la resolución de sistemas lineales con matriz tridiagonal simétrica y definida positiva, muy habituales en la práctica, sobre todo en la aplicación de métodos de discretización en la resolución de ecuaciones diferenciales ordinarias. La conservación del perfil, en este caso nos asegura que A y B tendrán, respectivamente, la forma siguiente:

$$A = \begin{pmatrix} a_1 & b_1 & & & & & \\ b_1 & a_2 & b_2 & & & & \\ & \ddots & \ddots & \ddots & & & \\ & & b_{i-1} & a_i & b_i & & \\ & & & \ddots & \ddots & \ddots & \\ & & & & b_{n-2} & a_{n-1} & b_{n-1} \\ & & & & & b_{n-1} & a_n \end{pmatrix} \tag{6.1}$$

$$B = \begin{pmatrix} x_1 & & & & & & \\ y_1 & x_2 & & & & & \\ & \ddots & \ddots & & & & \\ & & y_{i-1} & x_i & & & \\ & & & \ddots & \ddots & & \\ & & & & y_{n-2} & x_{n-1} & \\ & & & & & y_{n-1} & x_n \end{pmatrix}$$

El cálculo de B se puede hacer siguiendo las fórmulas dadas arriba, teniendo en cuenta que en este caso $\lambda(1) = 1$, $\lambda(i) = i-1$, $i = 2, 3, \ldots, n$, pero resulta más fácil deducirlas directamente. El razonamiento es análogo al caso general. De la igualdad $A = BB^T$ se deduce para la primera fila de B:

$$a_1 = x_1^2 \quad : \quad x_1 = \sqrt{a_1}.$$

Supongamos calculados las filas $2, \ldots, i-1$, es decir, los elementos y_1, x_2, ..., y_{i-2}, x_{i-1}. Entonces, calculamos la fila i de B:

$$\left. \begin{array}{ll} b_{i-1} = x_{i-1}y_{i-1}, & y_{i-1} = b_{i-1}/x_{i-1}. \\ a_i = y_{i-1}^2 + x_i^2, & x_i = \sqrt{a_i - y_{i-1}^2}, \end{array} \right\} \quad i = 2, 3, \ldots, n.$$

Para resolver el sistema lineal $Au = c$, tenemos que resolver los dos sistemas lineales triangulares $Bw = c$ y $B^T u = w$. El sistema $Bw = c$ se escribe de la forma siguiente:

$$x_1 w_1 = c_1; \; y_{i-1}w_{i-1} + x_i w_i = c_i, \; i = 2, 3, \ldots, n.$$

Por tanto, el descenso nos da:

$$w_1 = c_1/w_1; \; w_i = (c_i - y_{i-1}w_{i-1})/x_i, \; i = 2, 3, \ldots, n.$$

De la misma manera el sistema triangular superior $B^T u = w$ se escribe:

$$x_i u_i + y_i u_{i+1} = w_i, \, i = 2, 3, \ldots, n-1; \, x_n u_n = w_n.$$

Por el método de remonte obtenemos:

$$u_n = w_n/x_n; \, u_i = (w_i - y_i u_{i+1})/x_i, \, i = n-1, n-2, \ldots, 1.$$

Resumimos entonces las fórmulas para el *método de Cholesky para matrices tridiagonales simétricas y definidas positivas*

- $x_1 = \sqrt{a_1}; \quad y_{i-1} = b_{i-1}/x_{i-1}, \quad x_i = \sqrt{a_i - y_{i-1}^2}, \quad i = 2, 3, \ldots, n.$

- $w_1 = c_1/x_1; \quad w_i = (c_i - y_{i-1} w_{i-1})/x_i, \quad i = 2, 3, \ldots, n.$

- $u_n = w_n/x_n; \quad u_i = (w_i - y_i u_{i+1})/x_i, \quad i = n-1, n-2, \ldots, 1.$

Terminamos dando una breve idea sobre el *pseudocódigo* para implementar el método en este caso (algoritmo 6.3). Se recuerda que es posible almacenar los vectores x e y en las posiciones respectivas de a y b y que las soluciones w y u se pueden almacenar en c. Haciéndolo así, el uso de memoria es mínimo: $3n - 1$ posiciones.

Algoritmo 6.3 Método de Cholesky para $Au = c$, A trid. sim. def. pos.

---

procedure P_CHOL3D $\qquad\qquad$ ▷ Sobrescribe diagonales a, b y s.m. c
$\quad$ **input** $n, a = (a_i)_{i=1}^n, b = (b_i)_{i=1}^{n-1}, c = (c_i)_{i=1}^n$
$\quad$ $a_1 \leftarrow \sqrt{a_1}$ $\qquad\qquad\qquad\qquad\qquad\qquad$ ▷ Factorización
$\quad$ **for** $i = 2, \ldots, n$ **do**
$\quad\quad$ $b_{i-1} \leftarrow b_{i-1}/a_{i-1}$
$\quad\quad$ $a_i \leftarrow \sqrt{a_i - b_{i-1}^2}$
$\quad$ **end for**
$\quad$ $c_1 \leftarrow c_1/a_1$ $\qquad\qquad\qquad\qquad\qquad\qquad$ ▷ Descenso
$\quad$ **for** $i = 2, \ldots, n$ **do**
$\quad\quad$ $c_i \leftarrow (c_i - b_{i-1} c_{i-1})/a_i$
$\quad$ **end for**
$\quad$ $c_n \leftarrow c_n/a_n$ $\qquad\qquad\qquad\qquad\qquad\qquad$ ▷ Remonte
$\quad$ **for** $i = n-1, n-2, \ldots, 1$ **do**
$\quad\quad$ $c_i \leftarrow (c_i - b_i c_{i+1})/a_i$
$\quad$ **end for**
$\quad$ **output** $c = (c_i)$
end procedure

6.5   Ejercicios

EJERCICIO 6.1. Comprobar si la siguiente matriz es definida positiva, utilizando las fórmulas de la factorización de Cholesky:

$$A = \begin{pmatrix} 4 & 1 & 0 & 0 \\ 1 & 4 & 1 & 0 \\ 0 & 1 & 4 & 1 \\ 0 & 0 & 1 & 4 \end{pmatrix}.$$

EJERCICIO 6.2. Utilizando la factorización de Cholesky, establecer condiciones sobre el parámetro a para que la siguiente matriz sea definida positiva:

$$A = \begin{pmatrix} 2 & a & a \\ a & 2 & 0 \\ a & 0 & 2 \end{pmatrix}.$$

EJERCICIO 6.3. Sea la matriz tridiagonal simétrica:

$$A = \begin{pmatrix} \alpha & -1 & 0 & 0 \\ -1 & \alpha & -1 & 0 \\ 0 & -1 & \alpha & -1 \\ 0 & 0 & -1 & \alpha \end{pmatrix}.$$

Calcular su factorización de Cholesky, obteniendo al mismo tiempo las condiciones sobre α para que A sea definida positiva. Utilizando dicha factorización, resolver el sistema $Au = b$ para $\alpha = 2$ y $b = (-3, 5, -7, 6)^T$.

EJERCICIO 6.4. Sea $A = (a_{ij})$ la matriz tridiagonal simétrica de orden n tal que:

$$a_{ii} = i, \, i = 1, 2, \ldots, n; \qquad a_{i+1,i} = \sqrt{i}, \, i = 1, 2, \ldots, n-1.$$

Si es posible, calcular su factorización de Cholesky, deducir si es definida positiva y calcular $\det(A)$ y $\det(A^{-1})$.

EJERCICIO 6.5. *Programa de Cholesky: caso general.* Guiándose por los códigos 6.1 y 6.2 escribir los procedimientos `chol(n,a,deter)` y `p_chol` para efectuar la factorización de Cholesky $A = BB^T$, en caso de existir, de una matriz simétrica A de orden n, calcular su determinante y resolver un sistema lineal $Au = b$ por el método de factorización: $Bw = c$ y $B^T u = w$. Validar el programa con sistemas lineales de solución conocida (p. ej. los de los ejercicios anteriores) e incluir el cálculo de una norma del residuo $\|Au - b\|$ para comprobar si es próxima a cero.

EJERCICIO 6.6. *Programa de Cholesky: almacenamiento perfil.* Se trata de reprogramar el método de Cholesky del ejercicio 6.5 utilizando un almacenamiento perfil para la parte inferior de la matriz A (simétrica). Por tanto, se trata de escribir los procedimientos `cholperf(n,z,deter) p_cholperf` para efectuar la factorización, calcular el determinante de A y resolver los dos sistemas triangulares $Bw = b$ y $B^T u = w$, utilizando `sistlperf` y `sistuperf`. Inicialmente, no se distinguirán los elementos nulos de los no nulos de modo que la matriz se considera llena (el vector z tiene longitud $n(n+1)/2$). Comprobar los resultados comparándolos con los que obtienes con el programa del ejercicio 6.5.

EJERCICIO 6.7. Realizar una versión `cholperfh(n,z,lambda,b,u)` del programa del ejercicio anterior con almacenamiento en perfil hueco, guiándose por las fórmulas de la sección 6.3.

EJERCICIO 6.8. *Programa de Cholesky: A tridiagonal simétrica.* Utilizar el código 6.3 para escribir el programa `chol3d(n,a,b,c)` para resolver, por el método de factorización de Cholesky, un sistema $Au = c$ donde A es una matriz tridiagonal simétrica de la forma (6.1). Validar el código con sistemas lineales de solución conocida. También se puede probar con la matriz del ejercicio 6.4.

EJERCICIO 6.9. Se considera una matriz, de la forma:

$$
A = \begin{pmatrix}
\alpha_1 & 0 & 0 & \dots & 0 & \beta_1 \\
0 & \alpha_2 & 0 & 0 & \dots & \beta_2 \\
0 & 0 & \alpha_3 & 0 & \dots & \beta_3 \\
\dots & \dots & \dots & \dots & \dots & \dots \\
0 & \dots & 0 & 0 & \alpha_n & \beta_n \\
\beta_1 & \beta_2 & \dots & \beta_{n-1} & \beta_n & \alpha_{n+1}
\end{pmatrix}.
$$

Teniendo en cuenta la conservación del perfil, deducir las fórmulas para el cálculo de su factorización de Cholesky y, al mismo tiempo, las condiciones para que A sea definida positiva. Escribir un procedimiento `p_chol_alfabeta(n,alfa,beta,b,u)` para resolver un sistema lineal $Au = b$, utilizando las fórmulas deducidas. Probar con ejemplos sencillos de solución conocida.

EJERCICIO 6.10. *Cholesky con Matlab.* Practicar las siguientes órdenes de Matlab para calcular la factorización de Cholesky de A y resolver el sistema $Au = b$: `R=chol(A),B=R'` o `B=chol(A,'lower'), u=B'\(B\b)`.

EJERCICIO 6.11. *Comparación de Gauss con pivote $(PA = LU)$ y Cholesky $(A = BB^T)$.* Escribir el programa Matlab `p_palu_chol.m` que:

i) Para $n = 50, 100, 150, \dots, 1\,500$, define una matriz aleatoria, simétrica y definida positiva, de orden $n \times n$ y el vector $b = (1, 1, \dots, 1)^T$. *Comprobar y explicar que se puede utilizar el siguiente código:* `A=rand(n,n); A=A*A'+eye(n); b=ones(n,1)`.

ii) Resuelve el sistema $Au = b$ por el método de factorización $PA = LU$ y por el método de Cholesky calculando los tiempos de cálculo respectivos. t_{lu} y t_{chol}.

iii) Representa gráficamente, con la orden `plot`, las curvas $n - t_{lu}$ y $n - t_{chol}$.

7

Eliminación de Householder y factorización $A=QR$

Toda matriz real A admite al menos una *factorización* $A = QR$, donde Q es una matriz ortogonal y R una matriz triangular superior. La historia de este importante resultado es muy larga y en ella destacan nombres como Carl Gustav Jacob Jacobi (1804–1851), J. P. Gram, E. Schmidt o Givens, que trataban de calcular las matrices Q y R mediante transformaciones ortogonales (véase BREZINSKI–MEURANT–REDIVO-ZAGLIA [2023, sec. 4.2]).

El mérito de Householder fue proponer en 1958 —véase HOUSEHOLDER [1958,1964]— las transformaciones con matrices ortogonales de la forma $H = I - 2vv^T$, $v \in \mathbb{R}^n$, $\|v\|_2 = 1$, llamadas *matrices elementales de Householder o reflexiones de Householder*, que llevan su nombre a pesar de que ya habían sido introducidas en 1951 por William Feller (1906–1970) and G. M. Forsythe. Su método alcanzó gran popularidad, sobre todo por su estabilidad numérica y facilidad de implementación (véase WILKINSON [1965b]).

Cuando se aplica a la resolución de sistemas lineales $Au = b$, el método de eliminación de Householder equivale a calcular la matriz $R = Q^T A$ y el vector $c = Q^T b$ (¡sin conocer Q!) por un proceso de eliminación similar a la eliminación gaussiana. Existe también la posibilidad de calcular la matriz Q, en cuyo caso se puede ver como un método de factorización: calcular las matrices $R = Q^T A$ y el vector $c = Q^T b$ (conociendo Q). En ambos casos la solución se obtiene resolviendo el sistema triangular $Ru = c$.

En este capítulo describimos y codificamos ambos métodos siguiendo las referencias siguientes: STOER–BULIRSCH [1980], CIARLET [1989] y ALLAIRE–KABER [2008].

7.1   Idea general

El método de Householder para resolver un sistema lineal $Au = b$ consiste en:

i) Transformar el sistema lineal $Au = b$ en otro equivalente de la forma $Ru = c$ donde R es una matriz *triangular superior* tal que

$$R = Q^T A, \quad c = Q^T b,$$

siendo Q una matriz *ortogonal*.

ii) Resolver por *sustitución regresiva* el sistema triangular superior $Ru = c$.

Puesto que Q es una matriz ortogonal se tiene $A = QR$, lo que da lugar a una interpretación matricial muy interesante: *cualquier matriz A admite una factorización $A = QR$, donde Q es una matriz ortogonal y R una matriz triangular superior.*

La transformación de A en R y de b en c se realizará en $(n-1)$ etapas. La etapa k es equivalente a multiplicar a la izquierda por una *matriz elemental de Householder H_k*, cuya definición y propiedades estudiamos en la sección siguiente. Se trata de matrices simétricas y ortogonales ($H_k^T = H_k = H_k^{-1}$) y $\det(H_k) = -1$. Por tanto:

$$R = H_{n-1}H_{n-2}\cdots H_2 H_1 A, \quad c = H_{n-1}H_{n-2}\cdots H_2 H_1 b,$$

Así, poniendo

$$Q := H_1 H_2 \cdots H_{n-1},$$

se tiene que Q es ortogonal, $R = Q^T A$, o sea, $A = QR$ y $\det(A) = (-1)^{n-1}\det(R)$.

7.2   Matrices elementales de Householder

Definición 7.1. *Para cualquier vector $v \in \mathbb{R}^n$ con $\| v \|_2 = (v^T v)^{\frac{1}{2}} = 1$, se define la matriz elemental de Householder asociada a v de la forma siguiente:*

$$H(v) = I - 2vv^T.$$

Observación 7.1. En muchos textos se define la matriz de Householder asociada a cualquier vector $v \in \mathbb{R}^n$, no necesariamente unitario, como la matriz asociada al vector unitario $v/\| v \|_2$, es decir:

$$H(v) = I - 2\frac{vv^T}{v^T v}. \qquad \square$$

Proposición 7.1. *Las matrices elementales de Householder son* simétricas, ortogonales *y con* $\det[H(v)] = -1$.

Demostración. En efecto:

$$
\begin{aligned}
[H(v)]^T &= I - 2(vv^T)^T = I - 2vv^T = H(v). \\
[H(v)]^T [H(v)] &= [H(v)][H(v)] = \\
&= I - 4vv^T + 4v(v^T v)v^T = I - 4vv^T + 4vv^T = I.
\end{aligned}
$$

Para probar que $\det[H(v)] = -1$, probaremos que $\lambda = 1$ es un valor propio de multiplicidad geométrica y algebraica $n - 1$ y que $\lambda = -1$ es un valor propio simple. Por tanto, $\det[H(v)] = (-1)1^{n-1} = -1$.

i) Sea $\langle v \rangle^{\perp}$ el subespacio ortogonal a v:

$$\langle v \rangle^{\perp} := \{w \in \mathbb{R}^n : v^T w = 0\}.$$

De la conocida identidad algebraica $\mathbb{R}^n = \langle v \rangle^{\perp} \oplus \langle v \rangle$ se deduce que la dimensión de $\langle v \rangle^{\perp}$ es $n - 1$. Vemos a continuación que $\lambda = 1$ es valor propio de $H(v)$ y que $\langle v \rangle^{\perp}$ es el subespacio de sus vectores propios. En efecto, para todo $p \in \langle v \rangle^{\perp}$ se tiene:

$$[H(v)]p = p - 2(vv^T)p = p - 2v(v^T p) = p.$$

ii) De la siguiente igualdad se deduce que $\lambda = -1$ es valor propio y v su vector propio asociado. Su multiplicidad solo puede ser 1.

$$[H(v)]v = v - 2(vv^T)v = v - 2v(v^T v) = -v. \qquad \Box$$

Observación 7.2. Una forma alternativa de probar que $\det[H(v)] = -1$ es utilizar la siguiente propiedad para cualesquiera vectores $x, y \in \mathbb{R}^n$, pues bastaría tomar $x = -2v$ e $y = v$:

$$\det(I + xy^T) = 1 + x^T y.$$

Esta propiedad resulta de tomar determinantes en la siguiente identidad de matrices $(n + 1) \times (n + 1)$ donde I es la matriz identidad de orden n y θ el vector nulo de $\mathbb{R}^n$:

$$\begin{pmatrix} 1 & -y^T \\ x & I \end{pmatrix} = \begin{pmatrix} 1 & \theta^T \\ x & I \end{pmatrix} \begin{pmatrix} 1 & -y^T \\ \theta & I + xy^T \end{pmatrix}$$

$$= \begin{pmatrix} 1 + x^T y & -y^T \\ \theta & I \end{pmatrix} \begin{pmatrix} 1 & \theta^T \\ x & I \end{pmatrix}.$$

La igualdad anterior prueba al mismo tiempo que:

$$\det \begin{pmatrix} 1 & -y^T \\ x & I \end{pmatrix} = 1 + x^T y,$$

que también se prueba desarrollando el determinante por la primera columna. $\qquad \Box$

El interés de las matrices elementales de Householder deriva de la siguiente propiedad. Sea $x \in \mathbb{R}^n$ un vector arbitrario. Entonces:

$$[H(v)]x = x - 2(vv^T)x = x - 2(v^T x)v,$$

y además:

$$\| [H(v)]x \|_2^2 = x^T [H(v)]^T [H(v)]x = x^T x = \| x \|_2^2.$$

Por tanto, resulta muy sencillo multiplicar una matriz elemental de Householder por un vector (basta con $2n + 1$ multiplicaciones y $2n - 1$ sumas). Además, el vector $[H(v)]x$ tiene la misma norma euclídea que x.

Observación 7.3. Geométricamente, para $x \in \mathbb{R}^n$, el vector $[H(v)]x$ es la reflexión especular del vector x con respecto al hiperplano de $\mathbb{R}^n$ ortogonal a v, $\langle v \rangle^{\perp} = \{ w \in \mathbb{R}^n : v^T w = 0 \}$ (véase, p. ej. CIARLET-MIARA-THOMAS [1995, ejercs. 4.5.1 y 4.5.2]). De esta propiedad deriva el nombre de *matrices de reflexión* aplicado a las matrices elementales de Householder.   □

Para el futuro desarrollo del método, cualquiera que sea $x = (x_1, x_2, \ldots, x_n)^T \in \mathbb{R}^n$ nos interesa *determinar $v \in \mathbb{R}^n$, $\| v \|_2 = 1$, para que la matriz de Householder elemental $H(v)$ transforme el vector x en un múltiplo del vector $e_1 = (1, 0, \ldots, 0)^T$,* es decir:

$$[H(v)]x = \alpha e_1 = (\alpha, 0, \ldots, 0)^T. \tag{7.1}$$

Se tendría, entonces:

$$| \alpha |^2 = \| [H(v)]x \|_2^2 = \| x \|_2^2$$

y se concluye que:

$$\alpha = \pm \| x \|_2 .$$

De la igualdad

$$[H(v)]x = x - 2(v^T x)v = \alpha e_1,$$

se deduce que

$$v = \frac{1}{2(v^T x)}(x - \alpha e_1),$$

o sea que v es múltiplo de $(x - \alpha e_1)$ y, como $\| v \|_2 = 1$, se concluye que v es el vector unitario siguiente:

$$v = \frac{x - \alpha e_1}{\| x - \alpha e_1 \|_2} = \frac{w}{\| w \|_2}, \qquad w := x - \alpha e_1. \tag{7.2}$$

Se tiene:

$$\begin{aligned} \| w \|_2^2 &= \| x - \alpha e_1 \|_2^2 = (x - \alpha e_1)^T (x - \alpha e_1) \\ &= x^T x - \alpha x^T e_1 - \alpha e_1^T x + \alpha^2 e_1^T e_1 \\ &= \| x \|_2^2 - 2\alpha x_1 + \alpha^2 = 2\alpha^2 - 2\alpha x_1 = 2\alpha(\alpha - x_1) = 2\beta, \end{aligned}$$

donde definimos:

$$\beta := \alpha(\alpha - x_1). \tag{7.3}$$

Para evitar errores de cancelación en el cálculo de $(\alpha - x_1)$ elegimos el signo de α en la forma:

$$\alpha = - \operatorname{sgn}(x_1) \| x \|_2 = \begin{cases} \| x \|_2, & \text{si } x_1 < 0, \\ - \| x \|_2, & \text{si } x_1 \geq 0. \end{cases} \tag{7.4}$$

Con estas definiciones la matriz de Householder, asociada a este vector v, verifica:

$$H(v) = I - 2vv^T = I - \frac{2}{\| w \|_2^2} ww^T = I - \frac{1}{\beta} ww^T. \tag{7.5}$$

De este modo las igualdades (7.1)–(7.5) dan respuesta a la cuestión planteada y que resumimos en la siguiente proposición.

Proposición 7.2. *Dado* $x \in \mathbb{R}^n$, $x \neq \theta$, *definimos:*

$$\alpha = -\operatorname{sgn}(x_1) \parallel x \parallel_2, \quad w = x - \alpha e_1, \quad \beta = \alpha(\alpha - x_1), \quad H = I - \frac{1}{\beta} w w^T.$$

Entonces H *es la matriz de Householder elemental* $H(v)$ *correspondiente al vector* $v = \dfrac{w}{\parallel w \parallel_2}$ *y verifica:*

$$Hx = [H(v)]x = \alpha e_1 = (\alpha, 0, \dots, 0)^T.$$

Cálculo de $[H(v)]z$ y $z^T[H(v)]$, $z \in \mathbb{R}^n$ arbitrario

Sea $H = H(v)$ la matriz de Householder definida en la proposición anterior. Nos interesa realizar las operaciones $[H(v)]z$ y $z^T[H(v)]$ para $z \in \mathbb{R}^n$ arbitrario, de la forma más simple posible. Tenemos:

$$
\begin{aligned}
[H(v)]z &= (I - \frac{1}{\beta} w w^T)z = z - \frac{1}{\beta} w w^T z = z - \frac{1}{\beta}(w^T z)w, \\
z^T[H(v)] &= z^T(I - \frac{1}{\beta} w w^T) = z^T - \frac{1}{\beta} z^T w w^T = z^T - \frac{1}{\beta}(z^T w)w^T,
\end{aligned}
$$

que se pueden calcular en la forma sucesiva siguiente:

$$p = \frac{1}{\beta} w^T z = \frac{1}{\beta} \sum_{i=1}^{n} w_i z_i, \quad [H(v)]z = z - pw, \quad z^T[H(v)] = z^T - pw^T. \qquad (7.6)$$

En los métodos de Householder para sistemas lineales y cálculo de valores propios es muy importante la siguiente propiedad de las matrices elementales de Householder.

Proposición 7.3. *Sea* $m \in \{2, \dots, n-1\}$ *y sea* $v \in \mathbb{R}^n$ *tal que* $v_i = 0$, $i = 1, 2, \dots, m$. *Sea* $\widetilde{v} \in \mathbb{R}^{n-m}$ *tal que* $\widetilde{v}_i = v_{m+i}$, $i = 1, \dots, n-m$, *es decir:*

$$
v = \begin{pmatrix} 0 \\ \vdots \\ 0 \\ v_{m+1} \\ \vdots \\ v_n \end{pmatrix} = \left(\frac{\theta}{\widetilde{v}} \right).
$$

Supongamos que $\parallel v \parallel_2 = 1$ *(por tanto, también* $\parallel \widetilde{v} \parallel_2 = 1$) *y sean* $H = H(v)$ *(resp.* $\widetilde{H} = H(\widetilde{v})$*) la matriz elemental de Householder de orden* $n \times n$ *asociada a* v *(resp. de orden* $(n-m) \times (n-m)$ *asociada a* $\widetilde{v}$*). Entonces, se verifica:*

$$
H(v) = \left(\begin{array}{c|c} I_m & O \\ \hline O & H(\widetilde{v}) \end{array} \right),
$$

donde I_m *denota la matriz identidad de orden* m.

Demostración. En efecto, denotando por I_k la matriz identidad de orden k y usando la definición de matriz elemental de Householder se tiene

$$H(v) = I_n - 2vv^T = \left(\begin{array}{c|c} I_m & O \\ \hline O & I_{n-m} \end{array} \right) - 2 \left(\frac{\theta}{\widetilde{v}} \right) \left(\begin{array}{c|c} \theta & \widetilde{v}^T \end{array} \right)$$

$$= \left(\begin{array}{c|c} I_m & O \\ \hline O & I_{n-m} \end{array} \right) - 2 \left(\begin{array}{c|c} O & O \\ \hline O & \widetilde{v}\widetilde{v}^T \end{array} \right)$$

$$= \left(\begin{array}{c|c} I_m & O \\ \hline O & I_{n-m} - 2\widetilde{v}\widetilde{v}^T \end{array} \right) = \left(\begin{array}{c|c} I_m & O \\ \hline O & H(\widetilde{v}) \end{array} \right). \qquad \square$$

7.3   Método de eliminación de Householder

7.3.1   Descripción: eliminación y remonte

La fase de eliminación del método de Householder para resolver el sistema lineal $Au = b$, A matriz invertible, $n \times n$, $b \in \mathbb{R}^n$, se basa en aplicar inteligentemente las proposiciones anteriores $(n-1)$ veces para transformar $A = A_1$ y $b = b^1$ en $R = A_n = H_{n-1}H_{n-2}\cdots H_2 H_1 A$ (triangular superior) y $c = b^n = H_{n-1}H_{n-2}\cdots H_2 H_1 b$ siendo $H_1, H_2, \ldots, H_n$ matrices elementales de Householder. A continuación describimos con detalle cada fase.

Etapa 1: Creación de ceros en la columna 1

Pongamos $A_1 = (a_{ij}^{(1)}) = (a_{ij}) = A$, $b^1 = (b_i^{(1)}) = (b_i) = b$. El sistema inicial se escribe entonces:

$$\begin{pmatrix} a_{11}^{(1)} & a_{12}^{(1)} & \cdots & a_{1n}^{(1)} \\ a_{21}^{(1)} & a_{22}^{(1)} & \cdots & a_{2n}^{(1)} \\ \vdots & \vdots & \ddots & \vdots \\ a_{1n}^{(1)} & a_{2n}^{(1)} & \cdots & a_{nn}^{(1)} \end{pmatrix} \begin{pmatrix} u_1 \\ u_2 \\ \vdots \\ u_n \end{pmatrix} = \begin{pmatrix} b_1^{(1)} \\ b_2^{(1)} \\ \vdots \\ b_n^{(1)} \end{pmatrix} \qquad [A_1 u = b^1].$$

Tomamos $x_1 = (a_{i1}^{(1)})_{i=1}^n \in \mathbb{R}^n$, $x_1 \neq \theta$ porque suponemos que A no es singular. Aplicando la proposición anterior definimos:

$$\alpha_1 = -\operatorname{sgn}(x_1^{(1)}) \parallel x_1 \parallel_2 = -\operatorname{sgn}(a_{11}^{(1)}) \left[\sum_{i=1}^n (a_{i1}^{(1)})^2 \right]^{1/2},$$

$$w_1 = x_1 - \alpha_1 e_1 = (a_{11}^{(1)} - \alpha_1, a_{21}^{(1)}, \ldots, a_{n1}^{(1)})^T = (w_1^{(1)}, w_2^{(1)}, \ldots, w_n^{(1)})^T,$$

$$\beta_1 = \alpha_1(\alpha_1 - x_1^{(1)}) = \alpha_1(\alpha_1 - a_{11}^{(1)}), \quad H_1 = I - \frac{1}{\beta_1} w_1 w_1^T.$$

Se tendrá que $H_1 = H(v_1)$ donde $v_1 = \dfrac{w_1}{\parallel w_1 \parallel_2}$ y además:

$$H_1 x_1 = [H(v_1)]x_1 = \alpha_1 e_1 = (\alpha_1, 0, \ldots, 0)^T.$$

Dado que x_1 es la primera columna de A_1 se tendrá que la matriz $A_2 = (a_{ij}^{(2)}) = H_1 A_1$ es de la forma siguiente:

$$\begin{pmatrix} a_{11}^{(2)} & a_{12}^{(2)} & \cdots & a_{1n}^{(2)} \\ 0 & a_{22}^{(2)} & \cdots & a_{2n}^{(2)} \\ \vdots & \vdots & \ddots & \vdots \\ 0 & a_{2n}^{(2)} & \cdots & a_{nn}^{(2)} \end{pmatrix},$$

donde

$$\begin{pmatrix} a_{1j}^{(2)} \\ a_{2j}^{(2)} \\ \vdots \\ a_{nj}^{(2)} \end{pmatrix} = H_1 \begin{pmatrix} a_{1j}^{(1)} \\ a_{2j}^{(1)} \\ \vdots \\ a_{nj}^{(1)} \end{pmatrix}, \quad j = 1, 2, \ldots, n.$$

En particular, se tiene:

$$\begin{pmatrix} a_{11}^{(2)} \\ 0 \\ \vdots \\ 0 \end{pmatrix} = H_1 \begin{pmatrix} a_{11}^{(1)} \\ a_{21}^{(1)} \\ \vdots \\ a_{n1}^{(1)} \end{pmatrix} = H_1 x_1 = \begin{pmatrix} \alpha_1 \\ 0 \\ \vdots \\ 0 \end{pmatrix}, \text{ o sea: } a_{11}^{(2)} = \alpha_1.$$

Teniendo en cuenta cómo se realiza el cálculo de $[H(v_1)]z$, para cualquier $z \in \mathbb{R}^n$ —véase (7.6)—, tomando $z = (a_{ij})_{i=1}^n$, se tendrá para $j = 1, 2, \ldots, n$:

$$\begin{pmatrix} a_{1j}^{(2)} \\ a_{2j}^{(2)} \\ \vdots \\ a_{nj}^{(2)} \end{pmatrix} = \begin{pmatrix} a_{1j}^{(1)} \\ a_{2j}^{(1)} \\ \vdots \\ a_{nj}^{(1)} \end{pmatrix} - p_j^1 \begin{pmatrix} w_1^{(1)} \\ w_2^{(1)} \\ \vdots \\ w_n^{(1)} \end{pmatrix}, \quad p_j^1 = \frac{1}{\beta_1} w_1^T z = \frac{1}{\beta_1} \sum_{i=1}^n w_i^{(1)} a_{ij}^{(1)}.$$

De igual modo:

$$b^2 = H_1 b^1 = b^1 - p^1 w_1, \quad p^1 = \frac{1}{\beta_1} w_1^T b^1 = \frac{1}{\beta_1} \sum_{i=1}^n w_i^{(1)} b_i^{(1)}.$$

En resumen, el cálculo de A_2 y b^2 a partir de A_1 y b^1 queda como sigue:

$$\alpha_1 = -\operatorname{sgn}(a_{11}^{(1)}) \left[\sum_{i=1}^n (a_{i1}^{(1)})^2 \right]^{1/2},$$

$$\beta_1 = \alpha_1(\alpha_1 - a_{11}^{(1)}),$$

$$w_1^{(1)} = a_{11}^{(1)} - a_{11}^{(2)}, \quad w_i^{(1)} = a_{i1}^{(1)}, \; i = 2, 3, \ldots, n.$$

Columna 1:
$$a_{11}^{(2)} = \alpha_1; \quad a_{i1}^{(2)} = 0, \quad i = 2, 3, \ldots, n.$$

Columnas $j = 2, 3, \ldots, n$:

$$p_j^1 = \frac{1}{\beta_1} \sum_{i=1}^{n} w_i^{(1)} a_{ij}^{(1)},$$

$$a_{ij}^{(2)} = a_{ij}^{(1)} - p_j^1 w_i^{(1)}, \quad i = 1, 2, \ldots, n, \quad j = 2, 3, \ldots, n.$$

Término independiente:

$$p^1 = \frac{1}{\beta_1} \sum_{i=1}^{n} b_i^{(1)} w_i^{(1)},$$

$$b_i^{(2)} = b_i^{(1)} - p^1 w_i^{(1)}, \quad i = 1, 2, \ldots, n.$$

Las etapas $2, 3, \ldots, n-1$ crearán ceros respectivamente en las posiciones subdiagonales de las columnas $2, 3, \ldots, n - 1$. El procedimiento lo explicamos a continuación.

Etapa k: Creación de ceros en la columna $k=2,3,\ldots,n\text{-}1$

Supongamos realizadas las etapas $1, 2, \ldots, k - 1$. Se habrá llegado a un sistema lineal equivalente a $Au = b$ de la forma siguiente y que, en forma abreviada, designamos por $A_k u = b^k$:

$$
\begin{pmatrix}
a_{11}^{(2)} & a_{12}^{(2)} & \cdots & a_{1,k-1}^{(2)} & a_{1k}^{(2)} & \cdots & a_{1n}^{(2)} \\
 & a_{22}^{(3)} & \cdots & a_{2,k-1}^{(3)} & a_{2k}^{(3)} & \cdots & a_{2n}^{(3)} \\
 & & \ddots & \vdots & \vdots & \cdots & \vdots \\
 & & & a_{k-1,k-1}^{(k)} & a_{k-1,k}^{(k)} & \cdots & a_{k-1,n}^{(k)} \\
 & & & & a_{kk}^{(k)} & \cdots & a_{kn}^{(k)} \\
 & & & & \vdots & \cdots & \vdots \\
 & & & & a_{nk}^{(k)} & \cdots & a_{nn}^{(k)}
\end{pmatrix}
\begin{pmatrix}
u_1 \\ u_2 \\ \vdots \\ u_{k-1} \\ u_k \\ \vdots \\ u_n
\end{pmatrix}
=
\begin{pmatrix}
b_1^{(2)} \\ b_2^{(3)} \\ \vdots \\ b_{k-1}^{(k)} \\ b_k^{(k)} \\ \vdots \\ b_n^{(k)}
\end{pmatrix},
$$

donde el superíndice en $a_{ij}^{(m)}$, $b_i^{(m)}$ hace referencia a la etapa desde la que no se modifica el coeficiente correspondiente a_{ij} y b_i.

Observación 7.4. El reparto de ceros de esta matriz coincide con el de la matriz encontrada después de la etapa $k - 1$ del método de Gauss sin pivote, pero el proceso de paso a la matriz A_{k+1} es totalmente distinto, como vemos a continuación. $\square$

Para pasar de A_k a A_{k+1} y de b^k a b^{k+1} buscaremos una matriz elemental de Householder H_k de tal modo que $A_{k+1} = H_k A_k$ tenga ceros en las posiciones subdiagonales de las columnas $1, 2, \ldots, k$ y no se modifiquen las primeras $k - 1$ filas de A_k, es decir:

$$
A_{k+1} = \begin{pmatrix}
a_{11}^{(2)} & a_{12}^{(2)} & \cdots & a_{1k}^{(2)} & a_{1,k+1}^{(2)} & \cdots & a_{1n}^{(2)} \\
 & a_{22}^{(3)} & \cdots & a_{2k}^{(3)} & a_{2,k+1}^{(3)} & \cdots & a_{2n}^{(3)} \\
 & & \ddots & \vdots & \vdots & \cdots & \vdots \\
 & & & a_{kk}^{(k+1)} & a_{k,k+1}^{(k+1)} & \cdots & a_{kn}^{(k+1)} \\
 & & & & a_{k+1,k+1}^{(k+1)} & \cdots & a_{k+1,n}^{(k+1)} \\
 & & & & \vdots & \cdots & \vdots \\
 & & & & a_{n,k+1}^{(k+1)} & \cdots & a_{nn}^{(k+1)}
\end{pmatrix}. \tag{7.7}
$$

Para ello necesitamos crear ceros en las posiciones de $a_{k+1,k}^{(k)}, a_{k+2,k}^{(k)}, \ldots, a_{n,k}^{(k)}$ de la columna k, manteniendo los ceros existentes, sin modificar las $k-1$ primeras filas. Todo ello lo logramos utilizando las propiedades de las matrices de Householder recogidas en las proposiciones 7.2 y 7.3.

Pondremos en forma abreviada:

$$
A_k = \left(\begin{array}{c|c} A_{11}^k & A_{12}^k \\ \hline 0 & A_{22}^k \end{array} \right), \quad b^k = \left(\begin{array}{c} c^k \\ \hline d^k \end{array} \right),
$$

donde A_{11}^k es de orden $(k-1) \times (k-1)$, A_{22}^k de orden $(n-k+1) \times (n-k+1)$, $c^k \in \mathbb{R}^{k-1}$, $d_k \in \mathbb{R}^{n-k+1}$. Bastará, entonces proceder del modo siguiente:

a) Aplicar la proposición 7.2 con el siguiente vector x_k

$$
x_k = (a_{ik}^{(k)})_{i=k}^n = \begin{pmatrix} a_{kk}^{(k)} \\ a_{k+1,k}^{(k)} \\ \vdots \\ a_{nk}^{(k)} \end{pmatrix} \in \mathbb{R}^{n-k+1},
$$

y determinar un vector $\widetilde{v}_k = (v_k^{(k)}, v_{k+1}^{(k)}, \ldots, v_n^{(k)})^T \in \mathbb{R}^{n-k+1}$ para que $[H(\widetilde{v}_k)]x_k = \alpha_k e_1$ (aquí, $e_1 = (1, 0, \ldots, 0)^T \in \mathbb{R}^{n-k+1}$).

b) Tomar, entonces, como matriz H_k la siguiente:

$$
H_k = \left(\begin{array}{c|c} I_{k-1} & 0 \\ \hline 0 & \widetilde{H}_k \end{array} \right). \tag{7.8}
$$

De la proposición 7.3 con $m = k - 1$ tenemos que $H_k = H(v_k)$ siendo $v_k = (0, \ldots, 0, v_k^{(k)}, v_{k+1}^{(k)}, \ldots, v_n^{(k)})^T \in \mathbb{R}^n$.

c) Calcular $A_{k+1} = H_k A_k$ y $b^{k+1} = H_k b^k$. De la multiplicación por bloques tenemos:

$$
H_k A_k = \left(\begin{array}{c|c} A_{11}^k & A_{12}^k \\ \hline O & \widetilde{H}_k A_{22}^k \end{array} \right), \quad H_k b^k = \left(\begin{array}{c} c^k \\ \hline \widetilde{H}_k d^k \end{array} \right). \tag{7.9}
$$

Así pues, solo tenemos que calcular $\widetilde{H}_k A_{22}^k$ y $\widetilde{H}_k d^k$. Puesto que la multiplicación $\widetilde{H}_k A_{22}^k$ equivale a multiplicar $\widetilde{H}_k$ por cada columna de A_{22}^k, se utilizará el sencillo cálculo (7.6) para hacer esas multiplicaciones. Nótese que la primera columna de A_{22}^k es x_k y, por tanto, la primera columna de $\widetilde{H}_k A_{22}^k$ es $\widetilde{H}_k x_k = \alpha_k e_1 = (a_{kk}^{(k+1)}, 0, \ldots, 0)^T$, que era el objetivo perseguido para que A_{k+1} tenga la forma (7.7) deseada.

Procedemos a desmenuzar los cálculos necesarios para los pasos mencionados. En primer lugar, nótese que $x_k \neq \theta$ porque $A_k = H_{k-1}H_{k-2}\cdots H_2 H_1 A$ y se tiene:

$$0 \neq \det(A) = (-1)^{k-1}\det(A_k) = (-1)^{k-1}a_{11}^{(2)}a_{22}^{(3)}\cdots a_{k-1,k-1}^{(k)}\det(A_{22}^{(k)}).$$

En consecuencia, $\det(A_{22}^k) \neq 0$, lo que implica que necesariamente $x_k \neq \theta$ y la proposición 7.2 se puede aplicar, como se indica a continuación.

Definimos:

$$\alpha_k = -\operatorname{sgn}(x_1^{(k)})\parallel x_k \parallel_2 = -\operatorname{sgn}(a_{kk}^{(k)})\left[\sum_{i=k}^n (a_{ik}^{(k)})^2\right]^{1/2}, \qquad (7.10)$$

$$w_k = (w_i^{(k)})_{i=k}^n = x_k - \alpha_k e_1 = (a_{kk}^{(k)} - \alpha_k, a_{k+1,k}^{(k)}, \ldots, a_{nk}^{(k)})^T, \qquad (7.11)$$

$$\beta_k = \alpha_k(\alpha_k - x_1^{(k)}) = \alpha_k(\alpha_k - a_{kk}^{(k)}), \qquad (7.12)$$

$$\widetilde{H}_k = I_{n-k+1} - \frac{1}{\beta_k}w_k w_k^T. \qquad (7.13)$$

Se tendrá entonces que $\widetilde{H}_k = H(\widetilde{v}_k)$ siendo $\widetilde{v}_k = \dfrac{w_k}{\parallel w_k \parallel_2}$ y además:

$$\widetilde{H}_k x_k = [H(\widetilde{v}_k)]x_k = \alpha_k e_1 = (\alpha_k, 0, \ldots, 0)^T.$$

Explícitamente tenemos:

$$\begin{pmatrix} a_{kk}^{(k+1)} \\ 0 \\ \vdots \\ 0 \end{pmatrix} = \widetilde{H}_k \begin{pmatrix} a_{kk}^{(k)} \\ a_{k+1,k}^{(k)} \\ \vdots \\ a_{nk}^{(k)} \end{pmatrix} = \widetilde{H}_k x_k = \begin{pmatrix} \alpha_k \\ 0 \\ \vdots \\ 0 \end{pmatrix}, \text{ o sea: } a_{kk}^{(k+1)} = \alpha_k.$$

Para $j = k+1, \ldots, n$:

$$\begin{pmatrix} a_{kj}^{(k+1)} \\ a_{k+1,j}^{(k+1)} \\ \vdots \\ a_{nj}^{(k+1)} \end{pmatrix} = \widetilde{H}_k \begin{pmatrix} a_{kj}^{(k)} \\ a_{k+1,j}^{(k)} \\ \vdots \\ a_{nj}^{(k)} \end{pmatrix}, \quad \begin{pmatrix} b_k^{(k+1)} \\ b_{k+1}^{(k+1)} \\ \vdots \\ b_n^{(k+1)} \end{pmatrix} = \widetilde{H}_k \begin{pmatrix} b_k^{(k)} \\ b_{k+1}^{(k)} \\ \vdots \\ b_n^{(k)} \end{pmatrix}.$$

Utilizamos ahora el cálculo (7.6) para multiplicar la matriz $\widetilde{H}_k = H(\widetilde{v}_k)$ por un vector cualquiera de $z_k \in \mathbb{R}^{n-k+1}$. En particular, se toma:

$$z_k = (a_{kj}^{(k)}, a_{k+1,j}^{(k)}, \ldots, a_{nj}^{(k)})^T, \ (j = k+1, \ldots, n), \ z_k = (b_k^{(k)}, b_{k+1}^{(k)}, \cdots, b_n^{(k)})^T.$$

Teniendo en cuenta los cálculos ya realizados en (7.10)–(7.11) se tiene:

$$
\begin{pmatrix} a_{kj}^{(k+1)} \\ a_{k+1,j}^{(k+1)} \\ \vdots \\ a_{nj}^{(k+1)} \end{pmatrix} = \begin{pmatrix} a_{kj}^{(k)} \\ a_{k+1,j}^{(k)} \\ \vdots \\ a_{nj}^{(k)} \end{pmatrix} - p_j^k \begin{pmatrix} w_k^{(k)} \\ w_{k+1}^{(k)} \\ \vdots \\ w_n^{(k)} \end{pmatrix}, \quad
\begin{aligned}
p_j^k &= \tfrac{1}{\beta_k} w_k^T z_k \\
&= \tfrac{1}{\beta_k} \sum_{i=k}^n w_i^{(k)} a_{ij}^{(k)}.
\end{aligned}
$$

$$
\begin{pmatrix} b_k^{(k+1)} \\ b_{k+1}^{(k+1)} \\ \vdots \\ b_n^{(k+1)} \end{pmatrix} = \begin{pmatrix} b_k^{(k)} \\ b_{k+1}^{(k)} \\ \vdots \\ b_n^{(k)} \end{pmatrix} - p^k \begin{pmatrix} w_k^{(k)} \\ w_{k+1}^{(k)} \\ \vdots \\ w_n^{(k)} \end{pmatrix}, \quad
\begin{aligned}
p^k &= \tfrac{1}{\beta_k} w_k^T z_k \\
&= \tfrac{1}{\beta_k} \sum_{i=k}^n w_i^{(k)} b_i^{(k)}.
\end{aligned}
$$

En resumen, el cálculo de A_{k+1} y b^{k+1} a partir de A_k y b^k queda como sigue, teniendo en cuenta que las filas $1, 2, \ldots, (k-1)$ de A_k y b^k no se modifican:

$$
\alpha_k = -\operatorname{sgn}(a_{kk}^{(k)}) \left[\sum_{i=k}^n (a_{ik}^{(k)})^2 \right]^{1/2}, \tag{7.14}
$$

$$
\beta_k = \alpha_k(\alpha_k - a_{kk}^{(k)}), \tag{7.15}
$$

$$
w_k^{(k)} = a_{kk}^{(k)} - \alpha_k, \tag{7.16}
$$

$$
w_i^{(k)} = a_{ik}^{(k)}, \quad i = k+1, \ldots, n, \tag{7.17}
$$

Columna k:

$$
a_{kk}^{(k+1)} = \alpha_k; a_{ik}^{(k+1)} = 0, \; i = k+1, \ldots, n. \tag{7.18}
$$

Columnas $j = k+1, \ldots, n$:

$$
p_j^k = \frac{1}{\beta_k} \sum_{i=k}^n w_i^{(k)} a_{ij}^{(k)}, \tag{7.19}
$$

$$
a_{ij}^{(k+1)} = a_{ij}^{(k)} - p_j^k w_i^{(k)}, \quad i = k, \ldots, n. \tag{7.20}
$$

Segundo miembro:

$$
p^k = \frac{1}{\beta_k} \sum_{i=k}^n w_i^{(k)} b_i^{(k)}, \tag{7.21}
$$

$$
b_i^{(k+1)} = b_i^{(k)} - p^k w_i^{(k)}, \quad i = k, \ldots, n. \tag{7.22}
$$

El proceso precedente se debe repetir secuencialmente para $k = 2, 3, \ldots, n-1$. Obsérvese que la etapa 1 responde exactamente a las fórmulas anteriores para $k = 1$. Por tanto, *el proceso de eliminación de Householder se resume en aplicar las fórmulas (7.14)–(7.22) para $k = 1, 2, \ldots, n-1$.*

Resolución del sistema triangular: remonte

De este modo, después de $(n-1)$ etapas, se tendrá:

$$R := A_n = H_{n-1}H_{n-2}\cdots H_2 H_1 A; \quad c := b^n = H_{n-1}H_{n-2}\cdots H_2 H_1 b, \qquad (7.23)$$

siendo R una matriz triangular superior y el sistema lineal $A_n u = b^n \equiv Ru = c$ equivalente al de partida $Au = b$:

$$\begin{pmatrix} a_{11}^{(2)} & a_{12}^{(2)} & \cdots & & \cdots & a_{1n}^{(2)} \\ & a_{22}^{(3)} & \cdots & & \cdots & a_{2n}^{(3)} \\ & & \ddots & & \vdots & \vdots \\ & & & a_{n-1,n-1}^{(n)} & a_{n-1,n}^{(n)} \\ & & & & a_{nn}^{(n)} \end{pmatrix} \begin{pmatrix} u_1 \\ u_2 \\ \vdots \\ u_{n-1} \\ u_n \end{pmatrix} = \begin{pmatrix} b_1^{(2)} \\ b_2^{(3)} \\ \vdots \\ b_{n-1}^{(n)} \\ b_n^{(n)} \end{pmatrix} \quad [A_n u = b^n].$$

$$(7.24)$$

La solución se obtiene por sustitución regresiva:

$$u_n = b_n^{(n)}/a_{nn}^{(n)}; \; u_k = \left(b_k^{(k+1)} - \sum_{j=k+1}^{n} a_{kj}^{(k+1)} u_j \right) / a_{kk}^{(k+1)}, \; k = n-1, n-2, \ldots, 2, 1.$$

Observación 7.5 (Aplicación al cálculo de determinantes). De la igualdad (7.23), puesto que $\det(H_k) = -1$, se deduce:

$$\det(A) = (-1)^{n-1}\det(A_n) = (-1)^{n-1} a_{11}^{(2)} a_{22}^{(3)} \cdots a_{n-1,n-1}^{(n)} a_{nn}^{(n)}. \qquad \square$$

7.3.2   Número de operaciones elementales

EJERCICIO 7.1. Siguiendo los cálculos en las fórmulas (7.14)–(7.22), realizar un recuento de las operaciones elementales del método de Householder.

Solución.

- Cálculos previos en cada etapa $k = 1, 2, \ldots, n-1$:

  i) $a_{kk}^{(k+1)}$: $(n-k+1)$ multiplicaciones, $(n-k)$ sumas, 1 raíz cuadrada.

  ii) β_k: 1 multiplicación, 1 suma.

  iii) $w_k^{(k)}$: 1 suma

- Cada una de las $(n-k)$ columnas nuevas de A_{k+1}: $k = 1, 2, \ldots, n-1$, $j = k+1, \ldots, n$

  i) p_j^k: $(n-k+1)$ multiplicaciones, $(n-k)$ sumas, 1 división.

  ii) $a_{ij}^{(k+1)}$ $(i = k, k+1, \ldots, n)$: $(n-k+1)$ multiplicaciones, $(n-k+1)$ sumas.

- Para pasar de b^k a b^{k+1}: $k = 1, 2, \ldots, n-1$.

    i) p^k: $(n-k+1)$ multiplicaciones, $(n-k)$ sumas, 1 división.

    ii) $b_i^{(k+1)}$ $(i = k, k+1, \ldots, n)$: $(n-k+1)$ multiplicaciones, $(n-k+1)$ sumas.

Por tanto,

- Para pasar de A_k a A_{k+1} se necesitan:

    i) Multiplicaciones: $(n-k+1) + 1 + [(n-k+1) + (n-k+1)](n-k) = 2(n-k)^2 + 3(n-k) + 2$.

    ii) Sumas: $(n-k)+1+1+[(n-k)+(n-k+1)](n-k) = 2(n-k)^2 + 2(n-k) + 2$.

    iii) Divisiones: $(n-k)$.

    iv) Raíces cuadradas: 1.

- Para pasar de b^k a b^{k+1} se necesitan:

    i) Multiplicaciones: $2(n-k+1)$.

    ii) Sumas: $2(n-k) + 1$.

    iii) Divisiones: 1.

Agrupando las operaciones de todas las etapas, se tiene:

- Triangulación de A: paso de $A = A_1$ a A_n:

    i) Multiplicaciones: $\displaystyle\sum_{k=1}^{n-1}[2(n-k)^2 + 3(n-k) + 2] = \frac{1}{6}(n-1)[4n^2 + 7n + 12]$.

    ii) Sumas: $\displaystyle\sum_{k=1}^{n-1}[2(n-k)^2 + 2(n-k) + 2] = \frac{1}{3}(n-1)[2n^2 + 2n + 6]$.

    iii) Divisiones: $\displaystyle\sum_{k=1}^{n-1}(n-k) = \frac{1}{2}n(n-1)$.

    iv) Raíces cuadradas: $(n-1)$.

- Paso de b a b^n:

    i) Multiplicaciones: $\displaystyle\sum_{k=1}^{n-1}[2(n-k+1)] = (n-1)(n+2)$.

    ii) Sumas: $\displaystyle\sum_{k=1}^{n-1}[2(n-k)+1)] = (n-1)(n+1)$.

    iii) Divisiones: $(n-1)$.

- Resolución del sistema triangular $A_n u = b^n$:

  i) Multiplicaciones: $\dfrac{1}{2}n(n-1)$.

  ii) Sumas: $\dfrac{1}{2}n(n-1)$.

  iii) Divisiones: n.

En resumen se tiene que el número total de operaciones elementales del método de Householder viene dado por la tabla 7.1. Para n grande el número de operaciones elementales es del orden de $\frac{4}{3}n^3$, o sea, *aproximadamente el doble que el método de Gauss. Sin embargo, en grandes problemas el método de Householder es preferible por su mayor estabilidad numérica* al ser menos sensible a la propagación de los errores de redondeo.   □

Multiplicaciones	$\frac{1}{3}(n-1)(2n^2 + 8n + 12)$
Sumas	$\frac{1}{6}(n-1)(4n^2 + 13n + 18)$
Divisiones	$\frac{1}{2}(n^2 + 3n - 2)$
Raíces cuadradas	$n - 1$
TOTAL	$\frac{1}{3}(4n^3 + 12n^2 + 14n - 27)$

Tabla 7.1: Número de operaciones elementales del método de Householder.

7.3.3   Bases de codificación

La escritura del algoritmo de Householder mediante las fórmulas (7.14)–(7.22) —igual que ocurre con el de Gauss— no puede llevarnos a engaño: *los índices y los superíndices k en $a_{ij}^{(k)}$, $b_i^{(k)}$, w_k, q_j^k, p_j^k, β_k,..., solamente indican la etapa en que nos encontramos y nunca deben llevarnos a almacenarlos en todas las etapas si no a reemplazar los de la etapa anterior. Lo mismo podemos decir de los índices j.* Teniendo en cuenta esta observación, el pseudocódigo de la etapa de eliminación de Householder quedaría en la forma del algoritmo 7.1 y el método completo de eliminación en el algoritmo 7.2. Destaca sobre todo la sencillez de los cálculos que necesita lo que, unido a sus propiedades de estabilidad numérica, le ha convertido en un método muy utilizado desde su aparición a mediados del siglo XX.

7.4   Método de factorización $A = QR$ para sistemas

7.4.1   Factorización $A = QR$: existencia y unicidad

En el proceso de eliminación de Householder hemos obtenido la matriz triangular superior $R = A_n$ y el vector $c = b^n$ después de las $(n-1)$ etapas en la forma:

$$A_1 = A,\ A_{k+1} = H_k A_k;\ b^1 = b,\ b^{k+1} = H_k b_k,\quad k = 1, 2, \ldots, n-1. \tag{7.25}$$

Algoritmo 7.1 Etapa de eliminación de Householder para $Au = b$.

procedure HOUSEH$(n, a, b, deter) \to a, b, deter$ $\triangleright$ Sobrescribe A y b
   input $n, a = (a_{ij}), b = (b_i)$

   for $k = 1, \ldots, n-1$ **do** $\triangleright$ Bucle de etapas
     $\alpha \leftarrow \sqrt{\sum_{i=k}^{n} a_{ik}^2}$ $\triangleright$ Cálculo de α_k
     if $|\alpha| < 10^{-10}$ **then**
       Alerta: matriz «casi singular»
       Verificar resultados
     end if
     if $a_{kk} \geq 0.$ **then**
       $\alpha \leftarrow -\alpha$
     end if
     $\beta \leftarrow \alpha(\alpha - a_{kk})$
     $a_{kk} \leftarrow a_{kk} - \alpha$ $\triangleright$ $w_k^{(k)}$: $w_k = (a_{kk}, \ldots, a_{nk})^T$
     for $j = k+1, \ldots, n$ **do** $\triangleright$ Nuevas columnas $j = k+1, \ldots, n$
       $p \leftarrow (\sum_{i=k}^{n} a_{ik} a_{ij})/\beta$
       for $i = k, \ldots, n$ **do**
         $a_{ij} \leftarrow a_{ij} - p \times a_{ik}$
       end for
     end for
     $p \leftarrow (\sum_{i=k}^{n} a_{ik} b_i)/\beta$
     for $i = k, \ldots, n$ **do**
       $b_i \leftarrow b_i - p \times a_{ik}$
     end for
     $a_{kk} \leftarrow \alpha$ $\triangleright$ Nueva columna k
     for $i = k+1, \ldots, n$ **do**
       $a_{ik} \leftarrow 0.$ $\triangleright$ Opcional
     end for
   end for

   $deter \leftarrow (-1)^{n-1} \prod_{k=1}^{n} a_{kk}$
   if $|a_{nn}| < 10^{-10}$ **then**
     Alerta: matriz «casi singular»
   end if
   return $a = (a_{ij}), b = (b_i), deter$ $\triangleright$ $A_n = R; b^n = c; \det(A)$
end procedure

Algoritmo 7.2 Método de eliminación de Householder para $Au = b$.

> **procedure** P_HOUSEH   ▷ Resuelve $Au = b$ y $\det(A)$-Sobrescribe A y b
>   **input** $n, a = (a_{ij}), b = (b_i)$
> $a, b, deter \leftarrow$ HOUSEH$(n, a, b, deter)$ ▷ Eliminación
> $u \leftarrow$ SISTU(n, a, b, u) ▷ Remonte
>   **output** $u = (u_i), deter$
> **end procedure**

Por tanto,

$$
\begin{aligned}
R &= A_n = H_{n-1}A_{n-1} = \cdots = (H_{n-1} \cdots H_2 H_1)A, & (7.26)\\
c &= b^n = H_{n-1}b^{n-1} = \cdots = (H_{n-1} \cdots H_2 H_1)b. & (7.27)
\end{aligned}
$$

Sea Q la matriz:

$$
Q := H_1 H_2 \cdots H_{n-2} H_{n-1}.
$$

Por las propiedades de las matrices elementales de Householder se deduce que Q es *ortogonal*

$$
Q^T = Q^{-1} = H_{n-1} H_{n-2} \cdots H_2 H_1
$$

y de la igualdad (7.26) se tiene:

$$
R = Q^T A, \ \text{ o sea } A = QR.
$$

Esta interpretación matricial queda recogida en el siguiente resultado de ámbito general.

Teorema 7.1 (Factorización $A=QR$). *Cualquiera que sea la matriz cuadrada real A, existe una matriz ortogonal Q y una matriz triangular superior R con $r_{ii} \geq 0$, $1 \leq i \leq n$, tal que $A = QR$. Si la matriz A es invertible, entonces esta factorización es única y $r_{ii} > 0$, $1 \leq i \leq n$.*

Demostración. a) Si la matriz A es *invertible* el proceso de triangulación de Householder descrito anteriormente prueba la existencia de la factorización $A = QR$ con $r_{ii} \neq 0$, $1 \leq i \leq n$. Si la matriz A es *singular*, en tal proceso ocurrirá que en alguna etapa $k \in \{1, 2, \ldots, n-1\}$ se tendrá que la primera columna de $A_{22}^{(k)}$ es nula: $a_{kk}^{(k)} = a_{k+1,k}^{(k)} = \cdots = a_{nk}^{(k)} = 0$. En ese caso, podemos tomar $H_k = I$ y poner $A_{k+1} = A_k$, pues ya tiene la forma requerida, y continuar el proceso. Esto prueba también la existencia de la factorización en ese caso, pero con algún $r_{ii} = 0$, $1 \leq i \leq n$.

b) Para probar que existe al menos una factorización con los elementos $r_{ii} \geq 0$, basta tener en cuenta que es posible realizar el proceso de triangulación de Householder exigiendo $a_{kk}^{(k+1)} \geq 0$. Para ello es necesario revisar la forma de calcular $H(v)$ tal que $[H(v)]x = \alpha e_1$. En efecto, en lugar de elegir el signo de α para minimizar los errores de cancelación (lo que importa para la resolución del sistema lineal) se puede elegir siempre $\alpha \geq 0$.

c) Para demostrar la unicidad de la factorización $A = QR$, cuando A es invertible, supongamos que

$$A = Q_1 R_1 = Q_2 R_2,$$

con Q_1 y Q_2 ortogonales y $R_1 = (r_{ij}^{(1)})$ y $R_2 = (r_{ij}^{(2)})$ triangulares superiores con elementos diagonales positivos: $r_{ii}^{(1)} > 0$, $r_{ii}^{(2)} > 0$, $1 \leq i \leq n$. Se deduce:

$$Q_2^T Q_1 = R_2 R_1^{-1} =: U, \quad U^T U = Q_1^T Q_2 Q_2^T Q_1 = I.$$

La matriz U es triangular superior con elementos diagonales:

$$d_i = \frac{r_{ii}^{(2)}}{r_{ii}^{(1)}} > 0, \quad 1 \leq i \leq n.$$

Sea D la matriz diagonal con estos mismos elementos diagonales:

$$D = \text{diag}(d_1, d_2, \ldots, d_n).$$

Entonces:

$$I = U^T U = (R_1^{-1})^T R_2^T R_2 R_1^{-1} = [(R_1^{-1})^T R_2^T D^{-1}][DR_2 R_1^{-1}]) = \mathcal{L}\mathcal{U},$$

donde

$$\mathcal{L} := (R_1^{-1})^T R_2^T D^{-1}; \quad \mathcal{U} = DR_2 R_1^{-1}.$$

Es inmediato que:

- $\mathcal{L}$ es triangular inferior con elementos diagonales iguales a 1.
- $\mathcal{U}$ es triangular superior con elementos diagonales d_i^2, $1 \leq i \leq n$.

Por lo cual, la igualdad $\mathcal{L}\mathcal{U} = I$ es una factorización LU de la matriz identidad I. Debido a la unicidad de esta factorización para matrices invertibles, se tendrá $\mathcal{L} = \mathcal{U} = I$, pues $I \cdot I = I$ es la única factorización LU de la matriz identidad. Se concluye entonces que $d_i^2 = 1$ y, por ser $d_i > 0$, $d_i = 1$, $1 \leq i \leq n$.

En definitiva, se concluye que $D = I$, $I = \mathcal{L} = (R_1^{-1})^T R_2^T$ e $I = \mathcal{U} = R_2 R_1^{-1}$, de donde, finalmente, $R_1 = R_2$ y $Q_1 = Q_2$, lo que demuestra la unicidad de la factorización $A = QR$ cuando A es invertible. □

Corolario 7.1 (Diferencia entre dos factorizaciones QR de una matriz invertible). *Si A es invertible y $A = Q_1 R_1 = Q_2 R_2$ son dos factorizaciones tipo QR de A, entonces existe una matriz diagonal $D = \text{diag}(d_i)$ con $d_i = \pm 1$, $1 \leq i \leq n$, tal que $Q_1 = Q_2 D$ y $R_2 = DR_1$. Por tanto, existen 2^n factorizaciones QR distintas de A.*

Demostración. De la igualdad $Q_1 R_1 = Q_2 R_2$ obtenemos $Q_2^T Q_1 = R_2 R_1^{-1}$. Dado que la matriz $Q_2^T Q_1$ es ortogonal deducimos que $R_2 R_1^{-1}$ ortogonal y, por ello,

$$[R_2 R_1^{-1}]^{-1} = [R_2 R_1^{-1}]^T.$$

En la igualdad anterior la matriz de la izquierda es triangular superior y la de la derecha triangular inferior. Por tanto, ambas son necesariamente diagonales:

$$R_2 R_1^{-1} = Q_2^T Q_1 = D = \operatorname{diag}(d_i).$$

Pero, como es ortogonal, $D^T D = I$, o sea $d_i^2 = 1$ y $d_i = \pm 1$, $1 \le i \le n$. $\square$

Antes de entrar más a fondo en el cálculo efectivo de la factorización $A = QR$ vemos una sencilla propiedad que tiene mucho interés en el método QR para el cálculo de valores propios (sección 15.2).

Proposición 7.4. *Si la matriz A es una matriz de Hessenberg superior, la matriz Q de la factorización $A = QR$ también es de Hessenberg superior.*

Demostración. En la demostración constructiva de la existencia de la factorización $A = QR$ hemos visto que $Q = H_1 H_2 \cdots H_{n-1}$, donde cada H_k es una matriz elemental de Householder de la forma siguiente ($1 \le k \le n-1$):

$$H_k = I - 2\frac{v_k v_k^T}{v_k^T v_k},$$

$$v_k = (0, \ldots, 0, v_k^{(k)}, \ldots, v_n^{(k)})^T = (0, \ldots, 0, b_{kk}^{(k)} - \alpha_k, b_{k+1,k}^{(k)}, \ldots, b_{kn}^{(k)})^T.$$

Por eso, si suponemos que $A = A_1$ es de Hessenberg superior, se tiene $a_{31}^{(1)} = \cdots = a_{n1}^{(1)} = 0$ y, por tanto, $v_1 = (v_1^{(1)}, v_2^{(1)}, 0, \ldots, 0)^T$. De ello, se concluye que H_1 se diferencia de la identidad solo en las posiciones $(1,1)$, $(1,2)$, $(2,1)$ y $(2,2)$ y $A_2 = H_1 A_1$ es también de Hessenberg superior. Supongamos que $A_1, A_2, \ldots, A_k$, $1 \le k \le n-2$ son de Hessenberg superiores. Probaremos que A_{k+1} es de Hessenberg superior. Puesto que $A_{k+2,k}^{(k)} = A_{k+3,k}^{(k)} = \cdots = A_{nk}^{(k)} = 0$, se tendrá $v_k = (0, \ldots, 0, v_k^{(k)}, v_{k+1}^{(k)}, 0, \ldots, 0)^T$ y, en consecuencia, H_k se diferencia de la matriz identidad tan solo en las posiciones (k,k), $(k+1,k)$, $(k,k+1)$ y $(k+1,k+1)$:

$$\begin{pmatrix} 1 & & & & & & & & \\ & \ddots & & & & & & & \\ & & 1 & & & & & & \\ & & & \times & \times & & & & \\ & & & \times & \times & & & & \\ & & & & & 1 & & & \\ & & & & & & \ddots & & \\ & & & & & & & 1 & \end{pmatrix} \cdot \begin{array}{l} \\ \\ \\ \leftarrow (k) \\ \leftarrow (k+1) \\ \\ \\ \\ \end{array}$$

$$\begin{array}{c} \uparrow \quad \uparrow \\ (k)\,(k+1) \end{array}$$

Por tanto, $A_{k+1} = H_k A_k$ es también de Hessenberg superior. Repitiendo el proceso se tendrá que H_{k+1} es de Hessenberg superior y así sucesivamente. Concluimos así que $Q = H_1 H_2 \cdots H_{n-1}$ es también una matriz de Hessenberg superior (producto de Hessenberg superiores). $\square$

7.4.2 Cálculo de la factorización $A=QR$: método de Householder

En esta sección y en la siguiente haremos algunas observaciones sobre el cálculo de las matrices R y Q de la factorización $A = QR$ de una matriz A.

Cálculo de R

El método de eliminación de Householder (sección 7.3) nos proporciona un método para el cálculo de la matriz $R = A_n = Q^T A = (H_{n-1}\cdots H_2 H_1)A$, que podemos resumir en las fórmulas (7.14)–(7.20) —se excluyen los cálculos relativos al término independiente b— y que traducen sin más el proceso (7.25):

$$A_1 = A, \; A_{k+1} = H_k A_k, \; k = 1, 2, \ldots, n - 1, \quad A_n = R. \tag{7.28}$$

Cálculo de Q

En el proceso de eliminación de Householder nada se dice del cálculo de la matriz $Q = H_1 H_2 \cdots H_{n-1}$ ni de $Q^T = H_{n-1} H_{n-2} \cdots H_1$. *En la práctica, en general, no es necesario calcular esta matriz*, pero, de hacerlo, la matriz Q^T se puede obtener mediante el siguiente proceso:

$$B_1 = I, \; B_{k+1} = H_k B_k, \; k = 1, 2, \ldots, n - 1, \quad B_n = Q^T. \tag{7.29}$$

La comparación con (7.28) nos demuestra que este proceso se puede ejecutar con el algoritmo (7.14)–(7.20) pero, *¡no por aplicación del proceso a la matriz I!*, sino que las matrices H_k (es decir, las constantes α_k y β_k y los vectores w_k) son los que han sido calculados en el proceso de obtención de la matriz R.

Es necesario, pues, tener guardada la información necesaria para los cálculos, es decir:

$$w_k = (w_i^{(k)})_{i=k}^n, \quad \alpha_k: \quad k = 1, 2, \ldots, n - 1.$$

Por completitud, pondremos $w_n = w_n^{(n)} = \alpha_n = a_{nn}^{(n)}$, elemento diagonal n-ésimo de R.

No es necesario guardar también los β_k porque éstos se pueden obtener de los datos anteriores por el cálculo

$$\beta_k = \alpha_k(\alpha_k - a_{kk}^{(k)}) = -\alpha_k w_k^{(k)}, \quad k = 1, 2, \ldots, n.$$

Para no utilizar memoria adicional innecesaria, los vectores $w_k = (w_i^{(k)})_{i=k}^n$ se guardan en la posición natural que ya ocupan durante el cálculo, es decir, en $(a_{ik}^{(k+1)})_{i=k}^n$ puesto que ya no son modificados en las etapas posteriores. Por tanto, después de la etapa k

tenemos la matriz:

$$\widetilde{A}_{k+1} = \begin{pmatrix} w_1^{(1)} & a_{12}^{(2)} & \cdots & a_{1k}^{(2)} & a_{1,k+1}^{(2)} & \cdots & a_{1n}^{(2)} \\ w_2^{(1)} & w_2^{(2)} & \cdots & a_{2k}^{(3)} & a_{2,k+1}^{(3)} & \cdots & a_{2n}^{(3)} \\ \vdots & \vdots & \ddots & \vdots & \vdots & \vdots & \vdots \\ w_k^{(1)} & w_k^{(2)} & \vdots & w_k^{(k)} & a_{k,k+1}^{(k+1)} & \cdots & a_{kn}^{(k+1)} \\ w_{k+1}^{(1)} & w_{k+1}^{(2)} & \cdots & w_{k+1}^{(k)} & a_{k+1,k+1}^{(k+1)} & \cdots & a_{k+1,n}^{(k+1)} \\ \vdots & \vdots & \vdots & \vdots & \vdots & \ddots & \vdots \\ w_n^{(1)} & w_n^{(2)} & \cdots & w_n^{(k)} & a_{n,k+1}^{(k+1)} & \cdots & a_{nn}^{(k+1)} \end{pmatrix}.$$

Al final del proceso tendremos:

$$\widetilde{A}_n = \begin{pmatrix} w_1^{(1)} & a_{12}^{(2)} & \cdots & a_{1,n-1}^{(2)} & a_{1n}^{(2)} \\ w_2^{(1)} & w_2^{(2)} & \cdots & a_{2,n-1}^{(3)} & a_{2n}^{(3)} \\ \vdots & \vdots & \ddots & \vdots & \vdots \\ w_{n-1}^{(1)} & w_{n-1}^{(2)} & \cdots & w_{n-1}^{(n-1)} & a_{n-1,n}^{(n)} \\ w_n^{(1)} & w_n^{(2)} & \cdots & w_n^{(n-1)} & w_n^{(n)} \end{pmatrix}.$$

Teniendo en cuenta la forma de la matriz triangular superior $A_n = R$ —véase (7.24)— tenemos la siguiente igualdad:

$$\widetilde{A}_n = W + R - \operatorname{diag}(R),$$

donde:

i) $\operatorname{diag}(R) = \operatorname{diag}(r_{kk})$ es la matriz diagonal con la misma diagonal que R. Por tanto, por la construcción de la matriz $A_n = R$, tenemos $r_{kk} = a_{kk}^{(k+1)} = \alpha_k$, $1 \le k \le n$, es decir:

$$\operatorname{diag}(R) = \operatorname{diag}(r_{kk}) = \operatorname{diag}(\alpha_k).$$

ii) La matriz W es la matriz triangular inferior que conserva los vectores w_k:

$$W = \begin{pmatrix} w_1^{(1)} & & & \\ w_2^{(1)} & w_2^{(2)} & & \\ \vdots & \vdots & \ddots & \\ w_{n-1}^{(1)} & w_{n-1}^{(2)} & \cdots & w_{n-1}^{(n-1)} \\ w_n^{(1)} & w_n^{(2)} & \cdots & w_n^{(n-1)} & w_n^{(n)} \end{pmatrix}.$$

Al contrario de lo que ocurre con la matriz L de la factorización LU, ¡esta matriz no es la matriz Q ni su parte triangular inferior! pero, con la matriz W y el vector $\alpha = (\alpha_i)$, podemos calcular Q mediante el proceso (7.29) y también cualquier producto $C = Q^T B$ o $c = Q^T b$ para una matriz B (en particular para $B = I$) o un vector b

dados, ¡sin necesidad de calcular Q!, como veremos más abajo. Debe quedar claro, pues, que, salvo mención expresa de lo contrario, cuando hablamos de *calcular la factorización $A = QR$ lo que realmente se calcula es la matriz* $\widetilde{A}_n = W + R - \mathrm{diag}(R)$ *y el vector* $\alpha = (\alpha_k)$ tal que $\mathrm{diag}(R) = \mathrm{diag}(\alpha_k)$ tal como queda detallado arriba. De este modo, el algoritmo para el cálculo de la factorización $A = QR$ es el mismo que el de eliminación de Householder (sin los cálculos relativos a b) y *guardando los coeficientes α_k en un vector α y no en las posiciones* $a_{kk}^{(k+1)} = w_k^{(k)}$. El pseudocódigo para ese cálculo lo proponemos en el algoritmo 7.3, donde *por claridad en la notación designamos por* $\Delta = (\Delta_k)$ *el vector* $\alpha = (\alpha_k)$ *reservando la notación α para cada escalar α_k*.

Cálculo de $Q^T B$ y BQ, B matriz dada

En el algoritmo QR para cálculo de valores propios que veremos en el capítulo 15 será necesario realizar cálculos de la forma $C = Q^T B = (H_{n-1} \cdots H_2 H_1)B$ y $C = BQ = B(H_1 H_2 \cdots H_{n-1}$ para una matriz B dada. En este apartado vemos cómo hacerlo ¡sin conocer Q!, pero sí la información concentrada en $\widetilde{A}_n = W + R - \mathrm{diag}(R)$ y $\alpha = (\alpha_k) = (r_{kk})$, o sea los datos sobre a factorización de Q como producto de matrices elementales de Householder. El cálculo de $C = Q^T B = (H_{n-1} \cdots H_2 H_1)B$ se puede realizar mediante el siguiente proceso secuencial que generaliza (7.29):

$$B_1 = B, \quad B_{k+1} = H_k B_k, \; k = 1, 2, \ldots, n-1, \quad B_n = C = Q^T B. \tag{7.30}$$

Teniendo en cuenta la forma (7.8) de la matriz H_k, podemos poner:

$$B_k = \left(\frac{B_1^k}{B_2^k} \right); \quad B_{k+1} = \left(\frac{B_1^{k+1}}{B_2^{k+1}} \right) = \left(\frac{B_1^k}{\widetilde{H}_k B_2^k} \right).$$

Utilizando la notación habitual $B_k = (b_{ij}^{(k)})$, procediendo por las columnas $b_j^k := (b_{ij}^{(k)})_{i=1}^n$, $j = 1, 2, \ldots, n$, y utilizando el resultado (7.6) para calcular los productos $H_k b_j^k$, $k = 1, 2, \ldots, n-1$, se deduce el siguiente algoritmo.

Algoritmo para calcular $C = Q^T B = B_n = (H_{n-1} \cdots H_1)B$

- $b_{ij}^{(1)} = b_{ij}$, $1 \le i, j \le n$.

- Para $k = 1, 2, \ldots, n-1$:

$$b_{ij}^{(k+1)} = \left\{ \begin{array}{ll} b_{ij}^{(k)}, & 1 \le i \le k-1, \\[2mm] b_{ij}^{(k)} - p_j^k w_i^{(k)}, & p_j^k = \dfrac{1}{\beta_k} \displaystyle\sum_{m=k}^{n} w_m^{(k)} b_{mj}^{(k)}, \quad k \le i \le n, \end{array} \right\} 1 \le j \le n.$$

Algoritmo 7.3 Factorización $A = QR$: método de Householder.

> **procedure** QRFACT($n, a, deter, \Delta$) $\rightarrow a, deter, \Delta$ ▷ Calcula $Q, R, \det(A)$
>> **input** $a = (a_{ij})$ ▷ Sobrescribe A con $W + R - \operatorname{diag}(R)$
>> **for** $k = 1, \ldots, n - 1$ **do**   ▷ Etapa = Columna
>>> $\alpha \leftarrow \sqrt{\sum_{i=k}^{n} a_{ik}^2}$
>>> **if** $|\alpha| < 10^{-10}$ **then**
>>>> Alerta: matriz «casi singular»
>>>
>>> **end if**
>>> **if** $a_{kk} \geq 0.$ **then**
>>>> $\alpha \leftarrow -\alpha$
>>>
>>> **end if**
>>> $\beta \leftarrow \alpha(\alpha - a_{kk})$
>>> $a_{kk} \leftarrow a_{kk} - \alpha$ ▷ $w_k^{(k)}$
>>> **for** $j = k + 1, \ldots, n$ **do**
>>>> $p \leftarrow (\sum_{i=k}^{n} a_{ik} a_{ij})/\beta$
>>>> **for** $i = k, \ldots, n$ **do**
>>>>> $a_{ij} \leftarrow a_{ij} - p \times a_{ik}$
>>>>
>>>> **end for**
>>>
>>> **end for**
>>> $\Delta_k \leftarrow \alpha$
>>
>> **end for**
>> $\Delta_n \leftarrow a_{nn}$
>> $deter \leftarrow (-1)^{n-1} \prod_{k=1}^{n} \Delta_k$
>> **if** $|a_{nn}| < 10^{-10}$ **then**
>>> Alerta: matriz «casi singular»
>>
>> **end if**
>> **return** $a = (a_{ij}), \Delta = (\Delta_i)$ ▷ $\tilde{A}_n = W + R - \operatorname{diag}(R)$;
> $\operatorname{diag}(R) = \operatorname{diag}(\Delta_k)$
> **end procedure**

Tomando $B = I$ se tiene el algoritmo de cálculo de Q por el método de Householder. Una propuesta de pseudocódigo se da en el algoritmo 7.4.

El cálculo de $C = BQ = B(H_1 H_2 \cdots H_{n-1})$ se puede realizar con el algoritmo anterior teniendo en cuenta la igualdad $C = (Q^T B^T)^T$, pero resulta más cómodo derivarlo directamente del procedimiento secuencial siguiente:

$$B_1 = B, \quad B_{k+1} = B_k H_k, \quad k = 1, 2, \ldots, n - 1, \quad B_n = C = BQ. \qquad (7.31)$$

Aquí, por la forma (7.8) de la matriz H_k, para $k = 1, 2, \ldots, n - 1$ podemos poner:

$$B_k = (B_1^k | B_2^k); \quad B_{k+1} = B_k H_k = (B_1^{k+1} | B_2^{k+1}) = (B_1^k | B_2 \tilde{H}_k).$$

Algoritmo 7.4 Cálculo de $C = Q^T B$, Q ortogonal, $A = QR$.

> **procedure** CQTB$(n, a, b, \Delta, c) \to c$ $\triangleright$ $C = Q^T B$-C puede sobrescribir B
>   **input** $a = (a_{ij}), b = (b_{ij}), \Delta = (\Delta_i)$ $\triangleright$ $A = W + R - \text{diag}(R)$; $\Delta_k = r_{kk}$
> $c \leftarrow b$
>   **for** $k = 1, \ldots n - 1$ **do**
> $\beta = -\Delta_k a_{kk}$
>   **for** $j = 1, \ldots, n$ **do**
> $p \leftarrow (\sum_{m=k}^{n} a_{mk} c_{mj})/\beta$
>   **for** $i = k, \ldots, n$ **do**
> $c_{ij} \leftarrow c_{ij} - p \times a_{ik}$
>   **end for**
>   **end for**
>   **end for**
>   **return** $c = (c_{ij})$
> **end procedure**

Algoritmo 7.5 Cálculo de $C = BQ$, Q ortogonal, $A = QR$.

> **procedure** CBQ$(n, a, b, \Delta, c) \to c$ $\triangleright$ $C = BQ$-C puede sobrescribir B
>   **input** $a = (a_{ij}), b = (b_{ij}), \Delta = (\Delta_i)$ $\triangleright$ $A = W + R - \text{diag}(R)$
> $c \leftarrow b$ $\triangleright$ $\text{diag}(R) = \text{diag}(\Delta_k)$
>   **for** $k = 1, \ldots n - 1$ **do**
> $\beta = -\Delta_k a_{kk}$
>   **for** $i = 1, \ldots, n$ **do**
> $p \leftarrow (\sum_{m=k}^{n} a_{mk} c_{im})/\beta$
>   **for** $j = k, \ldots, n$ **do**
> $c_{ij} \leftarrow c_{ij} - p \times a_{jk}$
>   **end for**
>   **end for**
>   **end for**
>   **return** $c = (c_{ij})$
> **end procedure**

Procediendo por las filas $b_i^{k,T} := (b_{ij}^{(k)})_{j=1}^{n}$, $i = 1, 2, \ldots, n$, y utilizando el resultado (7.6) para calcular los productos $b_j^{k,T} H_k$, $k = 1, 2, \ldots, n - 1$, se deduce el algoritmo 7.5 que se corresponde con las fórmulas siguientes.

Algoritmo para calcular $C = BQ = B_n = B(H_{n-1} \cdots H_1)$

- $b_{ij}^{(1)} = b_{ij}$, $1 \le i, j \le n$.
- Para $k = 1, 2, \ldots, n - 1$:

$$b_{ij}^{(k+1)} = \begin{cases} b_{ij}^{(k)}, & 1 \le j \le k - 1, \\ b_{ij}^{(k)} - p_i^k w_j^{(k)}, & p_i^k = \dfrac{1}{\beta_k} \displaystyle\sum_{m=k}^{n} w_m^{(k)} b_{im}^{(k)}, \quad k \le j \le n, \end{cases} \Bigg\} \; 1 \le i \le n.$$

7.4.3   Cálculo de la factorización $A = QR$: método de Schmidt

El método de Schmidt para el cálculo de la factorización $A = QR$ tiene un planteamiento idéntico al método de Doolittle para la factorización $A = LU$: se supone que la factorización existe y se intentan ir calculando secuencialmente las componentes de Q y de R. Pongamos en columnas

$$A = (a_1 | a_2 | \cdots | a_n), \quad Q = (q_1 | q_2 | \cdots | q_n).$$

Dado que Q es ortogonal se tiene $QQ^T = Q^T Q = I$ de modo que $q_i^T q_j = \delta_{ij}$, $1 \le i, j \le n$ (columnas ortonormales en $\mathbb{R}^n$). Dado que $R = (r_{ij})$ es triangular superior ($r_{ij} = 0$, para $1 \le j < i \le n$), la igualdad $A = QR$ es equivalente al siguiente conjunto de ecuaciones:

$$\begin{aligned} a_1 &= r_{11} q_1, \\ a_j &= r_{1j} q_1 + r_{2j} q_2 + \cdots + r_{jj} q_j, \quad j = 2, 3, \ldots, n. \end{aligned}$$

A partir de ellas y de la ortonormalidad de los vectores q_i^T podemos determinar todos los coeficientes $r_{ij}, 1 \le j \le n$ de R y todas las columnas q_i^T de Q, $1 \le i \le n$.

En efecto, de las igualdades

$$q_1 = \frac{1}{r_{11}} a_1, \; q_1^T q_1 = 1,$$

se deduce:

$$r_{11} = \pm \|a_1\|_2, \; q_1 = \frac{1}{r_{11}} a_1. \tag{7.32}$$

Suponiendo que ya hemos calculado $q_1, q_2, \ldots, q_{j-1}$ y r_{ik} para $1 \le i \le k \le j - 1$, entonces, utilizando las ortonormalidades de los elementos ya calculados se obtiene sin dificultad que:

$$\left. \begin{aligned} r_{ij} &= q_i^T a_j, \; i = 1, 2, \ldots, j - 1, \\ r_{jj} &= \pm \|a_j - r_{1j} q_1 - \cdots - r_{j-1} q_{j-1}\|_2, \\ q_j &= \frac{1}{r_{jj}} (a_j - r_{1j} q_1 - \cdots - r_{j-1} q_{j-1}), \end{aligned} \right\} \; j = 2, \ldots, n. \tag{7.33}$$

El proceso (7.32)–(7.33) se conoce con el nombre de *ortonormalización de Schmidt (o de Gram–Schmidt)* para el cálculo de Q y R.

Observación 7.6. En aritmética exacta ambos métodos (Householder y Schmidt) deberían llevar a las mismas matrices Q y R. Sin embargo, en la práctica, eso no es así y los resultados de ambos pueden diferir ampliamente debido a los errores de redondeo o cancelación (inestabilidad numérica de ambos métodos). En el caso del método de Schmidt el resultado puede ser incluso peor pues la matriz Q calculada puede no ser ortogonal, ni siquiera aproximadamente (véase WILKINSON [1965a, p. 243]). Con el método de Householder tampoco puede garantizarse que se aproxime adecuadamente la matriz exacta Q, pero sí que la matriz obtenida es «casi ortogonal»(véase WILKINSON [1965a, cap. 3]). Afortunadamente en muchas aplicaciones lo importante es la ortogonalidad de la matriz y no tanto qué matriz es. Este es el caso del método QR para valores propios que se estudia en el capítulo 15 en el que se calcula la factorización $A = QR$ y después la matriz RQ. Dado que $RQ = Q^{-1}(QR)Q = Q^{-1}AQ$, esta matriz es semejante a A, pero si A es simétrica, la matriz RQ también es simétrica si y solo si Q es ortogonal ($Q^{-1} = Q^T$). Esto, entre otras cosas, explica el éxito del método de Householder y el olvido del método de Schmidt.   □

7.4.4 Método de factorización $A=QR$ para sistemas lineales

Igual que hemos hecho con la eliminación de Gauss y la factorización $A = LU$, revisamos el método de eliminación de Householder para presentarlo como método asociado a la factorización $A = QR$ para resolver $Au = QRu = b$ equivalente a los dos sistemas $Qc = b$ y $Ru = c$. Por tanto, el método se desarrolla en las siguientes etapas:

i) Calcular la factorización QR por el método de Householder: se obtiene en la forma $\widetilde{A}_n = W + T - \mathrm{diag}(R)$ y $\alpha = (\alpha_k) = (r_{kk})$.

ii) Resolver $Qc = b$, es decir, calcular $c = Q^T b$.

iii) Resolver, por remonte, $Ru = c$.

La resolución del sistema lineal $Qc = b$ es equivalente al cálculo de $c = Q^T b = (H_{n-1} \cdots H_2 H_1)b$ y, por tanto, se puede calcular secuencialmente en la forma siguiente:

$$b^1 = b, \ \ b^{k+1} = H_k b^k, \ \ k = 1, 2, \ldots, n-1, \ \ b^n = c = Q^T b.$$

Por la forma (7.8) de la matriz H_k, para $k = 1, 2, \ldots, n-1$ podemos poner:

$$b^k = \left(\frac{b^{1,k}}{b^{2,k}} \right); \ \ \ b_{k+1} = H_k b_k = \left(\frac{b^{1,k+1}}{b^{2,k+1}} \right) = \left(\frac{b^{1,k}}{\widetilde{H}_k b^{2,k}} \right).$$

Utilizando la notación habitual $b^k = (b_i^{(k)})$ y el resultado (7.6) para calcular los productos $\widetilde{H}_k b^{2,k}$, $k = 1, 2, \ldots, n-1$ se deduce el siguiente algoritmo.

Algoritmo 7.6 Resolución de $Qc = b$, Q ortogonal, $A = QR$: $c = Q^T b$.

> **procedure** SISTQ$(n, a, b, \Delta, c) \to c$ $\triangleright$ $Qc = b$, c puede sobrescribir b
>   **input** $a = (a_{ij}), b = (b_i), \Delta = (\Delta_i)$ $\triangleright$ $A = W + R - \text{diag}(R)$
> $c \leftarrow b$ $\triangleright$ $\text{diag}(R) = \text{diag}(\Delta_k)$
>   **for** $k = 1, \ldots, n-1$ **do**
> $\beta \leftarrow -\Delta_k a_{kk}$
> $p \leftarrow (\sum_{m=k}^{n} a_{mk} c_m)/\beta$
>   **for** $i = k, \ldots, n$ **do**
> $c_i \leftarrow c_i - p \times a_{ik}$
>   **end for**
>   **end for**
>   **return** $c = (c_i)$
> **end procedure**

Algoritmo 7.7 Resolución de $Ru = c$, $A = QR$.

> **procedure** SISTR$(n, a, c, \Delta, u) \to u$ $\triangleright$ $Ru = c$, u puede sobrescribir c
>   **input** $a = (a_{ij}), b = (b_i), \Delta = (\Delta_i)$ $\triangleright$ $A = W + R - \text{diag}(R)$
> $u_n \leftarrow c_n/\Delta_n$ $\triangleright$ $\text{diag}(R) = \text{diag}(\Delta_k)$
>   **for** $i = n-1, n-2, \ldots, 1$ **do**
> $u_i \leftarrow c_i$
>   **for** $k = i+1, \ldots, n$ **do**
> $u_i \leftarrow u_i - a_{ik} u_k$
>   **end for**
> $u_i \leftarrow u_i/\Delta_i$
>   **end for**
>   **return** $u = (u_i)$
> **end procedure**

Algoritmo 7.8 Método de factorización $A = QR$ para $Au = b$.

> **procedure** P_QRSIST $\triangleright$ Resuelve $Au = QRu = b$: $Qc = b$, $Ru = c$; $\det(A)$
>   **input** $a = (a_{ij}), b = (b_i)$ $\triangleright$ Sobrescribe A
> $a, deter, \Delta \leftarrow$ QRFACT$(n, a, deter, \Delta)$
> $c \leftarrow$ SISTQ(n, a, b, Δ, c)
> $u \leftarrow$ SISTR(n, a, c, Δ, u)
>   **output** $a = (a_{ij})$, $\Delta = (\Delta_k)$ $\triangleright$ $W + R - \text{diag}(R)$, $\text{diag}(R) = \text{diag}(\Delta_k)$
>   **output** $u = (u_i), deter$
> **end procedure**

Algoritmo para la solución de $Qc=b$, Q ortogonal, $A=QR$

– $b_i^{(1)} = b_i$, $1 \leq i \leq n$.

– Para $k = 1, 2, \ldots, n-1$:

$$b_i^{(k+1)} = \begin{cases} b_i^{(k)}, & 1 \leq i \leq k-1, \\ b_i^{(k)} - p^k w_i^{(k)}, \ p^k = \dfrac{1}{\beta_k} \sum_{m=k}^{n} w_m^{(k)} b_m^{(k)}, & k \leq i \leq n. \end{cases}$$

Para el pseudocódigo (véase el algoritmo 7.6) hemos de tener en cuenta la forma en que tenemos almacenada la información que nos permite operar con las matrices Q y R, es decir, la igualdad $\tilde{A}_n = W + T - \text{diag}(R)$ y $\alpha = (\alpha_k) = (r_{kk})$ ya mencionados. De la misma forma, en la aplicación del remonte en el sistema triangular superior $Ru = c$ debemos controlar que los elementos no nulos de R: r_{ij}, $1 \leq i < j \leq n$, están en la parte superdiagonal de $\tilde{A}_n$ y los elementos diagonales en el vector α: $r_{ii} = \alpha_i$, $i = 1, 2, \ldots, n$. El pseudocódigo correspondiente lo presentamos en el algoritmo 7.7. Finalmente, el código del método completo de factorización QR para sistemas lineales $Au = b$ se resume en las tres etapas que se recogen en el algoritmo 7.8.

7.5   Ejercicios

EJERCICIO 7.2. Resolver, manualmente, el siguiente sistema lineal por el método de eliminación de Householder y calcular la factorización $A = QR$.

$$\begin{pmatrix} 1 & -1 & -1 \\ 2 & 0 & 1 \\ -2 & 7 & 1 \end{pmatrix} u = \begin{pmatrix} 3 \\ 0 \\ -4 \end{pmatrix}. \text{ Solución: } u = (1, 0, -2)^T.$$

EJERCICIO 7.3. Realizar la tercera etapa del método de Householder sobre la matriz:

$$A_3 = \begin{pmatrix} 8 & 5 & 2 & 3 & 4 \\ 0 & 7 & 3 & 2 & 9 \\ 0 & 0 & -2 & 0 & 1 \\ 0 & 0 & 1 & 1 & 0 \\ 0 & 0 & -1 & 0 & 0 \end{pmatrix},$$

sin calcular explícitamente la matriz de Householder H_3, tal que $A_4 = H_3 A_3$. Obtén un vector unitario $v \in \mathbb{R}^5$ tal que $H_3 = H(v)$.

EJERCICIO 7.4. *Programa del método de eliminación de Householder.* Siguiendo los pseudocódigos 7.1 y 7.2 se trata de escribir los procedimientos `househ(n,a,b,deter)` y `p_househ` para resolver un sistema de orden n, $Au = b$, por el método de eliminación de Householder y además calcular el $\det(A)$. Verificar el funcionamiento de los programas con distintos ejemplos de sistemas lineales sencillos de solución conocida. También puedes verificar que una norma del residuo $\|Au - b\|$ es muy pequeña.

EJERCICIO 7.5. *Método de factorización QR para sistemas lineales.* Guiándose por el código 7.3 escribir un procedimiento `qrfact(n,a,deter,alfav)` que calcule y devuelva en `a` y `alfav` la factorización $A = QR$ tal como se estudia en este capítulo. También calculará el det(A). A partir de los códigos 7.6 y 7.7 escribir el procedimiento `sistq(n,a,b,alfav,c)` que calcule $c = Q^T b$ [solución de $Qc = b$] y `sistr(n,a,c,alfav,u)` que resuelva $Ru = c$, con Q y R almacenadas en `a` y `alfav`, en la forma estudiada para este método. Finalmente escribir el procedimiento `p_qrsist` (véase el pseudocódigo 7.8) que gestione los datos y llamadas a los procedimientos anteriores y compruebe los resultados con sistemas de solución conocida. Incluir también la verificación de que una norma del residuo $r = Au - b$ es casi nula.

EJERCICIO 7.6. *Método de factorización QR con Matlab.* Utilizar las siguientes instrucciones de Matlab para calcular la factorización $A = QR$ y resolver el sistema lineal $Au = b$: `[Q,R] = qr(A)`, `u=R\(Q'*b)` o bien `X=qr(A)`, `R=triu(X)`, `u=R\(R'\(A'*b))`.

EJERCICIO 7.7. Escribir el programa `p_palu_chol_househ.m` que completa el `p_palu_chol.m` del ejercicio 6.11 y compara los tiempos de cálculo de los métodos de factorización de Gauss con pivote parcial ($PA = LU$), Cholesky y QR para matrices aleatorias, simétricas y definidas positivas, de orden $n = 50, 100, 150, \ldots, 1\,000$, mediante las gráficas $n - t$ correspondientes.

8

Normas y condicionamiento de matrices

El análisis de la propagación de errores en la resolución de sistemas lineales y en la convergencia de los métodos iterativos necesita una medida adecuada. De ahí la necesidad de las normas en el espacio de matrices $\mathcal{M}_{m \times n}(\mathbb{K})$. Por isomorfía, cualquier norma vectorial en el espacio $\mathbb{K}^{m \times n}$ induce una norma en $\mathcal{M}_{m \times n}(\mathbb{K})$, pero las normas matriciales más importantes son las *normas subordinadas* a normas vectoriales.

Son muchos los matemáticos que han desarrollado el concepto de norma a lo largo de la historia, entre los que citamos a Cauchy, Kronecker, Schmidt, Frobenius, Householder y, sin duda, Stefan Banach (1892–1945), matemático polaco que formalizó y generalizó el concepto a un espacio vectorial arbitrario.

Dedicamos la primera parte de este capítulo al estudio de las normas más importantes en el espacio de matrices y, en particular, su relación con el radio espectral de la matriz, de especial relevancia en la convergencia de los métodos iterativos que veremos en el capítulo 9.

La segunda parte del capítulo se dedica al concepto de *condicionamiento de una matriz*, tema imprescindible en el estudio de los métodos numéricos para matrices, aunque el nivel de este manual no nos permite abordarlo en profundidad. Es un concepto directamente relacionado con la estabilidad numérica y la propagación de los errores de redondeo, que puede ser nefasta cuando la matriz está mal condicionada. La idea de matrices (o sistemas lineales) mal condicionados es tan antigua como los propios métodos para resolverlos. Ya Gauss se enfrentó en 1809 a un sistema mal condicionado en el cálculo de la órbita de un asteroide (véase Brezinski–Meurant–Redivo-Zaglia [2023, sec. 1.4]).

El concepto de número de condición de una matriz apareció por primera vez en un trabajo de Goldstine y von Neumann del año 1947, aunque no con ese nombre sino como el cociente entre el mayor y el menor valor propio (sus matrices eran simétricas y definidas positivas). De echo, el primero en utilizar explícitamente el término «número de condición» fue Turing en 1948. La definición moderna como $\|A\|\,\|A^{-1}\|$ fue introducida por Friedrich Ludwig Bauer (1924–2015) en 1966.

Son muchos los matemáticos que se esforzaron, y se esfuerzan, en encontrar métodos para mejorar el condicionamiento de una matriz o «precondicinarla». Damos una idea muy superficial sobre el *precondicionamiento* y el *equilibrado de filas o columnas*, métodos básicos para mejorar el condicionamiento de una matriz.

Para este capítulo nos hemos inspirado esencialmente en STOER–BULIRSCH [1980], CIARLET [1989], KINCAID–CHENEY [1994] y ALLAIRE–KABER [2008].

8.1 Normas en el espacio de matrices

En el análisis numérico es necesario dotar de normas adecuadas al espacio vectorial sobre $\mathbb{K}$ de las matrices de orden $m \times n$: $\mathcal{M}_{m \times n}(\mathbb{K})$. Dado que es un espacio de dimensión finita ya sabemos que todas ellas son equivalentes.

8.1.1 Normas derivadas de normas vectoriales

Un primer grupo de normas en el espacio de matrices surge de identificar el espacio $\mathcal{M}_{m \times n}(\mathbb{K})$ con el espacio vectorial $\mathbb{K}^{mn}$ de la forma obvia siguiente:

$$\mathcal{M}_{m \times n}(\mathbb{K}) \quad \leftrightarrow \quad \mathbb{K}^{mn}$$
$$A = (a_{ij}) \quad \leftrightarrow \quad v_A = (a_{11}, \dots, a_{1n}, a_{21}, \dots, a_{2n}, \dots, a_{m1}, \dots, a_{mn})$$

Entonces, para cualquier norma vectorial $\| \cdot \|$ en $\mathbb{K}^{mn}$ se obtiene una norma en $\mathcal{M}_{m \times n}(\mathbb{K})$ también denotada por $\| \cdot \|$ sin más que poner:

$$\|A\| := \|v_A\|, \text{ para toda matriz } A \in \mathcal{M}_{m \times n}(\mathbb{K}).$$

De esta manera tenemos las tres normas siguientes que derivan de las normas más usuales en $\mathbb{K}^{mn}$:

a) $\|A\| := \|v_A\|_1 = \displaystyle\sum_{i=1}^{m} \sum_{j=1}^{n} |a_{ij}|$.

b) $\|A\| := \|v_A\|_\infty = \max\{|a_{ij}| : 1 \le i \le m, 1 \le j \le n\}$.

c) $\|A\|_S = \|A\|_E = \|A\|_F = \|v_A\|_2 = \left[\displaystyle\sum_{i=1}^{m} \sum_{j=1}^{n} |a_{ij}|^2 \right]^{1/2}$ (norma de Schur, norma euclídea o norma de Frobenius).

Observación 8.1. Aunque parecerían lógicas las notaciones $\|A\|_1, \|A\|_\infty, \|A\|_2$ no se utilizan para estas normas y se reservan para las que definimos a continuación como subordinadas a las correspondientes normas vectoriales $\| \cdot \|_1, \| \cdot \|_\infty, \| \cdot \|_2$ en $\mathbb{K}^{mn}$. $\square$

8.1.2   Normas subordinadas a normas vectoriales

Un segundo grupo muy importante de normas en $\mathcal{M}_{m \times n}(\mathbb{K})$ viene de la identificación que ya hemos hecho de este espacio con el de las aplicaciones lineales $\mathcal{L}(\mathbb{K}^n, \mathbb{K}^m)$ que a su vez coincide con el de las aplicaciones lineales y *continuas* de $\mathbb{K}^n$ en $\mathbb{K}^m$, cualesquiera que sean las normas utilizadas en $\mathbb{K}^n$ y $\mathbb{K}^m$ (consecuencia del teorema de Hausdorff que asegura que todas las normas en un espacio de dimensión finita son equivalentes). Es posible considerar una norma en $\mathbb{K}^n$ y otra distinta en $\mathbb{K}^m$, pero, dado que no hay ningún cambio sustancial, ni teórico ni práctico, *para simplificar la exposición supondremos la misma norma en ambos espacios.*

Definición 8.1. *La norma de una aplicación lineal y continua $L \in \mathcal{L}(\mathbb{K}^n, \mathbb{K}^m)$ se define por cualquiera de las siguientes expresiones equivalentes:*

$$\|L\| := \sup_{v \in \mathbb{K}^n - \{\theta\}} \frac{\|L(v)\|}{\|v\|} = \sup_{v \in \mathbb{K}^n, \|v\| \leq 1} \|L(v)\| = \sup_{v \in \mathbb{K}^n, \|v\| = 1} \|L(v)\|.$$

Observación 8.2. Es un interesante ejercicio de análisis matemático comprobar que en la definición anterior podemos cambiar sup por max, dado que la bola $B[\theta, 1]$ es compacta en $\mathbb{K}^n$ y, por tanto, la aplicación continua $v \to \|L(v)\| \in \mathbb{R}$ alcanza su máximo:

$$\|L\| := \max_{v \in \mathbb{K}^n - \{\theta\}} \frac{\|L(v)\|}{\|v\|} = \max_{v \in \mathbb{K}^n, \|v\| \leq 1} \|L(v)\| = \max_{v \in \mathbb{K}^n, \|v\| = 1} \|L(v)\|.$$

Es importante recordar que este cambio *no se puede hacer, en general*, en la definición de norma de aplicaciones lineales y continuas entre espacios normados de dimensión infinita. $\square$

En particular, dada una matriz $A \in \mathcal{M}_{m \times n}(\mathbb{K})$, una norma de la aplicación lineal asociada,

$$L_A : \mathbb{K}^n \ni v \longrightarrow L_A(v) := Av \in \mathbb{K}^m,$$

sirve para definir una norma de la matriz A, de la manera siguiente.

Definición 8.2 (Norma en $\mathcal{M}_{m \times n}(\mathbb{K})$ subordinada a una norma vectorial en $\mathbb{K}^n$ y $\mathbb{K}^m$). *Se define la norma $\|\cdot\|$ en $\mathcal{M}_{m \times n}(\mathbb{K})$, subordinada a la norma vectorial $\|\cdot\|$ en $\mathbb{K}^n$ y $\mathbb{K}^m$, como la aplicación:*

$$\|\cdot\| : \mathcal{M}_{m \times n}(\mathbb{K}) \ni A \longrightarrow \|A\| := \|L_A\| \in \mathbb{R}^+.$$

Por tanto, la norma subordinada tiene las siguientes expresiones:

$$\|A\| = \max_{v \in \mathbb{K}^n - \{\theta\}} \frac{\|Av\|}{\|v\|} = \max_{v \in \mathbb{K}^n, \|v\| \leq 1} \|Av\| = \max_{v \in \mathbb{K}^n, \|v\| = 1} \|Av\|.$$

Normas subordinadas $\| \cdot \|_1$, $\| \cdot \|_\infty$ y $\| \cdot \|_2$ en $\mathcal{M}_{m \times n}(\mathbb{K})$

Las normas subordinadas más importantes en el espacio de matrices $\mathcal{M}_{m \times n}(\mathbb{K})$ son las subordinadas a la normas vectoriales $\| \cdot \|_1$, $\| \cdot \|_2$ e $\| \cdot \|_\infty$ en $\mathbb{K}^n$ y $\mathbb{K}^m$ y que denotamos de la misma forma. De este modo, para $A \in \mathcal{M}_{m \times n}(\mathbb{K})$ tenemos:

$$\|A\|_1 = \max_{v \in \mathbb{K}^n - \{\theta\}} \frac{\|Av\|_1}{\|v\|_1}; \quad \|A\|_\infty = \max_{v \in \mathbb{K}^n - \{\theta\}} \frac{\|Av\|_\infty}{\|v\|_\infty}; \quad \|A\|_2 = \max_{v \in \mathbb{K}^n - \{\theta\}} \frac{\|Av\|_2}{\|v\|_2}.$$

Observación 8.3. Aunque no son de uso tan habitual como las anteriores también se puede definir la norma $\|A\|_p$ para cualquier $p \in \mathbb{R}$, $p \geq 1$:

$$\|A\|_p = \max_{v \in \mathbb{K}^n - \{\theta\}} \frac{\|Av\|_p}{\|v\|_p}.$$

EJERCICIO 8.1. Probar que de las desigualdades de equivalencia entre normas vectoriales (2.1) se deducen las siguientes equivalencias entre las normas subordinadas de matrices cuadradas $A \in \mathcal{M}_{n \times n}(\mathbb{K})$:

$$\begin{array}{ccccc} n^{-1/p}\|A\|_\infty & \leq & \|A\|_p & \leq & n^{1/p}\|A\|_\infty, \\ n^{-1/2}\|A\|_2 & \leq & \|A\|_1 & \leq & n^{1/2}\|A\|_2. \end{array} \qquad (8.1)$$

A continuación probaremos que la norma 1 y la norma ∞ son muy fáciles de calcular para cualquier matriz, pero no ocurre lo mismo con la norma 2.

EJERCICIO 8.2. Probar que para $A = (A_{ij}) \in \mathcal{M}_{m \times n}(\mathbb{K})$ se tiene:

$$i) \quad \|A\|_1 = \max_{v \in \mathbb{K}^n - \{\theta\}} \frac{\|Av\|_1}{\|v\|_1} = \max_{1 \leq j \leq n} \sum_{i=1}^{m} |a_{ij}|,$$

$$ii) \quad \|A\|_\infty = \max_{v \in \mathbb{K}^n - \{\theta\}} \frac{\|Av\|_\infty}{\|v\|_\infty} = \max_{1 \leq i \leq m} \sum_{j=1}^{n} |a_{ij}|,$$

$$iii) \quad \|A\|_2 = \max_{v \in \mathbb{K}^n - \{\theta\}} \frac{\|Av\|_2}{\|v\|_2} = [\rho(A^* A)]^{1/2}.$$

Solución. i) Para $v = (v_1, v_2, \ldots, v_n)^T \in \mathbb{K}^n$, arbitrario, se tiene:

$$\|Av\|_1 = \left\| \begin{pmatrix} \sum_{j=1}^{n} a_{1j} v_j \\ \vdots \\ \sum_{j=1}^{n} a_{mj} v_j \end{pmatrix} \right\|_1 = \sum_{i=1}^{m} | \sum_{j=1}^{n} a_{ij} v_j | \leq \sum_{j=1}^{n} | v_j | \sum_{i=1}^{m} | a_{ij} |$$

$$\leq \left(\max_{1 \leq j \leq n} \sum_{i=1}^{m} | a_{ij} | \right) \|v\|_1.$$

Deducimos entonces que:

$$\|A\|_1 \leq \max_{1 \leq j \leq n} \sum_{i=1}^{m} |a_{ij}| .$$

Para demostrar la igualdad bastará encontrar un vector u para el cual

$$\|Au\|_1 = \left(\max_{1 \leq j \leq n} \sum_{i=1}^{m} |a_{ij}| \right) \|u\|_1.$$

Supongamos que $k \in \{1, 2, \ldots, n\}$ es un índice tal que:

$$\max_{1 \leq j \leq m} \sum_{i=1}^{m} |a_{ij}| = \sum_{i=1}^{m} |a_{ik}| .$$

Bastará entonces tomar $u = e_k = (\delta_{ik})$. En efecto, tendríamos:

$$\|u\|_1 = 1; \quad Au = (a_{1k}, a_{2k}, \ldots, a_{nk})^T; \quad \|Au\|_1 = \sum_{i=1}^{m} |a_{ik}| = \max_{1 \leq j \leq n} \sum_{i=1}^{m} |a_{ij}| .$$

ii) De la misma forma

$$\|Av\|_\infty = \left\| \begin{pmatrix} \sum_{j=1}^{n} a_{1j} v_j \\ \vdots \\ \sum_{j=1}^{n} a_{mj} v_j \end{pmatrix} \right\|_\infty = \max_{1 \leq i \leq m} |\sum_{j=1}^{n} a_{ij} v_j |$$

$$\leq \left(\max_{1 \leq i \leq m} \sum_{j=1}^{n} |a_{ij}| \right) \left(\max_{1 \leq j \leq n} |v_j| \right) = \left(\max_{1 \leq i \leq m} \sum_{j=1}^{n} |a_{ij}| \right) \|v\|_\infty.$$

Encontraremos ahora un vector u para el cual

$$\|Au\|_\infty = \left(\max_{1 \leq i \leq m} \sum_{j=1}^{n} |a_{ij}| \right) \|u\|_\infty.$$

Sea $k \in \{1, 2, \ldots, m\}$ un índice para el cual

$$\max_{1 \leq i \leq m} \sum_{j=1}^{n} |a_{ij}| = \sum_{j=1}^{n} |a_{kj}| .$$

El siguiente vector $u = (u_j) \in \mathbb{K}^n$ cumple la propiedad que queremos:

$$u_j = \begin{cases} \dfrac{\overline{a_{kj}}}{|a_{kj}|}, & \text{si } a_{kj} \neq 0, \\ 1, & \text{si } a_{kj} = 0. \end{cases}$$

Obsérvese que si la matriz A es *real* el vector $u = (u_j)$ es el siguiente:

$$u_j = \begin{cases} 1 & \text{si } a_{kj} \geq 0, \\ -1, & \text{si } a_{kj} < 0. \end{cases}$$

En efecto, es obvio que $\|u\|_\infty = 1$. Calculamos ahora $\|Au\|_\infty$. Supongamos que todos los elementos de la fila k-ésima de A sean distintos de cero. Entonces:

$$Au = \begin{pmatrix} \sum_{j=1}^{n} a_{1j} u_j \\ \vdots \\ \sum_{j=1}^{n} a_{kj} u_j \\ \vdots \\ \sum_{j=1}^{n} a_{mj} u_j \end{pmatrix} = \begin{pmatrix} \sum_{j=1}^{n} a_{1j} \dfrac{\overline{a}_{kj}}{|a_{kj}|} \\ \vdots \\ \sum_{j=1}^{n} a_{kj} \dfrac{\overline{a}_{kj}}{|a_{kj}|} \\ \vdots \\ \sum_{j=1}^{n} a_{mj} \dfrac{\overline{a}_{kj}}{|a_{kj}|} \end{pmatrix} = \begin{pmatrix} \sum_{j=1}^{n} a_{1j} \dfrac{\overline{a}_{kj}}{|a_{kj}|} \\ \vdots \\ \sum_{j=1}^{n} |a_{kj}| \\ \vdots \\ \sum_{j=1}^{n} a_{mj} \dfrac{\overline{a}_{kj}}{|a_{kj}|} \end{pmatrix}.$$

Por tanto, para $i = 1, 2, \ldots, m$:

$$|(Au)_i| = \left| \sum_{j=1}^{n} a_{ij} \frac{\overline{a}_{kj}}{|a_{kj}|} \right| \leq \sum_{j=1}^{n} |a_{ij}|.$$

Pero, en el caso de $i = k$, tenemos además:

$$|(Au)_k| = \sum_{j=1}^{n} |a_{kj}|.$$

Por todo ello, se concluye que:

$$\|Au\|_\infty = \max_{1 \leq i \leq m} |(Au)_i| = \sum_{j=1}^{n} |a_{kj}| = \max_{1 \leq i \leq m} \sum_{j=1}^{n} |a_{ij}|,$$

y finalmente,

$$\frac{\|Au\|_\infty}{\|u\|_\infty} = \max_{1 \leq i \leq m} \sum_{j=1}^{n} |a_{ij}|,$$

como queríamos demostrar.

En el caso en que algún elemento de la fila k-ésima de A fuese nulo, el cálculo anterior sería el mismo con tal de sustituir $\dfrac{\overline{a}_{kj}}{|a_{kj}|}$ por 1, lo que no afecta al cálculo de $\|Au\|_\infty$.

iii) La caracterización de la norma $\|\cdot\|_2$ en $\mathcal{M}_{m \times n}(\mathbb{K})$ se hace a partir del ejercicio 2.18 de los cocientes de Rayleigh. En efecto, de la propia definición de la norma subordinada $\|A\|_2$ se tiene:

$$\|A\|_2^2 = \max_{v \in \mathbb{K}^n - \{\theta\}} \frac{\|Av\|_2^2}{\|v\|_2^2} = \max_{v \in \mathbb{K}^n - \{\theta\}} \frac{v^* A^* A v}{v^* v} = \rho(A^* A). \qquad \Box$$

Observación 8.4. En el caso de las *matrices cuadradas* $\mathcal{M}_{n \times n}(\mathbb{K})$ se tiene,

$$A \in \mathcal{M}_{n \times n}(\mathbb{K}) : \|A\|_2 = [\rho(A^* A)]^{1/2} = [\rho(AA^*)]^{1/2}.$$

Basta tener en cuenta que, por ser A y A^* matrices cuadradas, se tiene $\mathrm{Sp}(A^* A) = \mathrm{Sp}(AA^*)$ (véase el ejercicio 2.14) y, por tanto, $\rho(A^* A) = \rho(AA^*)$. *Atención: no confundir este resultado con la igualdad de las matrices pues, salvo para las matrices normales, se tiene $A^* A \neq AA^*$.* $\qquad \Box$

EJERCICIO 8.3. Probar que en el caso de las matrices cuadradas $\mathcal{M}_{n \times n}(\mathbb{K})$ se tiene:

i) La norma $\| \cdot \|_2$ es invariante por transformaciones unitarias: si U es una matriz unitaria $(UU^* = U^* U = I)$, entonces, para toda matriz $A \in \mathcal{M}_{n \times n}(\mathbb{K})$:

$$\|A\|_2 = \|AU\|_2 = \|UA\|_2 = \|U^* AU\|_2.$$

ii) Si A es normal $(A^* A = AA^*)$ (en particular hermitiana), entonces: $\|A\|_2 = \rho(A)$.

iii) Si A es una matriz unitaria: $\|A\|_2 = 1$.

Solución. i) Si U es unitaria $(U^* = U^{-1})$ entonces, por semejanza de matrices, tenemos:

$$\rho(A^* A) = \rho(U^* A^* AU) = \rho(A^* U^* UA) = \rho(U^* A^* UU^* AU),$$

o sea:

$$\|A\|_2^2 = \|AU\|_2^2 = \|UA\|_2^2 = \|U^* AU\|_2^2.$$

ii) Por el teorema 2.7, de triangulación de Schur, si A es normal existe una matriz unitaria U tal que

$$U^* AU = D = \mathrm{diag}(\lambda_1, \lambda_2, \ldots, \lambda_n),$$

siendo $\lambda_1, \lambda_2, \ldots, \lambda_n$ los valores propios de A. Aplicando el resultado anterior:

$$\|A\|_2 = \|U^* AU\|_2 = \|D\|_2 = [\rho(D^* D)]^{1/2} = [\max_{1 \leq i \leq n} |\lambda_i|^2]^{1/2} = \rho(A).$$

iii) Si A es unitaria: $\|A\|_2^2 = \rho(A^* A) = \rho(I) = 1$. $\qquad \Box$

EJEMPLO 8.1. Para la matriz simétrica siguiente tenemos:

$$A = \begin{pmatrix} 3 & 4 & 0 \\ 4 & -1 & 0 \\ 0 & 0 & -2 \end{pmatrix},$$

$$\|A\|_1 = \max\{7, 5, 2\} = 7; \quad \|A\|_\infty = \max\{7, 5, 2\} = 7;$$

$$\|A\|_2 = \rho(A) = 1 + 2\sqrt{5} \simeq 5.472; \quad \|A\|_S = \sqrt{46} \simeq 6.782. \qquad \Box$$

En el caso de matrices cuadradas de $\mathcal{M}_{n \times n}(\mathbb{K})$, los siguientes resultados elementales de normas subordinadas serán de interés en las secciones siguientes y en el estudio de métodos iterativos para sistemas lineales.

EJERCICIO 8.4. Probar que toda norma $\| \cdot \|$ en el espacio de las matrices cuadradas de orden n, $\mathcal{M}_{n \times n}(\mathbb{K})$, subordinada a una norma vectorial $\| \cdot \|$ en $\mathbb{K}^n$, verifica:

a) $\|I\| = 1$.

b) Para toda matriz $A \in \mathcal{M}_{n \times n}(\mathbb{K})$ invertible: $\|A^{-1}\| \geq \|A\|^{-1}$.

Solución. En efecto:

$$\|I\| = \max_{v \in \mathbb{K}^n - \{\theta\}} \frac{\|Iv\|}{\|v\|} = 1.$$

Además, puesto que la norma subordinada verifica $\|Av\| \leq \|A\|\|v\|$ para todo $v \in \mathbb{K}^n$, se tiene para todo $v \neq \theta$:

$$\|v\| = \|A^{-1}(Av)\| \leq \|A^{-1}\| \|Av\| \leq \|A^{-1}\| \|A\| \|v\|,$$

de donde se concluye $\|A^{-1}\| \|A\| \geq 1$. □

Observación 8.5. Dado que $\mathbb{R} \subset \mathbb{C}$ una matriz de $\mathcal{M}_{n \times n}(\mathbb{R})$ puede ser vista también como una matriz de $\mathcal{M}_{n \times n}(\mathbb{C})$. Si $\| \cdot \|_{\mathbb{C}}$ es una norma vectorial en $\mathbb{C}^n$, su restricción a $\mathbb{R}^n$ es una norma vectorial en $\mathbb{R}^n$, que denotamos $\| \cdot \|_{\mathbb{R}}$. Para una matriz A de $\mathcal{M}_{n \times n}(\mathbb{R})$ podemos definir dos normas $\|A\|_{\mathbb{C}}$ y $\|A\|_{\mathbb{R}}$ como sigue:

$$\|A\|_{\mathbb{C}} = \max_{v \in \mathbb{C}^n - \{\theta\}} \frac{\|Av\|_{\mathbb{C}}}{\|v\|_{\mathbb{C}}}; \quad \|A\|_{\mathbb{R}} = \max_{v \in \mathbb{R}^n - \{\theta\}} \frac{\|Av\|_{\mathbb{R}}}{\|v\|_{\mathbb{R}}}.$$

A primera vista, ambas definiciones parecen distintas. Gracias a las fórmulas explícitas del ejercicio 8.2, vemos que ambas coinciden para las normas vectoriales $\|v\|_1$, $\|v\|_2$ y $\|v\|_\infty$. Sin embargo, para otras normas vectoriales podemos tener $\|A\|_{\mathbb{C}} > \|A\|_{\mathbb{R}}$. Dado que algunos resultados, como el de triangulación de Schur, solo se formulan para matrices complejas, es conveniente considerar que todas las normas subordinadas son evaluadas en $\mathcal{M}_{n \times n}(\mathbb{C})$, incluso para matrices reales. Esto es esencial, por ejemplo, en la proposición 8.2. □

El siguiente resultado elemental relaciona la norma subordinada de una matriz cuadrada con su radio espectral. De hecho, probamos que $\rho(A) \leq \|A\|$ para cualquier norma subordinada en $\mathcal{M}_{n \times n}(\mathbb{K})$, lo que prueba que *sus valores propios están todos en un círculo del plano complejo de centro θ y radio $\|A\|$*); pero, después, probamos un resultado más fuerte: que $\rho(A)$ *está tan próximo como queramos a una norma subordinada*. Nótese, de paso, que $\rho(A)$ no es una norma en $\mathcal{M}_{n \times n}(\mathbb{C})$: en efecto, cualquier matriz $T \neq O$, triangular con elementos diagonales $t_{ii} = 0$, $1 \leq i \leq n$, tendría $\rho(T) = 0$.

Proposición 8.1. *Si* $\| \cdot \|$ *es una norma subordinada en* $\mathcal{M}_{n \times n}(\mathbb{C})$ *a una norma vectorial* $\| \cdot \|$ *en* $\mathbb{C}^n$, *entonces para cualquier matriz* $A \in \mathcal{M}_{n \times n}(\mathbb{C})$:

$$\rho(A) \leq \|A\|.$$

Demostración. Si λ es un valor propio cualquiera de A existe un vector $p \in \mathbb{C}^n$ tal que $p \neq \theta$ y $Ap = \lambda p$. Por tanto,

$$\|A\| = \max_{v \in \mathbb{C}^n - \{\theta\}} \frac{\|Av\|}{\|v\|} \geq \frac{\|Ap\|}{\|p\|} = \frac{|\lambda| \|p\|}{\|p\|} = |\lambda|,$$

de donde se concluye el resultado pues $\rho(A)$ es el máximo de los módulos de los valores propios de A. $\qquad\square$

Proposición 8.2. *Para cualquier matriz* $A \in \mathcal{M}_{n \times n}(\mathbb{C})$ *y cualquier* $\varepsilon > 0$, *existe una norma subordinada en* $\mathcal{M}_{n \times n}(\mathbb{C})$ *(que depende de A y de ε) tal que*

$$\|A\| < \rho(A) + \varepsilon.$$

Más concisamente:

$$\rho(A) = \inf\{\|A\| : \| \cdot \| \text{ norma subordinada en } \mathcal{M}_{n \times n}(\mathbb{C})\}.$$

Demostración. Adaptamos las demostraciones de ALLAIRE–KABER [2008] y CIARLET [1982]. Utilizamos el teorema de Schur (teorema 2.7) que nos asegura que existe una matriz unitaria U tal que $T = U^{-1}AU = U^*AU$ es triangular:

$$\begin{pmatrix} t_{11} & t_{12} & \cdots & t_{1n} \\ 0 & \ddots & & \vdots \\ \vdots & \ddots & \ddots & t_{n-1,n} \\ 0 & \cdots & 0 & t_{nn} \end{pmatrix},$$

de modo que los coeficientes diagonales t_{ii}, $1 \leq i \leq n$, son los valores propios de A. Para cualquier número $\delta > 0$, dado, introducimos la matriz diagonal $D_\delta = \operatorname{diag}(1, \delta, \delta^2, \ldots, \delta^{n-1})$ y definimos la matriz $T_\delta = (UD_\delta)^{-1}A(UD_\delta) = D_\delta^{-1}TD_\delta$. Se tiene:

$$T_\delta = \begin{pmatrix} t_{11} & \delta t_{12} & \cdots & \delta^{n-1}t_{1n} \\ 0 & \ddots & & \vdots \\ \vdots & \ddots & \ddots & \delta t_{n-1,n} \\ 0 & \cdots & 0 & t_{nn} \end{pmatrix}.$$

Dado $\varepsilon > 0$, podemos elegir δ suficientemente pequeño para que los elementos extradiagonales de T_δ sean también pequeños y verifiquen:

$$\sum_{j=i+1}^{n} |(T_\delta)_{ij}| = \sum_{j=i+1}^{n} \delta^{j-i}|t_{ij}| \leq \varepsilon, \text{ para } 1 \leq i \leq n - 1.$$

Dado que los elementos t_{ii} son los valores propios de T_δ, que es semejante a A, deducimos que:

$$\|T_\delta\|_\infty = \max_{1 \le i \le n} \{|t_{ii}| + \sum_{j=i+1}^{n} |(T_\delta)_{ij}|\} \le \rho(A) + \varepsilon.$$

Concluimos, entonces, que la aplicación

$$\mathcal{M}_{n \times n}(\mathbb{C}) \ni B \longrightarrow \|B\| = \|(UD_\delta)^{-1} A(UD_\delta)\|_\infty$$

es una norma subordinada (que depende de A y ε) que verifica $\|A\| \le \rho(A) + \varepsilon$, quedando así probado el resultado. $\qquad\square$

8.1.3   Normas compatibles con una norma vectorial

Definición 8.3. *Una norma* $\| \cdot \|$ *en* $\mathcal{M}_{m \times n}(\mathbb{K})$ *se dice compatible con la norma vectorial* $\| \cdot \|$ *en* $\mathbb{K}^n$ *y* $\mathbb{K}^m$ *si verifica la siguiente propiedad:*

$$\|Av\| \le \|A\|\, \|v\|, \quad \text{para todo } v \in \mathbb{K}^n \text{y para toda } A \in \mathcal{M}_{m \times n}(\mathbb{K}).$$

De la propia definición de norma subordinada se deduce la siguiente conclusión.

Proposición 8.3. *Toda norma en* $\mathcal{M}_{m \times n}(\mathbb{K})$ *subordinada a una norma vectorial en* $\mathbb{K}^n$ *y* $\mathbb{K}^m$ *es compatible con dicha norma.*

Vemos en seguida que existen normas compatibles con una norma vectorial y que no son subordinadas a esa norma ni a ninguna otra.

EJERCICIO 8.5. Probar que la norma de Schur en $\mathcal{M}_{n \times n}(\mathbb{K})$ es compatible con la norma vectorial $\| \cdot \|_2$, pero no es subordinada a ninguna norma vectorial.

Solución. Recordamos que para $A = (a_{ij})$ se define:

$$\|A\|_S = \left[\sum_{i=1}^{n} \sum_{j=1}^{n} |a_{ij}|^2 \right]^{1/2} = [\text{tr}(A^*A)]^{1/2}.$$

Utilizando la desigualdad de Cauchy–Schwarz en $\mathbb{K}^n$, $|(u,v)|^2 \le (u,u)(v,v)$, para todo $u,v \in \mathbb{K}^n$, se tiene la siguiente desigualdad que prueba la compatibilidad con la norma 2:

$$
\begin{aligned}
\|Av\|_2^2 &= \sum_{i=1}^{n} |(Av)_i|^2 = \sum_{i=1}^{n} |\sum_{j=1}^{n} a_{ij}v_j|^2 \le \sum_{i=1}^{n} \left(\sum_{j=1}^{n} |a_{ij}||v_j| \right)^2 \\
&\le \sum_{i=1}^{n} \left(\sum_{j=1}^{n} |a_{ij}|^2 \sum_{j=1}^{n} |v_j|^2 \right) = \left(\sum_{i=1}^{n} \sum_{j=1}^{n} |a_{ij}|^2 \right) \left(\sum_{j=1}^{n} |v_j|^2 \right) \\
&= \|A\|_S^2 \|v\|_2^2.
\end{aligned}
$$

Por otra parte para $n > 1$, tenemos $\|I\|_S = \sqrt{n} \ne 1$. Por tanto, la norma de Schur no puede ser subordinada a ninguna norma vectorial (ejercicio 8.4). $\qquad\square$

EJERCICIO 8.6. Probar que el resultado de la proposición 8.1 es cierto para normas compatibles: $\rho(A) \leq \|A\|$, para cualquier norma compatible en $\mathcal{M}_{n \times n}(\mathbb{K})$.

Solución. En efecto, si λ es un valor propio cualquiera de A existe un vector $p \in \mathbb{C}^n$ tal que $p \neq \theta$ y $Ap = \lambda p$. De ahí que, $\mid \lambda \mid \|p\| = \|Ap\| \leq \|A\| \|p\|$, de donde se concluye que $\mid \lambda \mid \leq \|A\|$. $\qquad \square$

8.1.4 Normas multiplicativas

Definición 8.4. *Una norma* $\| \cdot \|$ *en el espacio de las matrices cuadradas* $\mathcal{M}_{n \times n}(\mathbb{K})$ *se dice multiplicativa si*

$$\|AB\| \leq \|A\| \|B\|, \ \text{para toda } A, B \in \mathcal{M}_{n \times n}(\mathbb{K}).$$

Observación 8.6. Las normas multiplicativas también se llaman «matriciales», aunque este nombre lleva a confusiones y preferimos usarlo como sinónimo de «normas en el espacio de matrices». $\qquad \square$

La siguiente proposición nos da una primera familia de normas multiplicativas.

Proposición 8.4. *Toda norma* $\| \cdot \|$ *en* $\mathcal{M}_{n \times n}(\mathbb{K})$ *subordinada a una norma vectorial* $\| \cdot \|$ *en* $\mathbb{K}^n$ *es multiplicativa.*

Demostración. En efecto, utilizando la definición y teniendo en cuenta que las normas subordinadas son compatibles, para $A, B \in \mathcal{M}_{n \times n}(\mathbb{K})$, tendremos:

$$\|AB\| = \max_{v \in \mathbb{K}^n - \{\theta\}} \frac{\|ABv\|}{\|v\|} \leq \max_{v \in \mathbb{K}^n - \{\theta\}} \frac{\|A\| \|Bv\|}{\|v\|} = \|A\| \|B\|. \qquad \square$$

A continuación probaremos que toda norma multiplicativa es compatible, pero antes necesitamos probar que toda norma multiplicativa está minorada por una norma subordinada.

Proposición 8.5. *Si* $\| \cdot \|$ *es una norma multiplicativa en* $\mathcal{M}_{n \times n}(\mathbb{K})$, *entonces existe una norma vectorial* $\| \cdot \|^*$ *en* $\mathbb{K}^n$ *tal que la norma subordinada correspondiente en* $\mathcal{M}_{n \times n}(\mathbb{K})$, *también designada por* $\| \cdot \|^*$, *verifica:*

$$\|A\|^* \leq \|A\|, \ \text{para toda } A \in \mathcal{M}_{n \times n}(\mathbb{K}).$$

Demostración. La norma vectorial que buscamos es la siguiente:

$$\| \cdot \|^* : \mathbb{K}^n \ni v \longrightarrow \|v\|^* := \|V\| \in \mathbb{R}, \ \text{donde } V = (v|\theta| \cdots |\theta) \in \mathcal{M}_{n \times n}(\mathbb{K}).$$

Es fácil probar que la aplicación anterior es una norma y se tiene para $v \in \mathbb{K}^n$ arbitrario:

$$\frac{\|Av\|^*}{\|v\|^*} = \frac{\|(Av|\theta| \cdots |\theta)\|}{\|(v|\theta| \cdots |\theta)\|} = \frac{\|A(v|\theta| \cdots |\theta)\|}{\|(v|\theta| \cdots |\theta)\|} = \frac{\|AV\|}{\|V\|} \leq \frac{\|A\| \|V\|}{\|V\|} = \|A\|.$$

Se deduce entonces para la norma subordinada a $\| \cdot \|^*$:

$$\|A\|^* = \max_{v \in \mathbb{K}^n - \{\theta\}} \frac{\|Av\|^*}{\|v\|^*} \leq \|A\|.$$ □

Proposición 8.6. *Toda norma $\| \cdot \|$ multiplicativa en $\mathcal{M}_{n \times n}(\mathbb{K})$ es compatible con alguna norma vectorial en $\mathbb{K}^n$.*

Demostración. Aplicando la proposición anterior tendremos para cualquier $v \in \mathbb{K}^n$:

$$\|Av\|^* \leq \|A\|^* \|v\|^* \leq \|A\| \|v\|^*.$$

Por tanto, la norma $\| \cdot \|$ es compatible con la norma vectorial $\| \cdot \|^*$.   □

Observación 8.7. Para fijar las relaciones de inclusión de los distintos conjuntos de normas es interesante observar la figura 8.1.   □

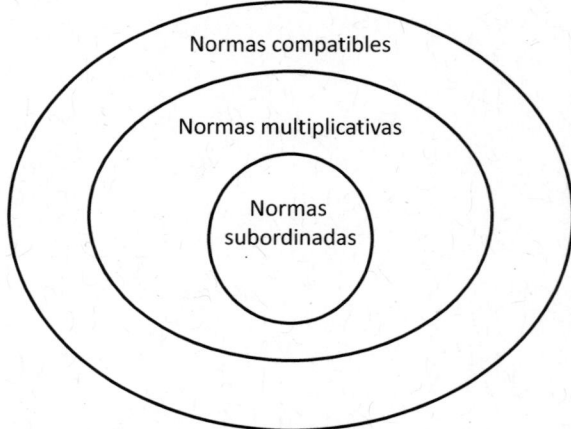

Figura 8.1: Relación entre distintos conjuntos de normas en $\mathcal{M}_{n \times n}(\mathbb{K})$.

8.1.5   Convergencia y continuidad

En esta sección recordamos algunas implicaciones que tiene la estructura de espacio normado de la que hemos dotado a $\mathcal{M}_{m \times n}(\mathbb{K})$ y, por ende, de espacio métrico. Dado que es de dimensión finita todas las normas son equivalentes y todas las cuestiones relacionadas con la convergencia y la continuidad no dependen de la norma considerada. Así, *una sucesión de matrices $\{A_k = (a_{ij}^{(k)})\}_{k \geq 0}$ del espacio $\mathcal{M}_{m \times n}(\mathbb{K})$ se dice convergente a una matriz $A = (a_{ij}) \in \mathcal{M}_{n \times n}(\mathbb{K})$ ($\lim_{k \to +\infty} A_k = A$) si la sucesión de números reales $\{\|A_k - A\|\}_{k \geq 0}$ converge a 0: $\lim_{k \to +\infty} \|A_k - A\| = 0$.*

Utilizando en $\mathcal{M}_{m \times n}(\mathbb{K})$ la norma $\|A\| = \max\{|a_{ij}| : 1 \leq i \leq m, 1 \leq j \leq n\}$, es inmediato probar que $\lim_{k \to +\infty} A_k = A$ si y solo si $\lim_{k \to +\infty} a_{ij}^{(k)} = a_{ij}$, para cada $1 \leq i \leq m$ y $1 \leq j \leq n$.

EJEMPLO 8.2.
$$\lim_{k \to +\infty} \begin{pmatrix} \dfrac{1}{k} & \dfrac{3k+1}{k} \\ \dfrac{k^2+1}{k^3} & \dfrac{k+1}{k} \end{pmatrix} = \begin{pmatrix} 0 & 3 \\ 0 & 1 \end{pmatrix}.$$ □

De la misma manera una serie infinita de matrices en $\mathcal{M}_{n \times n}(\mathbb{K})$, $\sum_{k=1}^{\infty} A_k$, se dice convergente a A ($\sum_{k=1}^{\infty} A_k = A$) si la sucesión de sumas parciales $S_r = \sum_{k=1}^{r} A_k$ converge a A cuando $r \to \infty$. Se deduce entonces que $\sum_{k=1}^{\infty} A_k = A$ si y solo si $\sum_{k=1}^{\infty} a_{ij}^{(k)} = a_{ij}$, para cada $1 \le i \le m, 1 \le j \le n$.

Recordamos que una aplicación $A : \mathbb{R} \ni t \longrightarrow A(t) = (a_{ij}(t)) \in \mathcal{M}_{m \times n}(\mathbb{K})$ se dice continua en t_0 si $\lim_{t \to t_0} \|A(t) - A(t_0)\| = 0$. Análogamente, se tiene que $A(t)$ es continua en t_0 si y solo si son continuas en t_0 las funciones reales de variable real $a_{ij}(t)$, $1 \le i \le m$, $1 \le j \le n$.

EJEMPLO 8.3. La aplicación siguiente es continua en todo $t_0 \in \mathbb{R}^+$:

$$
A : \mathbb{R}^+ \ni t \longrightarrow A(t) = \begin{pmatrix} \dfrac{t^2 - 1}{t + 1} & t^2 \\ \operatorname{sen} t & \exp t \end{pmatrix} \in \mathcal{M}_{2 \times 2}(\mathbb{R}). \qquad \square
$$

Terminamos la sección con el siguiente teorema que resulta fundamental en la caracterización de los métodos iterativos para sistemas lineales que estudiaremos posteriormente, lo que justifica utilizar la notación B en lugar de A para la matriz.

Teorema 8.1. *Sea $B \in \mathcal{M}_{n \times n}(\mathbb{R})$. Las condiciones siguientes son equivalentes:*

i) $\lim_{k \to +\infty} B^k v = \theta$, *para todo $v \in \mathbb{R}^n$,*

ii) El radio espectral de B es menor que 1: $\rho(B) < 1$,

iii) Al menos para una norma matricial subordinada se tiene: $\|B\| < 1$,

iv) $\lim_{k \to +\infty} B^k = O$,

v) La matriz $I - B$ es invertible y se tiene

$$
(I - B)^{-1} = \sum_{k=0}^{\infty} B^k.
$$

Demostración. i) $\Rightarrow$ ii). Es obvio que la condición *i)* es equivalente a

$$
\lim_{k \to +\infty} B^k v = \theta, \text{ para todo } v \in \mathbb{C}^n.
$$

Ahora, si $\rho(B) \ge 1$, existe al menos un valor propio λ tal que $|\lambda| \ge 1$ y un vector propio asociado $p \in \mathbb{C}^n$, $p \ne \theta$, tal que $Bp = \lambda p$. Se tendrá:

$$
B^k p = B^{k-1}(Bp) = \lambda B^{k-1} p = \lambda^2 B^{k-2} p = \cdots = \lambda^k p.
$$

La sucesión $\{B^k p\}_{k \ge 0}$ no puede converger a θ porque $p \ne \theta$ y $|\lambda| \ge 1$.

ii) $\Rightarrow$ iii). Es una consecuencia de la proposición 8.2:

$$
\rho(B) = \inf\{\, \|B\| : \|\cdot\| \text{ norma subordinada}\,\}.
$$

iii) $\Rightarrow$ *iv)*. Dado que toda norma subordinada es multiplicativa se tendrá:

$$\|B^k\| \le \|B\|^k, \, k \ge 0.$$

Se concluye *iv)* porque la sucesión $\{\|B\|^k\}_{k \ge 0}$ tiende a 0, al ser $\|B\| < 1$.

iv) $\Rightarrow$ *v)*. El resultado se concluye tomando límites, cuando $m \to +\infty$, en los dos lados de la siguiente identidad

$$(I - B)(I + B + B^2 + \cdots + B^m) = I - B^{m+1},$$

puesto que se obtiene $(I - B) \sum_{k=0}^{\infty} B^k = I$.

v) $\Rightarrow$ *i)*. Tomando límites, cuando $k \to +\infty$ en la igualdad $B^k = \sum_{m=0}^{k} B^m - \sum_{m=0}^{k-1} B^m$ se concluye que $\lim_{k \to +\infty} B^k = O$. Ahora, para una norma matricial $\| \cdot \|$ subordinada a una norma vectorial $\| \cdot \|$ cualquiera, se tendrá:

$$\|B^k v\| \le \|B^k\| \, \|v\|, \text{ para todo } v \in \mathbb{R}^n,$$

de donde se concluye *i)*. $\square$

Observación 8.8. Nótese que en la condición *v)* la hipótesis de que la serie $\sum_{k=0}^{\infty} B^k$ es convergente resulta fundamental y no puede suprimirse. En efecto, la sola hipótesis de que $I - B$ es invertible significa que 1 no es valor propio de B pero no implica automáticamente que $\rho(B) < 1$ (condición *ii)*).

Por otra parte, la equivalencia con *iii)* implica que si $I - B$ es invertible y $\lim_{k \to +\infty} (I + B + B^2 + \cdots + B^k) = (I - B)^{-1}$, entonces existe alguna norma matricial subordinada tal que $\|B\| < 1$ *(pero esto no tiene por qué ser cierto para una norma cualquiera, aunque sea subordinada)*. En ese caso, tenemos:

$$\|(I - B)^{-1}\| \le \frac{1}{1 - \|B\|}$$

En efecto, se tiene la identidad siguiente:

$$(I - B)^{-1} = I + B(I - B)^{-1}.$$

Utilizando que la norma subordinada es multiplicativa y que $\|I\| = 1$, se obtiene

$$\|(I - B)^{-1}\| \le 1 + \|B\| \, \|(I - B)^{-1}\|,$$

de donde se concluye la demostración.

Por el contrario, *si $I - B$ no es invertible, entonces $\rho(B) \ge 1$ y, por la proposición 8.2, $\|B\| \ge 1$ para toda norma en $\mathcal{M}_{n \times n}(\mathbb{R})$ compatible con una norma vectorial, sea subordinada o no.* $\square$

EJERCICIO 8.7. Probar que para cualquier norma multiplicativa y cualquier matriz cuadrada A se tiene:

$$\rho(A) = \lim_{k \to \infty} \|A^k\|^{1/k}.$$

Solución. Por una parte, tenemos las siguientes desigualdades derivadas de que $\mathrm{Sp}(A^k) = [\mathrm{Sp}(A)]^k$: $\rho(A)^k = \rho(A^k) \le \|A^k\|$. Por tanto: $\rho(A) \le \|A^k\|^{1/k}$. Por la otra, para todo $\varepsilon > 0$, sea $A_\varepsilon = \frac{1}{\rho(A)+\varepsilon}A$. Obviamente, se tiene $\rho(A_\varepsilon) < 1$ y, por la proposición anterior: $\lim_{k\to\infty} \|A_\varepsilon^k\| = 0$. Por ello, existe k_0, tal que para todo $k \ge k_0$, $\|A_\varepsilon^k\| \le 1$, es decir, $\|A^k\|^{1/k} \le \rho(A) + \varepsilon$.

De ambas desigualdades se concluye finalmente el resultado. □

8.2 Condicionamiento de un sistema lineal

8.2.1 Condicionamiento: concepto y efectos

Consideremos el siguiente sistema lineal debido a T. S. Wilson (c. 1940) (véase CIARLET [1982]) con solución exacta $(1,1,1,1)^T$:

$$\begin{pmatrix} 10 & 7 & 8 & 7 \\ 7 & 5 & 6 & 5 \\ 8 & 6 & 10 & 9 \\ 7 & 5 & 9 & 10 \end{pmatrix} \begin{pmatrix} u_1 \\ u_2 \\ u_3 \\ u_4 \end{pmatrix} = \begin{pmatrix} 32 \\ 23 \\ 33 \\ 31 \end{pmatrix}.$$

Consideremos también el siguiente sistema lineal *perturbado*, donde el segundo miembro ha sido muy ligeramente modificado y la matriz permanece sin cambios:

$$\begin{pmatrix} 10 & 7 & 8 & 7 \\ 7 & 5 & 6 & 5 \\ 8 & 6 & 10 & 9 \\ 7 & 5 & 9 & 10 \end{pmatrix} \begin{pmatrix} u_1 + \delta_1 \\ u_2 + \delta_2 \\ u_3 + \delta_3 \\ u_4 + \delta_4 \end{pmatrix} = \begin{pmatrix} 32.1 \\ 22.9 \\ 33.1 \\ 30.9 \end{pmatrix}.$$

La solución exacta de este sistema es $(9.2, -12.6, 4.5, -1.1)^T$. La comparación de ambas soluciones exactas, pone en evidencia que un error relativo del orden de $1/200$ en los datos (aquí las componentes del segundo miembro) implica un error relativo del orden de $10/1$ en el resultado (la solución del sistema lineal), es decir, una relación de amplificación de errores relativos de 2 000.

Consideremos igualmente el sistema perturbado donde esta vez son los elementos de la matriz los que se han modificado ligeramente:

$$\begin{pmatrix} 10 & 7 & 8.1 & 7.2 \\ 7.08 & 5.04 & 6 & 5 \\ 8 & 5.98 & 9.89 & 9 \\ 6.99 & 4.99 & 9 & 9.98 \end{pmatrix} \begin{pmatrix} u_1 + \Delta_1 \\ u_2 + \Delta_2 \\ u_3 + \Delta_3 \\ u_4 + \Delta_4 \end{pmatrix} = \begin{pmatrix} 32 \\ 23 \\ 33 \\ 31 \end{pmatrix},$$

cuya solución exacta es $(-81, 137, -34, 22)^T$.

Así pues también aquí una ligera variación de los datos (elementos de la matriz) modifica completamente el resultado. Y ello a pesar de que la matriz A del sistema no tiene nada raro: es simétrica, su determinante vale 1 y la matriz inversa tampoco es nada extraña:

$$A^{-1} = \begin{pmatrix} 25 & -41 & 10 & -6 \\ -41 & 68 & -17 & 10 \\ 10 & -17 & 5 & -3 \\ -6 & 10 & -3 & 2 \end{pmatrix}.$$

Este ejemplo es muy importante por cuanto los errores sobre los datos son de una magnitud considerada como muy satisfactoria en las ciencias experimentales (física, química, etc.). En estas condiciones, es claro que un usuario poco advertido del análisis numérico matricial quedará muy poco convencido de su validez cuando se le anuncia que, si los datos de un sistema lineal (solamente de orden 4) son conocidos con un error de $\pm 1/200$, la solución (¡calculada exactamente!) puede tener un error relativo ¡2 000 veces superior!

Analicemos más de cerca este tipo de fenómeno. En el primer caso se da una matriz invertible A y se trata de comparar las soluciones exactas u y $u + \delta u$ de los sistemas lineales:

$$Au = b, \qquad A(u + \delta u) = b + \delta b.$$

Sea $\| \cdot \|$ una norma vectorial cualquiera en $\mathbb{R}$ y $\| \cdot \|$ la norma subordinada en el espacio de matrices cuadradas $\mathcal{M}_{n \times n}(\mathbb{R})$. De las igualdades $\delta u = A^{-1} \delta b$ y $b = Au$ se deduce:

$$\| \delta u \| \leq \| A^{-1} \| \, \| \delta b \|; \quad \| b \| \leq \| A \| \, \| u \|,$$

de modo que el error relativo sobre el resultado $\| \delta u \| / \| u \|$ está mayorado, en función del error relativo $\| \delta b \| / \| b \|$ sobre el dato b, en la forma:

$$\frac{\| \delta u \|}{\| u \|} \leq (\| A \| \, \| A^{-1} \|) \frac{\| \delta b \|}{\| b \|}.$$

En el segundo caso, es la matriz la que varía y se trata de comparar las soluciones exactas u y $u + \Delta u$ de los sistemas lineales:

$$Au = b, \qquad (A + \Delta A)(u + \Delta u) = b.$$

De la igualdad $\Delta u = -A^{-1} \Delta A(u + \Delta u)$ se deduce:

$$\| \Delta u \| \leq \| A^{-1} \| \, \| \Delta A \| \, \| u + \Delta u \|.$$

La desigualdad anterior se puede escribir también como:

$$\frac{\| \Delta u \|}{\| u + \Delta u \|} \leq (\| A \| \, \| A^{-1} \|) \frac{\| \Delta A \|}{\| A \|},$$

de suerte que la relación $\| \Delta u \| / \| u + \Delta u \|$, medida del error relativo sobre el resultado, es también mayorado en función del error relativo $\| \Delta A \| / \| A \|$ sobre el dato A.

Observación 8.9. El razonamiento precedente es válido aunque la matriz $A + \Delta A$ sea singular siempre que exista un vector $u + \Delta u$ solución del segundo sistema. Además, si $\| \Delta A \|$ es suficientemente pequeño entonces $\| \Delta u \| / \| u + \Delta u \|$ es una buena aproximación del error relativo más natural $\| \Delta u \| / \| u \|$.   □

Se constata, pues, que, en ambos casos, el error relativo en el resultado está mayorado por el error relativo en los datos *multiplicado por el número* $\| A \| \| A^{-1} \|$. En otras palabras, para un mismo error relativo sobre los datos, el error relativo sobre el resultado correspondiente *puede* ser tanto mayor, cuanto mayor es $\| A \| \| A^{-1} \|$. Se demostrará, en efecto, que este número es óptimo pues las desigualdades anteriores son las mejores que pueden obtenerse. Estas consideraciones nos conducen a la siguiente definición.

Definición 8.5. *Sea* $\| \cdot \|$ *una norma matricial en* $\mathcal{M}_{n \times n}(\mathbb{K})$ *subordinada a una norma vectorial* $\| \cdot \|$ *en* $\mathbb{K}^n$ *y* $A \in \mathcal{M}_{n \times n}(\mathbb{K})$ *una matriz invertible. El número*

$$\operatorname{cond}(A) = \| A \| \| A^{-1} \|$$

se llama número de condición o condicionamiento de la matriz A *relativo a la norma matricial considerada.*

Las desigualdades precedentes establecen que el número de condición $\operatorname{cond}(A)$ *mide la sensibilidad de la solución* u *del sistema lineal* $Au = b$ *frente a las variaciones sobre los datos* A *y* b, cualidad que se llama *condicionamiento* del sistema lineal considerado. Por tanto, un sistema lineal se dirá que está bien o mal condicionado si el número de condición de su matriz es pequeño o grande, respectivamente. Los dos resultados siguientes completan las desigualdades obtenidas anteriormente. Están enunciadas para una norma vectorial cualquiera y su norma matricial subordinada correspondiente.

Teorema 8.2. *Sea* A *una matriz invertible y sean* u *y* $u + \delta u$ *las soluciones de los sistemas lineales:*

$$Au = b, \qquad A(u + \delta u) = b + \delta b.$$

Se supone $b \neq 0$. *Entonces se verifica la desigualdad:*

$$\frac{\| \delta u \|}{\| u \|} \leq \operatorname{cond}(A) \frac{\| \delta b \|}{\| b \|}$$

y además es la mejor desigualdad posible: para una matriz A *dada se pueden encontrar vectores* $b \neq 0$ *y* $\delta b \neq 0$ *para los que se convierte en una igualdad.*

Demostración. La desigualdad la hemos establecido anteriormente. Para demostrar que puede ser una igualdad basta considerar que por tratarse de normas subordinadas existen vectores u y δb distintos de cero tales que:

$$\| \delta u \| = \| A^{-1} \delta b \| = \| A^{-1} \| \| \delta b \|; \quad \| b \| = \| Au \| = \| A \| \| u \|. \qquad \square$$

Teorema 8.3. *Sea* A *una matriz invertible y sean* u *y* $u + \Delta u$ *soluciones de los sistemas lineales:*

$$Au = b, \qquad (A + \Delta A)(u + \Delta u) = b.$$

Se supone $b \neq 0$. Entonces se verifica la desigualdad

$$\frac{\| \Delta u \|}{\| u + \Delta u \|} \leq \text{cond}(A)\frac{\| \Delta A \|}{\| A \|},$$

y además es la mejor posible: para una matriz dada A, se pueden encontrar un vector $b \neq 0$ y una matriz $\Delta A \neq 0$ tales que la desigualdad correspondiente es una igualdad.

Demostración. La primera desigualdad la hemos establecido anteriormente. Recordamos que para establecerla no es necesario suponer $A + \Delta A$ invertible. Basta con suponer que el segundo sistema posee al menos una solución $u + \Delta u$. Para demostrar que la desigualdad puede ser una igualdad sea w un vector tal que:

$$w \neq 0, \quad \| A^{-1} \| = \frac{\| A^{-1}w \|}{\| w \|}$$

y sea β un escalar no nulo cualquiera. Entonces los vectores $\Delta u = -\beta A^{-1}w$, $u = w - \Delta u$ y $b = (A + \beta I)w$ y la matriz $\Delta A = \beta I$ verifican:

$$Au = b, \quad (A + \Delta A)(u + \Delta u) = b,$$

$$\| \Delta u \| = | \beta | \| A^{-1}w \| = \| \Delta A \| \| A^{-1} \| \| u + \Delta u \|$$

$$= \frac{\| \Delta A \| \| A \| \| A^{-1} \| \| u + \Delta u \|}{\| A \|}.$$

Si $-\beta$ no es un valor propio de A, entonces la matriz $A + \Delta A = A + \beta I$ es invertible y el vector b no es nulo. $\qquad\square$

Los condicionamientos más usados son los correspondientes a las normas subordinadas más usuales:

$$\text{cond}_p(A) = \| A \|_p \| A^{-1} \|_p, \quad p = 1, 2, \infty.$$

El resultado siguiente compendia propiedades casi evidentes del condicionamiento que será útil retener.

Teorema 8.4. *Para toda matriz invertible A:*

i) $\text{cond}(A) \geq 1$, $\text{cond}(A) = \text{cond}(A^{-1})$, $\text{cond}(\alpha A) = \text{cond}(A)$, $\alpha \in \mathbb{R}, \alpha \neq 0$.

ii) $\text{cond}_2(A) = \dfrac{\mu_1(A)}{\mu_n(A)}$, *donde $\mu_1(A)$ y $\mu_n(A)$ designan respectivamente el mayor y el menor de los valores singulares de A, es decir, los valores $\mu_i(A) = [\lambda_i(A^*A)]^{1/2}$, $1 \leq i \leq n$.*

iii) Si A es una matriz normal con valores propios $\lambda_i(A)$, $1 \leq i \leq n$, tales que $| \lambda_1(A) | \geq | \lambda_2(A) | \geq \cdots \geq | \lambda_n(A) |$, entonces:

$$\text{cond}_2(A) = \frac{\max_{1 \leq i \leq n} | \lambda_i(A) |}{\min_{1 \leq i \leq n} | \lambda_i((A) |} = \frac{| \lambda_1(A) |}{| \lambda_n(A) |}.$$

iv) Si la matriz A es unitaria, entonces: $\text{cond}_2(A) = 1$.

v) El condicionamiento $\text{cond}_2(A)$ *es invariante por transformación unitaria, i.e. si* $UU^* = I$ *entonces:*

$$\text{cond}_2(A) = \text{cond}_2(AU) = \text{cond}_2(UA) = \text{cond}_2(U^*AU).$$

Demostración. La propiedades del apartado *i)* resultan de las propiedades de las normas matriciales. En particular si $AA^{-1} = I$ se tiene $1 = \| I \| \leq \| A \| \| A^{-1} \| = \text{cond}(A)$ para la norma matricial subordinada.

Para la propiedad *ii)* se tiene:

$$\| A \|_2^2 = \rho(A^*A) = \max_{1 \leq i \leq n} \lambda_i(A^*A) = [\mu_1(A)]^2,$$

$$\| A^{-1} \|_2^2 = \rho[(A^{-1})^*A^{-1}] = \rho[A^{-1}(A^{-1})^*] = \max_{1 \leq i \leq n} \lambda_i[(A^*A)^{-1}]$$

$$= \max_{1 \leq i \leq n} \frac{1}{\lambda_i(A^*A)} = \frac{1}{\min_{1 \leq i \leq n} \lambda_i(A^*A)} = \frac{1}{[\mu_n(A)]^2}.$$

Las siguientes propiedades son consecuencia de las propiedades de la norma $\| \cdot \|_2$, vistas en el ejercicio 8.3. En efecto, la propiedad *iii)* resulta de la igualdad $\| A \|_2 = \rho(A)$ para las matrices normales. Si A es una matriz unitaria la igualdad $\| A \|_2 = [\rho(A^*A)]^{1/2} = [\rho(I)]^{1/2} = 1$ implica el resultado *iv)*. Finalmente, la propiedad *v)* resulta de la invariancia por transformación unitaria de la norma $\| \cdot \|_2$. $\square$

Examinemos algunas de las consecuencias prácticas del teorema precedente. La desigualdad $\text{cond}(A) \geq 1$, muestra que el sistema lineal $Au = b$ será tanto mejor condicionado cuanto más próximo a 1 sea el número $\text{cond}(A)$ relativo a una norma matricial subordinada. En este sentido, la propiedad *i)* muestra que *los sistemas lineales* $Au = b$ *con matriz unitaria son muy bien condicionados*, puesto que $\text{cond}_2(A) = 1$. De la misma forma, la propiedad *v)* muestra que las transformaciones ortogonales o unitarias *conservan el condicionamiento* $\text{cond}_2(A)$. Estas consideraciones justifican el empleo de matrices ortogonales como matrices auxiliares en diversos métodos, por ejemplo, en el método de Householder.

La propiedad *iii)* muestra que una matriz normal tiene un condicionamiento grande para la norma $\| \cdot \|_2$ si y solamente si la razón de los módulos de sus valores propios extremos es grande. Sin embargo, una matriz cualquiera que no sea normal, puede tener un condicionamiento muy grande aún teniendo todos sus valores propios iguales.

EJEMPLO 8.4. La siguiente matriz bidiagonal $n \times n$ tiene $\text{cond}_2(A) \approx 2^{n+1}$.

$$A = \begin{pmatrix} 1 & 2 & & & \\ & 1 & 2 & & \\ & & \ddots & \ddots & \\ & & & 1 & 2 \\ & & & & 1 \end{pmatrix}.$$

$\square$

EJEMPLO 8.5. A la luz de los resultados anteriores podemos examinar el ejemplo de Wilson con el que iniciamos el tema. La matriz dada es simétrica y, por tanto,

$$\text{cond}_2(A) = \frac{\mid \lambda_1(A) \mid}{\mid \lambda_n(A) \mid} = \frac{\lambda_1(A)}{\lambda_n(A)} \approx 2\,984,$$

puesto que los valores propios de A son: $\lambda_1 = 30.2887$, $\lambda_2 = 3.858$, $\lambda_3 = 0.8431$, $\lambda_4 = 0.01015$. □

Algoritmo 8.1 Aproximación $\|T\|_2$, T triangular inferior.

---

procedure NORM2TR$(n, t, r) \to r$ ▷ r aproximación de $\|T\|_2$
    input $n, t = (t_{ij})$
    $v_1 \leftarrow 1; u_1 = t_{11}$
    for $i = 2, \ldots, n$ **do**
        $s \leftarrow 0$
        for $j = 1, 2, \ldots, i - 1$ **do**
            $s \leftarrow s + t_{ij} v_j$
        end for
        if $|t_{ii} + s| > |t_{ii} - s|$ **then**
            $v_i \leftarrow 1$
        else
            $v_i \leftarrow -1$
        end if
        $u_i = t_{ii} v_i + s$
    end for
    $r \leftarrow \|u\|_2 / \sqrt{n}$
    return r
end procedure

8.2.2 Aproximación del número de condición

En general, es difícil calcular exactamente el número de condición de una matriz A. Por ejemplo, para $\text{cond}_1(A)$ y $\text{cond}_\infty(A)$ disponemos de fórmulas explícitas para el cálculo de $\|A\|$, pero no ocurre lo mismo con $\|A^{-1}\|$, que requiere el costoso cálculo explícito de A^{-1}. En el caso de $\text{cond}_2(A)$ también sería necesario el cálculo (nada fácil ni barato) de los valores propios de A.

Afortunadamente, en la mayoría de los casos no se requiere un valor exacto del número de condición de una matriz, sino solamente una aproximación del mismo o su orden de magnitud que nos permita predecir la calidad de los resultados esperados. Para aproximar $\text{cond}_1(A)$ es útil el algoritmo de Hager (véase ALLAIRE–KABER [2008, ej. 5.13]). Para el caso $\text{cond}_\infty(A)$ basta tener en cuenta que $\text{cond}_\infty(A) = \text{cond}_1(A^T)$.

Finalmente, para $\text{cond}_2(A) = \|A\|_2 \|A^{-1}\|_2$, en la práctica, es suficiente considerar el caso de matrices triangulares. En efecto, como hemos visto, la mayoría de (o todos) los métodos eficientes para resolver sistemas lineales se basan en la factorización de la matriz A como producto de dos matrices (triangulares u ortogonales): $A = BC$. Dado que se tiene $\text{cond}_2(A) \leq \text{cond}_2(B) \text{cond}_2(C)$, todo se reduce a saber aproximar $\text{cond}_2(T)$, siendo T una matriz triangular (si B es ortogonal, $\text{cond}_2(B) = 1$). Para este propósito, se dispone de un algoritmo sencillo y eficaz para aproximar $\|T\|_2$ y $\|T^{-1}\|_2$, que describimos a continuación (véase ALLAIRE–KABER [2008, Algs. 5.2, 5.3, 5.4]).

Algoritmo 8.2 Aproximación $\|T^{-1}\|_2$, T triangular inferior.

---

   procedure NORM2TRM1$(n, t, r) \to r$ $\triangleright$ r aproximación de $\|T^{-1}\|_2$
      input $n, t = (t_{ij})$
      $v_1 \leftarrow 1; u_1 = 1/t_{11}$
      for $i = 2, \ldots, n$ **do**
         $s \leftarrow 0$
         for $j = 1, 2, \ldots, i - 1$ **do**
            $s \leftarrow s + t_{ij} u_j$ $\triangleright$ $u_i = (v_i - s)/t_{ii}$
         end for
         if $s \geq 0$ **then**
            $v_i \leftarrow -1$
         else
            $v_i \leftarrow 1$
         end if
         $u_i \leftarrow (v_i - s)/t_{ii}$
      end for
      $r \leftarrow \|u\|_2 / \sqrt{n}$
      return r
   end procedure

Aproximación de $\|T\|_2$, T triangular inferior

Partiendo de la definición

$$\|T\|_2 = \max_{v \in \mathbb{R}^n - \{\theta\}} \frac{\|Tv\|_2}{\|v\|_2},$$

se propone aproximar $\|T\|_2$ *restringiendo el cálculo del máximo al subconjunto* $\{v \in \mathbb{R}^n : v_i = \pm 1, i = 1, 2, \ldots, n\}$. Si T es triangular inferior, las componentes de $u = Tv$ se deducen de las componentes de u por las fórmulas siguientes:

$$u_i = t_{ii} v_i + \sum_{j=1}^{i-1} t_{ij} v_j, \; i = 1, 2, \ldots, n.$$

Una forma muy eficaz de aproximar el máximo que nos interesa es la siguiente: fijamos $v_1 = 1$ y, con ello, $u_1 = t_{11}$. En cada uno de los pasos siguientes, $i \geq 2$, elegimos $v_i = +1$ o $v_i = -1$ para maximizar el módulo de u_i (véase el algoritmo 8.1). Se notará que *no maximizamos entre todos los vectores u con componentes iguales a ± 1, dado que en cada paso i no cambiamos las elecciones de u_k, $k < i$, hechas previamente.* Dado que $\|v\|_2 = \sqrt{n}$ se deduce que $\|T\|_2 \approx \|u\|_2/\sqrt{n}$.

Aproximación de $\|T^{-1}\|_2$, T triangular inferior

Del mismo modo para aproximar $\|T^{-1}\|_2$, partiendo de la definición

$$\|T^{-1}\|_2 = \max_{v \in \mathbb{R}^n - \{\theta\}} \frac{\|T^{-1}v\|_2}{\|v\|_2},$$

se propone *restringir el cálculo del máximo al subconjunto* $\{v \in \mathbb{R}^n : v_i = \pm 1, i = 1, 2, \ldots, n\}$. Por tanto, se propone buscar un vector $v = (v_i)$ con componentes $v_i = \pm 1$ que maximiza la norma de $u = T^{-1}v$, o sea $Tu = v$. Dado que T es triangular inferior, el cálculo de u se realiza por sustitución progresiva (descenso), partiendo de $v_1 = 1$ y, para $i \geq 2$ eligiendo v_i igual a $+1$ o -1 para que se maximice el valor absoluto de u_i. De esta manera, tendremos $\|T^{-1}\|_2 \approx \|u\|_2/\sqrt{n}$ (algoritmo 8.2).

8.2.3   Precondicionamiento de sistemas lineales

Ya conocemos la dificultad que supone resolver un sistema lineal mal condicionado por la repercusión que tiene en la sensibilidad a la propagación de los errores de redondeo. Por eso es importante buscar estrategias que nos permitan mejorar el condicionamiento, o sea, buscar sistemas equivalentes mejor condicionados.

Una idea básica es que en lugar de resolver un sistema lineal $Au = b$ con una matriz A mal condicionada puede ser mucho más eficiente resolver un sistema equivalente $\Delta_1 A u = \Delta_1 b$, con una matriz Δ_1 no singular y fácilmente invertible de tal modo que la matriz $\Delta_1 A$ sea mejor condicionada que A. La matriz Δ_1 se llama un *precondicionador a la izquierda*. La idea simétrica es reemplazar el sistema $Au = b$ por $A\Delta_2 v = b$ y calcular $u = \Delta_2 v$, siempre que el condicionamiento de $A\Delta_2$ sea sensiblemente mejor que el de A. La matriz Δ_2 es un *precondicionador por la derecha*. Por supuesto, podemos usar simultáneamente los dos tipos de precondicionamiento y sustituir el sistema original $Au = b$ por el siguiente $\Delta_1 A \Delta_2 (\Delta_2^{-1} u) = \Delta_1 b$, cuya resolución equivale a resolver el sistema $(\Delta_1 A \Delta_2)v = \Delta_1 b$ y calcular $u = \Delta_2 v$. Insistimos en que esta operación solo se justifica si $\text{cond}(\Delta_1 A \Delta_2) \ll \text{cond}(A)$. Operaciones de este tipo se suelen hacer también para evitar problemas de *overflow* o *underflow* que pueden aparecer en los métodos de eliminación o para mejorar la convergencia en los métodos iterativos.

El problema de encontrar buenos precondicionadores Δ_1 y Δ_2 es, por tanto, muy importante, pero también es difícil y no tiene respuestas universales ni definitivas. *Las técnicas más sencillas utilizan como precondicionadores matrices diagonales.* Se trata de encontrar matrices diagonales Δ_1 y Δ_2 tales que

$$\text{cond}(\Delta_1 A \Delta_2) < \text{cond}(A).$$

Como decimos, no es un problema simple y mucho menos el problema general de encontrar dos matrices diagonales D_1 y D_2, invertibles, tales que

$$\text{cond}(D_1 A D_2) = \inf_{\Delta_1, \Delta_2 \in \mathcal{D}} \text{cond}(\Delta_1 A \Delta_2),$$

donde $\mathcal{D}$ es el conjunto de matrices diagonales invertibles. El problema general no ha sido resuelto salvo para la norma $\|\cdot\|_\infty$, consecuencia del teorema 10.1, de Bauer–Fike, y existen soluciones parciales para otras normas.

Equilibrado de matrices

En la práctica se utilizan estrategias simples que intentan por una parte *evitar errores de redondeo* y por la otra *obtener un sistema mejor condicionado* que el de partida. Uno de ellos es el *equilibrado*.

Definición 8.6. *Una matriz cuadrada* $A = (a_{ij}) \in \mathcal{M}_{n \times n}(\mathbb{K})$ *se dice equilibrada por filas si:*

$$\max_{1 \leq j \leq n} |a_{1j}| = \max_{1 \leq j \leq n} |a_{2j}| = \cdots = \max_{1 \leq j \leq n} |a_{nj}|,$$

y se dice equilibrada por columnas si

$$\max_{1 \leq i \leq n} |a_{i1}| = \max_{1 \leq i \leq n} |a_{i2}| = \cdots = \max_{1 \leq i \leq n} |a_{in}|.$$

La matriz se dice equilibrada si es equilibrada tanto por filas como por columnas.

El *equilibrado* (por filas o columnas) de un sistema lineal $Au = b$ consiste en transformarlo en otro sistema equivalente de la forma $\Delta_1 A \Delta_2 (\Delta_2^{-1} u) = \Delta_1 b$, con $B = \Delta_1 A \Delta_2$ equilibrada. Las estrategias de equilibrado en la práctica hacen que los módulos máximos encontrados en filas o columnas de B sean iguales a 1.

El *equilibrado por filas* es el proceso de dividir cada ecuación del sistema por el máximo valor absoluto de los elementos de esa fila de la matriz, es decir, la ecuación i-ésima se divide por

$$p_i = \max_{1 \leq j \leq n} |a_{ij}|, \, 1 \leq i \leq n.$$

Por tanto, el proceso equivale a tomar:

$$\Delta_1 = \text{diag}(\frac{1}{p_1}, \frac{1}{p_2}, \ldots, \frac{1}{p_n}); \quad \Delta_2 = I.$$

El equilibrado por columnas es el proceso de dividir la columna j-ésima de A por:

$$q_j = \max_{1 \leq i \leq n} |a_{ij}|, \, 1 \leq j \leq n.$$

El sistema lineal original

$$\sum_{j=1}^{n} a_{ij} u_j = b_i, \, 1 \leq i \leq n,$$

se reescribe en la forma equivalente siguiente:

$$\sum_{j=1}^{n}(\frac{1}{q_j}a_{ij})(q_j u_j) = b_i,\ 1 \leq i \leq n.$$

Esto se consigue al tomar

$$\Delta_1 = I;\ \Delta_2 = \text{diag}(\frac{1}{q_1}, \frac{1}{q_2}, \ldots, \frac{1}{q_n}).$$

EJEMPLO 8.6. Este ejemplo muestra el efecto del equilibrado en el número de condición de una matriz en norma $\|\cdot\|_{\infty}$:

$$A = \begin{pmatrix} 1 & 10^8 \\ 2 & 0 \end{pmatrix};\ A^{-1} = \begin{pmatrix} 0 & \frac{1}{2} \\ 10^{-8} & -\frac{1}{2}10^{-8} \end{pmatrix}.$$

$$\text{cond}_{\infty}(A) = \|A\|_{\infty}\|A^{-1}\|_{\infty} = 10^8 \left(\frac{1}{2} + \frac{1}{2}10^{-8}\right) = \frac{1}{2}(10^8 + 1).$$

– Equilibrado de filas:

$$B = \begin{pmatrix} 10^{-8} & 1 \\ 1 & 0 \end{pmatrix};\ B^{-1} = \begin{pmatrix} 0 & 1 \\ 1 & -10^{-8} \end{pmatrix}.$$

$$\text{cond}_{\infty}(B) = \|B\|_{\infty}\|B^{-1}\|_{\infty} = (1 + 10^{-8})(1 + 10^{-8}) = 1 + 2\cdot 10^{-8} + 10^{-16}.$$

– Equilibrado de columnas:

$$B = \begin{pmatrix} \frac{1}{2} & 1 \\ 1 & 0 \end{pmatrix};\ B^{-1} = \begin{pmatrix} 0 & 1 \\ 1 & -\frac{1}{2} \end{pmatrix};\ \text{cond}_{\infty}(B) = \|B\|_{\infty}\|B^{-1}\|_{\infty} = \frac{9}{4}.\quad \square$$

Observación 8.10. El ejemplo anterior muestra que el equilibrado puede mejorar el condicionamiento de un sistema. No obstante, esta idea no puede generalizarse. De hecho, en J. ORTEGA [1972, sec. 9.2] puede verse un ejemplo de un sistema con matriz equilibrada que está mal condicionada y cómo eso hace inestable el método de Gauss con pivote parcial. Para profundizar más sobre la estabilidad numérica y precisión de algoritmos recomendamos la referencia HIGHAM [1996]. $\square$

8.3   Ejercicios

EJERCICIO 8.8. Sea A una matriz cuadrada de orden n generada aleatoriamente con la orden `rand(n,n)` de Matlab. Calcular y comparar la norma $\|A\| = \max_{1 \leq i,j \leq n}|a_{ij}|$ con las normas $\|A\|_1$, $\|A\|_{\infty}$, $\|A\|_E$ y $\|A\|_2$ para varios valores de n. Dar una explicación en base a las constantes de las desigualdades que prueban que todas estas normas son equivalentes (véase el ejercicio 8.1).

EJERCICIO 8.9. (ALLAIRE–KABER [2008]) Sea T una matriz triangular generada aleatoriamente de la forma siguiente: `T=rand(n,n)`; `T=triu(T)`; `T=T+norm(T,Inf)*eye(n)`. Probar que T no es singular. Calcular con Matlab $m = (\min_{1 \leq i} |t_{ii}|)^{-1}$ y comparar m con las normas $\|T^{-1}\|_1$, $\|T^{-1}\|_\infty$, $\|T^{-1}\|_E$ y $\|T^{-1}\|_2$. ¿Qué se observa?

EJERCICIO 8.10. Definir una matriz diagonal aleatoria con la orden Matlab `A=diag(rand(n,1))` y calcular $\|A\|_p$, para $p = 1, 2$ e ∞. Comentar lo que se observa y demostrarlo teóricamente.

EJERCICIO 8.11. Para la matriz

$$A = \begin{pmatrix} 5.2 & 0.6 & 2.2 \\ 0.6 & 6.4 & 0.5 \\ 2.2 & 0.5 & 4.7 \end{pmatrix},$$

calcular una cota superior de $\mathrm{cond}_2(A)$ usando estimaciones de los valores propios dadas por el teorema de Gerschgorin.

EJERCICIO 8.12. *Normas y radio espectral.* Definir una matriz aleatoria `A=rand(n,n)` y realizar un programa que compare $\rho(A)$ con $\|A^k\|_2^{1/k}$ para $k = 10, 20, 30, \ldots, 100$. Hacer la misma prueba con las normas $\|\cdot\|_1$, $\|\cdot\|_\infty$ y $\|\cdot\|_E$. ¿Qué se intuye?

EJERCICIO 8.13. Utilizando los pseudocódigos 8.1 y 8.2 programar el procedimiento `cond2trl(n,T)` que calcula una aproximación de $\mathrm{cond}_2(T)$, siendo T una matriz triangular inferior. Verificar el código y comparar sus resultados con los de la orden `cond(T,2)` de Matlab.

EJERCICIO 8.14. Sea A la matriz siguiente:

$$A = \begin{pmatrix} 10 & 1 & 2 & 3 & 4 & 5 \\ -1 & -2 & -3 & -4 & -5 & -6 \\ 2 & 3 & 4 & 5 & 6 & 7 \\ -3 & -4 & -5 & -6 & -7 & 0 \\ 4 & 5 & 6 & 7 & 0 & 1 \\ -5 & -6 & -7 & 0 & -1 & -2 \end{pmatrix}.$$

i) Calcular, con la orden `norm` de Matlab, las normas $\|A\|_1$, $\|A\|_\infty$, $\|A\|_E$ y $\|A\|_2$.

ii) Deducir una cota superior del radio espectral $\rho(A)$ tan pequeña como se pueda y compararla con el valor exacto que se calcula en el apartado siguiente.

iii) Con la orden `eig` de Matlab, calcular el $\mathrm{Sp}(A)$ y $\rho(A)$.

iv) Calcular, con la orden `cond` de Matlab, el condicionamiento de la matriz A en las normas anteriores.

v) Suponiendo que los valores propios de AA^* están ordenados en la forma $\lambda_1(AA^*) \geq \geq \lambda_2(AA^*) \geq \cdots \geq \lambda_n(AA^*)$, comprobar que

$$\|A\|_2 = [\lambda_1(AA^*)]^{1/2}; \quad \|A^{-1}\|_2 = [\lambda_n(AA^*)]^{-1/2}, \quad \mathrm{cond}_2(A) = \frac{[\lambda_1(AA^*)]^{1/2}}{[\lambda_n(AA^*)]^{1/2}}.$$

EJERCICIO 8.15. Sea la matriz tridiagonal, de orden n:

$$
A = \begin{pmatrix}
4 & 1 & & & \\
1 & 4 & 1 & & \\
& \ddots & \ddots & \ddots & \\
& & 1 & 4 & 1 \\
& & & 1 & 4
\end{pmatrix}.
$$

i) Obtener, manualmente, $\|A\|_1$ y $\|A\|_\infty$, para $n \geq 3$.

ii) Escribir $\|A\|_2$ como un radio espectral.

iii) Acotar superior e inferiormente $\|A\|_2$, en función de n.

iv) Calcular, ejecutando la orden `norm` de Matlab, las normas $\|A\|_1$, $\|A\|_\infty$, $\|A\|_E$ y $\|A\|_2$, para $n = 4, 10, 100$.

v) Deducir que $\mathrm{Sp}(A) \subset \mathbb{R}$ y obtener un intervalo $I \subset \mathbb{R}$ tal que $\mathrm{Sp}(A) \subset I$.

vi) Usando la orden `eig` de Matlab, calcula $\mathrm{Sp}(A)$ y $\rho(A)$ para $n = 4, 10, 100$.

vii) Con la orden `cond` de Matlab, calcular el condicionamiento de la matriz A en las normas correspondientes, para $n = 4, 10, 100$.

viii) Resolver, utilizando la orden `A\b` (o las instrucciones de factorización `chol(A)` y `qr(A)`), el sistema lineal $Au = b$, con matriz A y término independiente:

$$
b = (3, -2, 2, -2, 2, \ldots, -2, 2, -3)^T,
$$

para $n = 4, 10, 100$.

ix) Modificar ligeramente el anterior término independiente, tomando:

$$
b + \delta b = (3, -2.01, 2, -2.01, 2, \ldots, -2.01, 2, -3)^T,
$$

y resolver, utilizando las mismas sentencias, el correspondiente sistema perturbado para $n = 4, 10, 100$. ¿Cómo se comporta la solución, $u + \delta u$, de dicho sistema?

x) Para $n = 10$, comprobar la desigualdad:

$$
\frac{\|\delta u\|_\infty}{\|u\|_\infty} \leq \mathrm{cond}_\infty(A) \frac{\|\delta b\|_\infty}{\|b\|_\infty}.
$$

EJERCICIO 8.16. Sea A la matriz de Wilson:

$$
A = \begin{pmatrix}
10 & 7 & 8 & 7 \\
7 & 5 & 6 & 5 \\
8 & 6 & 10 & 9 \\
7 & 5 & 9 & 10
\end{pmatrix}.
$$

i) Calcular, manualmente, $\|A\|_1$ y $\|A\|_\infty$.

ii) Escribir $\|A\|_2$ como un radio espectral.

iii) Calcular, con la orden `norm` de Matlab, las normas $\|A\|_1$, $\|A\|_\infty$, $\|A\|_E$ y $\|A\|_2$.

iv) Deducir una cota superior del radio espectral $\rho(A)$ tan pequeña como se pueda.

v) Ejecutando la orden `eig`, calcular $\mathrm{Sp}(A)$ y $\rho(A)$.

vi) Calcular, mediante la orden `cond`, el condicionamiento de la matriz A en las mismas normas.

vii) Comprobar que

$$\mathrm{cond}_2(A) = \frac{\lambda_1(A)}{\lambda_n(A)},$$

suponiendo los valores propios de A ordenados de la forma $\lambda_1(A) \geq \lambda_2(A) \geq \cdots \geq \lambda_n(A)$.

viii) Resolver, usando la orden $A\backslash b$, el sistema lineal $Au = b$, con matriz A y término independiente: $b = (32, 23, 33, 31)^T$.

ix) Modificar ligeramente el anterior término independiente, tomando:

$$b + \delta b = (32.1, 22.9, 33.1, 30.9)^T,$$

y resolver, utilizando las mismas órdenes de Matlab, el correspondiente sistema perturbado. ¿Cómo se comporta la solución exacta, $u + \delta u$, de dicho sistema?

x) Comprobar la desigualdad:

$$\frac{\|\delta u\|_2}{\|u\|_2} \leq \mathrm{cond}_2(A) \frac{\|\delta b\|_2}{\|b\|_2}.$$

xi) Modificar ligeramente la matriz anterior, tomando:

$$A + \Delta A = \begin{pmatrix} 10 & 7 & 8.1 & 7.2 \\ 7.08 & 5.04 & 6 & 5 \\ 8 & 5.98 & 9.89 & 9 \\ 6.99 & 4.99 & 9 & 9.98 \end{pmatrix}$$

y resolver, utilizando las mismas órdenes, el correspondiente sistema perturbado. ¿Cómo se comporta la solución exacta, $u + \Delta u$, de dicho sistema?

xii) Comprobar la desigualdad:

$$\frac{\|\Delta u\|_2}{\|u + \Delta u\|_2} \leq \mathrm{cond}_2(A) \frac{\|\Delta A\|_2}{\|A\|_2}.$$

EJERCICIO 8.17. (QUARTERONI–SACCO–SALERI [2000]) Sea A la matriz 2×2 tal que $a_{11} = a_{22} = 1$, $a_{12} = \alpha$, $a_{21} = 0$. Calcular $\mathrm{cond}_\infty(A)$ y $\mathrm{cond}_1(A)$. Sea u la solución del sistema $Au = b$ con $b = (1, 1)^T$. Encontrar una cota de $\|\delta u\|_\infty / \|u\|_\infty$ en términos de $\|\delta b\|_\infty / \|b\|_\infty$, donde $\delta b = (\delta b_1, \delta b_2)^T$. El problema ¿está bien o mal condicionado?

EJERCICIO 8.18. (ALLAIRE–KABER [2008]) Es conocido que las matrices de Hilbert están mal condicionadas. En este ejercicio queremos comprobar el comportamiento de $\mathrm{cond}_2(H_n)$ cuando n tiende a ∞, donde H_n es la matriz de Hilbert de orden n: $H_n(i,j) = 1/(i+j-1)$, $1 \leq i, j \leq n$. Utilizando la orden `cond` de Matlab computar $\mathrm{cond}_2(H_5)$ y $\mathrm{cond}_2(H_{10})$. ¿Qué se nota? Para n variando de 2 a 10 calcula $\mathrm{cond}_2(H_n)$ y dibujar una gráfica de la función $n \mapsto \ln(\mathrm{cond}_2(H_n))$. Sacar alguna conclusión sobre el comportamiento de $\mathrm{cond}_2(H_n)$.

9

Métodos iterativos para sistemas lineales

Los métodos directos estudiados en los capítulos anteriores nos dan la solución aproximada de un sistema lineal, que *sería exacta si se trabajase con aritmética exacta*. Los *métodos iterativos* que estudiamos en este capítulo, sobre todo para grandes sistemas, nos pueden dar *resultados igualmente buenos* y de una forma más *«barata»* *en términos de memoria y tiempo de cálculo*. El alcance de este manual nos limita al estudio de los *métodos clásicos*: *Jacobi, Gauss–Seidel y relajación (PSOR, RSOR y SSOR)* además del método elemental de *Richardson*. Todos fueron desarrollados durante el siglo XIX y principios del XX, pero siguen teniendo plena actualidad, por su facilidad de implementación en ordenador.

Aunque los métodos iterativos para ecuaciones no lineales se han utilizado desde la antigüedad, fue Gauss el primero en utilizarlos para resolver sistemas lineales, a comienzos de 1820. La razón quizá esté en que, hasta ese momento, los sistemas lineales que se encontraban eran de orden muy pequeño.

En 1845, Jacobi también utilizó un método iterativo para resolver problemas de mínimos cuadrados, en los que tenía sistemas con matriz de coeficientes de diagonal dominante. Dividía por los coeficientes diagonales para obtener una solución aproximada e iteraba el proceso. Trabajando en problemas similares, en 1862, Philipp Ludwig Seidel (1821–1896) utilizó su propio método iterativo, que no publicó hasta 1874. La versión moderna del método de Gauss-Seidel, y el análisis de su convergencia, se deben al matemático ruso Pavel Alekseevich Nekrasov (1853–1924), en una publicación de 1885. Condiciones suficientes para la convergencia de los métodos de Jacobi y Gauss-Seidel fueron establecidas en 1929 por Richard Edler von Mises (1883–1953) y Hilda Pollaczek-Geiringer (1893–1973), matemáticos austríacos que trabajaron juntos en Alemania. El matemático y meteorólogo L. F. Richardson propuso su método iterativo, de sorprendente sencillez, en el año 1910, para sistemas lineales obtenidos por discretización de ecuaciones diferenciales en meteorología.

Los métodos de relajación inician su desarrollo, en la segunda mitad de la década de 1930, gracias a los trabajos de Richard Vyne Southwell (1888–1970), que los utilizaba como experimento puramente de ingeniería, para calcular tensiones en estructuras elásticas. El método de relajación progresiva (PSOR) tal como lo estudiamos hoy fue introducido en 1950 por David Monaghan Young (1923–2008) (véase HAGEMAN–YOUNG [1981]). La variante de relajación simétrica (SSOR) fue introducida por Waldo Sheldon (1923–2015) en 1955.

Son muchos los autores involucrados en el estudio de la convergencia de los métodos iterativos clásicos (o alguna variante de relajación), durante la segunda mitad del siglo XX, entre los que destacamos: Alexander Markowich Ostrowski (1893–1986), Edgar Reich (1927–2009), Philip Bernard Stein (1890–1974), Reuben Louis Rosenberg (1909–1986), William Morton Kahan(n. 1933), Richard Steven Varga (1928–2022) y Yousef Saad (n. 1950).

A mediados del siglo XX aparecen los métodos de *gradiente y gradiente conjugado*, que se imponen sobre los clásicos porque no requieren manipulación de los elementos de la matriz, sino tan solo multiplicaciones matriz-vector, combinaciones lineales y productos escalares. A finales del siglo pasado (entre 1970 y 1990) se desarrollaron nuevos métodos de este tipo llamados *métodos de los subespacios de Krylov* en honor a Alexei Nikolaevich Krylov (1863–1945). Los métodos clásicos y los métodos de Krylov no son mutuamente excluyentes y, de hecho, los primeros se utilizan actualmente como *precondicionadores* de los segundos. Estos métodos caen fuera de alcance que nos fijamos para este manual (véase ALLAIRE–KABER [2008] para una introducción).

Recomendamos BREZINSKI–MEURANT–REDIVO-ZAGLIA [2023, cap. 5] para más detalles sobre la historia de los métodos iterativos. Para este capítulo nos hemos inspirado en las siguientes obras de referencia: STOER–BULIRSCH [1980], CIARLET [1989], SAAD [1996], VARGA [2000] y ALLAIRE–KABER [2008].

9.1 Generalidades sobre los métodos iterativos

9.1.1 Idea básica, consistencia y convergencia

Comenzamos exhibiendo la idea general de los métodos iterativos y algunas consideraciones necesarias para su viabilidad y utilidad. Sean $A \in \mathcal{M}_{n \times n}(\mathbb{R})$ una matriz invertible y $b \in \mathbb{R}^n$ dados. Un *método iterativo para resolver el sistema lineal $Au = b$ es un procedimiento para construir una sucesión de vectores $\{u_k = (u_i^{(k)})\}_{k \geq 0}$ tal que*

$$\lim_{k \to +\infty} u_k = u = A^{-1}b.$$

EJEMPLO 9.1. Para resolver el sistema lineal siguiente

$$
\begin{aligned}
5u_1 - u_2 + 2u_3 &= 6, \\
u_1 + 4u_2 + u_3 &= 6, \\
2u_1 - 2u_2 - 5u_3 &= -5,
\end{aligned}
$$

consideramos la sucesión $\{u_k = (u_1^{(k)}, u_2^{(k)}, u_3^{(k)})^T\}_{k \geq 0}$, construida a partir de $u_0 = (u_1^{(0)}, u_2^{(0)}, u_3^{(0)})^T \in \mathbb{R}^3$, dado, mediante el proceso siguiente:

$$\left. \begin{array}{rcl}
u_1^{(k+1)} & = & \frac{1}{5}(6 + u_2^{(k)} - 2u_3^{(k)}), \\
u_2^{(k+1)} & = & \frac{1}{4}(6 - u_1^{(k)} - u_3^{(k)}), \\
u_3^{(k+1)} & = & -\frac{1}{5}(-5 - 2u_1^{(k)} + 2u_2^{(k)}),
\end{array} \right\} \qquad (k \geq 0).$$

Tomando $u_0 = (0, 0, 0)^T$ se obtiene la sucesión iniciada en la tabla 9.1 que converge a la solución del sistema $u = (1, 1, 1)^T$. $\qquad \square$

k	0	1	2	3	$\cdots$	∞
$u_1^{(k)}$	0	$\frac{6}{5}$	$\frac{11}{10}$	$\frac{19}{20}$	$\cdots$	1
$u_2^{(k)}$	0	$\frac{3}{2}$	$\frac{19}{20}$	$\frac{201}{200}$	$\cdots$	1
$u_3^{(k)}$	0	1	$\frac{22}{25}$	$\frac{136}{125}$	$\cdots$	1

Tabla 9.1: Ejemplo de un método iterativo para un sistema lineal.

Definición 9.1. *Un método iterativo para la resolución del sistema lineal $Au = b$ se dice consistente si el límite de la sucesión que genera, $\{u_k\}_{k \geq 0}$, si existe, es solución del sistema.*

Definición 9.2. *Un método iterativo para resolver el sistema lineal $Au = b$ se dice convergente si cualquiera que sea el vector inicial $u_0 \in \mathbb{R}^n$, se tiene:*

$$\lim_{k \to +\infty} u_k = u = A^{-1}b,$$

es decir, que el límite de la sucesión $\{u_k\}_{k \geq 0}$ existe y es la solución del sistema $Au = b$.

Los métodos que interesan en la práctica son los métodos convergentes. Puesto que *la consistencia es necesaria para la convergencia, los métodos inconsistentes se deben descartar.* Así, por ejemplo, para resolver el siguiente sistema lineal

$$\begin{array}{rcl}
5u_1 + 3u_2 & = & 8, \\
3u_1 - 5u_2 & = & -2,
\end{array}$$

es absurdo considerar el método iterativo siguiente, que es inconsistente para este sistema lineal:

$$\begin{array}{rcl}
u_1^{(k+1)} & = & \dfrac{1}{4}(8 - 3u_2^{(k)}), \\[2mm]
u_2^{(k+1)} & = & -\dfrac{1}{5}(-2 - 3u_1^{(k)}).
\end{array}$$

En efecto, en caso de que la sucesión converja (de hecho, lo hace para cualquier $u_0 \in \mathbb{R}^2$), el límite u satisface el siguiente sistema lineal:

$$u_1 = \frac{1}{4}(8 - 3u_2): \qquad 4u_1 + 3u_2 = 8,$$
$$u_2 = -\frac{1}{5}(-2 - 3u_1): \quad 3u_1 - 5u_2 = -2,$$

que no coincide con el sistema que nos interesa resolver.

Los métodos iterativos básicos que estudiamos en este manual son de la forma

$$u_0 \in \mathbb{R}^n, \text{ dado}; u_{k+1} = Bu_k + c, \quad k \geq 0, \tag{9.1}$$

donde la matriz $B \in \mathcal{M}_{n \times n}(\mathbb{R})$, llamada matriz del método, y $c \in \mathbb{R}^n$ son construidos a partir de los datos del sistema (es decir, la matriz A y el vector b).

El siguiente resultado nos da las pautas para la elección de B y c que garantizan que el método (9.1) es consistente para el sistema $Au = b$.

Proposición 9.1. *El método iterativo de la forma*

$$u_0 \in \mathbb{R}^n, \text{ dado}; u_{k+1} = Bu_k + c, \quad k \geq 0,$$

es consistente para el sistema lineal $Au = b$ si y solamente si el sistema $Au = b$ es equivalente al sistema $u = Bu + c$, que también se escribe como $(I - B)u = c$, es decir, si y solamente si:

i) $I - B$ es invertible;   ii) $c = (I - B)u = (I - B)A^{-1}b$.

Demostración. Supongamos que el método sea consistente para el sistema $Au = b$. Para cualquier sucesión $\{u_k\}_{k \geq 0}$, generada con el método, que sea convergente, se debe tener:

$$\lim_{k \to +\infty} u_k = u = A^{-1}b.$$

Pero como la aplicación $\mathbb{R}^n \ni v \mapsto Bv \in \mathbb{R}^n$ es continua en $\mathbb{R}^n$, de la igualdad $u_{k+1} = Bu_k + c$ se deduce:

$$u = \lim_{k \to +\infty} u_{k+1} = \lim_{k \to +\infty} (Bu_k + c) = Bu + c.$$

Por tanto, el límite u es una solución del sistema lineal $(I - B)u = c$, es decir, que tenemos la condición *ii)*: $c = (I - B)A^{-1}b$. Para probar *i)*, probaremos que si $(I-B)v = \theta$, entonces $v = \theta$. En efecto, se tendría $u - v = (Bu+c) - Bv = B(u-v) + c$, es decir, que $u - v$ es el límite de la sucesión generada con el algoritmo comenzando en $u_0 = u - v$ y que tiene todos sus términos iguales a $u - v$. Por la consistencia del método este límite tiene que ser u y se concluye que $v = \theta$.

Recíprocamente, si la matriz $I - B$ es invertible y $c = (I - B)A^{-1}b$ y existe el límite $v = \lim_{k \to +\infty} u_k$, con los mismos argumentos, se deduce que $v = Bv + c$, es decir:

$$(I - B)v = c = (I - B)A^{-1}b.$$

Como $I - B$ es invertible se tendrá $v = A^{-1}b$ y el método es consistente. $\square$

Observación 9.1. Nótese que si el sistema $Au = b$ se escribe en la forma equivalente

$$u = Bu + c \Leftrightarrow (I - B)u = c,$$

con $I - B$ invertible, la condición $c = (I - B)A^{-1}b$ se verifica automáticamente. En ese caso, la solución u aparece como un punto fijo de la aplicación

$$\mathbb{R}^n \ni v \longrightarrow f(v) = Bv + c \in \mathbb{R}^n$$

y el método iterativo lineal

$$u_0 \in \mathbb{R}^n, \text{ dado; } u_{k+1} = Bu_k + c = f(u_k), \quad k \geq 0,$$

no es más que el método de iteración funcional simple para la búsqueda de un punto fijo de dicha aplicación. $\qquad\square$

EJEMPLO 9.2. Si el sistema del ejemplo 9.1 lo escribimos en la forma equivalente

$$u_1 = \frac{1}{5}(6 + u_2 - 2u_3),$$

$$u_2 = \frac{1}{4}(6 - u_1 - u_3),$$

$$u_3 = -\frac{1}{5}(-5 - 2u_1 + 2u_2),$$

es decir:

$$\begin{pmatrix} u_1 \\ u_2 \\ u_3 \end{pmatrix} = \begin{pmatrix} 0 & 1/5 & -2/5 \\ -1/4 & 0 & -1/4 \\ 2/5 & -2/5 & 0 \end{pmatrix} \begin{pmatrix} u_1 \\ u_2 \\ u_3 \end{pmatrix} + \begin{pmatrix} 6/5 \\ 3/2 \\ 1 \end{pmatrix},$$

el método iterativo asociado

$$\begin{pmatrix} u_1^{(k+1)} \\ u_2^{(k+1)} \\ u_3^{(k+1)} \end{pmatrix} = \begin{pmatrix} 0 & 1/5 & -2/5 \\ -1/4 & 0 & -1/4 \\ 2/5 & -2/5 & 0 \end{pmatrix} \begin{pmatrix} u_1^{(k)} \\ u_2^{(k)} \\ u_3^{(k)} \end{pmatrix} + \begin{pmatrix} 6/5 \\ 3/2 \\ 1 \end{pmatrix},$$

es el método que propusimos en dicho ejemplo, conocido como método de Jacobi clásico (véase la sección 9.2.3). $\qquad\square$

La proposición anterior nos fija condiciones para B y c que garantizan la consistencia del método para un sistema lineal $Au = b$. Analizamos a continuación condiciones adicionales que nos garanticen la convergencia para el mismo sistema. En primer lugar, tenemos el siguiente teorema que nos da una condición equivalente a la convergencia. Más tarde veremos otras que también lo son.

Teorema 9.1 (Caracterización de un método convergente). *El método iterativo de la forma*

$$u_0 \in \mathbb{R}^n, \text{ dado; } u_{k+1} = Bu_k + c, \quad k \geq 0,$$

que sea consistente para el sistema lineal $Au = b$, es convergente si y solo si

$$\lim_{k \to +\infty} B^k v = \theta, \text{ para todo } v \in \mathbb{R}^n. \tag{9.2}$$

Demostración. Según la definición, el método es convergente, si y solo si

$$\lim_{k\to+\infty} u_k - u = \theta, \text{ para todo } u_0 \in \mathbb{R}^n.$$

Si ponemos

$$e_k := u_k - u, \text{ para todo } k \geq 0,$$

la condición anterior es equivalente a

$$\lim_{k\to+\infty} e_k = \theta, \text{ para todo } e_0 \in \mathbb{R}^n.$$

Puesto que el método se supone consistente se tiene $c = (I - B)A^{-1}b = (I - B)u$, es decir, $u = Bu + c$. Por tanto:

$$e_k = u_k - u = Bu_{k-1} + c - (Bu + c) = B(u_{k-1} - u) = Be_{k-1}, \text{ para todo } k \geq 1.$$

Por recurrencia, se deduce:

$$e_k = Be_{k-1} = B^2 e_{k-2} = \cdots = B^k e_0, \text{ para todo } k \geq 1.$$

Por tanto, el método es convergente si y solo si

$$\lim_{k\to+\infty} B^k e_0 = \theta, \text{ para todo } e_0 \in \mathbb{R}^n,$$

que es la condición (9.2).   □

Teniendo en cuenta el teorema 8.1 que nos da condiciones equivalentes a (9.2), se tiene inmediatamente el siguiente corolario de gran importancia en el estudio de los métodos iterativos para sistemas lineales.

Corolario 9.1 (Condiciones equivalentes a la convergencia del método iterativo). *Si el método iterativo de la forma*

$$u_0 \in \mathbb{R}^n, \text{ dado; } u_{k+1} = Bu_k + c, \quad k \geq 0,$$

es consistente para el sistema lineal $Au = b$, cada una de las siguientes condiciones es equivalente a que el método sea convergente para dicho sistema:

i) $\lim_{k\to+\infty} B^k v = \theta$, *para todo $v \in \mathbb{R}^n$.*

ii) El radio espectral de B es menor que 1: $\rho(B) < 1$,

iii) Al menos para una norma matricial subordinada se tiene: $\|B\| < 1$.

iv) $\lim_{k\to+\infty} B^k = O.$

v) La matriz $I - B$ es invertible y se tiene $(I - B)^{-1} = \sum_{k=0}^{\infty} B^k$.

El corolario anterior nos suscita algunos comentarios. En efecto, vemos que el orden de magnitud de $\|B\|$ y de $\rho(B)$ —dada las relaciones de las proposiciones 8.1 y 8.2—

nos informan sobre la rapidez de convergencia del método: *un método será más rápido cuanto más pequeña sea* $\|B\|$*, es decir, cuanto más pequeño sea* $\rho(B)$.

En efecto, supongamos que el método es convergente y sea $e_k := u_k - u$, el vector de error en el iterante k-ésimo. Como ya hemos visto se tiene:

$$e_k = B^k e_0, \; k \geq 0.$$

Para la norma matricial subordinada a una norma vectorial en $\mathbb{R}^n$ que nos asegura el corolario que verifica $\|B\| < 1$ se tiene:

$$\|e_k\| = \|B^k e_0\| \leq \|B^k\| \|e_0\| \leq \|B\|^k \|e_0\|,$$

de donde se concluye que cuanto más pequeña sea $\|B\|$ más rápido convergerá a θ la sucesión $\{e_k\}_{k \geq 0}$, o sea, más rápido tenderá a u la sucesión $\{u\}_{k \geq 0}$.

Debido a esta propiedad, *si tenemos dos método iterativos convergentes para un sistema lineal* $Au = b$:

$$u_{k+1} = B_1 u_k + c_1, \quad u_{k+1} = B_2 u_k + c_2,$$

el primero se dice más rápido que el segundo si $\rho(B_1) < \rho(B_2)$.

Observación 9.2 (Sobre el control de parada). Como para todo método iterativo, para la implementación se realizará un bucle para el cálculo de un cierto número de iterantes hasta que se verifica un control de convergencia o control de parada que, utilizando el teorema de Cauchy para sucesiones convergentes, se escribe en la forma:

$$\frac{\|u_{k+1} - u_k\|}{\|u_k\| + 1} < \varepsilon,$$

donde ε es un número pequeño dado, llamado *tolerancia*, y $\| \cdot \|$ una norma vectorial cualquiera en $\mathbb{R}^n$. En el bucle se deberá prever un número máximo de iteraciones para parar el proceso en caso de algún fallo en la implementación o en la convergencia para el sistema que se trate.

Este criterio para detectar la convergencia es «peligroso» porque pueden darse casos de falsa convergencia: los términos consecutivos están muy próximos sin que estén cerca del límite. En el caso de los métodos que nos ocupan para sistemas lineales, es posible utilizar otro criterio para asegurar que $\|u - u_k\| \leq \varepsilon$. En efecto, no conocemos u, pero sí conocemos $Au = b$ y, por tanto, podemos utilizar el criterio $\|Au - Au_k\| = \|b - Au_k\| \leq \varepsilon$. Aún así, si la norma de A^{-1} es grande, este criterio absoluto puede fallar pues $\|u - u_k\| \leq \|A^{-1}\| \|b - Au_k\| \leq \varepsilon \|A^{-1}\|$, que puede no ser pequeño. Por ello en la práctica, se suele utilizar también el siguiente control de parada de error relativo:

$$\frac{\|b - Au_k\|}{\|b - Au_0\|} \leq \varepsilon.$$

Notemos finalmente que como iterante inicial se suele tomar $u_0 = \theta$, salvo que tengamos alguna información adicional para poder elegir u_0 más próximo a u. $\quad\square$

9.1.2   Métodos iterativos de descomposición

Los métodos iterativos que estudiamos a continuación forman parte del grupo de los *métodos de descomposición* porque son obtenidos a partir de una *descomposición de la matriz del sistema* lineal:

$$A = M - N,$$

donde M es una *matriz fácilmente invertible*, es decir, de tipo diagonal o triangular superior (por elementos o por bloques), de modo que los sistemas lineales con matriz M sean fácilmente resolubles.

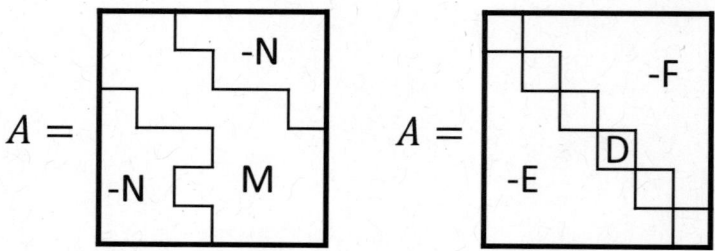

Figura 9.1: Descomposición disjunta y descomposición clásica.

El sistema lineal $Au = b$ se puede escribir de las siguientes *formas equivalentes*:

$$Au = b \Leftrightarrow (M - N)u = b \Leftrightarrow Mu = Nu + b \Leftrightarrow u = M^{-1}Nu + M^{-1}b.$$

La última ecuación es de la forma $u = Bu + c$ y, por tanto, se le asocia el método iterativo

$$u_0 \in \mathbb{R}^n, \text{ arbitrario}; \quad u_{k+1} = M^{-1}Nu_k + M^{-1}b, k \geq 0. \tag{9.3}$$

En la práctica el método se debe escribir en la forma siguiente que da la idea correcta de que en cada iteración es necesario resolver un sistema lineal con matriz M, pero ¡no invertir M!:

$$Mu_{k+1} = Nu_k + b, \quad k \geq 0.$$

Se trata entonces de un método iterativo lineal correspondiente a:

$$B = M^{-1}N = I - M^{-1}A, \quad c = M^{-1}b.$$

De ahí que, el cálculo del iterante $u_{k+1} = Bu_k + c$ se pueda escribir también del modo siguiente:

$$u_{k+1} = (I - M^{-1}A)u_k + M^{-1}b = u_k + M^{-1}(b - Au_k), \ k \geq 0,$$

o de forma más descriptiva todavía:

$$u_{k+1} = u_k + s_k, \quad s_k \text{ solución de } Ms_k = r_k, r_k = b - Au_k, k \leq 0.$$

Se tiene $I - B = M^{-1}A$ que es invertible, por lo que el *método es consistente*. En cuanto a la convergencia, el corolario general 9.1 aplicado a este caso nos da el siguiente resultado.

Teorema 9.2. *Cada una de las siguientes proposiciones es equivalente a la convergencia del método iterativo asociado a la descomposición $A = M - N$.*

i) $\lim_{k \to +\infty} (M^{-1}N)^k v = \theta$, *para todo* $v \in \mathbb{R}^n$.

ii) El radio espectral de la matriz $M^{-1}N$ es menor que 1: $\rho(M^{-1}N) < 1$.

iii) Para al menos una norma matricial subordinada es $\|M^{-1}N\| < 1$.

iv) $\lim_{k \to +\infty} (M^{-1}N)^k = O$.

v) La matriz $I - M^{-1}N$ es invertible y $(I - M^{-1}N)^{-1} = \sum_{k=0}^{\infty} (M^{-1}N)^k$.

Observación 9.3. Para estos métodos se tiene la siguiente condición equivalente a las anteriores que resulta muy cómoda en la práctica:

Todas la raíces de la ecuación $\det(\lambda M - N) = 0$ *tienen módulo menor que 1.*

En efecto, de la igualdad

$$\det(\lambda M - N) = \det[M(\lambda I - M^{-1}N)] = \det(M)\det(\lambda I - M^{-1}N),$$

se deduce que las raíces de la ecuación $\det(\lambda M - N) = 0$ coinciden con los valores propios de la matriz del método $M^{-1}N$. Por tanto el enunciado anterior equivale a la condición *ii)*. $\qquad\square$

Las condiciones del teorema anterior, en general, no son fáciles de verificar. Por ello, tiene interés el resultado siguiente que, para sistemas con matriz A simétrica y definida positiva, nos da una condición suficiente sobre la descomposición para que sea $\rho(M^{-1}N) < 1$ y, por tanto, para que el método sea convergente.

Teorema 9.3. *Sea $A \in \mathcal{M}_{n \times n}(\mathbb{R})$ simétrica y definida positiva y $A = M - N$ una descomposición de A tal que la matriz simétrica $M^T + N$ también es definida positiva. Entonces $\rho(M^{-1}N) < 1$, por lo cual, el método iterativo asociado a la descomposición es convergente.*

Demostración. Veamos antes de nada que $M^T + N$ es simétrica y, por consiguiente, con todos sus valores propios reales.

$$(M^T + N)^T = M + N^T = M + (M - A)^T$$
$$= M + M^T - A = M + M^T - (M - N) = M^T + N.$$

Tenemos además:
$$M^{-1}N = M^{-1}(M - A) = I - M^{-1}A.$$

Sea $\lambda \in \mathbb{C}$ un valor propio arbitrario de $M^{-1}N = I - M^{-1}A$. Veremos que $|\lambda| < 1$ con lo que quedará probado el resultado. Por definición, existe un vector $v \in \mathbb{C}^n$, $v \neq \theta$ tal que $(I - M^{-1}A)v = \lambda v$. Tendremos, entonces $v - M^{-1}Av = \lambda v$ y multiplicando por M, $(1 - \lambda)Mv = Av$

Dado que A es definida positiva, se tiene, en particular, que $\det(A) > 0$ y A es invertible. Por esta razón, como $v \neq \theta$, $Av \neq \theta$ y $(1 - \lambda)Mv \neq \theta$, concluimos que $\lambda \neq 1$.

Multiplicando a la izquierda por v^* la igualdad $Mv = (1 - \lambda)^{-1} Av$ obtenemos:

$$v^* Mv = (1 - \lambda)^{-1} v^* Av$$

y trasponiendo $(A^* = A^T = A, M^* = M^T)$:

$$v^* M^T v = (1 - \lambda)^{-1} v^* Av.$$

Utilizando la hipótesis de que $M^T + N = M^T + M - A$ y A son simétricas y definidas positivas se tiene que $v^*(M^T + M - A)v$ y $v^* Av$ son reales y además:

$$0 < v^*(M^T + M - A)v = \left[\frac{1}{1 - \lambda} + \frac{1}{1 - \lambda} - 1\right] v^* Av = \frac{1 + \lambda}{1 - \lambda} v^* Av.$$

Concluimos que $\dfrac{1 + \lambda}{1 - \lambda}$ es real y estrictamente positivo. Por tanto,

$$\frac{1 + \lambda}{1 - \lambda} = \frac{(1 + \lambda)(1 - \overline{\lambda})}{|1 - \lambda|^2} > 0.$$

Puesto que $|1 - \lambda|$ es real y estrictamente positivo, se deduce que el numerador también es real y estrictamente positivo:

$$(1 + \lambda)(1 - \overline{\lambda}) = 1 - |\lambda|^2 + 2i \operatorname{Im} \lambda > 0.$$

Esto solo es posible si $\operatorname{Im} \lambda = 0$, es decir, $\lambda \in \mathbb{R}$, y $|\lambda|^2 < 1$, o bien, $|\lambda| < 1$.   □

9.2 Métodos iterativos clásicos

9.2.1 Descomposiciones clásicas

Los métodos iterativos básicos más conocidos e interesantes son los llamados métodos iterativos clásicos de *Jacobi, Gauss-Seidel y relajación*. Las descomposiciones asociadas a estos tres métodos son, como todas, de la forma $A = M - (M - A)$, con M invertible, *pero, en estos casos, la matriz* $M = (m_{ij})$ *es «una parte de A»* en el sentido siguiente: $m_{ij} = a_{ij}$ para determinados valores de (i, j) y 0 en los demás.

Con un ligero abuso de notación esto se expresa gráficamente en la figura 9.1 que intenta mostrar que las matrices M y N son disjuntas. De forma intuitiva se percibe que el método iterativo consiste *grosso modo* en invertir únicamente la parte M de la matriz. Nótese que en el caso extremo estaría la descomposición $A = A - O$, o sea, $M = A, N = O$, que ¡nos daría la solución exacta en la primera iteración! En los métodos de relajación que estudiamos más adelante las matrices M y N no son exactamente disjuntas, pero sí que se obtienen por solapamiento de otras que sí lo son.

MÉTODO	$A = M - N$	$B = M^{-1}N$
Jacobi	$M = D,$ $N = E + F = D - A$	$J = D^{-1}(E + F) = I - D^{-1}A$
Gauss–Seidel progresivo	$M = D - E,$ $N = F$	$\mathcal{L} = (D - E)^{-1}F$
Gauss–Seidel regresivo	$M = D - F,$ $N = E$	$\widetilde{\mathcal{L}} = (D - F)^{-1}E$
Relajación progresivo	$M_\omega = \frac{1}{\omega}D - E,$ $N_\omega = \frac{1-\omega}{\omega}D + F$	$\mathcal{L}_\omega = [\frac{1}{\omega}D - E]^{-1}[\frac{1-\omega}{\omega}D + F]$
Relajación regresivo	$M_\omega = \frac{1}{\omega}D - F,$ $N_\omega = \frac{1-\omega}{\omega}D + E$	$\widetilde{\mathcal{L}}_\omega = [\frac{1}{\omega}D - F]^{-1}[\frac{1-\omega}{\omega}D + E]$
Relajación simétrico	*No es un método de descomposición*	$u_{k+1} = \mathcal{L}_\omega^S u_k + c;\ \ \mathcal{L}_\omega^S = \widetilde{\mathcal{L}}_\omega \mathcal{L}_\omega$

Tabla 9.2: Descomposiciones de los métodos iterativos clásicos.

Sus descomposiciones asociadas se definen a partir de la llamada *descomposición DEF*:

$$A = D - E - F,$$

donde las matrices D, E y F se construyen a partir de A del modo siguiente (véase la figura 9.1):

$$A = \begin{pmatrix} a_{11} & a_{12} & \cdots & a_{1n} \\ a_{21} & a_{22} & \cdots & a_{2n} \\ \vdots & \vdots & \ddots & \vdots \\ a_{n1} & a_{n2} & \cdots & a_{nn} \end{pmatrix}; \quad D = \begin{pmatrix} a_{11} & & & \\ & a_{22} & & \\ & & \ddots & \\ & & & a_{nn} \end{pmatrix}$$

$$E = \begin{pmatrix} 0 & & & \\ -a_{21} & 0 & & \\ \vdots & \vdots & \ddots & \\ -a_{n1} & -a_{n2} & \cdots & 0 \end{pmatrix}; \quad F = \begin{pmatrix} 0 & -a_{12} & \cdots & -a_{1n} \\ & 0 & \cdots & -a_{2n} \\ & & \ddots & \vdots \\ & & & 0 \end{pmatrix}.$$

Puestas en la forma $D = (d_{ij}), E = (e_{ij}), F = (f_{ij})$ se tiene:

$$d_{ij} = a_{ij}\delta_{ij}, \quad e_{ij} = \begin{cases} -a_{ij}, & \text{si } i > j, \\ 0, & \text{en otro caso,} \end{cases} \quad f_{ij} = \begin{cases} -a_{ij}, & \text{si } i < j, \\ 0, & \text{en otro caso.} \end{cases}$$

En la tabla 9.2 se resumen las descomposiciones y matrices de los métodos clásicos, incluyendo las versiones progresivas y regresivas que estudiamos en las secciones siguientes.

Observación 9.4. Es inmediato observar que una condición necesaria para que se puedan aplicar los métodos clásicos es: $a_{ii} \neq 0$, $1 \leq i \leq n$. En efecto, si esa condición no se cumple la matriz M correspondiente no sería invertible. $\square$

Algoritmo 9.1 Método iterativo clásico para $Au = b$.

procedure ITERCLASIC$(n, a, b, u_0, \omega, \varepsilon, nmaxit, metodo) \to u, niter$

    input $n, a = (a_{ij}), b = (b_i), u_0 = (u_i^{(0)}), \omega, \varepsilon, nmaxit, metodo$

    $\diamond$ Resuelve $Au = b$ por el método iterativo clásico a elegir entre:

    $\diamond$ 1:jacobi, 2:pgseidel, 3:rgseidel, 4:psor, 5:rsor, 6:ssor

    $\diamond$ El parámetro ω solo se utiliza si metodo≥ 4

    if $\min\{|a_{kk}| : 1 \leq k \leq n\} < 10^{-10}$ **then**

        Alerta: No se dan las condiciones para los métodos clásicos

        return

    end if

    $u \leftarrow u_0$

    for $k = 1, 2, \dots, nmaxit$ **do**

        $v \leftarrow$ FMETODO$(n, a, b, u, \omega, metodo)$

        $err \leftarrow \|v - u\|_1/(\|u\|_1 + 1)$

        $u \leftarrow v$

        if $err < \varepsilon$ **then**

            Alerta: control de parada satisfecho

            $niter \leftarrow k$

            return $u = (u_i), niter$

        end if

    end for

    Alerta: máximo número de iteraciones

    return $u = (u_i), err$

end procedure

9.2.2 Codificación conjunta de los métodos clásicos

La implementación de los métodos iterativos clásicos es de gran sencillez y todos entran dentro del mismo esquema variando únicamente el cálculo de u_{k+1} a partir de u_k, que será hecho por un procedimiento (función o subrutina) específico. Un procedimiento intermedio FMETODO permite seleccionar el algoritmo concreto: 1–Jacobi, 2–Gauss–Seidel progresivo, 3–Gauss–Seidel regresivo, 4–PSOR (relajación progresivo), 5–RSOR (relajación regresivo) y 6–SSOR (relajación simétrico).

El pseudocódigo resultante lo proponemos en el algoritmo 9.1. donde utilizamos un control de parada de la forma siguiente (la norma vectorial puede ser otra cualquiera):

$$\frac{\|u_{k+1} - u_k\|_1}{\|u_k\|_1 + 1} < \varepsilon.$$

Notamos que la verificación del control de parada en cada iteración conlleva $2n$ operaciones elementales.

9.2.3 Método de Jacobi

El método iterativo de Jacobi está asociado a la descomposición

$$A = D - (E + F): \quad M = D, \ N = E + F.$$

La condición $a_{ii} \neq 0$, $1 \leq i \leq n$, implica que M es invertible. El sistema lineal $Au = b$ admite entonces las formulaciones equivalentes siguientes:

$$
\begin{aligned}
Au &= b \\
Du &= (E + F)u + b \\
u &= D^{-1}(E + F)u + D^{-1}b,
\end{aligned}
$$

lo que conduce al método iterativo de Jacobi:

$$
\begin{aligned}
u_0 \in \mathbb{R}^n \text{ dado}; \ Du_{k+1} &= (E + F)u_k + b \\
u_{k+1} &= D^{-1}(E + F)u_k + D^{-1}b, \ k \geq 0.
\end{aligned}
$$

La matriz del método es entonces:

$$J = D^{-1}(E + F) = I - D^{-1}A,$$

con la que el proceso iterativo se escribe:

$$u_0 \in \mathbb{R}^n \text{ dado}; \ u_{k+1} = Ju_k + D^{-1}b, \ k \geq 0.$$

La convergencia del método dependerá de las propiedades de esta matriz J.

Fórmulas y pseudocódigo

Escribiendo en componentes la iteración $Du_{k+1} = (E + F)u_k + b$, se tiene:

$$
\begin{aligned}
a_{11}u_1^{(k+1)} &= -a_{12}u_2^{(k)} - a_{13}u_3^{(k)} - \cdots - a_{1n}^{(k)}u_n(k) + b_1 \\
\cdots\cdots\cdots &= \cdots\cdots\cdots\cdots\cdots\cdots\cdots\cdots\cdots\cdots\cdots \\
a_{ii}u_i^{(k+1)} &= -a_{i1}u_1^{(k)} - \cdots + a_{i,i-1}u_{i-1}^{(k)} - a_{i,i+1}u_{i+1}^{(k)} - \cdots - a_{in}u_n^{(k)} + b_i \\
\cdots\cdots\cdots &= \cdots\cdots\cdots\cdots\cdots\cdots\cdots\cdots\cdots\cdots\cdots \\
a_{nn}u_n^{(k+1)} &= -a_{n1}u_1^{(k)} - \cdots - a_{n,n-1}u_{n-1}^{(k)} + b_n,
\end{aligned}
$$

que nos proporciona la *fórmulas* siguientes para $k \geq 0$:

$$
u_1^{(k+1)} = \frac{1}{a_{11}}\left[-\sum_{j=2}^{n} a_{1j}u_j^{(k)} + b_1\right],
$$

$$
u_i^{(k+1)} = \frac{1}{a_{ii}}\left[-\sum_{j=1}^{i-1} a_{ij}u_j^{(k)} - \sum_{j=i+1}^{n} a_{ij}u_j^{(k)} + b_i\right], \ i = 2, 3, \ldots, n-1,
$$

$$
u_n^{(k+1)} = \frac{1}{a_{nn}}\left[-\sum_{j=1}^{n-1} a_{nj}u_j^{(k)} + b_n\right].
$$

El número de operaciones elementales necesarias para una iteración es, pues, el siguiente: $n(n-1)$ sumas, $n(n-1)$ multiplicaciones y n divisiones, o sea, un total de $n(2n-1)$. Si el algoritmo completo realiza un máximo de m iteraciones el número total de operaciones será de $mn(2n-1)$ (sin contar las $2n$ operaciones necesarias para el control de parada). Por tanto, el coste computacional es del orden de $2mn^2$. Este número es muy favorable frente a los métodos directos ($O(n^3)$) si el número de iteraciones es sensiblemente menor que n.

Obsérvese que el cálculo de la componente $u_i^{(k+1)}$ hace intervenir las $n-1$ componentes de u_k: $u_1^{(k)}, \ldots, u_{i-1}^{(k)}, u_{i+1}^{(k)}, \ldots, u_n^{(k)}$, lo que obliga a mantener en memoria simultáneamente los vectores u_k y u_{k+1} (algoritmo 9.2).

Algoritmo 9.2 Iteración de Jacobi para $Au = b$.

> **procedure** JACOBI$(n, a, b, u) \to v$ $\triangleright$ $u_{k+1} \equiv v$ a partir de $u_k \equiv u$
>   **input** $n, a = (a_{ij}), b = (b_i), u = (u_i)$,
>   **for** $i = 1, 2, \ldots, n$ **do**
> $v_i \leftarrow b_i$
>   **for** $j = 1, \ldots, i-1$ **do**
> $v_i \leftarrow v_i - a_{ij}u_j$
>   **end for**
>   **for** $j = i+1, \ldots, n$ **do**
> $v_i \leftarrow v_i - a_{ij}u_j$
>   **end for**
> $v_i \leftarrow v_i/a_{ii}$
>   **end for**
>   **return** $v = (v_i)$
> **end procedure**

Observación 9.5. Las fórmulas de Jacobi se pueden escribir también en la siguiente forma alternativa:

$$u_1^{(k+1)} = \left[-\sum_{j=2}^{n} \frac{a_{1j}}{a_{11}} u_j^{(k)} + \frac{b_1}{a_{11}} \right],$$

$$u_i^{(k+1)} = \left[-\sum_{j=1}^{i-1} \frac{a_{ij}}{a_{ii}} u_j^{(k)} - \sum_{j=i+1}^{n} \frac{a_{ij}}{a_{ii}} u_j^{(k)} + \frac{b_i}{a_{ii}} \right], \ i = 2, 3, \ldots, n-1,$$

$$u_n^{(k+1)} = \left[-\sum_{j=1}^{n-1} \frac{a_{nj}}{a_{nn}} u_j^{(k)} + \frac{b_n}{a_{nn}} \right].$$

lo que sugiere hacer una vez por todas las divisiones b_i/a_{ii} y a_{ij}/a_{ii} antes de comenzar el bucle de iteraciones. Esto implica sobrescribir la matriz y el segundo miembro de entrada (a menos que se salvaguarden explícitamente) y pasar al sistema equivalente $D^{-1}Au = D^{-1}b$, al que verdaderamente se aplica el algoritmo de Jacobi.

La forma recomendable es calcular el cociente $d_i = 1/a_{ii}$ y después las multiplicaciones $d_i b_i$ y $d_i a_{ij}$, $1 \leq j \leq n, j \neq i$, o sea, un total de n divisiones y n^2 multiplicaciones: $n^2 + n = n(n+1)$ operaciones. Ahora el paso de u_k a u_{k+1} ya no requiere las n divisiones y se queda en $2n(n-1)$ operaciones.

Por tanto, si realizamos un número m de iteraciones, la segunda forma de proceder estará justificada cuando el número de operaciones que nos ahorramos (mn divisiones) es mayor que el número $n(n+1)$ de operaciones necesarias para dividir previamente por los coeficientes diagonales, es decir, si $m > n + 1$. $\qquad\square$

Convergencia

La aplicación de los resultados generales del teorema 9.2 (y la observación 9.3) al caso particular del método de Jacobi nos asegura el siguiente resultado.

Proposición 9.2 (Condiciones equivalentes a la convergencia del método de Jacobi). *Si $A \in \mathcal{M}_{n \times n}(\mathbb{R})$ es invertible y tal $a_{ii} \neq 0, 1 \leq i \leq n$, cada una de las siguientes aseveraciones es equivalente a que el método de Jacobi sea convergente para cualquier sistema lineal con matriz A:*

i) $\displaystyle\lim_{k \to +\infty} J^k v = \theta$, *para todo $v \in \mathbb{R}^n$.*

ii) El radio espectral de la matriz J es menor que 1: $\rho(J) < 1$.

iii) Para al menos una norma matricial subordinada es $\|J\| < 1$.

iv) $\displaystyle\lim_{k \to +\infty} J^k = O.$

v) La matriz $I - J$ es invertible y $(I - J)^{-1} = \sum_{k=0}^{\infty} J^k$.

vi) Las raíces de la ecuación $\det(\lambda D - E - F) = 0$ tienen módulo menor que 1.

Las condiciones anteriores no siempre son fáciles de explotar. Así por ejemplo, para matrices grandes, resolver la ecuación

$$\det(\lambda D - E - F) = \det \begin{pmatrix} \lambda a_{11} & a_{12} & \cdots & a_{1n} \\ a_{21} & \lambda a_{22} & \cdots & a_{2n} \\ \vdots & \vdots & \ddots & \vdots \\ a_{n1} & a_{n2} & \cdots & \lambda a_{nn} \end{pmatrix} = 0,$$

es mucho más difícil que la propia resolución del sistema $Au = b$ que nos ocupa. Se trata, entonces, de obtener condiciones suficientes más sencillas y, a poder ser, que hagan referencia a la propia matriz A del sistema. Un resultado de gran interés en este sentido es el siguiente.

Teorema 9.4 (Frobenius–Mises). *Si A verifica cualquiera de las dos condiciones siguientes entonces el método de Jacobi para un sistema $Au = b$ es convergente:*

$$i) \sum_{j=1, j \neq i}^{n} \frac{|a_{ij}|}{|a_{ii}|} < 1 \quad (1 \leq i \leq n); \qquad ii) \sum_{i=1, i \neq j}^{n} \frac{|a_{ij}|}{|a_{ii}|} < 1 \quad (1 \leq j \leq n).$$

Observación 9.6. La condición *i)* del teorema anterior equivale a

$$\sum_{j=1,\,j\neq i}^{n} |a_{ij}| < |a_{ii}| \quad (1 \leq i \leq n),$$

es decir, a que *la matriz del sistema sea estrictamente diagonal dominante por filas* (que es, pues, suficiente para la convergencia de Jacobi). Sin embargo, la condición *ii)* *no* equivale a que A sea estrictamente diagonal dominante por columnas. □

Demostración. La matriz de Jacobi $J = D^{-1}(E+F)$ se escribe de la forma siguiente:

$$J = D^{-1}(E+F) = I - D^{-1}A = \begin{pmatrix} 0 & -\dfrac{a_{12}}{a_{11}} & \cdots & -\dfrac{a_{1n}}{a_{11}} \\ -\dfrac{a_{21}}{a_{22}} & 0 & \cdots & -\dfrac{a_{2n}}{a_{22}} \\ \vdots & \vdots & \ddots & \vdots \\ -\dfrac{a_{n1}}{a_{nn}} & -\dfrac{a_{n2}}{a_{nn}} & \cdots & 0 \end{pmatrix}.$$

La condición *i)* garantiza que:

$$\|J\|_\infty = \max_{1\leq i\leq n} \sum_{j=1,\,j\neq i}^{n} \frac{|a_{ij}|}{|a_{ii}|} < 1,$$

y la condición *ii)* nos da que:

$$\|J\|_1 = \max_{1\leq j\leq n} \sum_{i=1,\,i\neq j}^{n} \frac{|a_{ij}|}{|a_{ii}|} < 1.$$

Dado que ambas normas son subordinadas, el resultado se concluye de la proposición 9.2. □

Si suponemos que la matriz del sistema $Au = b$ es *simétrica y definida positiva*, la condición suficiente de convergencia dada por el teorema 9.3 para el método de Jacobi nos lleva directamente al siguiente resultado (basta tener en cuenta que para este caso $M^T + N = D^T + (D - A) = 2D - A$):

Proposición 9.3. *Si A es una matriz simétrica y definida positiva tal que la matriz $2D - A$ también es simétrica y definida positiva entonces el método de Jacobi es convergente para cualquier sistema con matriz A.*

EJERCICIO 9.1. Comprobar que el resultado anterior es aplicable a una matriz A tridiagonal simétrica de la forma:

$$A = \begin{pmatrix} 2 & -1 & & & \\ -1 & 2 & -1 & & \\ & \ddots & \ddots & \ddots & \\ & & -1 & 2 & -1 \\ & & & -1 & 2 \end{pmatrix}.$$

Solución. En efecto, por una parte, la matriz A es definida positiva:

$$v^T A v = v_1^2 + v_2^2 + \sum_{k=2}^{n} (v_k - v_{k-1})^2 > 0, \quad \text{para todo } v \in \mathbb{R}^n - \{\theta\},$$

y, por la otra, la matriz $M^T + N = 2D - A$ también lo es, pues

$$M^T + N = 2D - A = \begin{pmatrix} 2 & 1 & & & & \\ 1 & 2 & 1 & & & \\ & \ddots & \ddots & \ddots & & \\ & & 1 & 2 & 1 \\ & & & 1 & 2 \end{pmatrix},$$

de manera que:

$$v^T (M^T + N) v = v_1^2 + v_2^2 + \sum_{k=1}^{n-1} (v_k + v_{k+1})^2 > 0, \quad \text{para todo } v \in \mathbb{R}^n - \{\theta\}. \quad \square$$

9.2.4 Método de Gauss–Seidel progresivo

El método iterativo de Gauss–Seidel progresivo (o Gauss–Seidel, sin más) para un sistema lineal $Au = b$ está asociado a la descomposición

$$A = (D - E) - F : \quad M = D - E, \ N = F.$$

La condición $a_{ii} \neq 0$, $1 \leq i \leq n$, equivale a que M sea invertible. El sistema lineal $Au = b$ admite entonces las formulaciones equivalentes siguientes:

$$\begin{aligned} Au &= b \\ (D - E)u &= Fu + b \\ u &= (D - E)^{-1}F + (D - E)^{-1}b. \end{aligned}$$

Esta forma nos conduce al método iterativo de Gauss–Seidel:

$$\begin{aligned} u_0 \in \mathbb{R}^n \text{ dado; } (D - E)u_{k+1} &= Fu_k + b \\ Du_{k+1} &= Eu_{k+1} + Fu_k + b \\ u_{k+1} &= (D - E)^{-1}Fu_k + (D - E)^{-1}b, \ k \geq 0. \end{aligned}$$

La matriz del método (matriz de Gauss–Seidel) es entonces:

$$\mathcal{L} = (D - E)^{-1}F.$$

con la que el proceso iterativo se escribe:

$$u_0 \in \mathbb{R}^n \text{ dado; } u_{k+1} = \mathcal{L}u_k + (D - E)^{-1}b, \ k \geq 0.$$

La convergencia del método dependerá de las propiedades de esta matriz $\mathcal{L}$.

Fórmulas y pseudocódigo

Escribiendo en componentes la iteración $Du_{k+1} = Eu_{k+1} + Fu_k + b$, se tiene:

$$a_{11}u_1^{(k+1)} = -a_{12}u_2^{(k)} - a_{13}u_3^{(k)} - \cdots - a_{1n}^{(k)}u_n(k) + b_1$$

$$\ldots\ldots\ldots = \ldots\ldots\ldots\ldots\ldots\ldots\ldots\ldots\ldots\ldots\ldots\ldots\ldots\ldots\ldots\ldots\ldots\ldots\ldots$$

$$a_{ii}u_i^{(k+1)} = -a_{i1}u_1^{(k+1)} - \cdots - a_{i,i-1}u_{i-1}^{(k+1)} - a_{i,i+1}u_{i+1}^{(k)} - \cdots - a_{in}u_n^{(k)} + b_i$$

$$\ldots\ldots\ldots = \ldots\ldots\ldots\ldots\ldots\ldots\ldots\ldots\ldots\ldots\ldots\ldots\ldots\ldots\ldots\ldots\ldots\ldots\ldots$$

$$a_{nn}u_n^{(k+1)} = -a_{n1}u_1^{(k+1)} - \cdots - a_{n,n-1}u_{n-1}^{(k+1)} + b_n,$$

que nos proporciona las *fórmulas* siguientes para $k \geq 0$:

$$u_1^{(k+1)} = \frac{1}{a_{11}}\left[-\sum_{j=2}^{n} a_{1j}u_j^{(k)} + b_1\right],$$

$$u_i^{(k+1)} = \frac{1}{a_{ii}}\left[-\sum_{j=1}^{i-1} a_{ij}u_j^{(k+1)} - \sum_{j=i+1}^{n} a_{ij}u_j^{(k)} + b_i\right], \quad i = 2, 3, \ldots, n-1,$$

$$u_n^{(k+1)} = \frac{1}{a_{nn}}\left[-\sum_{j=1}^{n-1} a_{nj}u_j^{(k+1)} + b_n\right].$$

Sin las consideraciones que hacemos en la observación siguiente, el código para una iteración de Gauss–Seidel progresivo se obtiene directamente del de Jacobi con solo cambiar u_j por v_j en el bucle del primer sumatorio (algoritmo 9.3). Remarcamos que *el número de operaciones de una iteración de Gauss–Seidel es exactamente el mismo que en una de Jacobi.*

Algoritmo 9.3 Iteración de Gauss–Seidel progresivo para $Au = b$.

---

    procedure PGSEIDEL$(n, a, b, u) \to v$ ▷ $u_{k+1} \equiv v$ a partir de $u_k \equiv u$
        input $n, a = (a_{ij}), b = (b_i), u = (u_i)$
        for $i = 1, 2, \ldots, n$ **do**
            $v_i \leftarrow b_i$
            for $j = 1, \ldots, i - 1$ **do**
                $v_i \leftarrow v_i - a_{ij}v_j$ ▷ Diferencia con Jacobi
            end for
            for $j = i + 1, \ldots, n$ **do**
                $v_i \leftarrow v_i - a_{ij}u_j$
            end for
            $v_i \leftarrow v_i/a_{ii}$
        end for
        return $v = (v_i)$
    end procedure

Observación 9.7. El cálculo de la componente $u_i^{(k+1)}$ hace intervenir las $i-1$ componentes de u_{k+1}: $u_1^{(k+1)}, \ldots, u_{i-1}^{(k+1)}$, ya calculadas previamente, y las $n-i$ componentes de u_k: $u_{i+1}^{(k)}, \ldots, u_n^{(k)}$. Esto permite realizar una iteración con solo n posiciones de memoria pues las componentes calculadas de u_{k+1} pueden reemplazar las correspondientes componentes de u_k que ya no se vuelven a necesitar. Por supuesto debemos tener esto en cuenta para el control de parada y calcular $\|u_k\|$ antes de sobrescribir esas componentes. A continuación proponemos una *versión del programa completo (algoritmo 9.4) puesto que al sobrescribir u_k ya no se puede utilizar el esquema general del código 9.1* . $\qquad\square$

Convergencia

De nuevo, el teorema 9.2 y la observación 9.3 nos aseguran el siguiente resultado.

Algoritmo 9.4 Método de G-S progresivo para $Au = b$, versión optimizada.

procedure P_PGSEIDEL $\qquad \triangleright$ Resuelve $Au = b$ - Gauss–Seidel progresivo
$\quad$ **input** $n, a = (a_{ij}), b = (b_i), u = (u_i), \varepsilon, nmaxit \quad \triangleright$ Sobrescribe u inicial
$\quad$ **for** $k = 1, 2, \ldots, nmaxit$ **do**
$\qquad err1 \leftarrow 0.; err2 \leftarrow 1.$
$\qquad$ **for** $i = 1, \ldots, n$ **do**
$\qquad\qquad s \leftarrow b_i$
$\qquad\qquad$ **for** $j = 1, \ldots, i-1$ **do**
$\qquad\qquad\qquad s \leftarrow s - a_{ij} u_j$
$\qquad\qquad$ **end for**
$\qquad\qquad$ **for** $j = i+1, \ldots, n$ **do**
$\qquad\qquad\qquad s \leftarrow s - a_{ij} u_j$
$\qquad\qquad$ **end for**
$\qquad\qquad s \leftarrow s/a_{ii}$
$\qquad\qquad err1 \leftarrow err1 + |s - u_i|; err2 \leftarrow err2 + |u_i|$
$\qquad\qquad u_i \leftarrow s$
$\qquad$ **end for**
$\qquad err \leftarrow err1/err2$
$\qquad$ **if** $err < \varepsilon$ **then**
$\qquad\qquad$ Alerta: Alcanzado control de convergencia
$\qquad\qquad$ **return** $u = (u_i), err, k$
$\qquad$ **end if**
$\quad$ **end for**
$\quad$ Alerta: máximo número de iteraciones
$\quad$ **return** $u = (u_i), err$
end procedure

Proposición 9.4 (Condiciones equivalentes a la convergencia del método de Gauss–Seidel progresivo). *Para $A \in \mathcal{M}_{n \times n}(\mathbb{R})$, invertible tal $a_{ii} \neq 0, 1 \leq i \leq n$, cada una de las siguientes condiciones equivale a que el método de Gauss-Seidel progresivo sea convergente para cualquier sistema con matriz A:*

i) $\lim\limits_{k \to +\infty} \mathcal{L}^k v = \theta$, *para todo $v \in \mathbb{R}^n$.*

ii) El radio espectral de la matriz $\mathcal{L}$ es menor que 1: $\rho(\mathcal{L}) < 1$.

iii) Para al menos una norma matricial subordinada es $\|\mathcal{L}\| < 1$.

iv) $\lim\limits_{k \to +\infty} \mathcal{L}^k = O$.

v) La matriz $I - \mathcal{L}$ es invertible y $(I - \mathcal{L})^{-1} = \sum_{k=0}^{\infty} \mathcal{L}^k$.

vi) Las raíces de la ecuación $\det[\lambda(D - E) - F] = 0$ tienen módulo menor que 1.

Las condiciones anteriores tienen una aplicabilidad reducida porque, en general, son difíciles de verificar. El siguiente ejemplo nos da una condición muy sencilla.

Teorema 9.5 (Geiringer). *Si A verifica cualquiera de las dos condiciones siguientes entonces el método de Gauss–Seidel progresivo para un sistema $Au = b$ es convergente:*

$$i) \quad \sum_{j=1,\, j \neq i}^{n} \frac{|a_{ij}|}{|a_{ii}|} < 1 \quad (1 \leq i \leq n); \qquad ii) \quad \sum_{i=1,\, i \neq j}^{n} \frac{|a_{ij}|}{|a_{jj}|} < 1 \quad (1 \leq j \leq n).$$

Observación 9.8. Las condiciones anteriores se pueden escribir en la forma:

$$i)\; |a_{ii}| > \sum_{j=1,\, j \neq i}^{n} |a_{ij}| \quad (1 \leq i \leq n); \qquad ii)\; |a_{jj}| > \sum_{i=1,\, i \neq j}^{n} |a_{ij}| \quad (1 \leq j \leq n).$$

Por tanto, equivalen, respectivamente, a que la matriz del sistema sea estrictamente diagonal dominante por filas o estrictamente diagonal dominante por columnas (¡nótese la diferencia con Jacobi!). □

Demostración. Supongamos que la condición *i)* se verifica. Utilizando la proposición 9.4, demostraremos que las raíces del polinomio $\det[\lambda(D-E)-F]$ (valores propios de $\mathcal{L}$) tienen todas módulo menor que 1. En efecto, si λ es una de tales raíces, se tendrá:

$$\det[(\lambda(D - E) - F] = \det \begin{pmatrix} \lambda a_{11} & a_{12} & a_{13} & \cdots & a_{1n} \\ \lambda a_{21} & \lambda a_{22} & a_{23} & \cdots & a_{2n} \\ \vdots & \vdots & \ddots & \vdots & \vdots \\ \lambda a_{n-1,1} & \lambda a_{n-1,2} & \cdots & \lambda a_{n-1,n-1} & a_{n-1,n} \\ \lambda a_{n,1} & \lambda a_{n,2} & \cdots & \lambda a_{n,n-1} & \lambda a_{nn} \end{pmatrix} = 0.$$

El teorema de Hadamard (teorema 2.4), aplicado a la matriz $\lambda(D - E) - F$, nos asegura que existe $k \in \{1, 2, \ldots, n\}$ tal que

$$|\lambda|\, |a_{kk}| \leq |\lambda| \sum_{j=1}^{k-1} |a_{kj}| + \sum_{j=k+1}^{n} |a_{kj}|.$$

Por tanto:

$$|\lambda| \leq |\lambda| \sum_{j=1}^{k-1} \frac{|a_{kj}|}{|a_{kk}|} + \sum_{j=k+1}^{n} \frac{|a_{kj}|}{|a_{kk}|} = |\lambda|\alpha_k + \beta_k,$$

donde:

$$\alpha_k = \sum_{j=1}^{k-1} \frac{|a_{kj}|}{|a_{kk}|}; \quad \beta_k = \sum_{j=k+1}^{n} \frac{|a_{kj}|}{|a_{kk}|}.$$

De la hipótesis *i)* se deduce:

$$\alpha_k + \beta_k = \sum_{j=1,\, j\neq k}^{n} \frac{|a_{kj}|}{|a_{kk}|} < 1.$$

Se tendrá entonces

$$|\lambda| < |\lambda|\alpha_k + 1 - \alpha_k,$$

de donde finalmente, $|\lambda| < 1$.

En cuanto a la condición *ii)*, se comprueba igualmente que es suficiente para la convergencia utilizando la opción *ii)* del teorema de Hadamard (una matriz singular, tiene alguna columna que no es estrictamente diagonal dominante). $\qquad\square$

Si suponemos que la matriz del sistema es *simétrica y definida positiva*, la explotación de la condición suficiente de convergencia del teorema 9.3 ($M^T + N = (D - E)^T + F$ definida positiva) sí nos da una información de gran valor para el método de Gauss–Seidel progresivo.

EJERCICIO 9.2. Probar que si A es una matriz simétrica y definida positiva, entonces $(D - E)^T + F$ también es simétrica y definida positiva y, por tanto, el método de Gauss–Seidel progresivo para un sistema con matriz A es siempre convergente.

Solución. Por ser $A^T = A$:

$$M^T + N = (D - E)^T + F = D^T - E^T + F = D - F + F = D,$$

y D es definida positiva porque $a_{ii} > 0, 1 \leq i \leq n$, (véase el ejercicio 2.6) y, en consecuencia:

$$v^T D v = \sum_{i=1}^{n} a_{ii} v_i^2 > 0, \quad \text{para todo } v \in \mathbb{R}^n - \{\theta\}. \qquad\square$$

9.2.5   Método de Gauss–Seidel regresivo

El método de Gauss–Seidel regresivo es una variante del método progresivo que se obtiene intercambiando los papeles de las matrices E y F, es decir, considerando la descomposición de la matriz A en la forma:

$$A = (D - F) - E: \quad M = D - F, \ N = E.$$

La condición $a_{ii} \neq 0$, $1 \leq i \leq n$, equivale a que M sea invertible. El sistema lineal $Au = b$ admite entonces las formulaciones equivalentes siguientes:

$$
\begin{aligned}
Au &= b \\
(D - F)u &= Eu + b \\
u &= (D - F)^{-1}Eu + (D - F)^{-1}b,
\end{aligned}
$$

lo que conduce al método iterativo de Gauss–Seidel regresivo:

$$
\begin{aligned}
u_0 \in \mathbb{R}^n \text{ dado; } (D - F)u_{k+1} &= Eu_k + b \\
Du_{k+1} &= Eu_k + Fu_{k+1} + b \\
u_{k+1} &= (D - F)^{-1}Eu_k + (D - F)^{-1}b, \;\; k \geq 0.
\end{aligned}
$$

La matriz del método (matriz de Gauss–Seidel regresivo) de cuyas propiedades depende la convergencia, es entonces:

$$
\widetilde{\mathcal{L}} = (D - F)^{-1}E,
$$

y el proceso iterativo queda:

$$
u_0 \in \mathbb{R}^n \text{ dado; } u_{k+1} = \widetilde{\mathcal{L}}u_k + (D - F)^{-1}b, \; k \geq 0.
$$

La convergencia del método dependerá de las propiedades de esta matriz $\widetilde{\mathcal{L}}$.

Fórmulas y pseudocódigo

Escribiendo en componentes la iteración $Du_{k+1} = Eu_k + Fu_{k+1} + b$, se tiene:

$$
\begin{aligned}
a_{11}u_1^{(k+1)} &= -a_{12}u_2^{(k+1)} - a_{13}u_3^{(k+1)} - \cdots - a_{1n}u_n^{(k+1)} + b_1 \\
\cdots\cdots &= \cdots\cdots\cdots\cdots\cdots\cdots \\
a_{ii}u_i^{(k+1)} &= -a_{i1}u_1^{(k)} - \cdots - a_{i,i-1}u_{i-1}^{(k)} - a_{i,i+1}u_{i+1}^{(k+1)} - \cdots - a_{in}u_n^{(k+1)} + b_i \\
\cdots\cdots &= \cdots\cdots\cdots\cdots\cdots\cdots \\
a_{nn}u_n^{(k+1)} &= -a_{n1}u_1^{(k)} - \cdots - a_{n,n-1}u_{n-1}^{(k)} + b_n,
\end{aligned}
$$

que nos proporciona las *fórmulas* siguientes para $k \geq 0$:

$$
\begin{aligned}
u_n^{(k+1)} &= \frac{1}{a_{nn}}\left[-\sum_{j=1}^{n-1} a_{nj}u_j^{(k)} + b_n \right], \\
u_i^{(k+1)} &= \frac{1}{a_{ii}}\left[-\sum_{j=1}^{i-1} a_{ij}u_j^{(k)} - \sum_{j=i+1}^{n} a_{ij}u_j^{(k+1)} + b_i \right], \; i = n-1, \ldots, 2 \\
u_1^{(k+1)} &= \frac{1}{a_{11}}\left[-\sum_{j=2}^{n} a_{1j}u_j^{(k+1)} + b_1 \right].
\end{aligned}
$$

Nótese que es necesario comenzar el cálculo de u_{k+1} por la última componente y *regresar* sucesivamente a las componentes $n-1, n-2, \ldots, 2, 1$ utilizando las componentes ya calculadas, lo que justifica el nombre del método. La codificación pasa por invertir el orden de los bucles del caso progresivo (algoritmo 9.5).

Convergencia

Las condiciones de convergencia de la proposición 9.4 se aplica íntegramente al caso regresivo sin más que cambiar E por F y $\mathcal{L}$ por $\widetilde{\mathcal{L}}$. El teorema de Geiringer 9.5 y el resultado del ejercicio 9.2 son válidos para el método regresivo y su demostración es la misma cambiando E por F.

Algoritmo 9.5 Iteración de Gauss–Seidel regresivo para $Au = b$.

> **procedure** RGSEIDEL$(n, a, b, u) \to v$ $\quad\triangleright\ u_{k+1} \equiv v$ a partir de $u_k \equiv u$
> $\quad$ **input** $n, a = (a_{ij}), b = (b_i), u = (u_i)$
> $\quad$ **for** $i = n, n-1, \ldots, 1$ **do** $\qquad\triangleright$ Diferencia con G-S progresivo
> $\qquad v_i \leftarrow b_i$
> $\qquad$ **for** $j = i+1, \ldots, n$ **do** $\qquad\triangleright$ Diferencia con G-S progresivo
> $\qquad\qquad v_i \leftarrow v_i - a_{ij}v_j$
> $\qquad$ **end for**
> $\qquad$ **for** $j = 1, \ldots, i-1$ **do**
> $\qquad\qquad v_i \leftarrow v_i - a_{ij}u_j$
> $\qquad$ **end for**
> $\qquad v_i \leftarrow v_i/a_{ii}$
> $\quad$ **end for**
> $\quad$ **return** $v = (v_i)$
> **end procedure**

9.2.6   Método de relajación progresivo (PSOR)

El método de relajación progresivo (en inglés, *progressive successive over relaxation method* (PSOR)), nace como una modificación del método de Gauss–Seidel para intentar mejorar su rapidez de convergencia. En efecto, fijado un parámetro $\omega \in \mathbb{R}$, $\omega \neq 0$, el método PSOR es un método basado en la descomposición siguiente de la matriz A:

$$A = [\frac{1}{\omega}D - E] - [\frac{1-\omega}{\omega}D + F] = M_\omega - N_\omega : \ M_\omega = \frac{1}{\omega}D - E, \ N_\omega = \frac{1-\omega}{\omega}D + F.$$

en la que la matriz D se desdobla en dos para dejar una parte en la M y pasar otra a la N. La condición $a_{ii} \neq 0$, $1 \leq i \leq n$, equivale a que M_ω sea invertible. La matriz del método es entonces:

$$\mathcal{L}_\omega = M_\omega^{-1}N_\omega = [\frac{1}{\omega}D - E]^{-1}[\frac{1-\omega}{\omega}D + F] = [(D - \omega E)^{-1}][(1-\omega)D + \omega F],$$

con la que el proceso iterativo se escribe:

$$u_0 \in \mathbb{R}^n \text{ dado};\quad u_{k+1} = \mathcal{L}_\omega u_k + [\frac{1}{\omega}D - E]^{-1}b,\ \ k \geq 0.$$

La convergencia del método dependerá de las propiedades de esta matriz $\mathcal{L}_\omega$. Es evidente que para $\omega = 1$ el método PSOR coincide con el método de Gauss–Seidel progresivo y, por supuesto, $\mathcal{L}_1 = \mathcal{L}$.

Así, el método iterativo PSOR está asociado a la escritura equivalente del sistema $Au = b$ en la forma $M_\omega u = N_\omega u + b$, es decir:

$$[\frac{1}{\omega}D - E]u = [\frac{1-\omega}{\omega}D + F]u + b,$$

de donde deriva el proceso iterativo:

$$[\frac{1}{\omega}D - E]u_{k+1} = [\frac{1-\omega}{\omega}D + F]u_k + b,\ \ k \geq 0.$$

Multiplicando por ω se puede escribir sucesivamente del modo siguiente:

$$
\begin{aligned}
(D - \omega E)u_{k+1} &= [(1-\omega)D + \omega F]u_k + \omega b \\
Du_{k+1} &= (1-\omega)Du_k + \omega[Eu_{k+1} + Fu_k + b] \\
u_{k+1} &= (1-\omega)u_k + \omega D^{-1}[Eu_{k+1} + Fu_k + b]
\end{aligned}
$$

Fórmulas y codificación

Detallando por componentes la última expresión, obtenemos las siguientes fórmulas para iterar con $k \geq 0$:

$$u_1^{(k+1)} = (1-\omega)u_1^{(k)} + \frac{1}{a_{11}}\omega\left[-\sum_{j=2}^{n}a_{1j}u_j^{(k)} + b_1\right],$$

$$u_i^{(k+1)} = (1-\omega)u_i^{(k)} + \frac{1}{a_{ii}}\omega\left[-\sum_{j=1}^{i-1}a_{ij}u_j^{(k+1)} - \sum_{j=i+1}^{n}a_{ij}u_j^{(k)} + b_i\right],$$

$$i = 2, 3, \ldots, n-1,$$

$$u_n^{(k+1)} = (1-\omega)u_n^{(k)} + \frac{1}{a_{nn}}\omega\left[-\sum_{j=1}^{n-1}a_{nj}u_j^{(k+1)} + b_n\right].$$

Es obvio que el método PSOR tiene las mismas propiedades que Gauss–Seidel progresivo en cuanto a las componentes que intervienen en el cálculo de la componente $u_i^{(k+1)}$ y las posibilidades de sobrescritura de componentes del iterante k-ésimo por las del iterante $(k+1)$-ésimo. La codificación es totalmente análoga y solo se diferencia de Gauss–Seidel progresivo en la adición del término $(1 - \omega)u_i^{(k)}$ al final del cálculo en cada componente (algoritmo 9.6). Esto añade $2n$ multiplicaciones y $2n$ sumas al cómputo de operaciones en una iteración con respecto a Gauss–Seidel y Jacobi. El orden de operaciones sigue siendo igual que para los tres métodos: $2mn^2$, siendo m el número de iteraciones realizadas.

Convergencia

La extensión de estas lecciones nos limita el estudio de la convergencia del método PSOR, así que nos contentaremos con los dos resultados siguientes. El primero nos da una condición necesaria de convergencia que reduce las posibilidades de elección del parámetro ω al intervalo $(0, 2)$. El segundo nos asegura que el método PSOR para sistemas con matriz simétrica y definida positiva y $\omega \in (0, 2)$ es siempre convergente.

Teorema 9.6 (Kahan). *Para $\omega \neq 0$ se tiene $\rho(\mathcal{L}_\omega) \geq |1 - \omega|$.*

Demostración. Si $\lambda_1, \lambda_2, \ldots, \lambda_n$ son los valores propios de $\mathcal{L}_\omega$ se tendrá:

$$
\begin{aligned}
\prod_{i=1}^{n} \lambda_i &= \det(\mathcal{L}_\omega) = \det[(\frac{1}{\omega}D - E)^{-1}(\frac{1-\omega}{\omega}D + F)] \\
&= \frac{\det[\frac{1-\omega}{\omega}D + F]}{\det[\frac{1}{\omega}D - E]} = \frac{\prod_{i=1}^{n} \frac{1-\omega}{\omega}a_{ii}}{\prod_{i=1}^{n} \frac{1}{\omega}a_{ii}} = (1 - \omega)^n.
\end{aligned}
$$

Por consiguiente:

$$
\rho(\mathcal{L}_\omega) = \max_{1 \leq i \leq n} |\lambda_i| \geq [\prod_{i=1}^{n} |\lambda_i|]^{1/n} = |1 - \omega|. \qquad \square
$$

Corolario 9.2. *Una condición necesaria para que el método PSOR sea convergente es que $0 < \omega < 2$.*

Demostración. El método será convergente si y solo si $\rho(\mathcal{L}_\omega) < 1$. Por tanto, es necesario que $|1 - w| < 1$. $\qquad \square$

Observación 9.9. Originariamente se utilizó la denominación «over relaxation» para los métodos con $\omega > 1$ y «under relaxation» para los que utilizaban $\omega < 1$. Actualmente, no suele hacerse esa distinción. $\qquad \square$

Igual que para el método de Gauss–Seidel progresivo, se tiene la proposición siguiente.

Proposición 9.5. *Para un sistema con matriz A simétrica y definida positiva el método PSOR, con $0 < \omega < 2$, es siempre convergente.*

Demostración. En la proposición anterior hemos demostrado la necesidad de la condición $0 < \omega < 2$ para la convergencia, cualquiera que sea la matriz A. Veamos la suficiencia cuando A es simétrica y definida positiva. Aplicando la proposición 9.3, bastará probar que la matriz $M_\omega^T + N_\omega$ es definida positiva (ya sabemos que es simétrica). Ahora bien, por ser $A^T = A$:

$$M_\omega^T + N_\omega = [\frac{1}{\omega}D - E]^T + [\frac{1-\omega}{\omega}D + F] = \frac{2-\omega}{w}D - E^T + F = \frac{2-\omega}{w}D.$$

Dado que D es definida positiva (véase el ejercicio 9.2), para $0 < \omega < 2$, la matriz $\dfrac{2-\omega}{w}D$ también lo es. $\qquad\square$

Observación 9.10. Obviamente, para $\omega = 1$ el resultado anterior reproduce el del ejercicio 9.2 para el método de Gauss–Seidel. $\qquad\square$

Algoritmo 9.6 Iteración de relajación progresivo (PSOR) para $Au = b$.

---

    procedure PSOR$(n, a, b, u, \omega) \to v$ $\triangleright$ $u_{k+1} \equiv v$ a partir de $u_k \equiv u$
        input $n, a = (a_{ij}), b = (b_i), u = (u_i), \omega$
        for $i = 1, 2, \ldots, n$ **do**
            $v_i \leftarrow b_i$
            for $j = 1, \ldots, i-1$ **do**
                $v_i \leftarrow v_i - a_{ij}v_j$
            end for
            for $j = i+1, \ldots, n$ **do**
                $v_i \leftarrow v_i - a_{ij}u_j$
            end for
            $v_i \leftarrow v_i/a_{ii}$
            $v_i \leftarrow (1-\omega)u_i + \omega v_i$
        end for
        return $v = (v_i)$
    end procedure

Observación 9.11 (Variante del método de relajación progresivo). El propio nombre de relajación y el parecido con la escritura y las fórmulas del método de Gauss–Seidel progresivo puede llevarnos erróneamente a pensar que el iterante u_{k+1} del método anterior es una combinación lineal convexa del iterante u_k y el iterante $u_{k+1} = D^{-1}[Eu_{k+1}+Fu_k+b]$ del método de Gauss–Seidel progresivo. Pero esto no es realmente así, debido a que *las «relajaciones» se hacen componente a componente*. Sin embargo, la propuesta de un método en que el iterante u_{k+1} sea la combinación lineal convexa de u_k y el iterante siguiente a u_k en el método de Gauss–Seidel progresivo (que llamamos $u_{k+\frac{1}{2}}$) es digna de consideración. Se tendría:

$$u_{k+1} = (1-\omega)u_k + \omega u_{k+\frac{1}{2}}$$
$$= (1-\omega)u_k + \omega[(D-E)^{-1}Fu_k + (D-E)^{-1}b].\qquad\square$$

EJERCICIO 9.3. Comprobar que la variante anterior es un método iterativo de la forma $u_{k+1} = Bu_k + c$, que no es un método de descomposición, pero sí consistente.

Comparar $\rho(B)$ con $\rho(\mathcal{L})$ y concluir que si Gauss–Seidel progresivo converge, entonces este método también lo hace y es más rápido. El pseudocódigo resulta inmediato a partir del de Gauss–Seidel. $\qquad\square$

9.2.7 Método de relajación regresivo (RSOR)

La variante *regresiva* de relajación (igual que en Gauss–Seidel) se obtiene cambiando los papeles de las matrices E y F, es decir, considerando la siguiente escritura equivalente del sistema $Au = b$:

$$\begin{aligned} Au &= b \\ (D - E - F)u &= b \\ [\frac{1}{\omega}D - F]u &= [\frac{1-\omega}{\omega}D + E]u + b. \end{aligned}$$

Esto nos conduce al método de relajación regresivo (en inglés, *regressive successive over relaxation method* (RSOR)):

$$u_0 \in \mathbb{R}^n, \text{ dado}; \quad [\frac{1}{\omega}D - F]u_{k+1} = [\frac{1-\omega}{\omega}D + E]u_k + b, \ \ k \ge 0.$$

La escritura del método es equivalente a la siguiente:

$$u_{k+1} = [\frac{1}{\omega}D - F]^{-1}[\frac{1-\omega}{\omega}D + E]u_k + [\frac{1}{\omega}D - F]^{-1}b,$$

que nos da la matriz del método:

$$\widetilde{\mathcal{L}}_\omega = [\frac{1}{\omega}D - F]^{-1}[\frac{1-\omega}{\omega}D + E].$$

Para obtener las fórmulas del método es más cómodo escribirlo en la forma equivalente siguiente (obtenida de las anteriores multiplicando por ω):

$$u_{k+1} = (1 - \omega)u_k + \omega D^{-1}[Eu_k + Fu_{k+1} + b],$$

de donde sin dificultad se llega a las *fórmulas del método* para $k \ge 0$:

$$u_n^{(k+1)} = (1 - \omega)u_n^{(k)} + \frac{1}{a_{nn}}\omega\left[-\sum_{j=1}^{n-1}a_{nj}u_j^{(k)} + b_n\right],$$

$$u_i^{(k+1)} = (1 - \omega)u_i^{(k)} + \frac{1}{a_{ii}}\omega\left[-\sum_{j=1}^{i-1}a_{ij}u_j^{(k)} - \sum_{j=i+1}^{n}a_{ij}u_j^{(k+1)} + b_i\right],$$

$$i = n-1, n-2, \ldots, 2$$

$$u_1^{(k+1)} = (1 - \omega)u_1^{(k)} + \frac{1}{a_{11}}\omega\left[-\sum_{j=2}^{n}a_{1j}u_j^{(k+1)} + b_1\right].$$

Algoritmo 9.7 Iteración de relajación regresivo (RSOR) para $Au = b$.

procedure RSOR$(n, a, b, u, \omega) \to v$ ▷ $u_{k+1} \equiv v$ a partir de $u_k \equiv u$
   input $n, a = (a_{ij}), b = (b_i), u = (u_i), \omega$ ▷ ω no interviene
   for $i = n, n - 1, \ldots, 1$ **do**
      $v_i \leftarrow b_i$
      for $j = i + 1, \ldots, n$ **do**
         $v_i \leftarrow v_i - a_{ij} v_j$
      end for
      for $j = 1, \ldots, i - 1$ **do**
         $v_i \leftarrow v_i - a_{ij} u_j$
      end for
      $v_i \leftarrow v_i / a_{ii}$
      $v_i \leftarrow (1 - \omega) u_i + \omega v_i$
   end for
   return $v = (v_i)$
end procedure

La codificación es una mera variante del algoritmo de Gauss–Seidel regresivo en el que se introduce a mayores la relajación componente a componente (algoritmo 9.7).

Los resultados de convergencia y la variante de relajación vistos para el método PSOR se trasladan sin dificultad al método RSOR. En particular, la condición $0 < \omega < 2$ es necesaria para la convergencia y en sistemas con matriz simétrica y definida positiva RSOR converge siempre.

9.2.8   Método de relajación simétrico (SSOR)

La combinación de los métodos de relajación progresivo y regresivo conduce al método de relajación simétrico (en inglés, *symmetric successive over relaxation method* (SSOR)). Dado $u_0 \in \mathbb{R}^n$, para $k \geq 0$, una iteración de dicho método consiste en

i) Calcular $u_{k+\frac{1}{2}}$ a partir de u_k por relajación progresivo (PSOR),
ii) Calcular u_{k+1} a partir de $u_{k+\frac{1}{2}}$ por relajación regresivo (RSOR).

Por tanto:

$$[\frac{1}{\omega}D - E]u_{k+\frac{1}{2}} = [\frac{1 - \omega}{\omega}D + F]u_k + b$$

$$[\frac{1}{\omega}D - F]u_{k+1} = [\frac{1 - \omega}{\omega}D + E]u_{k+\frac{1}{2}} + b.$$

La iteración completa se puede escribir como $u_{k+1} = \mathcal{L}_\omega^s u_k + c$, donde la matriz del método $\mathcal{L}_\omega^s$ y el vector c son:

$$\mathcal{L}_\omega^s = [\frac{1}{\omega}D - F]^{-1}[\frac{1 - \omega}{\omega}D + E][\frac{1}{\omega}D - E]^{-1}[\frac{1 - \omega}{\omega}D + F] = \tilde{\mathcal{L}}_\omega \mathcal{L}_\omega$$

$$c = [\frac{1}{\omega}D - F]^{-1} \left\{ [\frac{1-\omega}{\omega}D + E][\frac{1}{\omega}D - E]^{-1} + I \right\} b.$$

Observación 9.12. En general, no puede ponerse $\mathcal{L}_\omega^s = (M_\omega^s)^{-1} N_\omega^s$ y $c = (M_\omega^s)^{-1} b$, siendo $A = M_\omega^s - N_\omega^s$, es decir, que el método SSOR no es un método iterativo asociado a una descomposición a pesar de que sí lo son PSOR y RSOR. Por otra parte, teniendo en cuenta que $\det(\mathcal{L}_\omega^s) = \det(\widetilde{\mathcal{L}}_\omega) \det(\mathcal{L}_\omega)$, con el mismo argumento que el utilizado en la demostración del teorema 9.6 tenemos que $\det(\mathcal{L}_\omega^s) = (1-\omega)^{2n}$ y, en consecuencia, la condición $0 < \omega < 2$ sigue siendo necesaria para la convergencia del método SSOR. $\qquad\square$

Las *fórmulas para el método SSOR* se deducen sin complicación de las de PSOR y RSOR. Para $k \geq 0$:

$$u_1^{(k+\frac{1}{2})} = (1-\omega)u_1^{(k)} + \frac{1}{a_{11}}\omega \left[-\sum_{j=2}^{n} a_{1j}u_j^{(k)} + b_1 \right],$$

$$u_i^{(k+\frac{1}{2})} = (1-\omega)u_i^{(k)} + \frac{1}{a_{ii}}\omega \left[-\sum_{j=1}^{i-1} a_{ij}u_j^{(k+\frac{1}{2})} - \sum_{j=i+1}^{n} a_{ij}u_j^{(k)} + b_i \right],$$

$$i = 2, 3, \ldots, n-1,$$

$$u_n^{(k+\frac{1}{2})} = (1-\omega)u_n^{(k)} + \frac{1}{a_{nn}}\omega \left[-\sum_{j=1}^{n-1} a_{nj}u_j^{(k+\frac{1}{2})} + b_n \right],$$

$$u_n^{(k+1)} = (1-\omega)u_n^{(k+\frac{1}{2})} + \frac{1}{a_{nn}}\omega \left[-\sum_{j=1}^{n-1} a_{nj}u_j^{(k+\frac{1}{2})} + b_n \right],$$

$$u_i^{(k+1)} = (1-\omega)u_i^{(k+\frac{1}{2})} + \frac{1}{a_{ii}}\omega \left[-\sum_{j=1}^{i-1} a_{ij}u_j^{(k+\frac{1}{2})} - \sum_{j=i+1}^{n} a_{ij}u_j^{(k+1)} + b_i \right],$$

$$i = n-1, n-2, \ldots, 2,$$

$$u_1^{(k+1)} = (1-\omega)u_1^{(k+\frac{1}{2})} + \frac{1}{a_{11}}\omega \left[-\sum_{j=2}^{n} a_{1j}u_j^{(k+1)} + b_1 \right].$$

La codificación de este algoritmo se obtiene sin dificultad encadenando las codificaciones de PSOR y RSOR (algoritmo 9.8).

Algoritmo 9.8 Iteración de relajación simétrico (SSOR) para $Au = b$.

---

    procedure SSOR$(n, a, b, u, \omega) \to v$ $\triangleright$ $u_{k+1} \equiv v$ a partir de $u_k \equiv u$
        input $n, a = (a_{ij}), b = (b_i), u = (u_i), \omega$
        $w \leftarrow$ PSOR(n, a, b, u, ω)
        $v \leftarrow$ RSOR(n, a, b, w, ω)
        return $v = (v_i)$
    end procedure

9.3   Métodos iterativos por bloques

Podemos extender los métodos iterativos de Jacobi, Gauss–Seidel y relajación a sistemas con matrices por bloques. La figura 9.2 muestra cómo generalizar la descomposición $A = D - E - F$ por bloques, es decir: D es una matriz diagonal por bloques, $-E$ triangular inferior por bloques y $-F$ triangular superior por bloques. Suponemos que la matriz es de orden $n \times n$ y una descomposición $n = n_1 + n_2 + \cdots + n_N$, con $1 \leq n_I \leq n$, $I = 1, 2, \ldots, N$, a la que se le asocian los bloques A_{IJ}, $1 \leq I, J \leq N$ de orden $n_I \times n_J$. En particular, cada bloque diagonal A_{II} es cuadrado de orden $n_I \times n_I$. Esta descomposición en A también conlleva la descomposición de los vectores $u, b \in \mathbb{R}^n$: $u = (u_1 | u_2 | \cdots | u_N)^T$, $b = (b_1 | b_2 | \cdots | b_N)^T$, $u_I, b_I \in \mathbb{R}^{n_I}$, $1 \leq I \leq N$.

Si ninguno de los bloques diagonales es singular, los métodos de Jacobi, Gauss–Seidel y relajación por bloques están bien definidos. Como ejemplo desarrollamos el método de *Jacobi por bloques*.

Método de Jacobi por bloques

Una iteración del método sería, como en el caso del método por puntos, de la forma siguiente:

$$Du_{k+1} = (E + F)u_k + b, \; k \geq 0, \quad u_0 \in \mathbb{R}^n, \; \text{dado}.$$

Escribiendo el vector $u_k \in \mathbb{R}^n$ de la forma $u_k = (u_1^{(k)} | \cdots | u_I^{(k)} | \cdots | u_N^{(k)})^T$, con $u_I^{(k)} \in \mathbb{R}^{n_I}$, $1 \leq I \leq N$, la ecuación anterior equivale a:

$$A_{11} u_1^{(k+1)} = b_1 - \sum_{J=2}^{N} A_{1J} u_J^{(k)},$$

$$A_{II} u_I^{(k+1)} = b_I - \sum_{J=1, J \neq I}^{N} A_{IJ} u_J^{(k)}, \; 2 \leq I \leq N-1,$$

$$A_{NN} u_N^{(k+1)} = b_N - \sum_{J=1}^{N-1} A_{NJ} u_J^{(k)}.$$

Dado que ningún bloque A_{II} es singular, podemos calcular cada bloque $u_I^{(k+1)}$ (para $I = 1, 2, \ldots, N$) y completar el vector u_{k+1}. En cada iteración del algoritmo tenemos que resolver N sistemas lineales, pero con matriz fija para todas las iteraciones. Por tanto, es recomendable realizar las factorizaciones (LU o Cholesky) de cada uno de los bloques una vez por todas y, en cada iteración, resolver los correspondientes sistemas triangulares de dimensión n_I por descenso/remonte.

Para aproximar el *coste operacional* del método suponemos, por simplicidad, que todos los bloques tienen el mismo tamaño $p = n/N$ y utilizamos la factorización LU. Tendremos entonces:

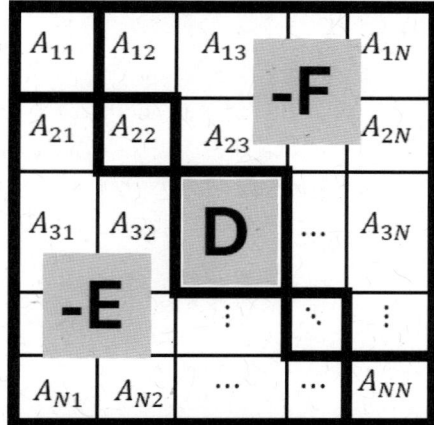

Figura 9.2: Descomposición $A = D - E - F$ por bloques.

i) Factorización una sola vez de las N matrices A_{II}, $I = 1, 2 \ldots N$, de orden p:

$$N\frac{1}{6}(4p^3 - 3p^2 - 5p)) = \frac{n}{6}(4p^2 - 3p - 5).$$

ii) En cada iteración:

– $N(N-1)$ multiplicaciones de una matriz de orden $p \times p$ por un vector de orden p:

$$N(N-1)(2p^2 - p).$$

– N descensos y N remontes de orden p: $N(2p^2)$.

En resumen, el coste operacional por iteración es:

$$2N^2p^2 - N^2p + Np = 2n^2 - (N-1)n = (2 - \frac{1}{p})n^2 + n,$$

y el coste operacional total con m iteraciones sería:

$$\frac{n}{6}(4p^2 - 3p - 5) + m[(2 - \frac{1}{p})n^2 + n].$$

Un interesante resultado de convergencia de gran utilidad en muchas aplicaciones prácticas nos lo da el siguiente teorema cuya demostración puede consultarse en CIARLET [1989, teor. 5.3.6]:

Teorema 9.7. *Sea A una matriz hermitiana, definida positiva y tridiagonal por bloques. Entonces los métodos de Jacobi, Gauss–Seidel y relajación, con $0 < \omega < 2$, son convergentes.*

9.4   Método de Richardson

9.4.1   Descripción y convergencia

Como ya avanzamos se basa en la siguiente descomposición de la matriz A:

$$A = I - (I - A): \quad M = I,\ N = I - A.$$

Por tanto, el método se escribe en la forma siguiente:

$$u_0 \in \mathbb{R}^n,\ \text{dado};\ u_{k+1} = (I - A)u_k + b, \quad k \geq 0.$$

Es conveniente escribir el método en la forma alternativa siguiente:

$$u_0 \in \mathbb{R}^n,\ \text{dado};\ u_{k+1} = u_k + r_k, \quad r_k = (b - Au_k), \quad k \geq 0,$$

que expresa más claramente la corrección que se aporta en cada iteración.

Fórmulas

Escribiendo las iteraciones en componentes se tienen las siguientes fórmulas:

$$u_i^{(k+1)} = b_i + \left[u_i^{(k)} - \sum_{j=1}^{n} a_{ij} u_j^{(k)} \right],\ 1 \leq i \leq n,$$

que también se adopta escribir en la siguiente forma alternativa:

$$r_i^{(k)} = b_i - \sum_{j=1}^{n} a_{ij} u_j^{(k)}; \quad u_i^{(k+1)} = u_i^{(k)} + r_i^{(k)}, \quad 1 \leq i \leq n.$$

En la codificación (algoritmo 9.9) se tendrá en cuenta que $u_{k+1} - u_k = r_k$ por lo que se utiliza la variable r_k directamente en el control de parada en el que usamos la norma $\| \cdot \|_1$. Para este método también es posible utilizar la forma general de los códigos de los métodos clásicos, pero se estarían realizando operaciones innecesarias al calcular primero $u_{k+1} = u_k + r_k$ y seguidamente $u_{k+1} - u_k$, que ya lo teníamos en la variable r_k.

Proposición 9.6. *Las siguientes condiciones son equivalentes a la convergencia del método de Richardson:*

i) $\rho(I - A) < 1.$

ii) Para al menos una norma matricial subordinada: $\|I - A\| < 1.$

Algoritmo 9.9 Método iterativo de Richardson para $Au = b$.

procedure P_RICHARDSON

    input $n, a = (a_{ij}), b = (b_i), u = (u_i), \varepsilon, nmaxit$ $\triangleright$ u: iterante inicial

    for $k = 1, 2, \ldots, nmaxit$ **do**

        $err1 \leftarrow 0.; err2 \leftarrow 1.$

        for $i = 1, 2, \ldots, n$ **do**

            $r_i \leftarrow b_i$

            for $j = 1, 2, \ldots n$ **do**

                $r_i \leftarrow r_i - a_{ij} u_j$

            end for

            $err1 \leftarrow err1 + |r_i|; err2 \leftarrow err2 + |u_i|$

        end for

        $err \leftarrow err1/err2$

        $u \leftarrow u + r$

        if $err < \varepsilon$ **then**

            Alerta: control de parada

            return $u = (u_i), err, k$

        end if

    end for

    Alerta: máximo número de iteraciones

    output $u = (u_i), err$

end procedure

El siguiente resultado da una condición suficiente sobre la matriz A para que el método de Richardson sea convergente.

EJERCICIO 9.4. Probar que si A es una matriz con $a_{ii} = 1$, $1 \leq i \leq n$ y tal que se verifica al menos una de las condiciones siguientes, entonces el método de Richardson para un sistema $Au = b$ es convergente:

$$i)\ a_{ii} = 1 > \sum_{j=1, j \neq i}^{n} |a_{ij}|,\ 1 \leq i \leq n;\ ii)\ a_{jj} = 1 > \sum_{i=1, i \neq j}^{n} |a_{ij}|,\ 1 \leq j \leq n.$$

Solución. La matriz del método de Richardson en este caso sería de la forma:

$$B = I - A = \begin{pmatrix} 0 & -a_{12} & \cdots & -a_{1n} \\ -a_{21} & 0 & \cdots & -a_{2n} \\ \vdots & \vdots & \ddots & \vdots \\ -a_{n1} & -a_{n2} & \cdots & 0 \end{pmatrix}.$$

Por tanto, si la condición *i)* se verifica, se tiene:

$$\|I - A\|_\infty = \max_{1 \leq i \leq n} \sum_{j=1, j \neq i}^{n} |a_{ij}| < 1.$$

Así pues, el método es convergente porque se verifica la condición *ii)* de la proposición anterior. Con la condición *ii)* del enunciado se concluye de la misma forma dado que equivale $\|I - A\|_1 < 1$. $\qquad\qquad\qquad\qquad\qquad\qquad\qquad\qquad\qquad$ □

Observación 9.13. Si la matriz del sistema lineal $Au = b$ tiene todos sus coeficientes diagonales distintos de cero, $a_{ii} \neq 0, 1 \leq i \leq n$, dividiendo la ecuación *i*-ésima por a_{ii} transformamos el sistema original en otro equivalente con coeficientes diagonales iguales a 1, que se escribirá en la forma siguiente:

$$u_{ii} + \sum_{j=1,\,j\neq i}^{n} \frac{a_{ij}}{a_{ii}} = \frac{b_i}{a_{ii}}, \; 1 \leq i \leq n.$$

En forma compacta el sistema anterior equivale a:

$$D^{-1}Au = D^{-1}b, \quad D = \text{diag}(a_{11}, a_{22}, \ldots, a_{nn}).$$

En consecuencia, el resultado previo se aplica al método de Richardson para este sistema, lo que nos lleva a la siguiente afirmación: *si A verifica cualquiera de las dos condiciones siguientes*

$$i) \; 1 > \sum_{j=1,\,j\neq i}^{n} \frac{|a_{ij}|}{|a_{ii}|} \quad (1 \leq i \leq n); \qquad ii) \; 1 > \sum_{i=1,\,i\neq j}^{n} \frac{|a_{ij}|}{|a_{ii}|} \quad (1 \leq j \leq n),$$

entonces el método de Richardson aplicado al sistema $D^{-1}Au = D^{-1}b$ es convergente.

Ahora bien, el método de Richardson aplicado al sistema $D^{-1}Au = D^{-1}b$ se escribe:

$$u_0 \in \mathbb{R}^n \text{ dado}; \quad u_{k+1} = u_k + (D^{-1}b - D^{-1}Au_k), \; k \geq 0,$$

o sea:

$$u_0 \in \mathbb{R}^n \text{ dado}; \quad u_{k+1} = (I - D^{-1}A)u_k + D^{-1}b, \; k \geq 0,$$

que coincide con el método de Jacobi aplicado al sistema original $Au = b$ (véase la tabla 9.2 o la sección 9.2.3). La condición suficiente de convergencia de dicho método que acabamos de obtener no es más que el teorema de Frobenius–Mises para la convergencia del método de Jacobi (teorema 9.4). $\qquad\qquad\qquad\qquad\qquad$ □

9.4.2   Generalización del método

El método de Richardson se generaliza mediante la descomposición siguiente donde $\alpha \in \mathbb{R}$, $\alpha \neq 0$ es un parámetro dado:

$$A = \frac{1}{\alpha}I - (\frac{1}{\alpha}I - A) : \qquad M = \frac{1}{\alpha}I, \, N = (\frac{1}{\alpha}I - A).$$

La matriz del método es entonces:

$$M^{-1}N = I - \alpha A.$$

Por tanto, el proceso iterativo se escribe:

$$u_0 \in \mathbb{R}^n, \text{ dado}; \quad u_{k+1} = M^{-1}Nu_k + M^{-1}b = u_k + \alpha(b - Au_k), \quad k \geq 0,$$

que puede ponerse en la forma alternativa siguiente:

$$u_0 \in \mathbb{R}^n, \text{ dado}; \quad u_{k+1} = u_k + \alpha r_k, \quad r_k = b - Au_k, \quad k \geq 0,$$

Resulta entonces que el método es *convergente si y solo si* $\rho(I - \alpha A) < 1$. Si denotamos por $\lambda_1, \lambda_2, \ldots, \lambda_n$ los valores propios de A, la condición necesaria y suficiente de convergencia se escribe:

$$|1 - \alpha\lambda_i| < 1, 1 \leq i \leq n,$$

lo que restringe las posibilidades de elección del parámetro α. Un caso especialmente interesante es el de A simétrica y definida positiva. En ese caso, suponiendo:

$$\lambda_1 \geq \lambda_2 \geq \cdots \geq \lambda_n > 0,$$

la condición necesaria y suficiente de convergencia se escribe:

$$\rho(I - \alpha A) = \max\{|1 - \alpha\lambda_1|, |1 - \alpha\lambda_n|\} < 1.$$

Del gráfico de las funciones $\alpha \mapsto |1 - \alpha\lambda_1|$ y $\alpha \mapsto |1 - \alpha\lambda_n|$ (figura 9.3) se deduce que el mínimo en α se alcanza en la intersección de las rectas $y = -1 + \alpha\lambda_1$ y $y = 1 - \alpha\lambda_n$, lo que nos da el valor óptimo de α que garantiza que el radio espectral $\rho(I - \alpha A)$ es mínimo:

$$\alpha^* = \frac{2}{\lambda_1 + \lambda_n}; \quad \rho(I - \alpha^* A) = \frac{\lambda_1 - \lambda_n}{\lambda_1 + \lambda_n}.$$

9.5   Refinamiento iterativo de métodos directos

El refinamiento iterativo es una técnica para mejorar la precisión de la solución proporcionada por los métodos directos. Supongamos que resolvemos el sistema lineal $Au = b$ por un método directo de factorización como $A = LU$, $PA = LU$, Cholesky o QR y denotamos por u_0 la solución calculada. Fijada una tolerancia de error ε, el refinamiento iterativo se lleva a cabo de la forma siguiente: para $k = 1, 2, \ldots$ hasta que se verifique la convergencia, hacemos:

i) Se calcula el residuo $r_k = b - Au_k$;

ii) Utilizando el método directo de que se trate, se resuelve el sistema lineal $Az = r_k$;

iii) Se actualiza la solución definiendo $u_{k+1} = u_k + z$;

iv) Si $\|z\|/(\|u_k\| + 1) < \varepsilon$, se termina el proceso: la solución es $u \equiv u_{k+1}$. En caso contrario, volver a i).

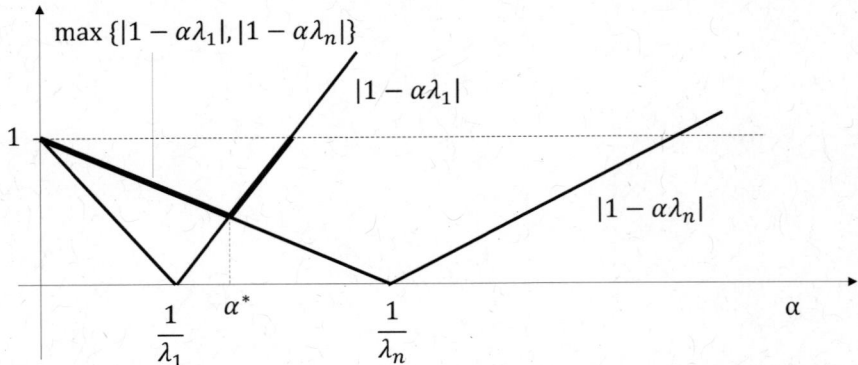

Figura 9.3: Parámetro óptimo en el método de Richardson para A simétrica.

Nótese que, si no hubiera errores de redondeo, el proceso acabaría en el primer paso que nos daría la solución exacta. Las propiedades de convergencia del método pueden ser mejoradas calculando el residuo r_k en precisión doble mientras que los otros cálculos se realizan en simple. Este proceso se llama *refinamiento iterativo de precisión mixta* en comparación al de *precisión fija* que utiliza la misma precisión en todos los cálculos. Incluso con precisión fija, el método de refinamiento iterativo mejora la estabilidad total de cualquier método directo (véase p. ej. QUARTERONI–SACCO–SALERI [2000, sec. 3.12]).

9.6   Ejercicios

EJERCICIO 9.5. *Programa general para implementar los métodos iterativos clásicos.* En este ejercicio se trata de escribir el procedimiento p_iterclasic para la resolución de un sistema lineal $Au = b$ por un método clásico elegido por el usuario. Identificamos los métodos por los números siguientes: 1: Jacobi, 2: Gauss–Seidel progresivo, 3: Gauss–Seidel regresivo, 4: PSOR, 5: RSOR, 6: SSOR. Utilizará el procedimiento iterclasic(n,a,b,u0,omega, eps,nmaxit,metodo,u,niter) (véase el pseudocódigo 9.1) y el procedimiento fmetodo(n,a,b,u,omega,v) que calcula un iterante v a partir del iterante actual u, para cada uno de los métodos, según el valor de metodo (pseudocódigos 9.2, 9.3 y 9.5 a 9.8): jacobi(n,a,b,u,v), pgseidel(n,a,b,u,v), rgseidel(n,a,b,u,v), psor(n,a,b,u,omega,v), rsor(n,a,b,u,omega,v), ssor(n,a,b,u,omega,v).

Incluir una verificación de la igualdad $Au - b = \theta$ para la solución calculada u. Validar cada método programado con distintos sistemas de solución conocida como los siguientes (puedes utilizar en todos los casos $u_0 = \theta$ y $\varepsilon = 10^{-8}$):

$$A = \begin{pmatrix} 4 & 1 & & & & \\ 1 & 4 & 1 & & & \\ & \ddots & \ddots & \ddots & & \\ & & 1 & 4 & 1 \\ & & & 1 & 4 \end{pmatrix}, \; b = (3, -2, 2, -2, 2, \ldots, -2, 2, -3)^T.$$

$$A = \begin{pmatrix} 2 & -1 & & & \\ -1 & 2 & -1 & & \\ & \ddots & \ddots & \ddots & \\ & & -1 & 2 & -1 \\ & & & -1 & 2 \end{pmatrix}, b = (3, -4, 4, -4, \ldots, -4, 4, -3)^T.$$

$$A = \begin{pmatrix} 10 & 3 & 1 \\ 3 & 10 & 2 \\ 1 & 2 & 10 \end{pmatrix}, b = (19, 29, 35)^T.$$

EJERCICIO 9.6. *Método de relajación con Matlab.*

i) Escribir en Matlab la función `[u,iter]=f_relajacion(A,b,omega, eps, nmaxit, u0)` que implemente el método PSOR (relajación progresivo) con parámetro `omega` para un sistema `Au=b`, tomando como iterante inicial `u0`, una tolerancia de error relativo `eps` y un máximo número de iteraciones `nmaxit`. El último iterante calculado será la solución aproximada que retorna en la variable `u`. También devuelve en `iter` el número de iteraciones realizadas hasta alcanzar la convergencia. Escribir un programa `p_relajacion` de llamada a la función anterior y comprobar el funcionamiento del método en los sistemas del ejercicio 9.5.

ii) Modificar el programa de llamada para hacer un barrido de parámetros ω entre 0.1 y 0.9, con paso 0.1, anotando el número de iteraciones necesarias para la convergencia en el segundo sistema del ejercicio 9.5, con $n = 10$. Tomar siempre `nmaxit=1000`, `eps`=10^{-6} y `u0`=θ. Dibujar un gráfico que visualice la localización del parámetro óptimo: el que necesita un menor número de iteraciones. Intentar aproximarlo lo mejor posible, haciendo un segundo barrido con paso 0.01 en los valores próximos al posible óptimo.

iii) Hacer lo mismo con los otros dos sistemas del ejercicio 9.5 ¿Qué se observa?

EJERCICIO 9.7. *Programación del método de Richardson.* Escribir el procedimiento `p_richardson` (véase el algoritmo 9.9) para implementar el método de Richardson para un sistema lineal $Au = b$ de orden n. En salida, retornará la solución u aproximada, el número de iteraciones realizado e información adicional sobre la posible terminación irregular del algoritmo. También hará una comprobación de la validez de la solución, calculando el vector residuo $r = Au - b$ y una norma del mismo. Validar el programa con los sistemas lineales del ejercicio 9.5.

EJERCICIO 9.8. Consideramos el siguiente sistema lineal:

$$\begin{pmatrix} 8 & -1 & 0 & 0 \\ -1 & 4 & -1 & 0 \\ 0 & -1 & 3 & -1 \\ 0 & 0 & -1 & 2 \end{pmatrix} u = \begin{pmatrix} 8 \\ -2 \\ 3 \\ -1 \end{pmatrix}.$$

i) Escribir las fórmulas de los métodos de Jacobi y de Gauss–Seidel para este sistema.

ii) Calcular la matriz del método de Jacobi J y su norma $\|J\|_\infty$. ¿Se puede deducir de este cálculo que el método es globalmente convergente a la solución del sistema?

iii) ¿Se puede asegurar que el método de Gauss–Seidel es globalmente convergente? ¿Por qué?

EJERCICIO 9.9. Sea el sistema lineal:

$$\begin{pmatrix} 5 & 2 & 2 \\ -1 & 4 & -1 \\ 0 & 3 & 5 \end{pmatrix} u = \begin{pmatrix} 5 \\ 4 \\ -2 \end{pmatrix}.$$

i) Escribir las fórmulas explícitas para la iteración de los métodos de Gauss–Seidel y relajación progresivo (PSOR).

ii) Escribir ahora los métodos en la forma $u_{k+1} = Bu_k + c$, indicando cómo se calcula la matriz B y el vector c para cada caso, sin calcularlos explícitamente.

iii) A la vista de la matriz B, ¿se puede deducir su convergencia global a la solución del sistema? ¿Se puede deducir la convergencia por otros resultados estudiados?

EJERCICIO 9.10. *i)* Si la matriz del sistema $Au = b$ es triangular superior, el método de Gauss–Seidel coincide con otro método iterativo conocido ¿Cuál?

ii) Si la matriz del sistema $Au = b$ es triangular inferior, prueba que el método iterativo de Gauss–Seidel converge siempre en la primera iteración.

EJERCICIO 9.11. Utilizar los programas de Gauss–Seidel y Gauss, con y sin pivote, en los siguientes sistemas y comparar lo que sucede con los tres métodos:

$$\begin{array}{rcl} 3x + y + z &=& 5 \\ 3x + y - 5z &=& -1 \\ x + 3y - z &=& 3 \end{array} \qquad \begin{array}{rcl} 3x + y + z &=& 5 \\ x + 3y - z &=& 3 \\ 3x + y - 5z &=& -1 \end{array}$$

EJERCICIO 9.12. Ejecutar los programas de Cholesky y de Gauss–Seidel para el siguiente sistema lineal $Au = b$, utilizando como iterante inicial $u_0 = (0.33116, 0.70000)^T$, y explicar lo que ocurre:

$$A = \begin{pmatrix} 0.96326 & 0.81321 \\ 0.81321 & 0.68654 \end{pmatrix}, \qquad b = \begin{pmatrix} 0.88824 \\ 0.74988 \end{pmatrix}.$$

EJERCICIO 9.13. Sean $A \in \mathcal{M}_{n \times n}(\mathbb{R})$ y $b \in \mathbb{R}^n$ tales que:

- $\alpha|a_{ii}| > \displaystyle\sum_{j=1, j \neq i}^{n} |a_{ij}|,$ con $1 > \alpha > 0$, $i = 1, 2, \ldots, n.$

- $|a_{ii}| > \gamma > 0$, $i = 1, 2, \ldots, n.$

- $\beta = \|b\|_\infty.$

i) Construir J, matriz del método de Jacobi, para resolver el sistema $Au = b$, acotar $\|J\|_\infty$ y analizar la convergencia global del método.

ii) Teniendo en cuenta que $Au = b$ equivale a $u = Ju + D^{-1}b$, probar que para todo $k \geq 1$, se cumple:

$$\|u^{(k)} - u\|_\infty \leq \|J\|_\infty \|u^{(k-1)} - u\|_\infty .$$

Tomando $u^{(0)} = \theta$, acotar el error $\|u^{(k)} - u\|_\infty$ en función de k, α y $\|u\|_\infty$.

iii) Acotar $\|u\|_\infty$ en función de α, β y γ y deducir la siguiente estimación del error de truncamiento, para $u^{(0)} = \theta$:

$$\|u^{(k)} - u\|_\infty \leq \frac{\alpha^k \beta}{(1 - \alpha)\gamma} .$$

EJERCICIO 9.14. (QUARTERONI–SACCO–SALERI [2000]) Para resolver el siguiente sistema lineal por bloques

$$\begin{pmatrix} A_1 & B \\ B & A_2 \end{pmatrix} \begin{pmatrix} u \\ v \end{pmatrix} = \begin{pmatrix} x \\ y \end{pmatrix},$$

consideramos los dos métodos iterativos siguientes:

(1) $\quad A_1 u_{k+1} + B v_k = x, \quad B u_k + A_2 v_{k+1} = y;$

(2) $\quad A_1 u_{k+1} + B v_k = x, \quad B u_{k+1} + A_2 v_{k+1} = y.$

Para cada método, encontrar condiciones suficientes para su convergencia, cualesquiera que sean los datos iniciales u_0, v_0.

EJERCICIO 9.15. Escribir en Matlab una función `JacobiGSConv(A)` que compruebe si los métodos de Jacobi y Gauss–Seidel son convergentes para un sistema con matriz A, sin necesidad de programarlos (deben utilizarse los criterios estudiados). Verificarlo con las matrices siguientes:

$$A_1 = \begin{pmatrix} 1 & 2 & 3 & 4 \\ 4 & 5 & 6 & 7 \\ 4 & 3 & 2 & 0 \\ 0 & 2 & 3 & 4 \end{pmatrix}, \qquad A_2 = \begin{pmatrix} 2 & 4 & -4 & 1 \\ 2 & 2 & 2 & 0 \\ 2 & 2 & 1 & 0 \\ 2 & 0 & 0 & 2 \end{pmatrix}.$$

EJERCICIO 9.16. (ALLAIRE-KABER [2008, ej. 8.4]). Sean A, M_1, M_2 las matrices siguientes:

$$A = \begin{pmatrix} 5 & 1 & 1 & 1 \\ 0 & 4 & -1 & 1 \\ 2 & 1 & 5 & 1 \\ -2 & 1 & 0 & 4 \end{pmatrix}, \ M_1 = \begin{pmatrix} 3 & 0 & 0 & 0 \\ 0 & 3 & 0 & 0 \\ 2 & 1 & 3 & 0 \\ -2 & 1 & 0 & 4 \end{pmatrix}, \ M_2 = \begin{pmatrix} 4 & 0 & 0 & 0 \\ 0 & 4 & 0 & 0 \\ 2 & 1 & 4 & 0 \\ -2 & 1 & 0 & 4 \end{pmatrix}.$$

Definimos $N_i = M_i - A$ y $b = A(8, 4, 9, 3)^T$. En Matlab, calcular los primeros 20 términos de la sucesión generada por cada uno de los métodos iterativos asociados a las descomposiciones $A = M_i - N_i$ [i.e. $M_i u_{k+1} = N_i u_k + b$] comenzando en $u_0 = \theta$. Comparar u_{20} con la solución exacta $u = (8, 4, 9, 3)^T$. Encontrar una explicación basada en la teoría.

EJERCICIO 9.17. (QUARTERONI–SACCO–SALERI [2000]) Para resolver el siguiente sistema lineal

$$\begin{pmatrix} 1 & 2 \\ 2 & 3 \end{pmatrix} \begin{pmatrix} u_1 \\ u_2 \end{pmatrix} = \begin{pmatrix} 3 \\ 5 \end{pmatrix}$$

consideramos el método iterativo $u_{k+1} = B_\alpha u_k + c_\alpha$, $k \geq 0$, u_0 dado, donde α es un parámetro real y

$$B_\alpha = \frac{1}{4}\begin{pmatrix} 2\alpha^2 + 2\alpha + 1 & -2\alpha^2 + 2\alpha + 1 \\ -2\alpha^2 + 2\alpha + 1 & 2\alpha^2 + 2\alpha + 1 \end{pmatrix}, \quad c_\alpha = \begin{pmatrix} \frac{1}{2} - \alpha \\ \frac{1}{2} - \alpha \end{pmatrix}.$$

Probar que el método es consistente para todo $\alpha \in \mathbb{R}$. Determinar para qué valores de α el método es convergente y calcular el valor óptimo, es decir, el valor para el que la velocidad de convergencia es máxima. [*Solución:* $-1 < \alpha < 1/2$, α óptimo: $(1 - \sqrt{3})/2$.]

10

Generalidades sobre los métodos para valores propios

Este capítulo lo dedicamos a algunas cuestiones generales sobre los métodos para calcular valores propios de matrices y sobre el condicionamiento de dicho problema. Comenzamos con algunas ideas generales sobre los métodos y una clasificación de los mismos, en la que añadimos alguna referencia histórica siguiendo a BREZINSKI–MEURANT–REDIVO-ZAGLIA [2023, cap. 6].

Hasta mediados del siglo XIX se creía que la manera lógica de calcular los valores propios era resolviendo el polinomio característico, hasta que la inestabilidad numérica de los métodos de cálculo de los coeficientes y de las raíces hicieron que se abandonaran progresivamente en favor de otros métodos matriciales (que son los únicos que se utilizan en la actualidad). En la sección 10.1 mencionamos algunos de los métodos clásicos de más éxito en su momento y clasificamos los métodos actuales más importantes.

Aunque tiene ya 60 años, el libro de WILKINSON [1965a] es todavía una referencia de gran valor para cualquier cuestión relativa a cálculo de valores propios. Además de esa referencia, son recomendables los libros de PARLETT [1980] y SAAD [1992]. Referencias menos especializadas, pero de gran valor, son también STOER–BULIRSCH [1980], CIARLET [1989], SAAD [1996], QUARTERONI–SACCO–SALERI [2000] y ALLAIRE–KABER [2008].

10.1 Idea general y clasificación

Como ya sabemos, los valores propios de una matriz cuadrada $A \in \mathcal{M}_{n \times n}(\mathbb{K})$ son las n raíces (contando multiplicidades) de su polinomio característico (de grado n), es decir, de la ecuación polinómica:

$$p_A(\lambda) = \det(A - \lambda I) = (-1)^n [\lambda^n + a_1 \lambda^{n-1} + \cdots + a_{n-1}\lambda + a_n] = 0.$$

Por tanto, calcular los valores propios de una matriz no es más que calcular las raíces de su polinomio característico. Pero las n raíces de cualquier ecuación polinómica en $\mathbb{C}$, de grado n, de la forma

$$q(\lambda) = \alpha_0 \lambda^n + \alpha_1 \lambda^{n-1} + \cdots + \alpha_{n-1}\lambda + \alpha_n = 0, \ \alpha_i \in \mathbb{C}, \ 1 \leq i \leq n, \ \alpha_0 \neq 0,$$

son los valores propios de una matriz (llamada *matriz compañera* del polinomio). En efecto, dividiendo la ecuación anterior por $(-1)^n \alpha_0$ obtenemos la ecuación equivalente (con las mismas raíces) siguiente:

$$p(\lambda) = (-1)^n [\lambda^n + a_1 \lambda^{n-1} + \cdots + a_{n-1}\lambda + a_n] = 0, \ \text{con } a_i \in \mathbb{C}, \ 1 \leq i \leq n.$$

Es inmediato comprobar que el polinomio $p(\lambda)$ es el polinomio característico de la siguiente matriz (matriz compañera):

$$\begin{pmatrix} -a_1 & -a_2 & -a_3 & \cdots & -a_{n-1} & -a_n \\ 1 & 0 & 0 & \cdots & 0 & 0 \\ & 1 & 0 & \cdots & 0 & 0 \\ & & \ddots & \ddots & \vdots & \vdots \\ & & & 1 & 0 & 0 \\ & & & & 1 & 0 \end{pmatrix}.$$

En definitiva, concluimos que los métodos de cálculo de los valores propios de una matriz son, en esencia, métodos para calcular las raíces de *cualquier* polinomio. Dado que el célebre teorema de Abel-Ruffini (1824) —nombrado así en honor a Niels Henrik Abel (1802–1829) y Paolo Ruffini (1765–1822) que trabajaron de forma independiente sobre la cuestión— asegura que es imposible resolver con un número finito de operaciones elementales un polinomio general de grado $n \geq 5$, los métodos de cálculo de los valores propios de una matriz serán necesariamente *métodos iterativos*. Sin embargo, en la literatura suelen llamarse *métodos directos* a los métodos basados en el cálculo y resolución posterior del polinomio característico de la matriz.

Métodos directos

Los métodos directos más conocidos son los llamados *métodos clásicos* que permiten, con un número relativamente pequeño de operaciones, *el cálculo efectivo de los coeficientes del polinomio característico*. El cálculo de los valores propios de la matriz (raíces del polinomio característico) se realiza por los métodos apropiados del cálculo de raíces de polinomios como los iterativos de punto fijo, el de I. Newton y Joseph Raphson (1648–1715) o algunos más especializados para polinomios como el propuesto por Edmond Nicolas Laguerre (1834–1886) en 1880 o por Leonard Bairstow (1880–1963) en 1920, entre otros. Estos métodos *son muy poco utilizados debido al mal condicionamiento del problema del cálculo de las raíces de un polinomio con respecto a los coeficientes del mismo*.

Para ilustrar este hecho consideramos el siguiente ejemplo debido a WILKINSON [1965a]. Sea $p_{20}(\lambda)$ el siguiente polinomio:

$$p_{20}(\lambda) = (\lambda - 1)(\lambda - 2)\cdots(\lambda - 20) = \lambda^{20} - 210\lambda^{19} + a_2\lambda^{18} + \cdots + a_{20}.$$

Supongamos que en el cálculo del polinomio característico del polinomio anterior hemos cometido un error simple en el coeficiente de λ^{19} de modo que el polinomio efectivamente calculado es:

$$q_{20}(\lambda) = \lambda^{20} - [210 + 2^{-23}]\lambda^{19} + a_2\lambda^{18} + \cdots + a_{20}.$$

Pues bien: esta simple perturbación tiene efectos catastróficos sobre las raíces. En efecto $q_{20}(\lambda)$ *tiene 10 raíces complejas y con partes imaginarias nada despreciables:* ± 2.81, ± 2.51, ± 1.94,*etc. Esto explica por sí mismo por qué los métodos clásicos no deben utilizarse para matrices de orden $n > 15$. Muy al contrario: los métodos de cálculo de valores propios de matrices se aplican a la matriz compañera de un polinomio para aproximar sus raíces.*

Antes del uso masivo de ordenadores, alcanzaron mucho renombre los métodos directos de Urbain J. J. Le Verrier (1811–1877) de 1840, Krylov de 1931, Aleksandr Mikhailovich Danilevsky (1906–1941) de 1937, Jean-Marie Souriau (1922–2012) de 1948, etc. Su fundamento es de una simplicidad sorprendente, pero actualmente fuera de uso.

Métodos iterativos: fundamentos y clasificación

1) Métodos de resolución del polinomio característico

Son métodos que *no* calculan el polinomio característico, pero *sí* lo evalúan, e incluso sus derivadas, en los puntos necesarios para la implementación de un método iterativo de cálculo de raíces: dicotomía, Newton–Raphson, *regula-falsi*, etc. Los más conocidos son los siguientes:

- *Método de Hyman para matrices de Hessenberg superiores* (sección 14.1), debido a Morton Alan Hyman (1924–2003).

- *Método de bisección de Givens para matrices tridiagonales simétricas* (sección 14.2). Utiliza la noción de *sucesión de polinomios de Sturm* introducida por Jacques Charles François Sturm (1803–1855).

2) Métodos de reducción por semejanza a forma condensada

Son métodos basados en transformar la matriz original en otra semejante, cuyos valores propios (los mismos que los de la matriz dada) sean más fáciles de calcular.

i) Métodos para matrices simétricas

- *Método Jacobi de reducción a forma diagonal* (capítulo 12). Proceso *infinito*, con matrices de rotación plana, que obtiene en la diagonal de la matriz de llegada *todos* los valores propios de la matriz.

- *Método de Givens de reducción a forma tridiagonal simétrica* (sección 13.1). Proceso *finito* que utiliza matrices de rotación plana. Los valores propios de la matriz tridiagonal de llegada se calculan por el método de bisección de Givens.

- *Método de Householder de reducción a forma tridiagonal simétrica* (sección 13.2). Proceso *finito* que utiliza matrices elementales de Householder. Los valores propios de la matriz tridiagonal se calculan con el método de bisección de Givens y el proceso completo se llama *método de Givens-Householder.*

– *Método de Lanczos de reducción a forma tridiagonal simétrica.* Proceso *finito,* propuesto por Cornelius Lanczos (1893–1974) en 1950, que utiliza la noción de los espacios de Krylov. Los valores propios de la matriz tridiagonal se calculan por alguno de los métodos ya expuestos. No lo incluimos en el manual (véase p. ej. ALLAIRE-KABER [2008, sec. 10.7]).

ii) Métodos para matrices generales

– *Método de Givens de reducción a la forma de Hessenberg superior* (sección 13.1). Proceso finito utilizando matrices de rotación plana. Los valores propios de la matriz de llegada se calculan por el método de Hyman combinado con Newton–Raphson, dicotomía, etc. o con el método QR que vemos más adelante.

– *Método de Householder de reducción a forma de Hessenberg superior* (sección 13.2). Proceso finito utilizando matrices elementales de Householder. La matriz reducida se trata como en el caso anterior (Hyman, QR, etc.).

– *Método de Jacobi-Eberlein para matrices generales.* Debido a Patricia James Wells Eberlein (1923–1998) en 1970, se aproxima la matriz dada por otra normal semejante y se aplica el algoritmo de Jacobi para matrices normales. No se incluye en este texto (véase GOURLAY–WATSON [1973, cap. 11]).

– *Método de Arnoldi para reducción a forma de Hessenberg superior.* Es una generalización del método de Lanczos (véase p. ej. VAN DER VORST [2002]), que no incluimos en este manual. Tiene su origen en un trabajo del ingeniero norteamericano Walter Edwin Arnoldi (1917–1995) del año 1951.

Observación 10.1. Los algoritmos de Givens y Householder, de reducción de una matriz simétrica a una tridiagonal simétrica, son los mismos que para reducir matrices generales a matrices de Hessenberg superiores: partiendo de una matriz simétrica, lógicamente, nos llevan a una tridiagonal (¡que es de Hessenberg superior!).   □

3) **Métodos de factorización**

Utilizando las factorizaciones LU y QR de una matriz, estos métodos *construyen una sucesión de matrices semejantes a A que «converge» (en un sentido a precisar) a una matriz triangular* cuyos elementos diagonales son los valores propios de la matriz original.

– *Método LR de Rutishauser.* Basado en la factorización LU (o LR), fue propuesto en 1952 por Heinz Rutishauser (1918–1970). No se incluye aquí (véase p. ej. STOER–BULIRSCH [1980, sec. 6.6.4]).

– *Método QR* (capítulo 15). Basado en la factorización QR de Householder.

4) **Métodos para calcular un valor propio dominante**

Construyen una *sucesión de números complejos que converge al valor propio dominante* (o a otro valor propio).

– *Método de la potencia iterada y variantes* (sección 11.1). El origen de este método no está del todo claro. Algunas fuentes lo atribuyen al matemático alemán Gerhard Kowalewski (1876–1950) en 1909 y otras a Chaim Müntz (1884–1956) in 1913. Aparece por primera vez publicado explícitamente en un artículo de von Mises y Geiringer del año 1929.

– *Método de la potencia inversa y variantes* (sección 11.2). Se considera autor de este método al matemático alemán Helmut Wielandt (1910–2001) que lo propuso en el año 1944.

Todos los métodos admiten estrategias más o menos válidas para aproximar un vector propio asociado al valor propio calculado.

Dado el alcance limitado de este manual, *incluimos solamente los . métodos más importantes por su fundamento teórico, estabilidad numérica, simplicidad de implementación y uso habitual.*

10.2 Condicionamiento del problema de valores propios

Puesto que el problema de calcular los valores propios de una matriz es, en definitiva, calcular las raíces de un polinomio, siendo éste un problema mal condicionado, lógicamente aquél también lo será. Los estudios más completos en este sentido se deben a WILKINSON [1965a] y a WILKINSON–REINSCH [1971].

Como un primer ejemplo ilustrativo consideremos la siguiente matriz de orden n:

$$A(\xi) = \begin{pmatrix} 0 & 0 & 0 & \cdots & \xi \\ 1 & 0 & 0 & \cdots & 0 \\ & 1 & 0 & \cdots & 0 \\ & & \ddots & \ddots & \vdots \\ & & & 1 & 0 \end{pmatrix}.$$

Para $\xi = 0$ es evidente que todos sus valores propios son iguales a cero. Por el contrario, haciendo $n = 40$ y $\xi = 10^{-40}$ los valores propios son todos iguales a 10^{-1} en módulo: son raíces de la ecuación característica

$$p_{40}(\lambda) = \lambda^{40} - \xi = 0.$$

En consecuencia, la variación de los valores propios, medidos en la distancia del plano complejo, es igual a la variación del parámetro ξ ¡multiplicada por 10^{39}!

Otro aspecto inquietante del fenómeno es el siguiente: el número $\xi = 10^{-40}$ es automáticamente reemplazado por cero en el ordenador (*underflow*) y, en consecuencia, el cálculo de los valores propios de la matriz $A(10^{-40})$, para $n = 40$, *necesariamente* tendrá un error de 10^{-1} (verdaderamente muy grande).

Un fenómeno análogo se observa en el siguiente ejemplo (MOLLER [2004, cap. 10]). La matriz

$$A = \begin{pmatrix} -149 & -50 & -145 \\ 537 & 180 & 546 \\ -27 & -9 & -25 \end{pmatrix}$$

tiene como valores propios

$$\lambda_1 = 1, \ \lambda_2 = 2, \ \lambda_3 = 3.$$

Por ser todos distintos, la matriz es diagonalizable. La matriz perturbada

$$B = \begin{pmatrix} -149 & -50 & -145 \\ 537 & 180.01 & 546 \\ -27 & -9 & -25 \end{pmatrix}$$

tiene como valores propios:

$$\mu_1 \simeq 0.20726565, \quad \mu_2 \simeq 2.30083490, \quad \mu_3 \simeq 3.50189944.$$

Así pues, de nuevo encontramos un problema donde una pequeña variación sobre los datos (aquí los elementos de la matriz) implica una gran variación sobre el resultado (aquí, los valores propios de la matriz), es decir, un *problema mal condicionado*.

A continuación estudiamos este problema para matrices *diagonalizables y normas matriciales particulares*.

Teorema 10.1 (Bauer–Fike). *Sea $A \in \mathcal{M}_{n \times n}(\mathbb{K})$ una matriz diagonalizable y P la matriz tal que*

$$P^{-1}AP = \operatorname{diag}(\lambda_i) = D, \ \lambda_i \ valor \ propio \ de \ A.$$

Sea $\| \cdot \|$ una norma multiplicativa tal que para cualquier matriz diagonal:

$$\| \operatorname{diag}(d_i) \| = \max_{1 \leq i \leq n} |d_i|.$$

Entonces, para toda matriz δA se tiene

$$\operatorname{Sp}(A + \delta A) = \bigcup_{i=1}^{n} D_i,$$

con

$$D_i = \{ z \in \mathbb{C} : |\lambda_i - z| \leq \operatorname{cond}(P) \| \delta A \| \}.$$

Demostración. Sea λ un valor propio de la matriz $A + \delta A$. Si $\lambda = \lambda_i$ para algún i el resultado es evidente. Si $\lambda \neq \lambda_i$, $1 \leq i \leq n$, la matriz $D - \lambda I$ es invertible y se puede escribir:

$$P^{-1}(A + \delta A - \lambda I)P = D - \lambda I + P^{-1}(\delta A)P = (D - \lambda I)[I + (D - \lambda I)^{-1}P^{-1}(\delta A)P].$$

La matriz $A + \delta A - \lambda I$ es singular y en consecuencia la matriz $[I + (D - \lambda I)^{-1} P^{-1} (\delta A) P]$ también es singular, es decir que -1 es un valor propio de $(D - \lambda I)^{-1} P^{-1} (\delta A) P$.

Puesto que el radio espectral de la matriz $(D - \lambda I)^{-1} P^{-1} (\delta A) P$ es menor o igual que la norma $\| \cdot \|$ en $\mathcal{M}_{n \times n}(\mathbb{K})$, se tendrá, en particular, para el valor propio -1:

$$1 \leq \| (D - \lambda I)^{-1} P^{-1} (\delta A) P \| \leq \| (D - \lambda I)^{-1} \| \| P^{-1} \| \| \delta A \| \| P \|.$$

Como $(D - \lambda I)^{-1} = \operatorname{diag}(1/(\lambda_i - \lambda))$, se tiene (por la hipótesis sobre la norma):

$$\| (D - \lambda I)^{-1} \| = 1 / \min_{1 \leq i \leq n} |\lambda_i - \lambda|.$$

Así pues,

$$\min_{1 \leq i \leq n} |\lambda_i - \lambda| \leq \| P^{-1} \| \| \delta A \| \| P \| = \operatorname{cond}(P) \| \delta A \|.$$

Se sigue que existe al menos un j tal que

$$|\lambda_j - \lambda| \leq \operatorname{cond}(P) \| \delta A \|,$$

es decir, $\lambda \in D_j$. $\qquad \square$

Observación 10.2. Las normas de matrices $\| \cdot \|_1$, $\| \cdot \|_2$ y $\| \cdot \|_\infty$ cumplen la hipótesis exigida en el teorema anterior. $\qquad \square$

El teorema anterior nos hace ver que *el condicionamiento del problema de valores propios no depende del condicionamiento de la matriz* cuyos valores propios se desean calcular *sino del condicionamiento de la matriz de paso a una matriz diagonal* (en el caso de ser diagonalizable).

De forma más precisa, del teorema anterior resulta que si A es *diagonalizable*:

$$\operatorname{Sp}(A + \delta A) \subset \cup_{i=1}^{n} \{ z \in \mathbb{C} : |\lambda_i - z| \leq \Gamma(A) \| \delta A \| \},$$

donde

$$\Gamma(A) = \inf \{ \operatorname{cond}(P) : P^{-1} A P = \operatorname{diag}(\lambda_i) \}.$$

Por esta razón se define:

Definición 10.1. *El número $\Gamma(A)$ se llama condicionamiento de la matriz A en relación al cálculo de sus valores propios.*

Resulta del teorema anterior que *las matrices normales están muy bien condicionadas para el problema de valores propios*. En efecto, puesto que las matrices normales son diagonalizables a través de una matriz unitaria (teorema de Schur) se tiene que, para una matriz normal $(AA^* = A^*A)$:

$$\Gamma_2(A) = \inf \{ \operatorname{cond}_2(P) : P^{-1} A P = \operatorname{diag}(\lambda_i) \} = 1,$$

porque para cualquier P,

$$\operatorname{cond}_2(P) = \| P \|_2 \| P^{-1} \|_2 \geq 1,$$

pero, por el teorema de Schur, al ser A normal, existe una P unitaria y, por ello, con $\text{cond}_2(P) = 1$.

De este modo:

$$\text{Sp}(A + \delta A) \subset \cup_{i=1}^{n}\{z \in \mathbb{C} : |\lambda_i - z| \leq \|\delta A\|_2\}.$$

Para terminar, analizamos el caso de una matriz A *simétrica* (por tanto, normal) con valores propios $\alpha_1 \leq \alpha_2 \leq \cdots \leq \alpha_n$. Sea δA una *matriz de perturbación también simétrica*. Sean $\beta_1 \leq \beta_2 \leq \cdots \leq \beta_n$ los valores propios de la matriz perturbada (simétrica) $A + \delta A$. Del resultado anterior deducimos que para cada valor propio $\beta_k \in \text{Sp}(A + \delta A)$ existe al menos un valor propio α_i tal que $|\alpha_i - \beta_k| \leq \|\delta A\|_2$. Este resultado no utiliza para nada que δA sea simétrica. En ese caso, se puede probar (véase CIARLET [1982]) que el valor propio de A es precisamente α_k: $|\alpha_k - \beta_k| \leq \|\delta A\|_2$, $1 \leq k \leq n$.

10.3   Ejercicios

EJERCICIO 10.1. (ALLAIRE–KABER [2008, ej. 10.1]). Calcular manualmente el espectro de la matriz de Wilkinson:

$$W_n = \begin{pmatrix} n & n & 0 & \cdots & 0 \\ 0 & n-1 & n & 0 & 0 \\ \vdots & \vdots & \ddots & \ddots & \vdots \\ 0 & \cdots & \cdots & 2 & n \\ 0 & \cdots & \cdots & 0 & 1 \end{pmatrix}.$$

Para $n = 5, 10, 20$, usar la orden `eig` de Matlab para comparar el espectro de W_n con el de la matriz $\widehat{W}_n$ que se obtiene de W_n cambiando simplemente el elemento $(n, 1)$ y poniendo $(\widehat{W}_n)_{n1} = 10^{-10}$. Comentar lo que se observa.

EJERCICIO 10.2. (ALLAIRE–KABER [2008, ej. 10.2]). Definimos:

$$\begin{pmatrix} 7.94 & 5.61 & 4.29 \\ 5.61 & -3.28 & -2.97 \\ 4.29 & -2.97 & -2.62 \end{pmatrix}, \quad X = \begin{pmatrix} 1 & 1 & 1 \\ 1 & 0 & 1 \\ 0 & 0 & 1 \end{pmatrix}, \quad b = \begin{pmatrix} 1 \\ 1 \\ 1 \end{pmatrix}.$$

Calcular en Matlab el espectro de la matriz A y la solución u de $Au = b$. Definir $B = A + 0.001X$ y calcular el espectro de B y la solución de $Bu = b$. Dar una explicación de los resultados obtenidos en base a los condicionamientos.

EJERCICIO 10.3. Definimos la matriz

$$A = \begin{pmatrix} -97 & 100 & 98 \\ 1 & 2 & -1 \\ -100 & 100 & 101 \end{pmatrix}.$$

Calcular con Matlab el espectro de A. Definir perturbaciones aleatorias de la matriz A con la orden `B=A+0.01*rand(3,3)`. Calcular el espectro de B y compararlo con el de A observando qué valores propios de A se han visto más modificados (véase ALLAIRE–KABER [2008, ej. 10.5]).

11

Métodos de la potencia

El método de la potencia iterada —y su variante el método de la potencia inversa—
es *conceptualmente el método más sencillo y uno de los más eficaces* para aproximar
el *valor propio de mayor módulo (valor propio estrictamente dominante)* de una
matriz A y su vector propio asociado. Aunque existen otras variantes (véase la
sección 11.1.3 y el ejercicio 11.1), estudiaremos la más utilizada por su estabilidad
numérica, conocida como la variante de Rayleigh, sin y con normalización. *El
método de la potencia se aplica, en principio, a cualquier matriz*, aunque la prueba
de la convergencia resulta mucho más sencilla si se supone que es diagonalizable.
Aquí hemos seguido las directrices de STOER–BULIRSCH 1980], CIARLET [1989],
QUARTERONI–SACCO–SALERI [2000] y ALLAIRE–KABER [2008].

11.1 Método de la potencia iterada

Sea $A \in \mathcal{M}_{n \times n}(\mathbb{K})$ es una matriz con valores propios λ_1, $\lambda_2, \ldots, \lambda_n$ que desde ahora
supondremos ordenados de la forma:

$$|\lambda_1| \geq |\lambda_2| \geq \cdots \geq |\lambda_n|.$$

El valor propio λ_1 se dice *dominante*. Los valores propios pueden ser simples
o múltiples (por tanto iguales y con módulos iguales) y pueden ser distintos con
módulos distintos o con módulos iguales (p. ej. reales opuestos, complejos conjugados
o no conjugados pero con el mismo módulo). Los valores propios $\lambda_1, \lambda_2, \ldots, \lambda_r$ con
$r \in \{1, 2, \ldots, n-1\}$ se dicen *estrictamente dominantes* si

$$|\lambda_1| = |\lambda_2| = \cdots = |\lambda_r| > |\lambda_{r+1} \geq |\lambda_{r+2}| \geq \cdots \geq |\lambda_n|.$$

Si $r = 1$ entonces el valor propio λ_1 es simple y el único estrictamente dominante. Si
$1 < r < n$ se pueden dar distintas posibilidades (opuestos, complejos conjugados, etc.).
De todas ellas, sólo analizaremos el caso en que $\lambda_1 = \lambda_2 = \ldots = \lambda_r$, es decir, λ_1 es
de multiplicidad algebraica r y el único estrictamente dominante. Si $r = n$, es decir,

si $|\lambda_1| = |\lambda_2| = \cdots = |\lambda_n|$, entonces todos los valores propios tienen el mismo módulo y no existe valor propio estrictamente dominante.

Si la matriz A es real los valores propios complejos son conjugados dos a dos y, por tanto, si uno de ellos es estrictamente dominante, no sería único. Dicho de otra manera: *si A es real y tiene un único valor propio estrictamente dominante, entonces éste es necesariamente real, aunque puede ser simple o múltiple.*

11.1.1 Método sin normalización

Descripción

El método se basa en el cálculo sucesivo de un número determinado de términos de las siguientes sucesiones:

i) La sucesión vectorial $\{u_k\}_{k\geq 0}$ *en* $\mathbb{C}^n$ *definida por:*

$$u_0 \in \mathbb{C}^n, u_0 \neq \theta, \text{arbitrario}; \qquad u_{k+1} = Au_k, \quad k \geq 0,$$

ii) La sucesión de números complejos $\{\sigma_k\}_{k\geq 0}$ *en* $\mathbb{C}$, *destinada a converger al valor propio dominante* λ_1, *definida por:*

$$\sigma_k = \frac{u_k^* A u_k}{u_k^* u_k} = \frac{u_k^* u_{k+1}}{\|u_k\|_2^2}, \, k \geq 0.$$

Observación 11.1. *En la práctica*, en general, la matriz A es *real*. Por tanto, si tomamos como vector inicial $u_0 \in \mathbb{R}^n$ se tendrá que $u_k \in \mathbb{R}^n$, para todo $k \geq 0$, por lo que también

$$\sigma_k = \frac{u_k^T A u_k}{u_k^T u_k} \in \mathbb{R}, \, k \geq 0,$$

de manera que se *utiliza únicamente aritmética real*. Además, el límite de la sucesión $\{\sigma_k\}_{k\geq 0}$, si existe, será real, lo que es congruente con el hecho de que el valor propio estrictamente dominante, si existe, es real. No obstante, en la exposición teórica debemos mantenernos en $\mathbb{C}^n$ porque, aún siendo real, la matriz puede tener valores propios y vectores propios complejos. □

Convergencia

A continuación analizamos la convergencia del algoritmo bajo las dos condiciones siguientes:

i) La matriz A tiene un valor propio estrictamente dominante único de multiplicidad $r \in \{1, 2, \ldots, n-1\}$, *es decir:*

$$\lambda_1 = \lambda_2 = \cdots = \lambda_r$$
$$|\lambda_1| = |\lambda_2| = \cdots = |\lambda_r| > |\lambda_{r+1}| \geq |\lambda_{r+2}| \geq \cdots \geq |\lambda_n|. \tag{11.1}$$

Si el valor propio es simple ($r = 1$) la hipótesis se escribe de la siguiente forma:

$$|\lambda_1| > |\lambda_2| \geq \cdots \geq |\lambda_n|.$$

Observación 11.2. Si $\lambda_1 = \lambda_2 = \ldots = \lambda_n$, es decir, el único valor propio λ_1 tiene multiplicidad n y, por tanto, $\mathbb{C}^n$ es el espacio propio de λ_1. Por tanto, cualquier $u_0 \in \mathbb{C}^n$, $u_0 \neq \theta$, es un vector propio de A asociado a λ_1 y el método converge en una iteración. En efecto: $u_1 = Au_0 = \lambda_1 u_0$ y se tiene $\sigma_0 = \lambda_1$. □

ii) Existe una base $\{p_1, p_2, \ldots, p_n\}$ de $\mathbb{C}^n$, formada por vectores propios de A asociados respectivamente a los valores propios $\lambda_1, \lambda_2, \ldots, \lambda_n$: $Ap_i = \lambda_i p_i$, $1 \leq i \leq n$, es decir, A es diagonalizable.

Hemos de insistir en que ninguna de las hipótesis *es condición necesaria para aplicar el algoritmo*, pero con ellas podemos probar su convergencia, como vemos a continuación.

Teorema 11.1 (Convergencia del método de la potencia sin normalizar). *Sea A diagonalizable con valores propios $\{\lambda_1, \lambda_2, \ldots, \lambda_n\}$ verificando la condición (11.1), es decir, con un valor propio dominante único de multiplicidad $r \in \{1, 2, \ldots, n\}$, y sea $u_0 \in \mathbb{C}^n$, $u_0 = \alpha_1 p_1 + \cdots + \alpha_r p_r + \cdots + \alpha_n p_n \neq \theta$ tal que $p = \alpha_1 p_1 + \cdots + \alpha_r p_r \neq \theta$. Entonces:*

$$i) \quad \lim_{k \to +\infty} \sigma_k = \lim_{k \to +\infty} \frac{u_k^* A u_k}{u_k^* u_k} = \lim_{k \to +\infty} \frac{u_k^* u_{k+1}}{u_k^* u_k} = \lambda_1,$$

$$ii) \quad \lim_{k \to +\infty} \frac{1}{\lambda_1^k} u_k = p \quad (\text{vector propio asociado a } \lambda_1).$$

Demostración. Utilizando que para todo entero $k \geq 0$, $A^k p_i = \lambda^k p_i$, $1 \leq i \leq n$, se tendrá:

$$
\begin{aligned}
u_k &= Au_{k-1} = A^2 u_{k-2} = \cdots = A^k u_0 \\
&= \alpha_1 A^k p_1 + \alpha_2 A^k p_2 + \cdots + \alpha_r A^k p_r + \alpha_{r+1} A^k p_{r+1} + \cdots + \alpha_n A^k p_n \\
&= \alpha_1 \lambda_1^k p_1 + \cdots + \alpha_r \lambda_r^k p_r + \alpha_{r+1} \lambda_{r+1}^k p_{r+1} + \cdots + \alpha_n \lambda_n^k p_n \\
&= \lambda_1^k \left[p + \alpha_{r+1} \left(\frac{\lambda_{r+1}}{\lambda_1} \right)^k p_{r+1} + \cdots + \alpha_n \left(\frac{\lambda_n}{\lambda_1} \right)^k p_n \right] \\
&= \lambda_1^k \left[p + \sum_{j=r+1}^{n} \alpha_j \left(\frac{\lambda_j}{\lambda_1} \right)^k p_j \right].
\end{aligned}
$$

Dado que $|\lambda_1| > |\lambda_j|$, para $j = r+1, \ldots, n$ se tiene $\left(\dfrac{\lambda_j}{\lambda_1} \right)^k \to 0$, cuando $k \to +\infty$, para $j = r+1, \ldots, n$, de donde se concluye el apartado *ii)*. Además:

$$
\sigma_k = \frac{u_k^* u_{k+1}}{u_k^* u_k} = \lambda_1 \frac{\left[p + \displaystyle\sum_{j=r+1}^{n} \alpha_j \left(\frac{\lambda_j}{\lambda_1} \right)^k p_j \right]^* \left[p + \displaystyle\sum_{j=r+1}^{n} \alpha_j \left(\frac{\lambda_j}{\lambda_1} \right)^{k+1} p_j \right]}{\left[p + \displaystyle\sum_{j=r+1}^{n} \alpha_j \left(\frac{\lambda_j}{\lambda_1} \right)^k p_j \right]^* \left[p + \displaystyle\sum_{j=r+1}^{n} \alpha_j \left(\frac{\lambda_j}{\lambda_1} \right)^k p_j \right]}.
$$

Por la misma razón, se tiene:

$$\lim_{k \to +\infty} \sigma_k = \lim_{k \to +\infty} \frac{u_k^* A u_k}{u_k^* u_k} = \lambda_1 \frac{p^* p}{p^* p} = \lambda_1. \qquad \square$$

De la demostración se deduce que la velocidad de convergencia de la sucesión $\{\sigma_k\}_{k \geq 0}$ a λ_1 depende de la velocidad de convergencia a cero de las sucesiones $\left(\frac{\lambda_j}{\lambda_1}\right)^k$, cuando $k \to +\infty$, $j = r+1, r+2, \ldots, n$ y, en definitiva, de la más lenta: $\left(\frac{\lambda_{r+1}}{\lambda_1}\right)^k$.

La hipótesis de que u_0 cumple la condición $p = \alpha_1 p_1 + \cdots + \alpha_r p_r \neq \theta$ del teorema anterior es, obviamente, inverificable dado que no conocemos la base de vectores propios. Se procederá con un vector u_0 arbitrario y se observará la convergencia de las sucesiones. Si el vector elegido tuviese $p = \theta$, todavía podemos obtener convergencia a algún valor propio de A, como pone de manifiesto el siguiente corolario. $\qquad \square$

Corolario 11.1. *En las hipótesis del teorema anterior, si el iterante inicial u_0 es tal que $p = \alpha_1 p_1 + \cdots + \alpha_r p_r = \theta$ y para algún $i \in \{r+1, r+2, \ldots, n\}$ se tiene:*

$$\alpha_{r+1} = \alpha_{r+2} = \cdots = \alpha_{i-1} = 0, \; \alpha_i \neq 0$$
$$|\lambda_i| > |\lambda_{i+1}|, \quad si \; i \neq n,$$

entonces:

$$i) \quad \lim_{k \to +\infty} \sigma_k = \lim_{k \to +\infty} \frac{u_k^* A u_k}{u_k^* u_k} = \frac{u_k^* u_{k+1}}{u_k^* u_k} = \lambda_i,$$

$$ii) \quad \lim_{k \to +\infty} \frac{1}{\lambda_i^k} u_k = \alpha_i p_i \quad (\text{vector propio asociado a } \lambda_i).$$

Demostración. Basta proceder como en el caso anterior con λ_i en lugar de λ_1. Se tendrá:

$$u_k = \lambda_i^k \left[\alpha_i p_i + \sum_{j=i+1}^{n} \alpha_j \left(\frac{\lambda_j}{\lambda_i}\right)^k p_j \right],$$

de donde se concluye *ii)* por ser $|\lambda_i| > |\lambda_j|$, $j = i+1, \ldots, n$. Por la misma razón obtenemos *i)* a partir de la siguiente expresión de σ_k:

$$\sigma_k = \frac{u_k^* u_{k+1}}{u_k^* u_k} = \lambda_i \frac{\left[\alpha_i p_i + \sum_{j=i+1}^{n} \alpha_j \left(\frac{\lambda_j}{\lambda_i}\right)^k p_j \right]^* \left[\alpha_i p_i + \sum_{j=i+1}^{n} \alpha_j \left(\frac{\lambda_j}{\lambda_i}\right)^{k+1} p_j \right]}{\left[\alpha_i p_i + \sum_{j=i+1}^{n} \alpha_j \left(\frac{\lambda_j}{\lambda_i}\right)^k p_j \right]^* \left[\alpha_i p_i + \sum_{j=i+1}^{n} \alpha_j \left(\frac{\lambda_j}{\lambda_i}\right)^k p_j \right]}. \qquad \square$$

Observación 11.3. Este corolario tiene un significado únicamente teórico porque la presencia de errores de redondeo hace que, aunque partamos de $u_0 = \alpha_1 p_1 + \cdots + \alpha_r p_r + \alpha_{r+1} p_{r+1} + \cdots + \alpha_n p_n$ con $p = \alpha_1 p_1 + \cdots + \alpha_r p_r = \theta$, exactamente, en las etapas siguientes será calculado en la aritmética de punto flotante del ordenador $Fl(u_1) = Fl(Au_0) = \varepsilon_1 \lambda_1 p_1 + \cdots + \varepsilon_r \lambda_r p_r + \widetilde{\alpha}_{r+1} \lambda_{r+1} p_{r+1} + \cdots + \widetilde{\alpha}_n \lambda_n p_n$, con $\varepsilon_i \neq 0$, valores muy pequeños, y $\widetilde{\alpha}_i \simeq \alpha_i$, de manera que, en la práctica, casi siempre estaremos en el caso del teorema anterior y el valor propio calculado será λ_1 y no otro. No obstante, para detectar estos límites distintos es recomendable cambiar de vector inicial y comparar los resultados obtenidos. $\qquad\square$

11.1.2 Método con normalización

Motivación y descripción

De la expresión general de u_k manejada para el método de la potencia sin normalizar:

$$u_k = \lambda_1^k \left[\alpha_1 p_1 + \cdots + \alpha_r p_r + \alpha_{r+1} \left(\frac{\lambda_{r+1}}{\lambda_1} \right)^k p_{r+1} + \cdots + \alpha_n \left(\frac{\lambda_n}{\lambda_1} \right)^k p_n \right],$$

se deduce que para k grande el vector u_k se acerca al vector $\lambda_1^k p$. Por tanto, si $|\lambda_1| < 1$, las componentes de u_k se hacen cada vez más pequeñas y sensibles a las pérdidas de significado. Por el contrario, si $|\lambda_1| > 1$, las componentes de u_k crecen indefinidamente y existe un riesgo de *overflow* en el cálculo práctico. Por ello, es útil *normalizar* la sucesión $\{u_k\}_{k\geq 0}$ dividiendo cada término por su norma. Se utiliza la norma $\|\cdot\|_2$, aunque se puede hacer con cualquier norma vectorial.

El método se describe entonces del modo siguiente en el que se construye una sucesión $\{\sigma_k\}_{k\geq 0}$ destinada a converger al valor propio dominante λ_1 y una sucesión vectorial $\{u_k\}_{k\geq 0}$ normalizada a partir de la que se puede aproximar un vector propio asociado a λ_1 también normalizado:

$$u_0 \in \mathbb{C}^n, \quad \|u_0\|_2 = (u_0^* u_0)^{1/2} = 1, \text{ dado;}$$

$$u_{k+1} = \frac{Au_k}{\|Au_k\|_2} = \frac{v_{k+1}}{\|v_{k+1}\|_2}, \text{ con } v_{k+1} = Au_k, \quad k \geq 0,$$

$$\sigma_k = u_k^* A u_k = u_k^* v_{k+1}, \; k \geq 0.$$

Convergencia

Se tiene un resultado de convergencia en las mismas condiciones que en el caso sin normalizar y con una demostración similar.

Teorema 11.2 (Convergencia del método de la potencia normalizado). *Sea A diagonalizable con valores propios $\{\lambda_1, \lambda_2, \ldots, \lambda_n\}$ verificando la condición (11.1), es decir, con un valor propio dominante único de multiplicidad $r \in \{1, 2, \ldots, n\}$ y sea*

$u_0 \in \mathbb{C}^n$, $\|u_0\|_2 = 1$, $u_0 = \alpha_1 p_1 + \cdots + \alpha_r p_r + \cdots \alpha_n p_n \neq \theta$ tal que $p = \alpha_1 p_1 + \cdots + \alpha_r p_r \neq \theta$. Entonces:

i) $\quad \lim\limits_{k \to +\infty} u_k^* A u_k = \lambda_1$,

ii) $\quad \lim\limits_{k \to +\infty} \dfrac{|\lambda_1|^k}{\lambda_1^k} u_k = \dfrac{p}{\|p\|_2}$ $\quad$ (vector propio de norma 1 asociado a λ_1).

Demostración. En primer lugar, por inducción, probamos que

$$u_k = A^k u_0 / \|A^k u_0\|_2, \quad k \geq 0.$$

En efecto, por definición

$$u_1 = A u_0 / \|A u_0\|_2.$$

Supongamos que

$$u_j = A^j u_0 / \|A^j u_0\|_2, \quad j = 1, 2, \ldots, k-1.$$

Entonces,

$$u_k = \frac{A u_{k-1}}{\|A u_{k-1}\|_2} = \frac{A(A^{k-1} u_0)/\|A^{k-1} u_0\|_2}{\|A(A^{k-1} u_0)\|_2/\|A^{k-1} u_0\|_2} = \frac{A^k u_0}{\|A^k u_0\|_2}.$$

Por otra parte,

$$A^k u_0 = \alpha_1 \lambda_1^k p_1 + \cdots + \alpha_r \lambda_r^k p_r + \alpha_{r+1} \lambda_{r+1}^k p_{r+1} + \cdots + \alpha_n \lambda_n^k p_n$$

$$= \lambda_1^k \left[p + \sum_{j=r+1}^{n} \alpha_j \left(\frac{\lambda_j}{\lambda_1} \right)^k p_j \right].$$

Por tanto,

$$u_k = \frac{A^k u_0}{\|A^k u_0\|_2} = \frac{\lambda_1^k \left[p + \sum_{j=r+1}^{n} \alpha_j \left(\dfrac{\lambda_j}{\lambda_1} \right)^k p_j \right]}{|\lambda_1|^k \left\| p + \sum_{j=r+1}^{n} \alpha_j \left(\dfrac{\lambda_j}{\lambda_1} \right)^k p_j \right\|_2}.$$

Puesto que $\left(\dfrac{\lambda_j}{\lambda_1} \right)^k \to 0$ cuando $k \to +\infty$ y $j = r+1, r+2, \ldots, n$, se concluye inmediatamente el apartado *ii)*.

Por otro lado:

$$v_{k+1} = A u_k = \frac{A^{k+1} u_0}{\|A^k u_0\|_2} = \frac{\lambda_1^{k+1} \left[p + \sum_{j=r+1}^{n} \left(\dfrac{\lambda_j}{\lambda_1} \right)^{k+1} p_j \right]}{|\lambda_1|^k \left\| p + \sum_{j=r+1}^{n} \left(\dfrac{\lambda_j}{\lambda_1} \right)^k p_j \right\|_2}.$$

Algoritmo 11.1 Método de la potencia normalizado (Rayleigh).

> **procedure** P_POTNOR$(n, a, u, \varepsilon, nmaxit)$ ▷ Valor propio dominante de A
>
>   **input** $n, a = (a_{ij}), u = (u_i), \varepsilon, nmaxit$ ▷ u: iterante inicial u_0
>
> $x \leftarrow \|u\|_2;\, u \leftarrow u/x$
>
> $v \leftarrow Au;\, s_1 \leftarrow u^T v$ ▷ v_1, σ_0
>
> $x \leftarrow \|v\|_2;\, u \leftarrow v/x$ ▷ u_1
>
>   **for** $k = 1, 2, \ldots, nmaxit$ **do**
>
> $v \leftarrow Au;\, s_2 \leftarrow u^T v$ ▷ v_{k+1}, σ_k
>
> $e \leftarrow |s_2 - s_1|/(|s_1| + 1)$
>
>   **if** $e < \varepsilon$ **then**
>
>   Alerta: alcanzado el control de parada
>
> $res \leftarrow \|v - s_2 u\|_2$ ▷ Residuo: $\|Au_k - \sigma_k u_k\|_2$
>
>   **output** k, s_2, u, res
>
>   **end if**
>
> $x \leftarrow \|v\|_2;\, u \leftarrow v/x$ ▷ u_{k+1}
>
> $s_1 \leftarrow s_2$
>
>   **end for**
>
>   Alerta: máximo número de iteraciones
>
>   **output** s_2, e
>
> **end procedure**

Finalmente, encontramos:

$$\sigma_k = u_k^* Au_k = u_k^* v_{k+1} = \lambda_1 \frac{\left[p + \sum_{j=r+1}^{n} \left(\frac{\lambda_j}{\lambda_1} \right)^k p_j \right]^* \left[p + \sum_{j=r+1}^{n} \left(\frac{\lambda_j}{\lambda_1} \right)^{k+1} p_j \right]}{\left\| p + \sum_{j=r+1}^{n} \left(\frac{\lambda_j}{\lambda_1} \right)^k p_j \right\|_2^2}.$$

De nuevo el resultado se concluye porque $\left(\frac{\lambda_j}{\lambda_1} \right)^k \to 0$ cuando $k \to +\infty$ y, por tanto:

$$\lim_{k \to +\infty} \sigma_k = \lambda_1 \frac{p^* p}{\|p\|_2^2} = \lambda_1. \qquad \square$$

Observación 11.4. En el caso de que A sea una matriz real ya hemos insistido que λ_1 es real y distinto de 0. En ese caso, la condición *ii)* equivale a

$$\begin{cases} \lim\limits_{k \to +\infty} u_k = \dfrac{p}{\|p\|_2}, & \text{si } \lambda_1 > 0, \\[2ex] \lim\limits_{k \to +\infty} (-1)^k u_k = \dfrac{p}{\|p\|_2}, & \text{si } \lambda_1 < 0. \end{cases}$$

Por tanto, el signo de las componentes de u_k nos informan del signo de λ_1. $\square$

Codificación

La codificación del método ofrece pocas dificultades (algoritmo 11.1). Como en todo método iterativo utilizaremos un número máximo de iteraciones o un control de parada de la forma siguiente para detener el proceso:

$$\frac{|\sigma_{k+1} - \sigma_k|}{|\sigma_k| + 1} \leq \varepsilon.$$

También calculamos el residuo $\|Au_k - \sigma_k u_k\|_2$ que informa sobre la calidad de la aproximación de σ_k al valor propio dominante de A.

11.1.3 Variantes del método

A partir de una aplicación lineal dada, $\Phi : \mathbb{C}^n \to \mathbb{C}$, se puede construir una variante del método de la potencia. En efecto, se propone el método iterativo siguiente:

$$u_0 \in \mathbb{C}^n, \ u_0 \neq \theta; \quad u_{k+1} = Au_k, \quad \sigma_k = \frac{\Phi(Au_k)}{\Phi(u_k)}, \quad k \geq 0.$$

EJERCICIO 11.1. Utilizando las mismas hipótesis y argumentos de los teoremas anteriores probar que

$$\lim_{k \to +\infty} \sigma_k = \lambda_1; \quad \lim_{k \to +\infty} \frac{1}{\lambda_1^k} u_k = p \quad \text{(vector propio asociado a } \lambda_1\text{)}.$$

En la práctica es recomendable introducir una normalización de los vectores u_k, para evitar convergencias a cero o crecimientos sin límite. Por eso se modifica la iteración como sigue, donde $\| \cdot \|$ es una norma vectorial cualquiera:

$$u_0 \in \mathbb{C}^n, \ u_0 \neq \theta; \quad \sigma_k = \frac{\Phi(Au_k)}{\Phi(u_k)}, \quad u_{k+1} = \frac{Au_k}{\|Au_k\|}, \quad k \geq 0.$$

EJERCICIO 11.2. Probar que en este caso, con las hipótesis adecuadas según el caso, también se tiene:

$$\lim_{k \to +\infty} \sigma_k = \lambda_1; \quad \lim_{k \to +\infty} \frac{|\lambda_1|^k}{\lambda_1^k} u_k = \frac{p}{\|p\|}.$$

Nótese que $p/\|p\|$ es un vector propio de norma 1 asociado a λ_1.

Los métodos más conocidos que entran en el marco anterior corresponden a tomar los siguientes funcionales lineales $\Phi : \mathbb{C}^n \to \mathbb{C}$:

$$\Phi(u) = u_i, \ \text{para algún } i \in \{1, 2, \ldots, n\}; \quad \Phi(u) = \sum_{i=1}^{n} u_i.$$

Observación 11.5. Hemos estudiado el algoritmo de la potencia iterada solamente para matrices con valor propio dominante único (bien sea simple o múltiple). En el caso de matrices reales se está excluyendo el caso de tener valores propios dominantes complejos conjugados. Existen variantes de este algoritmo para aproximar la parte real y la parte imaginaria de estos valores propios (véase p. ej: WILKINSON [1965a]). $\square$

11.2   Método de la potencia inversa

Descripción

Este método es una variante del método de la potencia iterada que permite aproximar *cualquier valor propio*. Se basa en la relación entre los valores propios de una matriz y su inversa: si λ es un valor propio de la matriz invertible A (por tanto, $\lambda \neq 0$) con vector propio asociado $p \neq \theta$ entonces λ^{-1} es un valor propio de A^{-1} con vector propio asociado también p:

$$Ap = \lambda p : A^{-1}p = \lambda^{-1}p.$$

Supongamos que $A \in \mathcal{M}_{n \times n}(\mathbb{K})$ es una matriz con valores propios $\lambda_1, \lambda_2, \ldots, \lambda_n$ con vectores propios asociados $p_1, p_2, \ldots, p_n$, $p_i \in \mathbb{C}^n$, $p_i \neq \theta$: $Ap_i = \lambda_i p_i$: $1 \leq i \leq n$. Sea $q \in \mathbb{C}$ un valor dado tal que $A - qI$ sea invertible (por lo que debe ser $q \neq \lambda_i$, $(i = 1, 2, \ldots, n)$. Los valores propios de la matriz $(A - qI)^{-1}$ vienen dados por (véase el ejercicio 2.13):

$$\frac{1}{\lambda_1 - q}, \frac{1}{\lambda_2 - q}, \ldots, \frac{1}{\lambda_n - q},$$

y además los vectores propios asociados son los mismos:

$$(A - qI)^{-1}p_i = \frac{1}{\lambda_i - q}p_i, \quad 1 \leq i \leq n.$$

El método de la potencia inversa para aproximar un valor propio de A consiste en aplicar el método de la potencia iterada a la matriz $(A - qI)^{-1}$ para aproximar su valor propio dominante.

Supongamos que λ_i, $i \in \{1, 2, \ldots, n\}$, es el *valor propio de A más próximo a q*:

$$0 < |\lambda_i - q| < |\lambda_j - q|, \quad 1 \leq j \leq n, \quad j \neq i.$$

Entonces $\dfrac{1}{\lambda_i - q}$ es el valor propio dominante de $(A - qI)^{-1}$:

$$\frac{1}{|\lambda_i - q|} > \frac{1}{|\lambda_j - q|}, \quad 1 \leq j \leq n, \ j \neq i.$$

El método de la potencia iterada aplicado a la matriz $(A - qI)^{-1}$ aproximará pues el valor $\dfrac{1}{\lambda_i - q}$ del que se deduce el valor propio λ_i. Las dos variantes del método de la potencia iterada que estudiamos (Rayleigh sin y con normalización) aplicados a $(A - qI)^{-1}$ construyen una sucesión $\{\sigma_k\}_{k \geq 0}$ destinada a converger a $1/(\lambda_i - q)$:

i) Potencia inversa sin normalizar:

$$u_0 \in \mathbb{C}^n, \quad u_0 \neq \theta; \quad u_{k+1} = (A - qI)^{-1}u_k, \quad \sigma_k = \frac{u_k^* u_{k+1}}{u_k^* u_k}, \quad k \geq 0.$$

ii) Potencia inversa normalizado:

$$u_0 \in \mathbb{C}^n, \quad \|u_0\|_2 = 1;$$

$$v_{k+1} = (A - qI)^{-1} u_k, \quad u_{k+1} = \frac{v_{k+1}}{\|v_{k+1}\|_2}, \quad \sigma_k = u_k^* v_{k+1}, \quad k \geq 0.$$

Observación 11.6. El cálculo en cada iteración de los vectores

$$u_{k+1} = (A - qI)^{-1} u_k \quad \text{o} \quad v_{k+1} = (A - qI)^{-1} u_k$$

¡no necesita invertir la matriz $A - qI$! pues basta con resolver en cada iteración el sistema lineal con matriz $A - qI$:

$$(A - qI) u_{k+1} = u_k \quad \text{o} \quad (A - qI) v_{k+1} = u_k.$$

Para ello, son especialmente adecuados los *métodos de factorización*, pues todos los sistemas tienen la misma matriz que se ¡factorizará una sola vez! □

Convergencia

El análisis de la convergencia del método de la potencia iterada realizado en la sección anterior nos permite obtener los siguientes resultados para el método de la potencia inversa. Se supondrá que A es diagonalizable y, por tanto, el conjunto de los vectores propios $\{p_1, p_2, \ldots, p_n\}$ constituye una base de $\mathbb{C}^n$. Los dos teoremas siguientes no son más que la transcripción de los resultados de convergencia estudiados en la sección anterior a este caso.

Teorema 11.3 (Convergencia del método de la potencia inversa sin normalizar). *Sea $A \in \mathcal{M}_{n \times n}(\mathbb{K})$ una matriz invertible y diagonalizable. Sea $q \in \mathbb{C}$ tal que*

$$0 < |\lambda_i - q| < |\lambda_j - q|, \quad 1 \leq j \leq n, \quad j \neq i.$$

Sea $\{u_k\}_{k \geq 0}$ la sucesión generada por la siguiente iteración:

$$u_0 \in \mathbb{C}^n, \quad u_0 \neq \theta, \ dado; \quad u_{k+1} = (A - qI)^{-1} u_k, \quad \sigma_k = \frac{u_k^* u_{k+1}}{u_k^* u_k}, \quad k \geq 0.$$

Se supone que en la base de vectores propios de $\mathbb{C}^n$,

$$u_0 = \alpha_1 p_1 + \alpha_2 p_2 + \cdots + \alpha_i p_i + \cdots + \alpha_n p_n, \ con \ \alpha_i \neq 0.$$

Entonces, se tiene:

$$i) \quad \lim_{k \to +\infty} \frac{u_k^* u_{k+1}}{u_k^* u_k} = \frac{1}{\lambda_i - q},$$

$$ii) \quad \lim_{k \to +\infty} (\lambda_i - q)^k u_k = \alpha_i p_i \quad (\text{vector propio asociado a } \lambda_i).$$

Teorema 11.4 (Convergencia del método de la potencia inversa normalizado). *Sea $A \in \mathcal{M}_{n \times n}(\mathbb{K})$ una matriz invertible y diagonalizable. Sea $q \in \mathbb{C}$ tal que*

$$0 < |\lambda_i - q| < |\lambda_j - q|, \quad 1 \le j \le n, \quad j \ne i.$$

Sea $\{u_k\}_{k \ge 0}$ la sucesión generada por la siguiente iteración:

$$u_0 \in \mathbb{C}^n, \quad \|u_0\|_2 = 1;$$

$$v_{k+1} = (A - qI)^{-1} u_k, \quad u_{k+1} = \frac{v_{k+1}}{\|v_{k+1}\|_2}, \quad \sigma_k = u_k^* v_{k+1}, \quad k \ge 0.$$

Se supone que en la base de vectores propios de $\mathbb{C}^n$,

$$u_0 = \alpha_1 p_1 + \alpha_2 p_2 + \cdots + \alpha_i p_i + \cdots + \alpha_n p_n, \quad con \ \alpha_i \ne 0.$$

Entonces, se tiene:

i) $\quad \displaystyle\lim_{k \to +\infty} u_k^* v_{k+1} = \frac{1}{\lambda_i - q},$

ii) $\quad \displaystyle\lim_{k \to +\infty} \frac{(\lambda_i - q)^k}{|\lambda_i - q|^k} u_k = \frac{\alpha_i p_i}{|\alpha_i| \|p_i\|_2} \quad$ *(vector propio asociado a λ_i).*

Observación 11.7. Algunos comentarios importantes con respecto a este método son los siguientes:

i) En el caso normalizado, si λ_i y q son *reales* se tendrá:

$$\begin{cases} \displaystyle\lim_{k \to +\infty} u_k = p := \lambda_i p_i, & \text{si } q < \lambda_i, \\[2ex] \displaystyle\lim_{k \to +\infty} (-1)^k u_k = p, & \text{si } q > \lambda_i, \end{cases}$$

de manera que la observación de la «convergencia» del método permite decidir si q es una aproximación por defecto o por exceso de λ_i

ii) Si no se aplica el proceso de normalización, en general, la sucesión $\{u_k\}_{k \ge 0}$ no converge.

iii) Se notará el carácter esencial de tomar $q \ne \lambda_i$ a fin de que la matriz $A - qI$ sea invertible, pero por otra parte es deseable que q sea próximo a λ_i a fin de acelerar la convergencia, cuya velocidad depende, como vimos en las demostraciones del método de la potencia directa, de la rapidez con que tiendan a 0 las sucesiones siguientes, cuando $k \to +\infty$:

$$\left(\frac{\lambda_i - q}{\lambda_j - q} \right)^k, \quad 1 \le j \le n, \quad j \ne i.$$

Estamos sometidos a dos influencias contradictorias pues con λ_i próximo a q aceleramos la convergencia, pero la matriz $A - qI$ es «casi singular». Esta cualidad, exclusivamente, de carácter «numérico» está ligada a la propagación de los errores de redondeo que pueden invalidar el método. Se necesita pues mucha prudencia a la hora de implementar el algoritmo.

iv) Como ya hemos comentado en la introducción de este tema, los métodos más importantes para calcular valores propios de una matriz comienzan por reducirlas a una semejante de Hessenberg superior (tridiagonal simétrica si la matriz es simétrica) y calcular entonces los valores propios de estas. La conservación del perfil del método LU hace que el método de la potencia inversa sea adecuado para el cálculo de los valores propios de estas matrices.

v) Es interesante recordar aquí la siguiente cita de WILKINSON [1965a, p. 622]:*el método de la potencia inversa es uno de los métodos más robustos y precisos de los que se usan para el cálculo de valores propios y vectores propios.*   □

Codificación

Como ya hemos indicado, en cada iteración del método de la potencia inversa es necesario resolver un sistema lineal de la forma:

$$(A - qI)u_{k+1} = u_k \quad \text{o} \quad (A - qI)v_{k+1} = u_k, \quad k \geq 0.$$

Afortunadamente, todos los sistemas que deben resolverse *tienen la misma matriz de coeficientes*, lo que hace recomendable la utilización de un método de factorización $A - qI = LU$ (o Cholesky en caso de que $A - qI$ sea simétrica y definida positiva) o, mejor aún, un método de pivote parcial que nos da la factorización $P(A - qI) = LU$ (dado que la matriz $A - qI$ es «casi singular»). La factorización *se realiza una sola vez* de modo que l*a implementación del método necesita las siguientes etapas:*

- Entrada de datos: A, q, u_0, tolerancia de error (ε), número máximo de iteraciones.

- Factorización $A - qI = LU$ o $P(A - qI) = LU$.

- Bucle en iteraciones

  $\rightarrow$ Descenso: $Lw = u_k$ o $Lw = Pu_k$,

  $\rightarrow$ Remonte: $Uv_{k+1} = w$ o $Uv_{k+1} = w$,

  $\rightarrow$ Normalización (si procede): $u_{k+1} = \dfrac{v_{k+1}}{\|v_{k+1}\|_2}$,

  $\rightarrow$ Cálculo de σ_k que converge a $\dfrac{1}{\lambda_i - q}$ y de $\xi_k = \dfrac{1}{\sigma_k} + q$ que converge a λ_i,

  $\rightarrow$ Control de parada de error relativo para ξ_k,

- Fin del bucle de iteraciones.

- Fin del programa.

Si bien el vector u_0 es arbitrario, en la práctica se recomienda tomar

$$u_0 = Le, \quad e = (1, 1, \ldots, 1)^T.$$

Por tanto, $u_1 = Au_0$ ($v_1 = Au_0$ en el caso normalizado) es la solución de $Uu_1 = e$.

Utilizamos los procedimientos ya estudiados para la factorización $A - qI = LU$ (algoritmos 4.3 o 4.4) y para el descenso y el remonte de los sistemas triangulares en cada iteración (algoritmos 3.4 y 3.5). El resultado para el método normalizado es el algoritmo 11.2.

Algoritmo 11.2 Método de la potencia inversa normalizado.

---

    procedure P_POTINV   ▷ Valor propio de A más próximo a q
      input $n, a = (a_{ij}), q, \varepsilon, nmaxit$
      for $i = 1, 2, \ldots, n$ **do**
          $a_{ii} \leftarrow a_{ii} - q$
      end for
      $a, deter \leftarrow \text{LUDL}(n, a, deter)$
      for $i = 1, \ldots, n$ **do**   ▷ $u_0 = Le, e = (1, 1, \ldots, 1)^T$
          $u_i \leftarrow 1 + \sum_{j=1}^{i-1} a_{ij}$ ▷ $a_{ii} \neq L_{ii} = 1$
      end for
      $x \leftarrow \|u\|_2; u \leftarrow u/x$ ▷ u_0 normalizado
      $w \leftarrow \text{SISTL1}(n, a, u, w)$
      $v \leftarrow \text{SISTU}(n, a, w, v)$ ▷ $(A - qI)v_1 = u_0$ por LU
      $s_1 \leftarrow u^T v; x \leftarrow \|v\|_2; u \leftarrow v/x$ ▷ $\sigma_0 = u_0^T v_1, u_1$
      for $k = 1, 2, \ldots, nmaxit$ **do**   ▷ Bucle de iteraciones
          $w \leftarrow \text{SISTL1}(n, a, u, w)$
          $v \leftarrow \text{SISTU}(n, a, w, v)$ ▷ $(A - qI)v_{k+1} = u_k$ por LU
          $s_2 \leftarrow u^T v; x \leftarrow \|v\|_2; u \leftarrow v/x$ ▷ $\sigma_k = u_k^T v_{k+1}, u_{k+1}$
          $\xi \leftarrow 1./s_2 + q$
          $err \leftarrow |s_2 - s_1|/(|s_1| + 1)$
          if $err < \varepsilon$ **then**
              Alerta: alcanzado control convergencia
              output k, ξ, u, err
          end if
          $s_1 \leftarrow s_2$
      end for
      Alerta: máximo número de iteraciones
      output ξ, u, err
    end procedure

11.3   Ejercicios

EJERCICIO 11.3. *Método de la potencia normalizado para valor propio dominante.* En este ejercicio se trata de escribir y verificar el procedimiento `p_potnor(n,a,u,eps,nmaxit)` (véase el algoritmo 11.1) para calcular el valor propio dominante y un vector propio asociado de una matriz A por el método de la potencia iterada con normalización de Rayleigh. Incluirá el cálculo del vector residuo $v = Au - \lambda u$, siendo λ y u los últimos iterantes calculados, para observar la convergencia a un vector propio de A asociado a λ. Validar el método programado con las siguientes matrices (recomendamos $\varepsilon \leq 10^{-8}$):

$$A = \begin{pmatrix} 10 & 3 & 1 \\ 3 & 10 & 2 \\ 1 & 2 & 10 \end{pmatrix}, \quad A = \begin{pmatrix} 4 & 1 & & & \\ 1 & 4 & 1 & & \\ & \ddots & \ddots & \ddots & \\ & & 1 & 4 & 1 \\ & & & 1 & 4 \end{pmatrix} \text{ –de orden 10–.}$$

$$A = \begin{pmatrix} 10 & 7 & 8 & 7 \\ 7 & 5 & 6 & 5 \\ 8 & 6 & 10 & 9 \\ 7 & 5 & 9 & 10 \end{pmatrix}, \quad A = \begin{pmatrix} 2 & -1 & & & \\ -1 & 2 & -1 & & \\ & \ddots & \ddots & \ddots & \\ & & -1 & 2 & -1 \\ & & & -1 & 2 \end{pmatrix} \text{ –de orden 10–.}$$

con valores propios, respectivamente:

$$\{14.1131, 9.0888, 6.7981\},$$

$$\{5.9190, 5.6825, 5.3097, 4.8308, 4.2846, 3.7154, 3.1692, 2.6903, 2.3175, 2.0810\},$$

$$\{30.2887, 3.8581, 0.8431, 0.0102\},$$

$$\{3.9190, 3.6825, 3.3097, 2.8308, 2.2846, 1.7154, 1.1692, 0.6903, 0.3175, 0.0810\}.$$

EJERCICIO 11.4. *Método de la potencia inversa para el cálculo del valor propio más próximo a q.* En este ejercicio seguiremos el mismo esquema que en el anterior para escribir el procedimiento p_potinv(n,a,q,u,eps,nmaxit) para calcular el valor propio de una matriz A más próximo a $q \in \mathbb{R}$ por el método de la potencia inversa con normalización de Rayleigh, siguiendo el pseudocódigo 11.2. Se calculará también el vector residuo $v = Au - \lambda u$, siendo λ y u los últimos iterantes calculados, para observar la convergencia a un vector propio de A asociado a λ. Validar el método programado con las matrices del ejercicio 11.3 y $q = 9., 1., 20., 0.$, respectivamente (recomendamos $\varepsilon \leq 10^{-8}$).

EJERCICIO 11.5. *Un método simple para aproximar el valor propio de mayor valor absoluto.* Sea A una matriz cuadrada con valores propios $\lambda_1, \lambda_2, \ldots, \lambda_n$.

i) Probar que para todo $m = 1, 2, 3, \ldots$ se verifica:

$$\text{tr}(A^k) = \lambda_1^k + \lambda_2^k + \cdots + \lambda_n^k.$$

ii) Supongamos que $|\lambda_j| > |\lambda_i|$, $i = 1, 2, \ldots, n$, $i \neq j$. Probar que:

$$\lambda_j = \lim_{k \to +\infty} \frac{\text{tr}(A^{k+1})}{\text{tr}(A^k)}.$$

iii) En el caso anterior, tendremos, en particular,

$$\lambda_j = \lim_{m \to +\infty} \frac{\text{tr}(A^{2^m+1})}{\text{tr}(A^{2^m})}.$$

Teniendo en cuenta esta propiedad, diseñar y programar un algoritmo para aproximar el valor propio dominante (λ_j) de la matriz A, utilizando la siguiente estrategia para calcular las potencias necesarias de la matriz:

$$A \to A^2 = AA \to A^4 = A^2 A^2 \to \cdots A^{2^m} = A^{2^{m-1}} A^{2^{m-1}}.$$

Probarlo con las matrices del ejercicio 11.3.

EJERCICIO 11.6. Escribir en Matlab el programa [l,p]=potnor(A) para calcular el valor propio λ de mayor módulo de la matriz A y un vector propio p asociado, con el método de la potencia iterada normalizado. Inicializar el algoritmo con un vector de la forma $u_0 = \alpha(1, 1, \ldots, 1)^T$. Probar el algoritmo con ejemplos sencillos y corroborar los resultados con la orden [V,D]=eig(A).

EJERCICIO 11.7. Escribir en Matlab el programa [l,p]=potinv(A) para calcular el valor propio λ de menor módulo de la matriz A y un vector propio p asociado, con el método de la potencia inversa normalizado. Utilizar la orden [L,U,P]=lu(A) para factorizar la matriz y el método de factorización $PA = LU$ para resolver el sistema lineal en cada iteración. Probar el programa con ejemplos sencillos y verificar los resultados con la sentencia [V,D]=eig(A).

12

Método de reducción de Jacobi

El método que estudiamos en este capítulo fue propuesto inicialmente por el gran matemático Carl Gustav Jacob Jacobi (1804–1851) en 1846, introduciendo la idea de las «rotaciones sucesivas» para crear ceros fuera de la diagonal conservando la semejanza. Durante casi un siglo cayó en el olvido, como método teórico pero difícil de aplicar «a mano». Con la llegada de los ordenadores, en 1949, fue redescubierto por von Neumann, Goldstine y Francis Joseph Murray (1911–1996). Hoy es uno de los métodos estándar para calcular valores propios de matrices simétricas. Su estabilidad numérica lo hace muy útil para comprobar resultados obtenidos por métodos más rápidos (como QR o Givens–Householder). En la segunda mitad del siglo XX se propusieron distintas variantes y generalizaciones para matrices no simétricas (véase la observación 12.3). Para este capítulo, hemos seguido las exposiciones de STOER–BULIRSCH [1980], CIARLET [1989] y ALLAIRE–KABER [2008].

12.1 Fundamento y descripción

Para calcular aproximaciones del conjunto de valores propios de una matriz A, una idea corrientemente utilizada consiste en *construir una sucesión de matrices semejantes* a A, $A_k = P_k^{-1} A P_k$, que *«converja»* (en un sentido que debe precisarse, pues no se trata de una verdadera convergencia de matrices) a una *matriz de valores propios conocidos*: diagonal o triangular.

En esta idea se basa el *método de Jacobi para matrices simétricas*, para el que las matrices P_k son *productos de matrices ortogonales elementales* muy fáciles de construir. Se puede demostrar que

$$\lim_{k \to +\infty} P_k^{-1} A P_k = \mathrm{diag}(\lambda_1, \lambda_2, \ldots, \lambda_n),$$

donde $\lambda_1, \lambda_2, \ldots, \lambda_n$ son los valores propios de A.

Además, cuando los valores propios son todos distintos dos a dos se *establece que las columnas de las matrices P_k constituyen sucesivas aproximaciones de los vectores propios* de A asociados respectivamente a $\lambda_1, \lambda_2, \ldots, \lambda_n$.

Aunque el método de Jacobi es *válido para toda matriz hermitiana*, por simplicidad, consideramos únicamente el caso en que A *es real y simétrica*. El teorema de Schur nos asegura entonces que existe una matriz *ortogonal* O tal que

$$O^T A O = \operatorname{diag}(\lambda_1, \lambda_2, \ldots, \lambda_n),$$

donde los valores propios $\lambda_1, \lambda_2, \ldots, \lambda_n$ son todos reales. En estas condiciones se tiene:

$$AO = O \operatorname{diag}(\lambda_1, \lambda_2, \ldots, \lambda_n),$$

de modo que los vectores columna de O forman una base ortonormal de $\mathbb{C}^n$ de vectores propios de A:

$$O = (p_1|p_2|\cdots|p_n): \quad Ap_i = \lambda_i p_i, \quad 1 \le i \le n.$$

Pues bien, partiendo de la matriz $A = A_1$ *el método de Jacobi consiste en construir una sucesión* $\{\Omega_k\}_{k\ge 1}$ *de matrices ortogonales elementales* (cuya forma veremos en el próximo teorema) de modo que *la sucesión de matrices simétricas* $\{A_k\}_{k\ge 1}$ con

$$A_{k+1} = \Omega_k^T A_k \Omega_k = (\Omega_1 \Omega_2 \cdots \Omega_k)^T A (\Omega_1 \Omega_2 \cdots \Omega_k), \quad k \ge 1,$$

converge a la matriz $\operatorname{diag}(\lambda_1, \lambda_2, \ldots, \lambda_n)$ (salvo una permutación de sus índices).

Se puede esperar entonces que (al menos en ciertos casos) la *convergencia de la sucesión de matrices ortogonales*

$$O_k = \Omega_1 \Omega_2 \cdots \Omega_k,$$

converja a una matriz ortogonal cuyas columnas forman un conjunto ortonormal de vectores propios de la matriz A.

El principio de cada transformación

$$A_k \longrightarrow A_{k+1} = \Omega_k^T A_k \Omega_k, \ k \ge 1,$$

es anular dos elementos en posición no diagonal de $A_k = (a_{ij}^{(k)})$, digamos $a_{pq}^{(k)}$ y $a_{qp}^{(k)}$, siguiendo un proceso muy simple que describimos y estudiamos a continuación.

Para simplificar la escritura, eliminamos los subíndices y superíndices k y ponemos provisionalmente

$$A_k = A = (a_{ij}), \ A_{k+1} = B = (b_{ij}), \ \Omega_k = \Omega.$$

La elección efectiva del par (p, q) que da la posición del elemento que se va a anular se describirá más adelante. Para preparar el terreno tenemos el siguiente *resultado fundamental*.

Teorema 12.1. *Sean p y q dos enteros $1 \leq p < q \leq n$ y ϕ un número real al que se asocia la siguiente matriz ortogonal $\Omega = \Omega(p, q)$:*

$$\Omega = \begin{pmatrix} 1 & & & & & & & & \\ & \ddots & & & & & & & \\ & & 1 & & & & & & \\ & & & \cos\phi & \cdots & \cdots & \cdots & \operatorname{sen}\phi & \\ & & & \vdots & 1 & & \vdots & & \\ & & & \vdots & & \ddots & \vdots & & \\ & & & \vdots & & 1 & \vdots & & \\ & & & -\operatorname{sen}\phi & \cdots & \cdots & \cdots & \cos\phi & \\ & & & & & & & 1 & \\ & & & & & & & & \ddots \\ & & & & & & & & & 1 \end{pmatrix} \begin{matrix} \\ \\ \\ \leftarrow (p) \\ \\ \\ \\ \leftarrow (q) \\ \\ \\ \end{matrix}$$

$$\begin{matrix} \uparrow & & \uparrow \\ (p) & & (q) \end{matrix}$$

i) Si $A = (a_{ij})$ es una matriz simétrica, la matriz, también simétrica,

$$B = (b_{ij}) = \Omega^T A \Omega$$

verifica:

$$\sum_{i=1}^{n}\sum_{j=1}^{n} b_{ij}^2 = \sum_{i=1}^{n}\sum_{j=1}^{n} a_{ij}^2.$$

ii) Si $a_{pq} \neq 0$, entonces existe un número real $\phi \in \left(-\dfrac{\pi}{4}, \dfrac{\pi}{4}\right)$, $\phi \neq 0$, para el que se obtiene $b_{pq} = 0$. Tal número es la única solución de la ecuación

$$\operatorname{cotg} 2\phi = \frac{a_{qq} - a_{pp}}{2a_{pq}}, \quad |\phi| < \frac{\pi}{4}, \quad \phi \neq 0.$$

Con esta elección del número ϕ se obtiene:

$$\sum_{i=1}^{n} b_{ii}^2 = \sum_{i=1}^{n} a_{ii}^2 + 2a_{pq}^2.$$

Demostración. i) Es elemental comprobar que la matriz Ω es ortogonal. La matriz Ω representa una rotación de amplitud ϕ en el plano de los vectores e_p y e_q de la base, lo que constituye una manera sencilla de ver que es ortogonal.

Por otra parte, también es fácil comprobar que la norma de Schur (o norma euclídea) es invariante por transformaciones unitarias (ortogonales). En efecto si U es unitaria (ortogonal), $UU^* = U^*U = I$ ($UU^T = U^TU = I$), entonces:

$$\|A\|_E^2 = \operatorname{tr}(A^*A) = \operatorname{tr}(U^*A^*AU) = \|AU\|_E^2 = \operatorname{tr}(A^*U^*UA) = \|UA\|_E^2.$$

Por tanto:

$$\sum_{i=1}^{n}\sum_{j=1}^{n} b_{ij}^2 = \|\Omega^T A \Omega\|_E^2 = \|A\|_E^2 = \sum_{i=1}^{n}\sum_{j=1}^{n} a_{ij}^2.$$

ii) Se comprueba fácilmente que la transformación de los elementos en las posiciones (p,p), (p,q), (q,p), (q,q) es equivalente a la siguiente:

$$\begin{pmatrix} b_{pp} & b_{pq} \\ b_{qp} & b_{qq} \end{pmatrix} = \begin{pmatrix} \cos\phi & -\text{sen}\,\phi \\ \text{sen}\,\phi & \cos\phi \end{pmatrix} \begin{pmatrix} a_{pp} & a_{pq} \\ a_{qp} & a_{qq} \end{pmatrix} \begin{pmatrix} \cos\phi & \text{sen}\,\phi \\ -\text{sen}\,\phi & \cos\phi \end{pmatrix}.$$

De nuevo por la invariancia de la norma de Schur por transformaciones unitarias (ortogonales) ya mostrada en el apartado anterior se tiene:

$$b_{pp}^2 + b_{qq}^2 + 2b_{pq}^2 = a_{pp}^2 + a_{qq}^2 + 2a_{pq}^2.$$

Teniendo en cuenta que

$$\cos 2\phi = \cos^2\phi - \text{sen}^2\phi, \ \ \text{sen}\,2\phi = 2\text{sen}\,\phi\cos\phi,$$

se deduce de la igualdad anterior:

$$\begin{aligned} b_{pq} = b_{qp} &= a_{pp}\cos\phi\text{sen}\,\phi + a_{pq}(\cos^2\phi - \text{sen}^2\phi) - a_{qq}\cos\phi\text{sen}\,\phi \\ &= a_{pq}\cos 2\phi + \frac{1}{2}(a_{pp} - a_{qq})\text{sen}\,2\phi. \end{aligned}$$

Por tanto, $b_{pq} = 0$ equivale a la verificación de la ecuación

$$\text{cotg}\,2\phi = \frac{a_{qq} - a_{pp}}{2a_{pq}}.$$

La elección de este número ϕ implica entonces $b_{pq} = b_{qp} = 0$ y, por ello,

$$b_{pp}^2 + b_{qq}^2 = a_{pp}^2 + a_{qq}^2 + 2a_{pq}^2.$$

Como además para $i \neq p$ e $i \neq q$ se tiene $a_{ii} = b_{ii}$, se concluye la última fórmula del enunciado. $\qquad\square$

Es importante notar que *solamente las filas y columnas de índice p y q de la matriz A se modifican en la transformación*

$$A \longrightarrow B = \Omega^T A\Omega.$$

En efecto, se tiene:

$$\begin{aligned} b_{ij} = b_{ji} &= a_{ij} = a_{ji}, \quad i \neq p, q, \ j \neq p, q, \\ b_{pi} = b_{ip} &= a_{pi}\cos\phi - a_{qi}\text{sen}\,\phi, \quad i \neq p, q \\ b_{qi} = b_{iq} &= a_{pi}\text{sen}\,\phi + a_{qi}\cos\phi, \quad i \neq p, q \\ b_{pp} &= a_{pp}\cos^2\phi + a_{qq}\text{sen}^2\phi - a_{pq}\text{sen}\,2\phi \\ b_{qq} &= a_{pp}\text{sen}^2\phi + a_{qq}\cos^2\phi + a_{pq}\text{sen}\,2\phi \\ b_{pq} = b_{qp} &= a_{pq}\cos 2\phi + \frac{1}{2}(a_{pp} - a_{qq})\text{sen}\,2\phi. \end{aligned} \qquad (12.1)$$

A pesar de las apariencias, gracias a las relaciones entre funciones trigonométricas, *los elementos de la matriz B se determinan mediante relaciones algebraicas a partir de los elementos de la matriz A*. En efecto, basta con calcular las cantidades siguientes:

a) $\xi = \dfrac{a_{qq} - a_{pp}}{2a_{pq}} = \operatorname{cotg} 2\phi,$

b) $t = \begin{cases} 1, & \text{si } \xi = 0, \\ \text{raíz de menor módulo del trinomio } t^2 + 2\xi t - 1 = 0, & \text{si } \xi \neq 0. \end{cases}$

c) $c = \dfrac{1}{\sqrt{1 + t^2}} = \cos \phi; \quad s = \dfrac{t}{\sqrt{1 + t^2}} = \operatorname{sen} \phi.$

Observación 12.1. En el cálculo anterior resulta $t = \operatorname{tg} \phi$. En efecto, si $\xi = 0$ entonces $\phi = \operatorname{sgn}(a_{pq}) \dfrac{\pi}{4}$ y $\operatorname{tg} \phi = 1 = t$. Si $\xi \neq 0$, se deduce de la siguiente igualdad trigonométrica

$$\xi = \operatorname{cotg} 2\phi = \frac{\cos 2\phi}{\operatorname{sen} 2\phi} = \frac{\cos^2 \phi - \operatorname{sen}^2 \phi}{2 \cos \phi \operatorname{sen} \phi} = \frac{1 - \operatorname{tg}^2 \phi}{2 \operatorname{tg} \phi},$$

que $t = \operatorname{tg} \phi$, $|\phi| < \dfrac{\pi}{4}$, es solución de la ecuación $t^2 + 2\xi t - 1 = 0$. $\qquad\square$

Con estos *cálculos algebraicos* las fórmulas para el cálculo de los elementos de la matriz B se pueden reescribir en la siguiente *forma algebraica* fácilmente verificable:

$$\begin{aligned} b_{pi} &= ca_{pi} - sa_{qi}, \ i \neq p, q, \\ b_{qi} &= ca_{qi} + sa_{pi}, \ i \neq p, q, \\ b_{pp} &= a_{pp} - ta_{pq}, \\ b_{qq} &= a_{qq} + ta_{pq}. \end{aligned}$$

Comprobaremos, a título de ejemplo, la fórmula de b_{pp}. De la fórmula de ξ despejamos a_{qq} y tenemos:

$$a_{qq} = 2a_{pq}\xi + a_{pp}.$$

Retomando la fórmula original y utilizando la igualdad trigonométrica:

$$1 + \operatorname{tg}^2 \phi = \frac{1}{\cos^2 \phi}$$

comprobamos la fórmula:

$$\begin{aligned} b_{pp} &= a_{pp} \cos^2 \phi + a_{qq} \operatorname{sen}^2 \phi - a_{pq} \operatorname{sen} 2\phi \\ &= a_{pp} \cos^2 \phi + a_{pp} \operatorname{sen}^2 \phi + 2a_{pq}\xi \operatorname{sen}^2 \phi - a_{pq}(2\operatorname{sen} \phi \cos \phi) \\ &= a_{pp} + a_{pq}(2\xi \operatorname{tg}^2 \phi - 2\operatorname{tg} \phi) \cos^2 \phi \\ &= a_{pp} + a_{pq}\frac{2\xi t^2 - 2t}{1 + t^2} = a_{pp} + a_{pq}\frac{-t^3 - t}{1 + t^2} = a_{pp} - ta_{pq}. \end{aligned}$$

Etapa k-ésima del método de Jacobi, $k \geq 1$

En el inicio de esta etapa la matriz $A_k = (a_{ij}^{(k)})$ es conocida. Se procede entonces como sigue:

i) Se elige un par (p, q), $p < q$, tal que $a_{pq}^{(k)} \neq 0$. Veremos a continuación distintas estrategias para realizar esta elección.

ii) Se calculan los valores siguientes:

$$\xi_k = \frac{a_{qq}^{(k)} - a_{pp}^{(k)}}{2a_{pq}^{(k)}},$$

$$t_k = \begin{cases} 1, & \text{si } \xi_k = 0, \\ \text{raíz de menor módulo de: } t^2 + 2\xi_k t - 1 = 0, & \text{si } \xi_k \neq 0. \end{cases}$$

$$c_k = \frac{1}{\sqrt{1 + t_k^2}}; \quad s_k = \frac{t_k}{\sqrt{1 + t_k^2}}.$$

iii) Se calcula la matriz $A_{k+1} = (a_{ij}^{(k+1)})$ de la forma siguiente:

$$a_{ij}^{(k+1)} = a_{ij}^{(k)}, \quad i \neq p, q, \quad j \neq p, q,$$

$$a_{pi}^{(k+1)} = c_k a_{pi}^{(k)} - s_k a_{qi}^{(k)}, \, i \neq p, q,$$

$$a_{qi}^{(k+1)} = c_k a_{qi}^{(k)} + s_k a_{pi}^{(k)}, \, i \neq p, q,$$

$$a_{pp}^{(k+1)} = a_{pp}^{(k)} - t_k a_{pq}^{(k)}, \, a_{qq}^{(k+1)} = a_{qq}^{(k)} + t_k a_{pq}^{(k)}.$$

12.2   Variantes y convergencia del método

Existen tres variantes del método de Jacobi para matrices simétricas en función de la estrategia que siguen para la elección del par (p, q) donde se hace un elemento nulo.

1) Método de Jacobi clásico. Se elige como (p, q) uno de los pares para los que

$$|a_{pq}^{(k)}| = \max_{1 \leq i < j \leq n} |a_{ij}^{(k)}|.$$

2) Método de Jacobi cíclico. La búsqueda del elemento de mayor módulo del método clásico es una operación que requiere bastante tiempo de ordenador. Por ello se trata de evitarla y proponer anular todos los elementos no diagonales siguiendo un *movimiento cíclico*, siempre el mismo. Por ejemplo, en el orden siguiente:

$$(1, 2), (1, 3), \ldots, (1, n), (2, 3), \ldots, (2, n), \ldots, (n - 1, n).$$

Naturalmente, si uno de los elementos en que se posiciona es ya nulo se pasa al siguiente, lo que matricialmente equivale a tomar $\phi_k = 0$, es decir, $\Omega_k = I$.

3) Método de Jacobi con cota inferior. Se procede de modo idéntico al caso del método cíclico, pero se omite la operación de anular aquellos elementos no diagonales cuyo módulo es menor que una cota mínima fija que deberá disminuir a medida que avanza el proceso. En efecto, parece inútil anular los elementos no diagonales que ya son «pequeños» cuando todavía quedan otros elementos mucho más «grandes» sin anular.

Observación 12.2 (Importante). Cualquiera que sea la estrategia que se siga, es evidente que *los elementos anulados en una etapa pueden volver a ser distintos de cero en una etapa posterior.* Si esto no fuera así, se obtendría la reducción a una matriz diagonal en un número finito de pasos lo que es imposible pues significaría que resolvemos cualquier polinomio en un número finito de operaciones. □

En cuanto a la *convergencia* del método de Jacobi hemos de remarcar previamente que se hace posible debido a que todas matrices A_k tienen la misma norma euclídea, esto es, *la suma de los cuadrados de todos los elementos de las matrices A_k permanece constante, mientras que en cada etapa la suma de los cuadrados de los elementos diagonales aumenta en la suma de los cuadrados de los elementos anulados.* Se puede entonces esperar que las matrices A_k converjan a una matriz diagonal y que esta sea precisamente la matriz diag(λ_i), salvo una permutación. De hecho, se tienen los siguientes teoremas de convergencia cuya demostración se puede ver en CIARLET [1982] y ALLAIRE–KABER [2008]. Para evitar situaciones triviales se supone que para todo $k \geq 1$, $\max_{1 \leq i < j \leq n} |a_{ij}^{(k)}| > 0$.

Teorema 12.2 (Convergencia a los valores propios en el método de Jacobi clásico). *La sucesión $\{A_k\}_{k \geq 1}$ de matrices obtenidas por el método de Jacobi clásico es convergente y*

$$\lim_{k \to +\infty} A_k = \text{diag}(\lambda_{\sigma(i)}),$$

para una permutación conveniente σ de los elementos $\{1, 2, \ldots, n\}$.

Teorema 12.3 (Convergencia a los vectores propios para el método de Jacobi clásico). *Supongamos que todos los valores propios de A sean distintos. Entonces la sucesión $O_k = \Omega_1 \Omega_2 \cdots \Omega_k$ de matrices del método de Jacobi clásico converge a una matriz ortogonal cuyas columnas constituyen un conjunto ortonormal de vectores propios de la matriz A.*

Observación 12.3 (Generalización del método de Jacobi a otras matrices). La variante conocida como método de Jacobi cíclico fue propuesta en 1960 por Forsythe y Peter Karl Henrici (1923–1987). Una extensión del método de Jacobi a *matrices normales* ha sido considerada por Goldstine y L. F. Horwitz en 1959 (véase GOURLAY–WATSON [1973, cap. 11]. A partir de ahí se puede adaptar el método de Jacobi a *matrices cualesquiera.* La mejor adaptación se debe a Eberlein en 1962. El método se basa en construir una sucesión $\{A_k\}_{k \geq 1}$ de la forma: $A_1 = A$; $A_{k+1} = H_k^{-1} A_k H_k$, $k \geq 1$, (H_k, unitaria), convergente a una matriz normal, que sería semejante a A. Por tanto, para k suficientemente grande A_k es «casi normal» y se puede aplicar la variante del método de Jacobi para estas matrices.

En 1996, Gerard L.G. Sleijpen (n. 1950) y Henk A. van der Vorst (n. 1944) presentaron el *método de Jacobi-Davidson* para calcular un conjunto de valores propios y vectores propios de una matriz general. Se basaron en las ideas de A. Ernest Roy Davidson (n. 1936) que en 1975 propuso un método especial para calcular el valor propio más pequeño de una matriz simétrica, que conectaba con las ideas originales de Jacobi. □

Algoritmo 12.1 Método de Jacobi cíclico: valores propios, A simétrica. (Parte 1)

$\quad$ **procedure** P_JACOBIAUTO $\qquad$ ▷ Aproxima valores propios de A simétrica

$\qquad$ **input** $n, a = (a_{ij}), nmaxit, \varepsilon_1, \varepsilon_2, \varepsilon_3$

$\qquad$ $o \leftarrow I; d_1 \leftarrow \text{diag}(a); e_1 \leftarrow d_1^T d_1$ $\qquad\qquad$ ▷ Matriz inicial $O = I$

$\qquad$ **for** $k = 1, 2, \ldots, nmaxit$ **do** $\qquad\qquad$ ▷ Bucle de iteraciones

$\qquad\qquad$ **for** $p = 1, 2, \ldots, n-1$ **do**

$\qquad\qquad\qquad$ **for** $q = p+1, \ldots, n$ **do**

$\qquad\qquad\qquad\qquad$ **if** $|a_{pq}| > \varepsilon_1$ **then**

$\qquad\qquad\qquad\qquad\qquad$ $e \leftarrow a_{qq} - a_{pp}$

$\qquad\qquad\qquad\qquad\qquad$ **if** $|e| < \varepsilon_2$ **then**

$\qquad\qquad\qquad\qquad\qquad\qquad$ $t \leftarrow 1.$

$\qquad\qquad\qquad\qquad\qquad$ **else**

$\qquad\qquad\qquad\qquad\qquad\qquad$ $e \leftarrow e/(2a_{pq})$ $\qquad\qquad$ ▷ Cálculo de Ω_k

$\qquad\qquad\qquad\qquad\qquad\qquad$ $t_1 \leftarrow -e + \sqrt{e \times e + 1}; t_2 \leftarrow -e - \sqrt{e \times e + 1}$

$\qquad\qquad\qquad\qquad\qquad\qquad$ **if** $|t_1| < |t_2|$ **then**

$\qquad\qquad\qquad\qquad\qquad\qquad\qquad$ $t \leftarrow t_1$

$\qquad\qquad\qquad\qquad\qquad\qquad$ **else**

$\qquad\qquad\qquad\qquad\qquad\qquad\qquad$ $t \leftarrow t_2$

$\qquad\qquad\qquad\qquad\qquad\qquad$ **end if**

$\qquad\qquad\qquad\qquad\qquad$ **end if**

$\qquad\qquad\qquad\qquad\qquad$ $c \leftarrow 1/\sqrt{1 + t \times t}; s \leftarrow t/\sqrt{1 + t \times t}$

$\qquad\qquad\qquad\qquad\qquad$ $app \leftarrow a_{pp}; aqq \leftarrow a_{qq}; apq \leftarrow a_{pq}$

$\qquad\qquad\qquad\qquad\qquad$ **for** $i = 1, \ldots, n$ **do** $\qquad\qquad$ ▷ $A_{k+1} = \Omega_k^T A \Omega_k$

$\qquad\qquad\qquad\qquad\qquad\qquad$ **if** $i \neq p.and.i \neq q$ **then**

$\qquad\qquad\qquad\qquad\qquad\qquad\qquad$ $api \leftarrow a_{pi}; aqi \leftarrow a_{qi}$

$\qquad\qquad\qquad\qquad\qquad\qquad\qquad$ $a_{pi} \leftarrow c \times api - s \times aqi; a_{qi} \leftarrow c \times aqi + s \times api$

$\qquad\qquad\qquad\qquad\qquad\qquad\qquad$ $a_{ip} \leftarrow a_{pi}; a_{iq} \leftarrow a_{qi}$

$\qquad\qquad\qquad\qquad\qquad\qquad$ **end if**

$\qquad\qquad\qquad\qquad\qquad\qquad$ $oip \leftarrow o_{ip}; oiq \leftarrow o_{iq}$ $\qquad\qquad$ ▷ $O_{k+1} = O_k \Omega_k$

$\qquad\qquad\qquad\qquad\qquad\qquad$ $o_{ip} \leftarrow c \times oip - s \times oiq; o_{iq} \leftarrow s \times oip + c \times oiq$

$\qquad\qquad\qquad\qquad\qquad$ **end for**

$\qquad\qquad\qquad\qquad\qquad$ $a_{pp} \leftarrow app - t \times apq; a_{qq} \leftarrow aqq + t \times apq$

$\qquad\qquad\qquad\qquad\qquad$ $a_{pq} \leftarrow 0; a_{qp} \leftarrow 0.$

$\qquad\qquad\qquad\qquad$ **end if**

$\qquad\qquad\qquad$ **end for** $\qquad\qquad$ ▷ Fin bucle en q

$\qquad\qquad$ **end for** $\qquad\qquad$ ▷ Fin bucle en p

$\qquad\qquad$ $d_2 \leftarrow \text{diag}(A)$ $\qquad\qquad$ ▷ Control de convergencia

$\qquad\qquad$ $e_2 \leftarrow (d_2 - d_1)^T (d_2 - d_1)$ $\qquad\qquad$ ▷ (continúa)

Algoritmo 12.2 Método de Jacobi cíclico: valores propios, A simétrica. (Parte 2)

$\quad\quad$ **if** $e_2/(1 + e_1) < \varepsilon_3$ **then**

$\quad\quad$ **output** $a = (a_{ij})$ $\quad\quad\quad$ $\triangleright$ Alcanzado control de convergencia

$\quad\quad$ **else**

$\quad\quad\quad\quad$ $d_1 \leftarrow d_2; e_1 \leftarrow d_1^T d_1$

$\quad\quad$ **end if**

$\quad$ **end for**

$\quad$ **output** $a = (a_{ij})$ $\quad\quad\quad$ $\triangleright$ Alcanzado máximo de iteraciones

end procedure

12.3   Bases de codificación del método cíclico

El algoritmo 12.1 corresponde al método de Jacobi cíclico elaborado teniendo en cuenta las premisas que detallamos a continuación. Como es obvio cada matriz A_k y cada matriz O_k se almacenará en la misma variable (supresión de índices). Además se impondrá un máximo número de iteraciones para terminar el proceso en caso de que antes no se obtenga convergencia. Se utilizará un valor muy pequeño ε_1 para la comparación $|a_{pq}^{(k)}| < \varepsilon_1$, que decide que $a_{pq}^{(k)}$ ya es nulo y se pasa al elemento siguiente sin la etapa de anulación en esa posición. También se utilizará un control de comparación con un valor muy pequeño ε_2 que decide si ξ_k es nulo:

$$|\xi_k| = (a_{qq}^{(k)} - a_{pp}^{(k)})/2a_{pq}^{(k)} < \varepsilon_2.$$

Como control de convergencia se utilizará el error relativo entre dos iterantes consecutivos de la diagonal de A_{k+1} y la de A_k con un valor pequeño ε_3:

$$\left[\sum_{i=1}^{n}\left(a_{ii}^{(k+1)} - a_{ii}^{(k)}\right)^2\right] / \left[\sum_{i=1}^{n}\left(a_{ii}^{(k)}\right)^2 + 1\right] < \varepsilon_3.$$

Para calcular de forma efectiva el valor de t_k se pondrá:

$$t_k = \begin{cases} 1, & \text{si } \xi_k = 0 \\ s_k, & \text{si } \xi_k \neq 0, \end{cases} \quad , \quad s_k = \begin{cases} t_k^1, & \text{si } |t_k^1| < |t_k^2|, \\ t_k^2 & \text{en otro caso} \end{cases} \quad ,$$

donde:

$$t_k^1 = -\xi_k + \sqrt{\xi_k^2 + 1}, \quad t_k^2 = -\xi_k - \sqrt{\xi_k^2 + 1}.$$

12.4   Ejercicios

EJERCICIO 12.1. *Método de Jacobi cíclico para cálculo de los valores propios de una matriz simétrica.* Se trata de escribir y probar el procedimiento `p_jacobiauto(n,a,nmaxit,eps1,eps2,eps3)` descrito en el algoritmo 12.1. Verificar el comportamiento del algoritmo con las matrices simétricas del ejercicio 11.3.

13

Métodos de reducción de Givens y Householder

Aunque las *matrices ortogonales elementales llamadas de rotación plana* ya habían sido utilizadas por Jacobi en el sigo XIX, el nombre de Givens se asocia a dichas matrices porque en 1950 presentó un método que las usaba para reducir una matriz simétrica a otra semejante tridiagonal simétrica, en un número finito de pasos. En 1958 generalizó esta técnica para reducir una matriz cualquiera a una matriz de Hessenberg superior, semejante. Será este método el que estudiamos y codificamos en la primera parte de este capítulo.

En la segunda parte, estudiamos el método de reducción de Householder, que realiza exactamente la misma transformación que el método de Givens pero utilizando *matrices ortogonales elementales de Householder*, en lugar de las matrices de rotación. Este método fue presentado en el año 1958, incluyendo una variante para reducir una matriz general a una semejante triangular, en un proceso infinito que actualmente se denomina método QR de Householder (véase capítulo 15).

Este capítulo está redactado siguiendo las referencias siguientes: WILKINSON [1965a], STOER–BULIRSCH [1980], CIARLET [1989], QUARTERONI–SACCO–SALERI [2000] y ALLAIRE–KABER [2008].

13.1 Método de reducción de Givens

13.1.1 Descripción

El método de reducción de Givens es un método de transformación de una matriz cualquiera (resp. simétrica) en otra semejante de Hessenberg superior (resp. tridiagonal simétrica). El método para las matrices simétricas es el mismo que el del caso general que al aplicarlo a una matriz simétrica *a fortiori* produce una tridiagonal simétrica. Para una matriz *real* $A \in \mathcal{M}_{n \times n}(\mathbb{R})$ utiliza *matrices ortogonales elementales* $\Omega = \Omega(p,q)$ de las que hemos visto en el método de Jacobi: llamadas matrices de rotación plana (véase el teorema 12.1). Para matrices complejas se puede hacer de forma similar, pero no lo consideraremos aquí.

Recordamos que una matriz cuadrada $B = (b_{ij})$ es de Hessenberg superior si $b_{pq} = 0$, $3 \leq p \leq n$, $1 \leq q \leq p-2$. El proceso de Givens es totalmente similar al utilizado en el método de Jacobi, pero con un *número finito* de pasos. En cada paso se creará un cero en una posición (p,q), para $3 \leq p \leq n, 1 \leq q \leq p-2$. Por tanto, el número de pasos es $m = (n-2) + (n-1) + \cdots + 2 + 1 = \dfrac{1}{2}(n-1)(n-2)$. Así, el método se resume en las m transformaciones de semejanza siguientes:

$$A_1 = A; \quad A_{k+1} = \Omega_k^T A_k \Omega_k, \quad k = 1, 2, \ldots, m,$$

donde $\Omega_k = \Omega_k(p,q)$ es una matriz de rotación plana convenientemente elegida para crear cero en una posición concreta (p,q), $3 \leq p \leq n, 1 \leq q \leq p-2$.

Después de m pasos, la matriz de llegada es de Hessenberg superior y semejante a A:

$$\begin{aligned}
A_{m+1} &= \Omega_m^T A_m \Omega_m = \Omega_m^T \Omega_{m-1}^T A_{m-1} \Omega_{m-1} \Omega_m = \cdots \\
&= \Omega_m^T \Omega_{m-1}^T \cdots \Omega_1^T A \Omega_1 \cdots \Omega_{m-1} \Omega_m.
\end{aligned}$$

Cuando la matriz A es simétrica el proceso que vamos a describir es idéntico al de Jacobi, diferenciándose solamente en que Jacobi produce (con un número infinito de pasos) una matriz diagonal y Givens (con un número finito) una matriz tridiagonal simétrica. Ya hemos comentado en el método de Jacobi que, si $\Omega = \Omega(p,q)$, la transformación

$$A \longrightarrow B = \Omega^T A \Omega$$

solamente afecta a la fila p y a la columna q. Además, vemos con un ejemplo ($n = 5$, $p = 2$, $q = 4$) los elementos afectados (los marcados con una letra a, b o c):

$$B = \begin{pmatrix} \times & a & \times & b & \times \\ a & c & a & c & a \\ \times & b & \times & b & \times \\ a & c & a & c & a \\ \times & b & \times & b & \times \end{pmatrix}.$$

Suponiendo que A es simétrica, el método de reducción de Jacobi se basa en elegir convenientemente ϕ para que el elemento no diagonal b_{pq} resulte nulo. En el ejemplo anterior se trataba de anular el elemento *no* diagonal señalado con la letra c. Por el contrario, la estrategia de Givens consiste en elegir ϕ para que un elemento de los señalados con las letras a o b se anulen. Veremos a continuación cómo elegir los pares (p,q) y cómo calcular ϕ.

Las fórmulas de cálculo de $B = \Omega^T A \Omega$ siendo $\Omega = \Omega(p, q)$ son las siguientes (si A es simétrica, coinciden con las que vimos en el método de Jacobi):

$$
\begin{aligned}
b_{ij} &= a_{ij}, \quad i \neq p, q, \; j \neq p, q, \\
b_{pj} &= a_{pj} \cos\phi - a_{qj} \operatorname{sen}\phi, \quad j \neq p, q \\
b_{qj} &= a_{pj} \operatorname{sen}\phi + a_{qj} \cos\phi, \quad j \neq p, q \\
b_{ip} &= a_{ip} \cos\phi - a_{iq} \operatorname{sen}\phi, \quad i \neq p, q \\
b_{iq} &= a_{iq} \operatorname{sen}\phi + a_{iq} \cos\phi, \quad i \neq p, q
\end{aligned}
\tag{13.1}
$$

$$
\begin{aligned}
b_{pp} &= a_{pp} \cos^2\phi + a_{qq} \operatorname{sen}^2\phi - (a_{pq} + a_{qp}) \operatorname{sen}\phi \cos\phi \\
b_{qq} &= a_{pp} \operatorname{sen}^2\phi + a_{qq} \cos^2\phi + (a_{pq} + a_{qp}) \operatorname{sen}\phi \cos\phi \\
b_{pq} &= a_{pq} \cos^2\phi - a_{qp} \operatorname{sen}^2\phi + (a_{pp} - a_{qq}) \operatorname{sen}\phi \cos\phi \\
b_{qp} &= a_{qp} \cos^2\phi - a_{pq} \operatorname{sen}^2\phi + (a_{pp} - a_{qq}) \operatorname{sen}\phi \cos\phi
\end{aligned}
\tag{13.2}
$$

Con estas fórmulas en mente, supongamos 3 índices p, q, r e intentemos elegir ϕ para que

$$
b_{qr} = a_{pr} \operatorname{sen}\phi + a_{qr} \cos\phi = 0; \quad |\phi| \leq \frac{\pi}{4}, \quad \phi \neq 0.
$$

Entonces, si $a_{pr} = a_{qr} = 0$, para cualquier valor de $\phi \in \left(-\dfrac{\pi}{4}, \dfrac{\pi}{4}\right)$ se tiene $b_{qr} = 0$. En caso contrario, bastará elegir ϕ tal que:

$$
\phi \in \left(-\frac{\pi}{4}, \frac{\pi}{4}\right), \; \cos\phi = \frac{a_{pr}}{\xi}, \; \operatorname{sen}\phi = \frac{a_{qr}}{\xi}, \; \text{donde } \xi = [a_{pr}^2 + a_{qr}^2]^{1/2}.
$$

La transformación ortogonal así definida la denotaremos por $G(p, q, r)$. Givens ha demostrado que el orden óptimo para «hacer ceros» que lleve a una matriz A_{m+1} de Hessenberg superior (tridiagonal simétrica si A es simétrica) es el siguiente:

i) Etapa 1: Creación de ceros en la primera columna. Se aplican a la matriz A de forma sucesiva las $n - 2$ transformaciones $G(2, i, 1)$: $i = 3, 4, \ldots, n$, para crear ceros en las posiciones $(i, 1)$: $i = 2, 3, \ldots, n$. Las transformaciones son pues del tipo:

$$
A = A_1 \to A_2 = \Omega(2, 3)^T A_1 \Omega(2, 3) \to A_3 = \Omega(2, 4) A_2 \Omega(2, 4) \to
$$

$$
A_{i+1} = \Omega(2, i + 2)^T A_i \Omega(2, i + 2) \to A_{n-1}
$$

donde la matriz A_{n-1} es de la forma:

$$
A_{n-1} = \begin{pmatrix}
\times & \times & \cdots & \cdots & \times \\
\times & \times & \cdots & \cdots & \times \\
0 & \times & \cdots & \cdots & \times \\
\vdots & \vdots & \ddots & \ddots & \vdots \\
0 & \times & \cdots & \times & \times
\end{pmatrix}.
$$

Algoritmo 13.1 Método de reducción de Givens.

> **procedure** GIVENSREDGEN$(n, a) \rightarrow a$ ▷ Reducción de A a Hess. sup.
>   **input** $n, a = (a_{ij})$ ▷ Sobrescribe A
>   **for** $k = 1, 2, \ldots, n - 2$ **do**
> $p \leftarrow k + 1; r \leftarrow k$
>   **for** $q = k + 2, \ldots, n$ **do**
> $x \leftarrow \sqrt{a_{pr}a_{pr} + a_{qr}a_{qr}}$
>   **if** $x > 10^{-10}$ **then**
> $c \leftarrow a_{pr}/x; s \leftarrow -a_{qr}/x$
> $app \leftarrow a_{pp}; aqq \leftarrow a_{qq}$
> $apq \leftarrow a_{pq}; aqp \leftarrow a_{qp}$
>   **for** $j = 1, 2, \ldots, n$ **do**
>   **if** $(j \neq p.and.j \neq q)$ **then**
> $apj \leftarrow a_{pj}; aqj \leftarrow a_{qj}$
> $ajp \leftarrow a_{jp}; ajq \leftarrow a_{jq}$
> $a_{pj} \leftarrow c \times apj - s \times aqj$
> $a_{qj} \leftarrow s \times apj + c \times aqj$
> $a_{jp} \leftarrow c \times ajp - s \times ajq$
> $a_{jq} \leftarrow s \times ajp + c \times ajq$
>   **end if**
>   **end for**
> $a_{pp} \leftarrow c \times c \times app + s \times s \times aqq - s \times c \times (apq + aqp)$
> $a_{qq} \leftarrow c \times c \times aqq + s \times s \times app + s \times c \times (apq + aqp)$
> $a_{pq} \leftarrow c \times c \times apq - s \times s \times aqp + s \times c \times (app - aqq)$
> $a_{qp} \leftarrow c \times c \times aqp - s \times s \times apq + s \times c \times (app - aqq)$
>   **end if**
>   **end for**
>   **end for**
>   **return** $a = (a_{ij})$
> **end procedure**

ii) Etapa 2: Creación de ceros en la segunda columna. Se aplican a A_{n-1} las $n - 3$ transformaciones $G(3, i, 2)$, $i = 4, 5, \ldots, n$, que anulan todos los elementos $(i, 2)$, $i = 4, 5, \ldots, n$, de la columna 2, dejando sin variación los términos ya anulados (lo que se verifica sin más que atender a las fórmulas).

iii) Etapa k: Creación de ceros en la columna k-ésima, $k = 3, 4, \ldots, n$. Se aplican sucesivamente las $n - k - 1$ transformaciones del tipo $G(k + 1, i, k)$, $i = k + 2, \ldots, n$ que anulan (conservando los elementos ya anulados) los elementos de la columna k en las posiciones $(i, k) : i = k + 2, \ldots, n$.

Es obvio que al cabo de $(n-2)+(n-3)+\cdots+2+1 = (n-1)(n-2)/2$ transformaciones se habrá llegado a una matriz de Hessenberg superior (tridiagonal simétrica si A es simétrica) al tener en cuenta lo ya dicho: la transformación del tipo $G(k+1,i,k)$ utiliza las matrices $\Omega(k+1,i)$ y, por tanto, solo intervienen las filas y columnas $k+1$ e i, es decir, que en toda la etapa k intervienen las filas y las columnas: $k+1$, $k+2,\ldots,n$. Además, dado que las operaciones que se realizan son combinaciones lineales de filas, los ceros ya creados en las columnas anteriores nunca son sustituidos por otros elementos no nulos y se mantienen así hasta el final del proceso.

Una concisa interpretación matricial del método de Givens que acabamos de describir se resume en el siguiente teorema.

Teorema 13.1 (**Givens**). *Dada una matriz cuadrada real $A \in \mathcal{M}_{n\times n}(\mathbb{R})$ (resp. simétrica) existe una matriz ortogonal Ω, producto de $m = \frac{1}{2}(n-1)(n-2)$ matrices ortogonales elementales de rotación plana tal que la matriz $\Omega^T A\Omega$, semejante a A, es de Hessenberg superior (resp. tridiagonal simétrica).*

Observación 13.1. El algoritmo de Givens se utiliza casi exclusivamente en el caso de ser A matriz simétrica porque, incluso en ese caso, ha sido superado por el método de Householder (véase 13.2), que necesita un número de operaciones sensiblemente menor. En el caso simétrico, el algoritmo, aunque es el mismo, la simetría le permite obtener alguna ventaja en lo que se refiere al número de operaciones. □

13.1.2 Bases de codificación

Tras la descripción que hemos hecho, la codificación del algoritmo de Givens resulta muy evidente (véase el algoritmo 13.1). La adaptación al caso de una matriz simétrica, utilizando las fórmulas (12.1) en lugar de las (13.1)–(13.2), evitando repetición de operaciones, es trivial.

13.2 Método de Householder para reducción de matrices generales

El método de Householder, para transformar una matriz *real* $A \in \mathcal{M}_{n\times n}(\mathbb{R})$ en una matriz semejante de Hessenberg superior, utiliza *matrices elementales de Householder* de la forma

$$H(v) = I - 2\frac{vv^T}{v^T v}, \quad v \in \mathbb{R}^n - \{\theta\},$$

en una forma similar al proceso de eliminación de Householder para transformación en una matriz triangular, pero *ahora conservando la semejanza, por tanto, los valores propios de las matrices, en las distintas etapas*. Para matrices complejas existe una versión similar que no trataremos aquí.

Puesto que en una matriz $B = (b_{ij})$ de Hessenberg superior se tiene $b_{kj} = 0$, $k+2 \le j \le n$, $1 \le k \le n-2$, el proceso es semejante al de Givens: mediante transformaciones de semejanza, utilizando matrices de Householder, crear ceros en las posiciones $k + 2, \ldots, n$ de cada columna k para $k = 1, 2, \ldots, n - 2$. De ahí que el método consta de $n - 2$ etapas: en la etapa k creamos los ceros correspondientes de la columna k. La creación de ceros se basa en la utilización adecuada de las proposiciones 7.2 y 7.3 relativas a las matrices elementales de Householder. Cuando la matriz A es simétrica, la matriz de llegada es obviamente tridiagonal simétrica (de Hessenberg superior simétrica), pero veremos que se puede economizar un importante número de operaciones.

13.2.1 Descripción

Dada la matriz real A (el caso complejo se hace igual), cuadrada de orden n, se pondrá $A = A_1 = (a_{ij}^{(1)})$ y se determinan sucesivamente $n - 2$ matrices elementales de Householder $H_1, H_2, \ldots, H_{n-2}$ de tal forma que la matriz H_k nos permite pasar de la matriz $A_k = (a_{ij}^{(k)})$ a la matriz $A_{k+1} = (a_{ij}^{(k+1)})$ en la forma

$$A_{k+1} = H_k^T A_k H_k = H_k A_k H_k, \ k = 1, 2, \ldots, n - 2,$$

creando ceros en la columna k sin destruir los ceros creados en las etapas anteriores. De esta manera, se tiene que la matriz A_k verifica:

$$A_k = H_{k-1} A_{k-1} H_k = (H_1 H_2 \cdots H_{k-2} H_{k-1})^T A (H_1 H_2 \cdots H_{k-2} H_{k-1}.$$

Por tanto, es semejante a $A_{k-1}, A_{k-2}, \ldots, A_2, A_1 = A$ y tiene la forma (13.3).

$$
A_k = \begin{pmatrix}
\times & \times & \times & \cdots & \times & \times & \cdots & \times \\
\times & \times & \times & \cdots & \times & \times & \cdots & \times \\
       & \times & \times & \cdots & \times & \times & \cdots & \times \\
       &   & \times & \ddots & \vdots & \vdots & \vdots & \vdots \\
       &   &   & \ddots & \times & \times & \cdots & \times \\
       &   &   &   & \times & \times & \cdots & \times \\
       &   &   &   & \vdots & \vdots & \vdots & \vdots \\
       &   &   &   & \times & \times & \cdots & \times
\end{pmatrix}
\begin{matrix} \\ \\ \\ \\ \leftarrow (k) \\ \leftarrow (k+1) \\ \\ \\ \end{matrix}
\qquad (13.3)
$$

$$\underset{(k)}{\uparrow}$$

Así, después de $n - 2$ etapas, la matriz

$$A_{n-1} = (H_1 H_2 \cdots H_{n-2})^T A (H_1 H_2 \cdots H_{n-2})$$

es de Hessenberg superior.

En cada transformación

$$A_{k+1} = H_k^T A_k H_k, \ 1 \le k \le n - 2,$$

la matriz H_k es una matriz elemental de Householder de la forma:

$$H_k = \left(\begin{array}{c|c} I_k & 0 \\ \hline 0 & \widetilde{H}_k \end{array} \right),$$

donde I_k designa la matriz identidad de orden k y $\widetilde{H}_k = H(\widetilde{v}_k)$ es la matriz de Householder de orden $n - k$ asociada al vector $\widetilde{v}_k := (v_{k+1}^{(k)}, \ldots, v_n^{(k)})^T \in \mathbb{R}^{n-k}$. Ya hemos visto, en el método de eliminación de Householder para sistemas lineales (proposición 7.3), que, entonces, $H_k = H(v)$ es la matriz elemental de Householder asociada al vector $v = (0, \ldots, 0, v_{k+1}^{(k)}, \ldots, v_n^{(k)})^T \in \mathbb{R}^n$.

Se trata, pues, de determinar un vector $\widetilde{v}_k$ para que la matriz A_{k+1} tenga ceros en las posiciones $i = k + 2, \ldots, n$ de la columna k, conservando los ya existentes en la matriz A_k, o sea, en las posiciones $i = j + 2, \ldots, n$, para $j = 1, 2 \ldots, k - 1$.

Consideremos los siguientes bloques de la matriz A_k:

$$A_k = \left(\begin{array}{c|c|c} A_{11}^k & A_{12}^k & A_{13}^k \\ \hline 0 & A_{22}^k & A_{23}^k \end{array} \right),$$

donde A_{11}^k es de orden $k \times (k - 1)$, $A_{12}^k \in \mathbb{R}^k$, $A_{22}^k \in \mathbb{R}^{n-k}$. Sea

$$\widetilde{x}_k := A_{22}^k = \left(\begin{array}{c} a_{k+1,k}^{(k)} \\ a_{k+2,k}^{(k)} \\ \vdots \\ a_{nk}^{(k)} \end{array} \right) \in \mathbb{R}^{n-k},$$

el vector de los elementos subdiagonales de la columna k-ésima de A_k. Nuestro objetivo es crear ceros en todas las posiciones de este vector salvo en la primera.

Si $\widetilde{x}_k = \theta$, tomamos $H_k = I$ pues A_k ya tiene la forma requerida para A_{k+1} (ceros en la parte subdiagonal de la columna k). Si $\widetilde{x}_k \neq \theta$, utilizando la proposición 7.2 podemos encontrar una matriz $\widetilde{H}_k = H(\widetilde{v}_k)$, elemental de Householder, tal que $\widetilde{H}_k \widetilde{x}_k = -\operatorname{sgn}(\widetilde{x}_1^{(k)}) \|\widetilde{x}_k\|_2 e_1$, siendo $e_1 = (1, 0, \ldots, 0)^T$, es decir:

$$\widetilde{H}_k \widetilde{x}_k = -\operatorname{sgn}(a_{k+1,k}^{(k)}) \|\widetilde{x}_k\|_2 e_1 = \left(\begin{array}{c} -\operatorname{sgn}(a_{k+1,k}^{(k)}) \|\widetilde{x}_k\|_2 \\ 0 \\ \vdots \\ 0 \end{array} \right).$$

Pero, entonces, es fácil verificar que:

$$A_{k+1} = H_k^T A H_k = \left(\begin{array}{c|c|c} A_{11}^k & A_{12}^k & A_{13}^k \widetilde{H}_k \\ \hline 0 & -\operatorname{sgn}(a_{k+1,k}^{(k)}) \|\widetilde{x}_k\|_2 e_1 & \widetilde{H}_k^T A_{23}^k \widetilde{H}_k \end{array} \right),$$

tiene la forma deseada: ceros en las posiciones $(i, j) : i = j + 2, \ldots, n; j = 1, 2, \ldots, k$.

El cálculo de la matriz $\widetilde{H}_k$ se rige por el siguiente algoritmo bien sencillo (ya estudiado en la proposición 7.2):

$$\alpha_k = -\operatorname{sgn}(a_{k+1,k}^{(k)})\|\widetilde{x}_k\|_2, \quad \beta_k = \alpha_k(\alpha_k - a_{k+1,k}^{(k)})$$
$$w_k = \widetilde{x}_k - \alpha_k e_1, \qquad \widetilde{H}_k = I_{n-k} - \frac{1}{\beta_k}w_k w_k^T$$

La matriz $\widetilde{H}_k$ corresponde a la matriz elemental de Householder del vector $\widetilde{v}_k = w_k/\|w_k\|_2$, es decir:

$$\widetilde{H}_k = H(\widetilde{v}_k) = I_{n-k} - 2\widetilde{v}_k\widetilde{v}_k^T = I_{n-k} - 2\frac{w_k w_k^T}{\|w_k\|_2^2}.$$

El hecho más importante de esta construcción de la matriz $\widetilde{H}_k$ es que resulta muy sencillo calcular $\widetilde{H}_k b$ y $b^T \widetilde{H}_k$ para cualquier vector $b \in \mathbb{R}^{n-k}$:

$$p_k = \frac{1}{\beta_k}w_k^T b; \ \widetilde{H}_k b = b - p_k w_k; \ b^T \widetilde{H}_k = b^T - p_k w_k^T.$$

Estas propiedades nos permiten calcular con un coste muy bajo las matrices $A_{13}^k \widetilde{H}_k$ (por filas) y $\widetilde{H}_k^T A_{23}^k \widetilde{H}_k = \widetilde{H}_k A_{23}^k \widetilde{H}_k$ realizando primero $\widetilde{H}_k A_{23}^k$ (por columnas) y después $[\widetilde{H}_k A_{23}^k]\widetilde{H}_k$ (por filas). El proceso se resume en la interpretación matricial que da el teorema 13.2.

Teorema 13.2. *Dada una matriz $A \in \mathcal{M}_{n\times n}(\mathbb{R})$, existe una matriz ortogonal H, producto de $n-2$ matrices elementales de Householder, tal que $H^T A H$ es de Hessenberg superior.*

Demostración. En efecto: $A_{n-1} = (H_1 H_2 \ldots H_{n-2})^T A (H_1 H_2 \ldots H_{n-2}) = H^T A H.\ \square$

13.2.2　Bases de codificación

Ordenando todos los cálculos, la etapa k, $1 \le k \le n-2$, consiste en:

- Calcular α_k y β_k. Si $\alpha_k \ne 0$ hacer los pasos siguientes; en caso contrario pasar a $k+1$,

- Calcular $w_k = (a_{k+1,k}^{(k)} - \alpha_k, a_{k+2,k}^{(k)}, \ldots, a_{nk}^{(k)})^T$ (este vector puede residir en las posiciones de memoria del vector $\widetilde{x}_k = A_{22}^k$),

- Calcular $A_{13}^k \widetilde{H}_k$,

- Calcular sucesivamente $\widetilde{H}_k A_{23}^k$, $[\widetilde{H}_k A_{23}^k]\widetilde{H}_k$ y $\widetilde{H}_k A_{22}^k = \alpha_k e_1$ (éste se reduce a poner $a_{k+1,k}^{(k+1)} = \alpha_k$ y $a_{i,k}^{(k+1)} = 0$, $i = k+2,\ldots,n$, aunque las últimas son innecesarias en la práctica).

Con estas ideas elaboramos el pseudocódigo del método que presentamos en el algoritmo 13.2.

Algoritmo 13.2 Método de reducción de Householder: caso general.

procedure HOUSEHREDGEN$(n, a) \to a$ $\triangleright$ Reducción A a Hess. sup.
  input $n, a = (a_{ij})$ $\triangleright$ Sobrescribe A
  for $k = 1, 2, \ldots, n - 2$ **do** $\triangleright$ Bucle de etapas/columnas
    $\alpha \leftarrow \sqrt{\sum_{i=k+1}^{n} a_{ik} a_{ik}}$
    if $|\alpha| > 10^{-10}$ **then**
      if $a_{k+1,k} \geq 0.$ **then**
        $\alpha \leftarrow -\alpha$
      end if
      $\beta \leftarrow \alpha(\alpha - a_{k+1,k})$
      $a_{k+1,k} \leftarrow a_{k+1,k} - \alpha$ $\triangleright$ Primera componente de w_k
      $\diamond$ Cálculo de $\widetilde{H}_k A_{23}^k$
      for $j = k + 1, \ldots, n$ **do**
        $p \leftarrow (\sum_{i=k+1}^{n} a_{ik} a_{ij})/\beta$
        for $i = k + 1, \ldots, n$ **do**
          $a_{ij} \leftarrow a_{ij} - p \times a_{ik}$
        end for
      end for
      $\diamond$ Cálculo de $A_{13}^k \widetilde{H}_k$ (filas 1 a k) y $[\widetilde{H}_k A_{23}^k]\widetilde{H}_k$ (filas $k + 1$ a n)
      for $i = 1, 2, \ldots, n$ **do** $\triangleright$ Bucle de filas
        $p \leftarrow (\sum_{j=k+1}^{n} a_{ij} a_{jk})/\beta$
        for $j = k + 1, \ldots, n$ **do**
          $a_{ij} \leftarrow a_{ij} - p \times a_{jk}$
        end for
      end for
      $a_{k+1,k} \leftarrow \alpha$
      for $i = k + 2, \ldots, n$ **do**
        $a_{ik} \leftarrow 0.$ $\triangleright$ Opcional
      end for
    end if
  end for
  return $a = (a_{ij})$
end procedure

Observación 13.2. Es fácil ver que el número de operaciones elementales que requiere el algoritmo es del orden de $\frac{5}{3}n^3$ multiplicaciones y otras tantas sumas. Por tanto, el coste no es bajo, pero se compensa con las propiedades de estabilidad numérica del proceso que fue analizada, entre otros, por ORTEGA [1963] y WILKINSON [1965b]. $\qquad\square$

Algoritmo 13.3 Método de reducción de Householder: caso simétrico.

procedure HOUSEHREDSIM$(n, a) \to a$ ▷ Reducción a trid. sim.
    input $n, a = (a_{ij})$ ▷ Sobrescribe A
    for $k = 1, 2, \ldots, n-2$ **do**   ▷ Bucle de etapas (columnas)
        $t_k = a_{kk}$
        $\alpha \leftarrow (\sum_{i=k+1}^{n} a_{ik} a_{ik})^{1/2}$
        if $\alpha > 10^{-10}$ **then**
            if $a_{k+1,k} \geq 0.$ **then**
                $\alpha \leftarrow -\alpha$
            end if
            $\beta \leftarrow \alpha(\alpha - a_{k+1,k})$
            $a_{k+1,k} \leftarrow a_{k+1,k} - \alpha$
            for $i = k+1, \ldots, n$ **do**
                $t_i \leftarrow (\sum_{j=k+1}^{n} a_{ij} a_{jk})/\beta$ ▷ Vector r_k
            end for
            $p \leftarrow \sum_{i=k+1}^{n} t_i \times a_{ik}$ ▷ $w_k^T r_k$
            for $i = k+1, \ldots, n$ **do**
                $t_i \leftarrow t_i - p \times a_{ik}/(2\beta)$ ▷ Vector z_k
            end for
            for $j = k+1, \ldots, n$ **do**   ▷ $\tilde{H}_k^T A_{23}^k \tilde{H}_k$ por columnas
                for $i = k+1, \ldots, n$ **do**
                    $a_{ij} \leftarrow a_{ij} - t_j \times a_{ik} - t_i \times a_{jk}$
                end for
            end for
            $a_{k+1,k} \leftarrow \alpha$
            $a_{k,k+1} \leftarrow \alpha$ ▷ Opcional
            $s_{k+1} \leftarrow a_{k+1,k}$
            for $i = k+2, \ldots n$ **do**
                $a_{ik} \leftarrow 0.$ ▷ Opcional
                $a_{ki} \leftarrow 0.$ ▷ Opcional
            end for
        end if
    end for   ▷ Fin bucle etapas
    $t_{n-1} \leftarrow a_{n-1,n-1}$
    $t_n \leftarrow a_{nn}$
    $s_n \leftarrow a_{n,n-1}$
    return $a = (a_{ij})_{i,j=1}^{n}, t = (t_i)_{i=1}^{n}, s = (s_i)_{i=2}^{n}$
end procedure

13.3 Método de Householder para reducción de matrices simétricas

13.3.1 Descripción

Si la matriz A de partida es simétrica, $A = A^T$, en el proceso de reducción de Householder descrito en la sección anterior las matrices A_k resultan también simétricas y, por tanto, de la forma (13.4). En consecuencia, después de las $n-2$ etapas, la matriz A_{n-1} es una matriz tridiagonal simétrica (de Hessenberg superior simétrica) y concluimos el siguiente resultado que no es más que un caso particular de la reducción de Householder general (teorema 13.2).

$$A_k = \begin{pmatrix} \times & \times & & & & & & & \\ \times & \times & \times & & & & & & \\ & \times & \times & \times & & & & & \\ & & \times & \ddots & \ddots & & & & \\ & & & \ddots & \times & \times & \cdots & \times & \\ & & & & \times & \times & \cdots & \times & \\ & & & & \vdots & \vdots & \vdots & \vdots & \\ & & & & \times & \times & \cdots & \times & \end{pmatrix} \begin{matrix} \\ \\ \\ \\ \leftarrow (k) \\ \leftarrow (k+1) \\ \\ \\ \end{matrix} \qquad (13.4)$$

$$\underset{(k)}{\uparrow}$$

Teorema 13.3. *Dada una matriz simétrica $A \in \mathcal{M}_{n \times n}(\mathbb{R})$, existe una matriz ortogonal H, producto de $n-2$ matrices elementales de Householder, tal que $H^T A H$ es tridiagonal simétrica.*

Si hemos separado el estudio del método para matrices simétricas en una sección distinta es porque las operaciones pueden realizarse de manera diferente para obtener alguna ventaja de la simetría de A.

En primer lugar, se tiene que A_{n-1} es de la forma:

$$A_{n-1} = \begin{pmatrix} t_1 & s_1 & 0 & 0 & 0 & 0 \\ s_1 & t_2 & s_2 & 0 & 0 & 0 \\ 0 & s_2 & t_3 & \ddots & 0 & 0 \\ 0 & 0 & \ddots & \ddots & \ddots & 0 \\ 0 & 0 & 0 & s_{n-2} & t_{n-1} & s_{n-1} \\ 0 & 0 & 0 & 0 & s_{n-1} & t_n \end{pmatrix}$$

y para aplicaciones posteriores es más adecuado almacenar t_i $(i = 1, \ldots, n)$ y s_i $(i = 1, \ldots, n-1)$ por separado, a medida que son calculados.

En segundo lugar, puesto que todas las matrices A_k son simétricas, con las notaciones del caso general, se tendrá que $A_{k+1} = H_k^T A_k H_k = H_k A_k H_k$ es de la forma siguiente:

$$A_{k+1} = \left(\begin{array}{c|c|c} A_{11}^k & A_{12}^k & A_{13}^k \widetilde{H}_k \\ \hline 0 & \alpha_k e_1 & \widetilde{H}_k^T A_{23}^k \widetilde{H}_k \end{array} \right) = \left(\begin{array}{c|c} A_{11}^k & \begin{array}{c} 0 \\ \alpha_k e_1^T \end{array} \\ \hline \underbrace{\begin{array}{cc} 0 & \alpha_k e_1 \end{array}}_{k} & \underbrace{\widetilde{H}_k^T A_{23}^k \widetilde{H}_k}_{n-k} \end{array} \right).$$

Por tanto, los cálculos se reducen al cómputo de α_k y $\widetilde{H}_k^T A_{23}^k \widetilde{H}_k$ que también es simétrica:

$$\widetilde{H}_k^T A_{23}^k \widetilde{H}_k = (I - \frac{1}{\beta_k} w_k w_k^T) A_{23}^k (I - \frac{1}{\beta_k} w_k w_k^T).$$

Si definimos:

$$r_k = \frac{1}{\beta_k} A_{23}^k w_k, \quad z_k = r_k - \frac{1}{2\beta_k}(w_k^T r_k) w_k,$$

de la simetría de A_{23}^k se deduce que:

$$
\begin{aligned}
\widetilde{H}_k^T A_{23}^k \widetilde{H}_k &= (I - \frac{1}{\beta_k} w_k w_k^T)(A_{23}^k - \frac{1}{\beta_k} A_{23}^k w_k w_k^T) \\
&= (I - \frac{1}{\beta_k} w_k w_k^T)(A_{23}^k - r_k w_k^T) \\
&= A_{23}^k - r_k w_k^T - \frac{1}{\beta_k} w_k w_k^T A_{23}^k + \frac{1}{\beta_k} w_k w_k^T r_k w_k^T \\
&= A_{23}^k - r_k w_k^T - w_k r_k^T + \frac{1}{\beta_k} w_k w_k^T r_k w_k^T = A_{23}^k - w_k z_k^T - z_k w_k^T.
\end{aligned}
$$

13.3.2   Bases de codificación

Con vistas a la implementación se hace notar que los vectores $r_k, t_k \in \mathbb{R}^{n-k}$ se calculan cuando las posiciones $t_{k+1}, \ldots, t_n$ del vector t aún no se han calculado por lo que se almacenarán temporalmente en esas posiciones. En cada etapa, el elemento diagonal $a_{kk}^{(k)}$ ya no se modifica, por lo que entra directamente en t_k. El pseudocódigo propuesto es el algoritmo 13.3.

13.4   Ejercicios

EJERCICIO 13.1. *Método de reducción de Givens.* Siguiendo el pseudocódigo 13.1 escribir y verificar el procedimiento `givensredgen(n,a)` que reduce una matriz A a una matriz de Hessenberg superior. Realizar una versión específica `givensredsim(n,a)` para el caso de una matriz simétrica que es reducida a matriz tridiagonal simétrica. Comprobar que la matriz de llegada es de la forma prevista y que tiene los mismos valores propios que la matriz de partida.

EJERCICIO 13.2. *Método de reducción de Householder.* Repetir el ejercicio anterior con el pseudocódigo 13.2 para escribir procedimiento `househredgen(n,a)` que reduce una matriz A de orden n a una matriz semejante de Hessenberg superior. Escribir una versión específica `househredsim(n,a)` para matrices simétricas, que son reducidas a tridiagonales simétricas, siguiendo el algoritmo 13.3.

14

Método de Hyman y método de bisección de Givens

En 1957, Morton Alan Hyman presentó un método recursivo, de gran estabilidad y una sencillez sorprendente, para evaluar en cualquier punto λ, el polinomio característico de una matriz de Hessenberg superior, $p(\lambda) = \det(A - \lambda I)$, y su derivado $p'(\lambda)$, ¡sin conocer el polinomio! Esto posibilita utilizar diversos métodos de cálculo de raíces de polinomios, como el método de Newton–Raphson.

Se trata de un método alternativo al método QR (capítulo 15), pero menos utilizado actualmente. En este capítulo describimos y codificamos el método, siguiendo las siguientes referencias: WILKINSON [1965a] y STOER–BULIRSCH [1980].

En la segunda parte del capítulo estudiamos el *método de bisección de Givens*, método *específico para la aproximación de valores propios de matrices tridiagonales y simétricas*. Es, por tanto, el complemento necesario de los métodos de Givens y Householder para reducir matrices simétricas a tridiagonales simétricas, semejantes, estudiado en el capítulo 13. De hecho, Givens presentó el método de bisección en 1954 al mismo tiempo que su método de reducción por rotaciones planas, como complemento final necesario para aproximar los valores propios de la matriz de llegada.

La idea básica fue probar que la sucesión de polinomios característicos de las submatrices fundamentales de A —tridiagonal simétrica— constituyen una *sucesión de polinomios de Sturm*, $\{p_0, p_1, \ldots, p_n\}$, cuyas propiedades permiten aproximar las raíces del polinomio de mayor grado de la sucesión por un proceso de dicotomía.

Para la descripción y codificación del método hemos seguido las dos referencias que consideramos más adecuadas: STOER–BULIRSCH [1980] y CIARLET [1989].

14.1 Método de Hyman para matrices de Hessenberg superiores

14.1.1 Descripción

El método de Hyman es un método especialmente diseñado para aproximar *uno o varios valores propios de una matriz A de Hessenberg superior*, es decir, $A = (a_{ij})$ verifica $a_{ij} = 0$, $3 \leq i \leq n$, $1 \leq j \leq i - 2$:

$$
A = \begin{pmatrix}
a_{11} & a_{12} & a_{13} & \cdots & & \cdots & a_{1n} \\
a_{21} & a_{22} & a_{23} & \cdots & & \cdots & a_{2n} \\
& a_{32} & a_{33} & \cdots & & \cdots & a_{3n} \\
& & & \ddots & \ddots & & \vdots \\
& & & & \ddots & \ddots & \vdots \\
& & & & & a_{n,n-1} & a_{nn}
\end{pmatrix}.
$$

En la descripción (que adaptamos de STOER–BULIRSCH [1980]), supondremos que la matriz es *irreducible*, es decir, que $a_{i,i-1} \neq 0$ para $i \in \{2, 3, \ldots, n\}$. En el caso de que alguno de estos elementos sea nulo podemos considerar que la matriz A es triangular superior por bloques. Cada uno de los bloques diagonales es una matriz de Hessenberg superior que puede ser tratada independientemente por este método lo que resuelve el problema, ya que el espectro de A es la unión de los espectros de los bloques diagonales.

Fijado λ se pueden determinar los valores $\alpha(\lambda), x_1(\lambda), \ldots, x_{n-1}(\lambda)$ tales que

$$
x(\lambda) = [x_1(\lambda), \ldots, x_n(\lambda)]^T \in \mathbb{R}^n, \; \text{con } x_n(\lambda) = 1,
$$

es una solución del sistema lineal $(A - \lambda I)x(\lambda) = \alpha(\lambda)e_1$, o, escrito de otra manera,

$$
\begin{aligned}
(a_{11} - \lambda)x_1(\lambda) + a_{12}x_2(\lambda) + \cdots + a_{1n}x_n(\lambda) &= \alpha(\lambda), \\
a_{21}x_1(\lambda) + (a_{22} - \lambda)x_2(\lambda) + \cdots + a_{2n}x_n(\lambda) &= 0, \\
\cdots\cdots\cdots\cdots\cdots\cdots\cdots\cdots\cdots\cdots\cdots\cdots\cdots &= 0, \\
a_{n,n-1}x_{n-1}(\lambda) + (a_{nn} - \lambda)x_n(\lambda) &= 0.
\end{aligned}
\tag{14.1}
$$

Para calcular el valor de $\alpha(\lambda)$ el método más sencillo es resolver por recurrencia el sistema lineal (14.1). Comenzando con $x_n(\lambda) = 1$, se puede determinar el valor de $x_{n-1}(\lambda)$ en la última ecuación, $x_{n-2}(\lambda)$ en la penúltima y así sucesivamente hasta encontrar $x_1(\lambda)$ en la segunda ecuación y finalmente $\alpha(\lambda)$ en la primera. De este modo es relativamente fácil calcular $\det(A - \lambda I)$ como una función de $\alpha(\lambda)$.

En efecto, usando la regla de Cramer en el sistema (14.1) de incógnitas $x_1(\lambda)$, $x_2(\lambda),\ldots,x_n(\lambda)$ y término independiente $(\alpha(\lambda),0,\ldots,0)^T \in \mathbb{R}^n$, se tiene:

$$
x_n(\lambda) = \frac{\det \begin{pmatrix} a_{11} - \lambda & a_{12} & \cdots & a_{1,n-1} & \alpha(\lambda) \\ a_{21} & a_{22} - \lambda & \cdots & a_{2,n-1} & 0 \\ & \ddots & \ddots & \vdots & \vdots \\ & & \ddots & a_{n-1,n-1} - \lambda & 0 \\ & & & a_{n,n-1} & 0 \end{pmatrix}}{\det \begin{pmatrix} a_{11} - \lambda & a_{12} & \cdots & a_{1,n-1} & a_{1n} \\ a_{21} & a_{22} - \lambda & \cdots & a_{2,n-1} & a_{2n} \\ & \ddots & \ddots & \vdots & \vdots \\ & & \ddots & a_{n-1,n-1} - \lambda & a_{n-1,n} \\ & & & a_{n,n-1} & a_{nn} - \lambda \end{pmatrix}}.
$$

Desarrollando el determinante del numerador por la última columna, obtenemos:

$$
x_n(\lambda) = \frac{(-1)^{n+1}\alpha(\lambda)a_{21}a_{32}\cdots a_{n,n-1}}{\det(A - \lambda I)}.
$$

Tomando $x_n(\lambda) = 1$ tendremos:

$$
p(\lambda) = \det(A - \lambda I) = (-1)^{n+1}\alpha(\lambda)a_{21}a_{32}\cdots a_{n,n-1}.
$$

Para evaluar $p'(\lambda)$ observemos que derivando la igualdad anterior tendremos:

$$
p'(\lambda) = (-1)^{n+1}\alpha'(\lambda)a_{21}a_{32}\cdots a_{n,n-1}.
$$

Para calcular $\alpha'(\lambda)$ basta resolver el sistema lineal resultante de derivar (14.1) con respecto a λ. En efecto, puesto que $x_n(\lambda) = 1$ tenemos $x'_n(\lambda) = 0$ y se obtiene:

$$
\begin{aligned}
(a_{11} - \lambda)x'_1(\lambda) - x_1(\lambda) + a_{12}x'_2(\lambda) + \cdots + a_{1,n-1}x'_{n-1}(\lambda) &= \alpha'(\lambda), \\
a_{21}x'_1(\lambda) + (a_{22} - \lambda)x'_2(\lambda) - x_2(\lambda) + \cdots + a_{2,n-1}x'_{n-1}(\lambda) &= 0, \\
\cdots\cdots\cdots\cdots\cdots\cdots\cdots\cdots\cdots &= 0, \\
a_{n,n-1}x'_{n-1}(\lambda) - x_n(\lambda) &= 0.
\end{aligned}
$$

Así, la incógnita $x'_{n-1}(\lambda)$ puede determinarse en la última ecuación, $x'_{n-2}(\lambda)$ en la penúltima y así sucesivamente hasta llegar a $x'_1(\lambda)$ que se despeja de la segunda ecuación y, finalmente, $\alpha'(\lambda)$ que sale de la primera.

El método de Hyman queda así resumido en el siguiente teorema en el que se dan las *fórmulas de recurrencia para la solución de los sistemas lineales* anteriores.

Teorema 14.1 (Hyman). *Sea A una matriz de Hessenberg superior $A = (a_{ij})$ con elementos subdiagonales $a_{i,i-1} \neq 0$ para todo $i = 2, 3, \ldots, n$. Para un valor arbitrario λ, se construyen las siguientes sucesiones finitas:*

$$
x_1(\lambda), x_2(\lambda), \ldots, x_n(\lambda); \quad y_1(\lambda), y_2(\lambda), \ldots, y_n(\lambda),
$$

mediante las siguientes relaciones de recurrencia:

$$
\begin{aligned}
x_n(\lambda) &= 1. \quad \textit{Para } i = n-1, n-2, \ldots, 1: \\
x_i(\lambda) &= -\frac{(a_{i+1,i+1} - \lambda)x_{i+1}(\lambda) + a_{i+1,i+2}x_{i+2}(\lambda) + \cdots + a_{i+1,n}x_n(\lambda)}{a_{i+1,i}}. \\
y_n(\lambda) &= 0. \quad \textit{Para } i = n-1, n-2, \ldots, 1: \\
y_i(\lambda) &= -\frac{(a_{i+1,i+1} - \lambda)y_{i+1}(\lambda) + a_{i+1,i+2}y_{i+2}(\lambda) + \cdots + +a_{i+1,n}y_n(\lambda)}{a_{i+1,i}} \\
&\quad + \frac{x_{i+1}(\lambda)}{a_{i+1,i}}.
\end{aligned}
$$

Entonces:

$$
\begin{aligned}
p(\lambda) &= \det(A - \lambda I) = (-1)^{n+1}\alpha(\lambda)a_{21}a_{32}\cdots a_{n,n-1}, \\
p'(\lambda) &= (-1)^{n+1}\beta(\lambda)a_{21}a_{32}\cdots a_{n,n-1},
\end{aligned}
$$

donde:

$$
\begin{aligned}
\alpha(\lambda) &= (a_{11} - \lambda)x_1(\lambda) + a_{12}x_2(\lambda) + \cdots + a_{1n}x_n(\lambda), \\
\beta(\lambda) &= (a_{11} - \lambda)y_1(\lambda) + a_{12}y_2(\lambda) + \cdots + a_{1n}y_n(\lambda) - x_1(\lambda).
\end{aligned}
$$

14.1.2   Combinación con Newton–Raphson

De esta manera, aunque no tenemos una expresión analítica del polinomio p ni de p', tanto $p(\lambda)$ como $p'(\lambda)$ pueden evaluarse para cualquier valor de λ. Por tanto, es posible utilizar, por ejemplo, el método de Newton–Raphson para resolver la ecuación $p(\lambda) = 0$ y así calcular los valores propios de la matriz A:

$$
\lambda^{(0)}\text{dado;} \quad \lambda^{(k+1)} = \lambda^{(k)} - \frac{p(\lambda^{(k)})}{p'(\lambda^{(k)})}, \quad k \geq 0.
$$

Naturalmente, esto requiere haber localizado los valores propios a calcular y proporcionar un valor inicial $\lambda^{(0)}$. Si los valores propios que se pretenden calcular son de multiplicidad m mayor que 1, se tendrá en cuenta la siguiente variante de Schröder —debida a Friedrich Wilhelm Karl Ernst Schröder (1841–1902)—, para el método de Newton-Raphson:

$$
\lambda^{(0)}, \text{dado;} \quad \lambda^{(k+1)} = \lambda^{(k)} - m\frac{p(\lambda^{(k)})}{p'(\lambda^{(k)})}, \quad k \geq 0.
$$

Después de haber calculado $i-1$ valores propios $\lambda_1, \lambda_2, \ldots, \lambda_{i-1}$, para calcular otro de los valores propios, digamos λ_i, se utilizará el método de Newton–Raphson para la función:

$$
F(\lambda) = \frac{p(\lambda)}{(\lambda_1 - \lambda)(\lambda_2 - \lambda)\cdots(\lambda_{i-1} - \lambda)}.
$$

Una iteración de Newton–Raphson para este caso se escribe:

$$
\lambda^{(k+1)} = \lambda^{(k)} - \frac{F(\lambda^{(k)})}{F'(\lambda^{(k)})} = \lambda^{(k)} - \left[\frac{p'(\lambda^{(k)})}{p(\lambda^{(k)})} + \sum_{j=1}^{i-1}\frac{1}{\lambda_j - \lambda^{(k)}}\right]^{-1}.
$$

14.1.3   Bases de codificación

Utilizando toda la información anterior el pseudocódigo del método se presenta como en el algoritmo 14.1. Al utilizar únicamente aritmética real, *estamos suponiendo que todos los valores propios de la matriz A son reales.* Tomamos siempre como iterante inicial $\lambda^{(0)} = 0$. En Newton–Raphson utilizamos un control de convergencia de tipo error relativo:

$$|\lambda^{(k+1)} - \lambda^{(k)}|/(|\lambda^{(k)}| + 1) < \varepsilon,$$

y un número máximo de iteraciones para evitar bucles indefinidos en caso de no convergencia.

14.2   Método de bisección de Givens para A tridiagonal y simétrica

El método de bisección de Givens es un método *específico para la aproximación de valores propios de matrices tridiagonales y simétricas.* Es, por tanto, el complemento necesario de los métodos de Givens y Householder para reducir matrices simétricas a tridiagonales y simétricas semejantes. El método resulta especialmente recomendado para calcular valores propios particulares de la matriz como, por ejemplo, los valores propios que pertenecen a un intervalo dado de antemano o los valores propios mayores que un valor dado. *La idea básica es incluir el polinomio característico como elemento final de una sucesión de Sturm de polinomios.*

Sea A una matriz tridiagonal simétrica (por tanto, real) de la siguiente forma:

$$A = \begin{pmatrix} a_1 & b_1 & & & \\ b_1 & a_2 & b_2 & & \\ & \ddots & \ddots & \ddots & \\ & & b_{n-2} & a_{n-1} & b_{n-1} \\ & & & b_{n-1} & a_n \end{pmatrix}.$$

Su polinomio característico será denotado por $p_n(\lambda)$:

$$p_n(\lambda) = \det(A - \lambda I) = \det \begin{pmatrix} a_1 - \lambda & b_1 & & & \\ b_1 & a_2 - \lambda & b_2 & & \\ & \ddots & \ddots & \ddots & \\ & & b_{n-2} & a_{n-1} - \lambda & b_{n-1} \\ & & & b_{n-1} & a_n - \lambda \end{pmatrix}.$$

Nuestro objetivo es calcular las raíces de $p_n(\lambda) = 0$, valores propios de la matriz A, que al ser simétrica, son todos reales. Se supone que $b_i \neq 0$, con $i = 1, 2, \ldots, n-1$, ya que si algún $b_i = 0$, la matriz es tridiagonal por bloques y se podría trabajar en cada bloque por separado, dado que el espectro de A es la unión de los espectros de los bloques.

Algoritmo 14.1 Método de Hyman con Newton–Raphson (Parte 1).

procedure HYMAN$(n, a, \varepsilon, nmaxit) \to \xi$ $\triangleright$ $\xi = (\xi_m)_{m=1}^n$: vector de valores propios de A de Hess. sup.

    input $n, a = (a_{ij}), \varepsilon, nmaxit$

    for $m = 1, \ldots, n$ **do** $\triangleright$ m: número de orden del valor propio buscado

        $ind \leftarrow 0; \lambda \leftarrow 0.$ $\triangleright$ Indicador de convergencia; $\lambda^{(0)}$

        for $k = 0, 1, 2, \ldots, nmaxit$ **do** $\triangleright$ Bucle de iteraciones

            $x_n \leftarrow 1.; \alpha \leftarrow a_{1n}x_n$ $\triangleright$ Cálculo de $p \equiv p(\lambda^{(k)})$

            for $i = n - 1, \ldots, 2, 1$ **do**

$$x_i \leftarrow -\frac{\left[(a_{i+1,i+1} - \lambda)x_{i+1} + \sum_{j=i+2}^n a_{i+1,j}x_j\right]}{a_{i+1,i}}$$

            $\alpha \leftarrow \alpha + a_{1i}x_i$

            end for

            $\alpha \leftarrow \alpha - \lambda x_1; p \leftarrow (-1)^{n+1}\alpha \prod_{i=2}^n a_{i,i-1}$

            if $|p| < \varepsilon$ **then**

                $\xi_m \leftarrow \lambda; ind \leftarrow 1$ $\triangleright$ ξ_m: aproximación valor propio m-ésimo

            else

                $y_n \leftarrow 0.; \beta \leftarrow -x_1.$ $\triangleright$ Cálculo de $pp \equiv p'(\lambda^{(k)})$

                for $i = n - 1, \ldots, 2, 1$ **do**

$$y_i \leftarrow -\frac{\left[(a_{i+1,i+1} - \lambda)y_{i+1} + \sum_{j=i+2}^n a_{i+1,j}y_j - x_{i+1}\right]}{a_{i+1,i}}$$

                $\beta \leftarrow \beta + a_{1i}y_i$

                end for

                $\beta \leftarrow \beta - y_1\lambda; pp \leftarrow (-1)^{n+1}\beta \prod_{i=2}^n a_{i,i-1}$

                if $|pp| < \varepsilon$ **then** $\triangleright$ Aplicación de Newton–Raphson

                    Alerta: derivada casi nula. **Exit**

                end if

                $s \leftarrow p/pp$

                if $m > 1$ **then**

                    $s \leftarrow \left[pp/p + \sum_{j=1}^{m-1} \frac{1}{\xi_j - \lambda}\right]^{-1}$

                end if

                $e \leftarrow |s|/(|\lambda| + 1); \lambda \leftarrow \lambda - s$

                if $e < \varepsilon$ **then**

                    $\xi_m \leftarrow \lambda; ind \leftarrow 1.$ **Exit** $\triangleright$ Convergencia

                end if

            end if

        end for $\triangleright$ (continúa)

Algoritmo 14.2 Método de Hyman con Newton–Raphson (Parte 2).

> **if** $ind = 0$ **then**
>> $\xi_m \leftarrow \lambda$ ▷ Máximo de iteraciones
>
> **end if**
> **end for**
> **return** $\xi = (\xi_m)$
> **end procedure**

Como mencionamos antes, no es recomendable calcular los coeficientes del polinomio característico $p_n(\lambda)$ como forma de aproximar las raíces (valores propios de A), pero sí es posible resolverlo numéricamente si disponemos de métodos para evaluar directamente el polinomio (sin conocer los coeficientes) en cualquier punto. Este es el objetivo básico del algoritmo de Givens para matrices tridiagonales simétricas (igual que el estudiado algoritmo de Hyman para matrices de Hessenberg superiores).

14.2.1 Sucesión de Sturm del polinomio característico

Givens propuso un proceso de recurrencia finito para calcular $p_n(\lambda)$, utilizando el polinomio $p_0(\lambda) = 1$ y los polinomios característicos $p_i(\lambda)$ de las submatrices principales Δ_i, de orden i, $i = 1 \leq i \leq n$:

$$p_i(\lambda) = \det(\Delta_i - \lambda I_i) = \det \begin{pmatrix} a_1 - \lambda & b_1 & & & & \\ b_1 & a_2 - \lambda & b_2 & & & \\ & & \ddots & \ddots & \ddots & \\ & & & b_{i-2} & a_{i-1} - \lambda & b_{i-1} \\ & & & & b_{i-1} & a_i - \lambda \end{pmatrix}.$$

Los polinomios $p_i(\lambda)$ verifican una relación de recurrencia que es de gran utilidad práctica.

Proposición 14.1. *Los polinomios $p_0(\lambda) = 1, p_1(\lambda), \ldots, p_n(\lambda)$ verifican la siguiente relación de recurrencia:*

$$\begin{aligned} p_0(\lambda) &= 1, \\ p_1(\lambda) &= a_1 - \lambda, \\ p_i(\lambda) &= (a_i - \lambda)p_{i-1}(\lambda) - b_{i-1}^2 p_{i-2}(\lambda), \quad i = 2, 3, \ldots, n. \end{aligned} \tag{14.2}$$

Demostración. Desarrollando los determinantes para $i = 1, 2, 3$ es evidente que:

$$\begin{aligned} p_1(\lambda) &= a_1 - \lambda, \\ p_2(\lambda) &= (a_2 - \lambda)p_1(\lambda) - b_1^2, \\ p_3(\lambda) &= (a_3 - \lambda)p_2(\lambda) - b_2^2 p_1(\lambda). \end{aligned}$$

Suponiendo el resultado válido hasta $i - 1$, el resultado para i se obtiene desarrollando el determinante $\det(\Delta_i - \lambda I_i)$ por los elementos de la última fila. $\square$

Dado que $p_i(\lambda)$ es el polinomio característico de la matriz Δ_i de orden $i \times i$, tiene la forma $p_i(\lambda) = \det(\Delta_i - \lambda I_i) = (-1)^i \lambda^i + \cdots$. Por consiguiente, tiene grado i y, puesto que Δ_i es simétrica, sus raíces (valores propios de Δ_i) son todas reales. Denotamos dichas raíces por $\lambda_k^{(i)}$, $k = 1, \ldots, i$ y las suponemos ordenadas de la forma:

$$\lambda_1^{(i)} \geq \lambda_2^{(i)} \geq \cdots \geq \lambda_i^{(i)}.$$

Tenemos una propiedad de estas raíces que resulta fundamental para el método de Givens. La resumimos en el siguiente teorema.

Teorema 14.2. *Las raíces de p_{i-1} y p_i, $2 \leq i \leq n$, se separan estrictamente de la siguiente forma:*

$$\lambda_1^{(i)} > \lambda_1^{(i-1)} > \lambda_2^{(i)} > \lambda_2^{(i-1)} > \cdots > \lambda_{i-1}^{(i-1)} > \lambda_i^{(i)}.$$

Por tanto, las i raíces de $p_i(\lambda)$ son todas distintas (simples) y verifican:

$$\lambda_1^{(i)} > \lambda_2^{(i)} > \cdots > \lambda_i^{(i)}.$$

Demostración. Veamos que es cierto para $i = 2$. El polinomio $p_2(\lambda)$ es el trinomio siguiente cuyas raíces son $\lambda_1^{(2)} > \lambda_2^{(2)}$:

$$p_2(\lambda) = (a_2 - \lambda)(a_1 - \lambda) - b_1^2 = \lambda^2 - (a_1 + a_2)\lambda + a_1 a_2 - b_1^2$$

Dado que el coeficiente de λ^2 es positivo, se tiene que $p_2(\lambda) < 0$ si y solo si $\lambda_1^{(2)} > \lambda > \lambda_2^{(2)}$. La única raíz de $p_1(\lambda)$ es $\lambda_1^{(1)} = a_1$. Así pues, $p_2(\lambda_1^{(1)}) = -b_1^2 < 0$, de donde se deduce

$$\lambda_1^{(2)} > \lambda_1^{(1)} > \lambda_2^{(2)}.$$

Procedemos ahora por inducción en i. Supongamos, entonces, que el resultado es cierto para $2, 3, \ldots, i < n$ y veremos que se cumple para $i+1$. Por tanto, las raíces $\lambda_k^{(i)}$ e $\lambda_k^{(i-1)}$ de p_i y p_{i-1}, respectivamente, satisfacen:

$$\lambda_1^{(i)} > \lambda_1^{(i-1)} > \lambda_2^{(i)} > \lambda_2^{(i-1)} > \cdots > \lambda_{i-1}^{(i-1)} > \lambda_i^{(i)}.$$

Dado que $p_{i-1}(\lambda) = (-1)^{i-1} \lambda^{i-1} + \cdots$, $p_{i-1}(\lambda)$ no cambia de signo para $\lambda > \lambda_1^{(i-1)}$. En consecuencia:

$$\operatorname{sgn}[p_{i-1}(\lambda_1^{(i)})] = \operatorname{sgn}[(-1)^{i-1} p_{i-1}(+\infty)] = (-1)^{i-1} = (-1)^{i+1}.$$

Como las raíces $\lambda_k^{(i-1)}$ son todas simples, en cada una de ellas se produce un cambio de signo y se tiene:

$$\operatorname{sgn}[p_{i-1}(\lambda_k^{(i)})] = (-1)^{i+k}, \quad k = 1, 2, \ldots, i. \tag{14.3}$$

Además, por la relación de recurrencia (14.2) tendremos:

$$p_{i+1}(\lambda_k^{(i)}) = -b_i^2 p_{i-1}(\lambda_k^{(i)}), \quad k = 1, 2, \ldots, i.$$

Ya que $b_i^2 > 0$ y $p_{i+1}(\lambda) = (-1)^{i+1}\lambda^{i+1} + \cdots$, se deduce:

$$\operatorname{sgn}[p_{i+1}(\lambda_k^{(i)})] = (-1)^{i+k+1}, \; k = 1, 2, \ldots, i,$$
$$\operatorname{sgn}[p_{i+1}(+\infty)] = (-1)^{i+1},$$
$$\operatorname{sgn}[p_{i+1}(-\infty)] = 1.$$

Se concluye así que $p_{i+1}(\lambda)$ cambia de signo en cada uno de los intervalos $[\lambda_1^{(i)}, \infty)$, $(-\infty, \lambda_i^{(i)}]$, $[\lambda_{k+1}^{(i)}, \lambda_k^{(i)}]$, $k = 1, \ldots, i-1$. Por consiguiente, las raíces $\lambda_k^{(i+1)}$ de p_{i+1} son también simples y están separadas por las raíces $\lambda_k^{(i)}$ de p_i:

$$\lambda_1^{(i+1)} > \lambda_1^{(i)} > \lambda_2^{(i+1)} > \lambda_2^{(i)} > \cdots > \lambda_i^{(i)} > \lambda_{i+1}^{(i+1)}. \qquad \square$$

Las propiedades anteriores del conjunto de polinomios $p_0(\lambda)$, $p_1(\lambda)$, $\ldots$, $p_n(\lambda)$ nos permitirán probar que es una *sucesión de Sturm*, concepto cuya definición formal damos a continuación y que resulta importantísimo para el método de Givens.

Definición 14.1 (Sucesión de Sturm). *Un conjunto ordenado de polinomios reales*

$$p_0(\lambda), \, p_1(\lambda), \, p_2(\lambda), \, \ldots, \, p_n(\lambda) = p(\lambda)$$

se dice una sucesión de Sturm del polinomio $p(\lambda)$ si verifica las siguientes propiedades:

i) Todas las raíces reales de $p(\lambda) = p_n(\lambda)$ son simples.

ii) Para toda raíz ξ de $p_n(\lambda)$ se tiene: $\operatorname{sgn}[p_{n-1}(\xi)] = -\operatorname{sgn}[p_n'(\xi)]$.

iii) Para $i = 1, 2, \ldots, n-1$ y toda raíz real ξ de $p_i(\lambda)$: $p_{i+1}(\xi)p_{i-1}(\xi) < 0$.

iv) El primer polinomio $p_0(\lambda)$ no tiene raíces reales.

Definición 14.2. *Dada un conjunto de números reales $x_0, x_1, \ldots, x_n$, denotamos por $V(x_0, x_1, \ldots, x_n)$ el número de cambios de signo entre dos números consecutivos, ignorando los valores nulos.*

EJEMPLO 14.1. $V(+1, -2, 0, +3, -5, 0, -4) = V(+1, -2, +3, -5, -4) = 3.$ $\square$

Definición 14.3. *Dada una sucesión de Sturm de polinomios*

$$p_0(\lambda), \, p_1(\lambda), \, p_2(\lambda), \, \ldots, \, p_n(\lambda) = p(\lambda),$$

relativa al polinomio $p(\lambda)$, para cualquier $x \in \mathbb{R}$ definimos

$$\omega(x) := V(p_0(x), p_1(x), \ldots, p_n(x)).$$

Teorema 14.3. *El número de raíces reales del polinomio $p(\lambda) = p_n(\lambda)$ en un intervalo $[a, b)$ es igual a $\omega(b) - \omega(a)$.*

Demostración. Examinamos cómo afecta al número de cambios de signo $\omega(a)$ en el conjunto

$$p_0(a), \, p_1(a), \, \ldots, \, p_n(a),$$

según lo que ocurre en un entorno de $[a - h, a + h]$ de a.

a) El valor a no es raíz de ninguno de los polinomios $p_i(\lambda)$, *con* $i = 0, 1, \ldots, n$. Entonces es evidente que no se produce ningún cambio del valor de ω al pasar de $(a - h)$ a $(a + h)$: $\omega(a - h) = \omega(a) = \omega(a + h)$.

b) El valor a es raíz de algún $p_i(\lambda)$ *con* $0 < i < n$. Supongamos que $p_i(\lambda)$ cambia de signo en a. Entonces, de la propiedad *iii)* en la definición 14.1 de la sucesión de Sturm, se tiene $p_{i+1}(a) \neq 0$, $p_{i-1}(a) \neq 0$ y para una perturbación h, suficientemente pequeña, el signo de los valores $p_j(a)$, para $j = i - 1, i, i + 1$, se tiene que comportar de alguna de las siguientes formas:

	$a - h$	a	$a + h$
$i - 1$	$-$	$-$	$-$
i	$-$	0	$+$
$i + 1$	$+$	$+$	$+$

	$a - h$	a	$a + h$
$i - 1$	$+$	$+$	$+$
i	$-$	0	$+$
$i + 1$	$-$	$-$	$-$

	$a - h$	a	$a + h$
$i - 1$	$-$	$-$	$-$
i	$+$	0	$-$
$i + 1$	$+$	$+$	$+$

	$a - h$	a	$a + h$
$i - 1$	$+$	$+$	$+$
i	$+$	0	$-$
$i + 1$	$-$	$-$	$-$

En todos los casos se tiene $\omega(a - h) = \omega(a) = \omega(a + h)$, es decir, el número de cambios de signo no varía en el entorno de a. Esto también es cierto en el caso de que $p_i(\lambda)$ no cambie de signo en la raíz a, como fácilmente se puede observar en las tablas al cambiar $-0+$ y $+0-$ por $+0+$ o $-0-$.

c) El valor a es raíz de $p_n(\lambda)$. Del apartado *ii)* de la definición 14.1 de la sucesión de Sturm se deducen los siguientes patrones para los signos:

	$a - h$	a	$a + h$
n	$-$	0	$+$
$n - 1$	$-$	$-$	$-$

	$a - h$	a	$a + h$
n	$+$	0	$-$
$n - 1$	$+$	$+$	$+$

En cada uno de ellos se tiene $\omega(a - h) = \omega(a) = \omega(a + h) - 1$, es decir, hay un cambio de signo al pasar de $a - h$ a $a + h$, o sea, al pasar por la raíz a de $p_n(\lambda) \equiv p(\lambda)$.

Así pues, hemos establecido que para $a < b$ y $h > 0$ suficientemente pequeño, el valor

$$\omega(b) - \omega(a) = \omega(b - h) - \omega(a - h)$$

indica el número de raíces de $p(\lambda)$ en el intervalo $(a - h, b - h)$. Ya que $h > 0$ puede ser elegido arbitrariamente pequeño, la diferencia anterior indica también el número de raíces en el intervalo $[a, b)$. $\qquad\qquad\square$

Estamos en condiciones de probar el teorema fundamental para el método de Givens.

Teorema 14.4 (Givens). *Sea A la matriz tridiagonal y simétrica con* $b_i \neq 0$, $i = 1, 2, \ldots, n-1$. *Entonces, la sucesión de polinomios* $p_0(\lambda) = 1$, $p_1(\lambda)$, $\ldots$, $p_n(\lambda) = p(\lambda)$ *con* $p_i(\lambda) = \det(\Delta_i - \lambda I_i)$, $i = 1, 2, \ldots, n$, *es una sucesión de polinomios de Sturm relativa al polinomio característico de A:* $p_n(\lambda) = p(\lambda) = \det(A - \lambda I)$.

Demostración. Comprobamos que se verifican las cuatro condiciones de la definición 14.1 de una sucesión de Sturm.

i) El polinomio $p_n(\lambda)$ tiene todas sus raíces reales porque es el polinomio característico de una matriz simétrica (que tiene todos sus valores propios reales). En el teorema 14.2 hemos probado que todas ellas son simples.

ii) Si $\lambda_1 > \lambda_2 > \cdots > \lambda_n$ son las raíces de $p_n(\lambda)$ por el mismo teorema 14.2 se tiene para $k = 1, 2, \ldots, n$ —véase (14.3)—:

$$\begin{aligned}
\text{sgn}[p_{n-1}(\lambda_k)] &= (-1)^{n+k}, \\
\text{sgn}[p'_n(\lambda_k)] &= (-1)^{n+k+1} = -\,\text{sgn}[p_{n-1}(\lambda_k)].
\end{aligned}$$

iii) Sea ξ una raíz de $p_i(\lambda)$, $i = 1, 2, \ldots, n-1$. Entonces por la relación de recurrencia (14.2) se tiene

$$p_{i+1}(\xi) = (a_{i+1} - \xi)p_i(\xi) - b_i^2 p_{i-1}(\xi) = -b_i^2 p_{i-1}(\xi).$$

Por las propiedades de separación de las raíces de los polinomios $p_i(\lambda)$ demostradas en el teorema 14.2, ξ no puede ser raíz de p_{i-1} ni de p_{i+1} por lo que se concluye

$$p_{i+1}(\xi)p_{i-1}(\xi) < 0.$$

iv) $p_0 = 1$ no tiene raíces reales. $\qquad\qquad\qquad\qquad\qquad\qquad\qquad\quad\square$

Aplicando el teorema 14.3 a la sucesión de Sturm anterior $(p_0(\lambda) = 1$, $p_i(\lambda) = \det(\Delta_i - \lambda I_i)$, $i = 1, 2, \ldots, n)$ se tiene el siguiente corolario.

Corolario 14.1. *El número* $\omega(\mu) = V(p_0(\mu), p_1(\mu), \ldots, p_n(\mu))$ *coincide con el número de raíces de* $p_n(\lambda)$, *valores propios de* A, *estrictamente menores que* μ.

Demostración. Teniendo en cuenta que

$$p_i(\lambda) = (-1)^i \lambda^i + \cdots$$

se tiene que

$$\lim_{\lambda \to -\infty} p_i(\lambda) = +\infty$$

$$\lim_{\lambda \to +\infty} p_i(\lambda) = (-1)^i \infty.$$

Por lo tanto,

$$\omega(\mu) = \begin{cases} V(+1, +1, \ldots, +1) = 0, & \text{para } \mu \leq \lambda_n, \\ V(+1, -1, \ldots, (-1)^n) = n, & \text{para } \mu > \lambda_1. \end{cases}$$

El resultado se deduce ahora del teorema 14.3. $\qquad\qquad\qquad\qquad\qquad\square$

Corolario 14.2. *Cualquiera que sea* $i = 1, 2, \ldots, n$, $\lambda_i < \mu$ *si y solo si* $\omega(\mu) \geq n-i+1$.

Demostración. Basta tener en cuenta que $\lambda_i < \mu$ si y solo si $\lambda_n < \cdots < \lambda_i < \mu$, es decir, si y solo si hay, por lo menos, $n - i + 1$ raíces menores que μ, o sea si y solo si $\omega(\mu) \geq n - i + 1$. $\qquad\qquad$ □

Observación 14.1. Se deduce, en particular, que la matriz A es definida positiva si y solo si $\omega(0) = 0$ y $p_n(0) = \det(A) \neq 0$. $\qquad\qquad$ □

14.2.2   Estrategia de bisección

Utilizando adecuadamente los corolarios anteriores, Givens propone un algoritmo de bisección que permite calcular cualquier valor propio de A con una precisión teóricamente arbitraria.

En primer lugar, dado que $\rho(A) \leq ||A||_\infty$ se tiene que todos los valores propios de A, raíces de $p_n(\lambda) = 0$, pertenecen al intervalo cerrado

$$I = [-||A||_\infty, ||A||_\infty].$$

Poniendo $b_0 = b_n = 0$ podemos expresar $||A||_\infty$ del modo siguiente:

$$||A||_\infty = \max_{1 \leq i \leq n} \{|a_i| + |b_i| + |b_{i-1}|\}.$$

Otra posibilidad para la acotación es utilizar el teorema de Gerschgorin que nos garantiza que todos los valores propios de A están en los intervalos cerrados de la recta real:

$$I_i = [a_i - |b_{i-1}| - |b_i|, a_i + |b_{i-1}| + |b_i|], \; i = 1, 2, \ldots, n.$$

Podemos asegurar entonces que los n valores propios de A están en el intervalo $[\alpha, \beta]$ con:

$$\alpha = \min_{1 \leq i \leq n} \{a_i - |b_{i-1}| - |b_i|\},$$
$$\beta = \max_{1 \leq i \leq n} \{a_i + |b_{i-1}| + |b_i|\}.$$

El algoritmo de Givens para aproximar el valor propio λ_i, $i = 1, 2, \ldots, n$ se basa en aplicar el algoritmo de dicotomía o bisección a la ecuación numérica $p_n(\lambda) = 0$, con la ventaja de que la información proporcionada por la sucesión de Sturm nos permite seleccionar los intervalos que contienen la raíz λ_i. Suponiendo siempre que

$$\lambda_1 > \lambda_2 > \cdots > \lambda_i > \cdots > \lambda_{n-1} > \lambda_n,$$

el algoritmo se describe de la siguiente manera,

i) Se comienza eligiendo un intervalo $[\alpha_0, \beta_0]$, tal que $\lambda_i \in [\alpha_0, \beta_0]$. Por ejemplo, se puede tomar $\alpha_0 < \lambda_n$ y $\beta_0 > \lambda_1$.

ii) Se realiza un proceso iterativo en el que se construye una sucesión de intervalos encajados que contienen a la raíz y cuya longitud es la mitad del anterior:

$$\lambda_i \in [\alpha_j, \beta_j] \subset [\alpha_{j-1}, \beta_{j-1}] \subset \cdots \subset [\alpha_0, \beta_0],$$

$$\beta_j - \alpha_j = \frac{1}{2}(\beta_{j-1} - \alpha_{j-1}) = \cdots = \frac{1}{2^j}(\beta_0 - \alpha_0).$$

Sea μ_j el punto medio de $[\alpha_j, \beta_j]$:

$$\mu_j = \frac{1}{2}(\alpha_j + \beta_j).$$

Entonces, la raíz λ_i pertenece a uno de los intervalos $[\alpha_j, \mu_j]$ o $[\mu_j, \beta_j]$ que se tomará como $[\alpha_{j+1}, \beta_{j+1}]$. La decisión se toma en función del valor de $\omega(\mu_j)$ teniendo en cuenta el corolario 14.2:

$$[\alpha_{j+1}, \beta_{j+1}] := \begin{cases} [\alpha_j, \mu_j], & \text{si } \omega(\mu_j) \geq n + 1 - i, \\ [\mu_j, \beta_j], & \text{si } \omega(\mu_j) < n + 1 - i. \end{cases}$$

Es obvio que:

$$[\alpha_{j+1}, \beta_{j+1}] \subseteq [\alpha_j, \beta_j], \quad \alpha_{j+1} - \beta_{j+1} = \frac{1}{2}(\beta_j - \alpha_j), \quad \lambda_i \in [\alpha_{j+1}, \beta_{j+1}],$$

$$\alpha_0 \leq \alpha_1 \leq \cdots \leq \alpha_{j-1} \leq \alpha_j \leq \mu_j \leq \beta_j \leq \beta_{j-1} \leq \cdots \leq \beta_1 \leq \beta_0.$$

La sucesión $\{\alpha_j\}_{j \geq 0}$ es monótona creciente y la sucesión $\{\beta_j\}_{j \geq 0}$ monótona decreciente por lo que ambas son convergentes. Su límite coincide con el límite de la sucesión $\{\mu_j\}_{j \geq 0}$ que converge a λ_i, con orden de convergencia $\frac{1}{2}$. En efecto, se tiene:

$$|\lambda_i - \mu_j| \leq \frac{1}{2}(\beta_j - \alpha_j) = \frac{1}{2^{j+1}}(\beta_0 - \alpha_0).$$

Por tanto, si queremos un control de parada que asegure que $|\lambda_i - \mu_j| < \varepsilon$, para un valor ε dado, bastará iterar hasta j tal que

$$\frac{1}{2^{j+1}}(\beta_0 - \alpha_0) < \varepsilon.$$

Observación 14.2. Dado que la recurrencia de Givens permite evaluar el polinomio característico de la matriz tridiagonal simétrica A en todos los puntos que se desee, se puede utilizar para aplicar otro método distinto de dicotomía como *regula falsi*, iteración funcional e incluso Newton–Raphson puesto que podemos evaluar por recurrencia los valores del polinomio derivado $p'_n(\lambda)$. En efecto, de la recurrencia (14.2) tenemos la siguiente:

$$p'(\lambda) = 0, \ p'_1(\lambda) = -1,$$

$$p'_i(\lambda) = -p_{i-1}(\lambda) + (a_i - \lambda)p'_{i-1}(\lambda) - b_{i-1}^2 p'_{i-2}(\lambda), \ i = 2, 3, \ldots, n.$$

Un uso práctico muy común del método de bisección de Givens es proporcionar una aproximación del valor propio o valores propios para, posteriormente, afinar esa aproximación con métodos más potentes como, por ejemplo, el método de la potencia inversa. □

Algoritmo 14.3 Método de bisección de Givens, A tridiagonal y simétrica.

> **procedure** GIVENSBIS$(n, a, b) \to \xi$	$\triangleright \xi = (\xi_m)_{m=1}^n$ vector de los valores propios
>> **input** $n, a = (a_i)_{i=1}^n, b = (b_i)_{i=1}^{n-1}$
>> $b_0 \leftarrow 0; b_n \leftarrow 0; \varepsilon \leftarrow 10^{-10}$
>> $\alpha_0 \leftarrow \min_{1 \le i \le n}\{a_i - |b_{i-1}| - |b_i|\}; \quad \beta_0 \leftarrow \max_{1 \le i \le n}\{a_i + |b_{i-1}| + |b_i|\}$
>> **for** $i = 1, \ldots n$ **do**	$\triangleright$ Número del valor propio que se aproxima
>>> $\alpha \leftarrow \alpha_0; \beta \leftarrow \beta_0$
>>> **while** $|\beta - \alpha| > \varepsilon$ **do**
>>>> $\mu \leftarrow (\alpha + \beta)/2$
>>>> $p_0 \leftarrow 1.; p_1 \leftarrow a_1 - \mu$	$\triangleright$ Cálculo de $p_0(\mu), p_1(\mu), \ldots, p_n(\mu)$
>>>> **for** $k = 2, \ldots, n$ **do**
>>>>> $p_k \leftarrow (a_k - \mu)p_{k-1} - p_{k-2}b_{k-1}b_{k-1}$
>>>> **end for**
>>>> $w \leftarrow \mathrm{W}(n, p)$
>>>> **if** $w \ge n + 1 - i$ **then**	$\triangleright$ Cambios de signo
>>>>> $\beta \leftarrow \mu$
>>>> **else**
>>>>> $\alpha \leftarrow \mu$
>>>> **end if**
>>> **end while**
>>> $\xi_{n-i+1} \leftarrow \mu$
>> **end for**
> **end procedure**

14.2.3 Bases de codificación

Mostramos a continuación las bases para la codificación del método de bisección descrito que mostramos en el algoritmo 14.3. En la primera parte, se calcula el intervalo $[\alpha, \beta]$ que contiene a todos los valores propios. El código utiliza la función $\mathrm{W}(n, p)$ que calcula los cambios de signo en una sucesión ordenada de números $p \equiv (p_0, p_1, \ldots, p_n)$ (algoritmo 14.6).

Observación 14.3. La combinación del método de reducción de Householder de una matriz (resp. simétrica) a una matriz de Hessenberg superior (resp. tridiagonal y simétrica) y la posterior aplicación del método de Hyman (resp. bisección de Givens) para aproximar los valores propios de la última constituye un algoritmo completo para aproximar los valores propios de una matriz arbitraria (resp. simétrica) que denominamos método de Householder–Hyman (resp. Householder–Givens, que también se llama de Givens-Householder). Su codificación consiste simplemente en la concatenación de ambos procedimientos (algoritmos 14.4 y 14.5). $\square$

Algoritmo 14.4 Método de Householder–Hyman.

procedure P_HOUSEHHYMAN $\to \xi$ $\triangleright \xi = (\xi_m)_{m=1}^n$: valores propios de A
    input $n, a, \varepsilon, nmaxit$
    $a \leftarrow$ HOUSEHREDGEN(n, a)
    $\xi \leftarrow$ HYMAN$(n, a, \varepsilon, nmaxit)$
    output ξ
end procedure

Algoritmo 14.5 Método de Householder–Givens.

procedure P_HOUSEHGIVENS $\to \xi$ $\triangleright \xi = (\xi_m)_{m=1}^n$: valores propios de A
    input n, a $\triangleright$ A simétrica
    $a \leftarrow$ HOUSEHREDSIM(n, a)
    $\xi \leftarrow$ GIVENSBIS(n, a)
    output ξ
end procedure

Algoritmo 14.6 Cambios de signo en $p_0, p_1, \ldots, p_n$.

function W$(n, p) \to w$ $\triangleright$ Cambios de signo
    $w \leftarrow 0$
    for $i = 0, 1, \ldots, n$ **do**
        if $|p_i| > 0$ **then**
            exit
        end if
    end for
    $anterior \leftarrow i$
    for $i = anterior + 1, \ldots, n$ **do**
        if $|p_i| > 0$ **then**
            if $p_i p_{anterior} < 0$ **then**
                $w \leftarrow w + 1$
                $anterior \leftarrow i$
            end if
        end if
    end for
end function

14.3   Ejercicios

EJERCICIO 14.1. *Método de Hyman.* Programar el procedimiento hyman (n,a,eps,nmaxit,vp) que devuelve en vp el espectro de una matriz A de orden n, de Hessenberg superior, utilizando el método de Hyman combinado con Newton–Raphson, codificado en el algoritmo 14.1. Probar con varias matrices de Hessenberg superiores y, en particular, con las obtenidas con el procedimiento de reducción de Householder househredgen, programado en el ejercicio 13.2. Comprobar los resultados con la orden eig de Matlab.

EJERCICIO 14.2. *Método de Householder–Hyman.* Reuniendo los procedimientos househredgen (ejercicio 13.2) y hyman (ejercicio 14.1) escribir el programa p_househhyman para calcular los valores propios de una matriz general A de orden n (véase el pseudocódigo 14.4). Probarlo con diversas matrices no simétricas y utilizar la orden eig de Matlab para verificar los resultados del mismo.

EJERCICIO 14.3. *Método de bisección de Givens.* Programar el procedimiento givensbis(n,a,b,vp), que devuelve en vp el espectro de una matriz A tridiagonal y simétrica de orden n, con diagonal principal $a = (a_i)_{i=1}^{n}$ y diagonal secundaria $b = (b_i)_{i=1}^{n-1}$, utilizando el método de bisección de Givens (algoritmo 14.3). Debe utilizarse la función de contar los cambios de signo propuesta en el algoritmo 14.6. Probar con varias matrices tridiagonales y simétricas (por ejemplo, las del ejercicio 11.3) y, en particular, con las obtenidas con el programa de reducción de Householder househredsim para matrices simétricas cualesquiera (ejercicio 13.2). Comprobar los resultados, con la orden eig de Matlab.

EJERCICIO 14.4. *Método de Householder–Givens.* Reuniendo los procedimientos househredsim, y givensbis (ejercicios 13.2 y 14.3), escribir el procedimiento general p_househgivens para calcular los valores propios de una matriz A, simétrica de orden n (véase el pseudocódigo 14.5). Probar el programa con diversas matrices simétricas y utilizar la orden eig de Matlab para corroborar los resultados del mismo.

15

Método QR

Dedicamos este capítulo a uno de los métodos más importantes para el cálculo conjunto de *todos* los valores propios de una matriz cualquiera, principalmente no simétrica. Naturalmente, el método se aplica a fortiori a matrices simétricas para las que se comporta igual de bien que otros métodos como, por ejemplo, el de Jacobi.

El método QR es uno de los logros más importantes del análisis numérico en el siglo XX, no sólo por sus prestaciones, si no porque las ideas en las que se fundamenta son totalmente nuevas y no adaptaciones o mejoras de otras ya conocidas. Su historia es fascinante. He aquí algunas notas tomadas de BREZINSKI–MEURANT–REDIVO-ZAGLIA [2023, sec. 6.11].

La idea subyacente es utilizar de forma recursiva la siguiente propiedad: si $A = XY$ entonces la matriz $C = YX$ es semejante a A, porque $C = X^{-1}AX$, y por tanto tiene los mismos valores propios que A. Esta idea se utiliza en el método de Rutishauser con una factorización $A = LU$, pero utilizar la factorización $A = QR$ supuso una verdadera revolución. Nada mejor para expresarlo que la siguiente referencia de Beresford Neill Parlett (n. 1932) (PARLETT [2000]): *«Lo que alegra a los expertos en cálculo matricial es que este algoritmo constituye una contribución genuinamente nueva al campo del análisis numérico y no solo un refinamiento de ideas propuestas por Newton, Gauss, Hadamard o Schur».*

El algoritmo QR para valores propios, se atribuye conjuntamente al matemático inglés John Guy Figgis Francis (n. 1934) y a la matemática rusa Vera Nikolaevna Kublanovskaya (1920–2012). Ambos publicaron independientemente sus hallazgos en los años 1961–1962, aunque solo los de Francis transcendieron de forma inmediata. Y ello a pesar de que abandonó la investigación en 1961 para trabajar en varias empresas como analista informático.

Lo más asombroso de la historia de Francis es lo que nos cuentan Gene Howard Golub (1932–2007) y Frank Uhlig (n. 1945) (véase GOLUB–UHLIG [2009]). En efecto, cuando Golub logró contactarle casi cincuenta años después, en el año 2007, este hombre desconocía por completo que, durante esos años, se habían hecho numerosas referencias y ampliaciones a sus primeros trabajos y que ¡su algoritmo QR se consideraba uno de los diez algoritmos más importantes del siglo XX!

La descripción y análisis que hacemos en este capítulo está adaptada de CIARLET [1989] y ALLAIRE–KABER [2008].

15.1 Descripción y convergencia

Describimos el método para matrices reales (y demostramos su convergencia para el caso en que tenga todos sus valores propios reales y de módulos distintos) porque así podremos trabajar solo con aritmética real, pero el método es válido para matrices cualesquiera en $\mathcal{M}_{n \times n}(\mathbb{C})$, manejando factorizaciones QR para matrices complejas ($A = QR$, Q unitaria, $QQ^* = Q^*Q = I$, y R triangular superior).

En el caso real, recordemos que toda matriz $A \in \mathcal{M}_{n \times n}(\mathbb{R})$ admite una factorización $A = QR$ siendo Q una matriz *ortogonal* ($QQ^T = Q^TQ = I$) y R una matriz *triangular superior*. Además, ya hemos visto en el tema dedicado al método de Householder para sistemas lineales (sección 7.4) que las matrices R y Q son de la forma:

$$R = H_{n-1}H_{n-2}\cdots H_2 H_1 A; \quad Q = (H_{n-1}H_{n-2}\cdots H_2 H_1)^{-1} = H_1 H_2 \cdots H_{n-1},$$

donde $H_1, H_2, \ldots, H_{n-1}$ son matrices elementales de Householder. Por tanto, son simétricas y ortogonales $H_k = H_k^T = H_k^{-1}$.

La factorización QR de una matriz no es única. De hecho, se tiene la siguiente propiedad (observación 7.1): *si $A \in \mathcal{M}_{n \times n}(\mathbb{R})$ es invertible, entonces, para dos factorizaciones $A = Q_1 R_1 = Q_2 R_2$, existe una matriz diagonal $D = \text{diag}(d_1, d_2, \ldots, d_n)$, tal que $d_i = \pm 1, 1 \leq i \leq n$, y verificando: $Q_1 = Q_2 D$.* Recordamos también (véase el teorema 7.1) que si A es real e invertible, entonces existe una única factorización $A = QR$ de A tal que $r_{ii} > 0$, $1 \leq i \leq n$. Sin embargo, para el método QR *no es necesario* utilizar esta factorización pues cualquiera es válida.

La idea del método QR para aproximar los valores propios de una matriz $A = A_1 \in \mathcal{M}_{n \times n}(\mathbb{R})$ es muy sencilla. Se pondrá:

$$A_k = Q_k R_k \text{ (factorización } QR \text{ de } A_k); \quad A_{k+1} = R_k Q_k, \quad \text{para todo } k \geq 1.$$

Se obtiene así una sucesión de matrices $\{A_k\}_k \geq 1$, *todas ellas semejantes a A*, puesto que se tiene:

$$A_{k+1} = R_k Q_k = Q_k^T A_k Q_k = \cdots = (Q_1 Q_2 \cdots Q_k)^T A (Q_1 Q_2 \cdots Q_k).$$

Bajo ciertas hipótesis se establece que las matrices $A_k = (a_{ij}^{(k)})$ «se hacen triangulares superiores» a medida que $k \to +\infty$ en el sentido de que $\lim_{k \to +\infty} a_{ij}^{(k)} = 0$ para $1 \leq j < i \leq n$, *mientras que los elementos diagonales de las matrices convergen a los valores propios de la matriz A.*

Es importante tener en cuenta que *nada se puede afirmar de la posible convergencia de los elementos $a_{ij}^{(k)}$ para $j \geq i$ y, por tanto, nada sobre la convergencia matricial de la sucesión $\{A_k\}_{k\geq 0}$*. En la práctica esta observación carece de importancia pues el objetivo fundamental es alcanzado: aproximar los valores propios de A.

El siguiente teorema y su demostración la hemos adaptado de CIARLET [1982]. Las hipótesis son bastante restrictivas para facilitar la demostración, pero enfatizamos que *se tienen teoremas análogos en caso de que las hipótesis sobre A se relajen.* Enunciamos el teorema para matrices reales, pero es válido también para matrices complejas, manejando la factorización QR compleja.

Teorema 15.1 (Convergencia del método QR). *Sea $A \in \mathcal{M}_{n\times n}(\mathbb{R})$ una matriz verificando las siguientes hipótesis:*

i) Los valores propios de A tienen módulos diferentes: $|\lambda_1| > |\lambda_2| > \cdots > |\lambda_n|$. Por tanto, son todos distintos y A es diagonalizable: existe P invertible tal que

$$P^{-1}AP = D := \operatorname{diag}(\lambda_1, \lambda_2, \ldots, \lambda_n).$$

ii) La matriz P^{-1} admite una factorización triangular $P^{-1} = LU$.

Entonces, las sucesiones matriciales $\{A_k\}_{k\geq 1}$, $\{Q_k\}_{k\geq 1}$, $\{R_k\}_{k\geq 1}$, construidas según el método QR anterior tienen las siguientes propiedades de convergencia, donde denotamos por $\{\Lambda_k\}_{k\geq 1}$ una sucesión de matrices ortogonales diagonales $\Lambda_k = \operatorname{diag}(d_i^{(k)})$, con $d_i^{(k)} = \pm 1$, $1 \leq i \leq n$:

$$\lim_{k\to+\infty} \Lambda_{k-1}^T Q_k \Lambda_k = I,$$

$$\lim_{k\to+\infty} \Lambda_k^T R_k \Lambda_{k-1} = \lim_{k\to+\infty} \Lambda_{k-1}^T A_k \Lambda_{k-1} = \begin{pmatrix} \lambda_1 & \times & \cdots & \times \\ & \lambda_2 & \cdots & \times \\ & & \ddots & \vdots \\ & & & \lambda_n \end{pmatrix}.$$

En particular, se tiene:

$$\lim_{k\to+\infty} a_{ii}^{(k)} = \lambda_i, \quad 1 \leq i \leq n,$$

$$\lim_{k\to+\infty} a_{ij}^{(k)} = 0, \quad 1 \leq j < i \leq n.$$

Observación 15.1. Al suponer que la matriz es real, la hipótesis *i)* implica que todos los valores propios son reales, pues no admite que dos valores propios puedan ser complejos conjugados. Se notará también el carácter inesperado de la hipótesis *ii)* relativa a la factorización LU de P^{-1}. □

Demostración. Definiendo como $\mathcal{Q}_k = Q_1 Q_2 \ldots Q_k$, se observa fácilmente que la matriz definida en cada iteración del método no es más que:

$$A_{k+1} = \mathcal{Q}_k^T A \mathcal{Q}_k.$$

Definiendo análogamente $\mathcal{R}_k = R_k R_{k-1} \ldots R_1$ observamos que la potencia k-ésima de A se puede expresar como:

$$
\begin{aligned}
A^k &= Q_1(R_1 Q_1)(R_1 \ldots Q_1)(R_1 Q_1)R_1 = Q_1 Q_2 (R_2 Q_2) \ldots (R_2 Q_2) R_2 R_1 \\
&= \cdots = Q_1 Q_2 \ldots Q_k R_k \ldots R_2 R_1 = \mathcal{Q}_k \mathcal{R}_k.
\end{aligned}
$$

A continuación se buscará otra expresión para $\mathcal{Q}_k$ con el objetivo de estudiar su comportamiento cuando $k \to +\infty$ y, con éste, el de A_k.

Por hipótesis, P^{-1} se puede factorizar como $P^{-1} = LU$ y la matriz P, como cualquiera, admite una factorización del tipo $P = QR$. Podemos escribir entonces:

$$
A^k = PD^k P^{-1} = QRD^k LU = QR(D^k LD^{-k})D^k U.
$$

Como L es triangular inferior con $l_{ii} = 1$, $i = 1, 2, \ldots, n$ y $D = \operatorname{diag}(\lambda_1, \lambda_2, \ldots, \lambda_n)$ se tiene que:

$$
\left(D^k LD^{-k}\right)_{ij} =
\begin{cases}
0, & \text{si} \quad i < j \\
1, & \text{si} \quad i = j \\
\left(\dfrac{\lambda_i}{\lambda_j}\right)^k l_{ij}, & \text{si} \quad i > j.
\end{cases}
$$

Como $|\lambda_1| > |\lambda_2| > \ldots > |\lambda_n|$, se tiene $\lim\limits_{k \to \infty} \left(\dfrac{\lambda_i}{\lambda_j}\right)^k = 0$ y, por tanto:

$$
\lim_{k \to \infty} D^k LD^{-k} = I.
$$

Poniendo

$$
F_k = D^k LD^{-k} - I,
$$

se tendrá:

$$
\lim_{k \to \infty} F_k = O \quad \text{y} \quad R\left(D^k LD^{-k}\right) = R(I + F_k) = \left(I + RF_k R^{-1}\right) R.
$$

Para valores suficientemente grandes del entero k, la matriz $\left(I + RF_k R^{-1}\right)$ es invertible (teorema 8.1) y, por tanto, admite una factorización tipo QR que denotaremos como sigue:

$$
I + RF_k R^{-1} = \widetilde{Q}_k \widetilde{R}_k, \quad \text{con } \widetilde{r}_{ii}^{(k)} > 0, i = 1, 2, \ldots, n.
$$

Al ser las matrices $\widetilde{Q}_k$ ortogonales, la sucesión $\{\widetilde{Q}_k\}$ es acotada, porque se tiene $\|\widetilde{Q}_k\|_2 = 1$, para todo $k \geq 1$ (ejercicio 8.3). Así pues, existe al menos una subsucesión $\{\widetilde{Q}_{k'}\} \subseteq \{\widetilde{Q}_k\}$ que converge a una matriz también ortogonal a la que llamaremos $\widetilde{Q}$. Puesto que

$$
\widetilde{R}_{k'} = \widetilde{Q}_{k'}^T (I + RF_{k'} R^{-1}),
$$

se puede afirmar que la subsucesión de matrices triangulares superiores $\{\widetilde{R}_{k'}\}$ es también convergente (es producto de sucesiones convergentes). Llamando $\widetilde{R}$ al límite de esta sucesión (triangular superior con $\widetilde{R}_{ii} \geq 0$, $i = 1, 2, \ldots, n$) y tomando límites en $I + RF_kR^{-1} = \widetilde{Q}_k\widetilde{R}_k$ tenemos:

$$I = \widetilde{Q}\widetilde{R}.$$

Además, como los elementos de la diagonal de $\widetilde{R}$ no son negativos, por el teorema 7.1, se sabe que esta factorización es única, luego, $I = \widetilde{Q} = \widetilde{R}$.

Siguiendo este razonamiento para cualquier subsucesión $\{\widetilde{Q}_{k'}\}$ y la respectiva $\{\widetilde{R}_{k'}\}$ y teniendo en cuenta la unicidad de los límites, se tiene que las dos sucesiones originales convergen y a los mismos límites:

$$\lim_{k\to\infty} \widetilde{Q}_k = \lim_{k\to\infty} \widetilde{R}_k = I.$$

Tenemos entonces que:

$$
\begin{aligned}
A^k &= Q\left(RD^kLD^{-k}\right)D^kU = Q\left(I + RF_kR^{-1}\right)RD^kU \\
&= \left(Q\widetilde{Q}_k\right)\left(\widetilde{R}_kRD^kU\right) = \mathcal{Q}_k\mathcal{R}_k.
\end{aligned}
$$

La penúltima igualdad es también una factorización QR de A pues $Q\widetilde{Q}_k$ es ortogonal (producto de matrices ortogonales) y $\widetilde{R}_kRD^kU$ es triangular superior (producto de matrices triangulares superiores). Por el corolario 7.1, para todo $k \geq 1$ existe una matriz diagonal Λ_k con $\Lambda_{ii}^{(k)} = \pm 1$, $i = 1, 2, \ldots, n$, tal que:

$$\mathcal{Q}_k = Q\widetilde{Q}_k\Lambda_k.$$

Nos falta comprobar el comportamiento asintótico de la sucesión $\{A_k\}_{k\geq 0}$ teniendo en cuenta que

$$A_{k+1} = \mathcal{Q}_k^T A \mathcal{Q}_k.$$

Usando la expresión anterior de $\mathcal{Q}_k$ y que $A = PDP^{-1} = QRDR^{-1}Q^{-1}$ deducimos:

$$A_{k+1} = \Lambda_k^T\widetilde{Q}_k^T Q^T QRDR^{-1}Q^{-1}Q\widetilde{Q}_k\Lambda_k = \Lambda_k^T\widetilde{Q}_k^T RDR^{-1}\widetilde{Q}_k\Lambda_k,$$

de donde:

$$\mathcal{D}_k := \Lambda_k^T A_{k+1}\Lambda_k = \widetilde{Q}_k^T RDR^{-1}\widetilde{Q}_k.$$

Puesto que $\lim_{k\to\infty} \widetilde{Q}_k = I$, se tiene:

$$\lim_{k\to\infty} \mathcal{D}_k = \lim_{k\to\infty} \Lambda_k^T A_{k+1}\Lambda_k = RDR^{-1} = \begin{pmatrix} \lambda_1 & * & \cdots & * \\ & \lambda_2 & \cdots & * \\ & & \ddots & \vdots \\ & & & \lambda_n \end{pmatrix}.$$

Aquí el orden de los valores propios (por módulos decrecientes) se respeta porque R es triangular superior. Puesto que $A_{k+1} = \Lambda_k\mathcal{D}_k\Lambda_k^T$, se tendrá:

$$a_{ij}^{(k+1)} = \Lambda_{ii}^{(k)}\Lambda_{jj}^{(k)}\mathcal{D}_{ij}^{(k)}, \; 1 \leq i, j \leq n.$$

Teniendo en cuenta que las matrices Λ_k son diagonales con $\Lambda_{ii}^{(k)} = \pm 1$, $1 \leq i \leq n$, se concluye:

$$a_{ii}^{(k+1)} = \mathcal{D}_{ii}^{(k)}, 1 \leq i \leq n,$$
$$|a_{ij}^{(k+1)}| = |\mathcal{D}_{ij}^{(k)}|, 1 \leq i, j \leq n.$$

Por tanto, de la convergencia establecida arriba, se deduce:

$$\lim_{k \to \infty} a_{ii}^{(k+1)} = \lim_{k \to \infty} \mathcal{D}_{ii}^{(k)} = (RDR^{-1})_{ii} = \lambda_i, 1 \leq i \leq n,$$
$$\lim_{k \to \infty} |a_{ij}^{(k+1)}| = \lim_{k \to \infty} |\mathcal{D}_{ij}^{(k)}| = |(RDR^{-1})_{ij}|, 1 \leq i, j \leq n, i \neq j.$$

En particular de la última convergencia se tiene:

$$\lim_{k \to \infty} a_{ij}^{(k+1)} = 0, 1 \leq j < i \leq n.$$

Para concluir la demostración observamos que:

$$\lim_{k \to \infty} \mathcal{Q}_k \Lambda_k = \lim_{k \to \infty} Q \widetilde{Q}_k = Q.$$

Además, dado que $Q_k = (Q_{k-1}^T \cdots Q_1^T)(Q_1 Q_2 \cdots Q_{k-1} Q_k) = \mathcal{Q}_{k-1}^T \mathcal{Q}_k$, se tiene:

$$\lim_{k \to \infty} \Lambda_{k-1}^T Q_k \Lambda_k = \lim_{k \to \infty} \Lambda_{k-1}^T \mathcal{Q}_{k-1}^T \mathcal{Q}_k \Lambda_k = Q^T Q = I,$$

$$\lim_{k \to \infty} \Lambda_k^T R_k \Lambda_{k-1} = \lim_{k \to \infty} \Lambda_k^T A_{k+1} Q_k^T \Lambda_{k-1}$$

$$= \lim_{k \to \infty} (\Lambda_k^T A_{k+1} \Lambda_k)(\Lambda_k^T Q_k^T \Lambda_{k-1}) = (RDR^{-1})I$$

$$= RDR^{-1}. \qquad \qquad \square$$

15.2　Extensiones del método

i) Extensión al caso en que los valores propios no son todos distintos. Si varios valores propios tienen el mismo módulo (por ejemplo, valores propios múltiples o valores propios complejos conjugados) a partir de una hipótesis de factorización LU por bloques de la matriz P^{-1}, se tendría que las matrices A_k, cuando $k \to +\infty$ se convierten en matrices triangulares superiores por bloques, donde cada submatriz diagonal «límite» corresponde a valores propios del mismo módulo. Por ejemplo, para cada p igual a la suma de las multiplicidades de los valores propios con el mismo módulo, aparece en las matrices A_k una submatriz diagonal de orden p cuyos elementos no convergen necesariamente, pero cuyos valores propios convergen a los valores propios de A del módulo considerado. Además, las submatrices diagonales aparecen en orden decreciente de los módulos de los valores propios. Por ejemplo, si la matriz A de orden 8×8 tiene como valores propios λ_i, $1 \leq i \leq 8$, tales que

$|\lambda_1| = |\lambda_2| = \lambda_3 > |\lambda_4| > |\lambda_5| = |\lambda_6| = |\lambda_7| = |\lambda_8|$, la forma límite de las matrices A_k sería de la forma (15.1).

$$
\begin{pmatrix}
\times & \times & \times & \times & \times & \times & \times & \times \\
\times & \times & \times & \times & \times & \times & \times & \times \\
\times & \times & \times & \times & \times & \times & \times & \times \\
 & & & \times & \times & \times & \times & \times \\
 & & & & \times & \times & \times & \times \\
 & & & & \times & \times & \times & \times \\
 & & & & \times & \times & \times & \times \\
 & & & & \times & \times & \times & \times
\end{pmatrix}. \tag{15.1}
$$

ii) El algoritmo QR para matrices de Hessenberg superiores. En la práctica, antes de aplicar el algoritmo QR, se comienza por reducir la matriz A a una matriz semejante de Hessenberg superior mediante el método de reducción de Householder (o el de Givens). El interés de la reducción preliminar a forma de Hessenberg es que, para esas matrices, *la sucesión de matrices A_k construidas con el método QR conservan la forma de Hessenberg superior*, lo que *reduce considerablemente el tiempo de cálculo de cada iteración.* En efecto, la proposición 7.4 nos garantiza que si A_k, $k \geq 1$, son de Hessenberg superiores, entonces la matriz Q_k de la factorización $A_k = Q_k R_k$ es de Hessenberg superior y, por tanto, $A_{k+1} = R_k Q_k$ es de Hessenberg superior (producto de una matriz triangular superior por una de Hessenberg superior).

iii) Método QR con traslaciones (véase p. ej. WILKINSON [1965a, p. 491]). Presentamos una variante muy simple, *de empleo universal*, del método QR, que tiene como objetivo acelerar la convergencia considerablemente. Se basa en reemplazar las matrices A_k por matrices trasladadas de la forma $A_k - q_k I$, donde el número q_k es una aproximación «tan buena como sea posible» del valor propio de menor módulo. Un análisis más a fondo recomienda la elección de q_k como sigue partiendo de $A_1 = A$:

$$q_1 = a_{nn}^{(1)}, \quad A_1 - q_1 I = Q_1 R_1, \quad A_2 = R_1 Q_1 + q_1 I = Q_1^T A Q_1.$$
$$q_k = a_{nn}^{(k)}, \quad A_k - q_k I = Q_k R_k, \ A_{k+1} = R_k Q_k + q_k I = Q_k^T A_k Q_k, \quad k \geq 1.$$

Nótese que, en efecto:

$$A_{k+1} = R_k Q_k + q_k I = (Q_k^T A_k - q_k Q_k^T) Q_k + q_k I = Q_k^T A_k Q_k, \ k \geq 1,$$

por lo que todas las matrices A_k siguen resultando ser semejantes a A. Con esta estrategia se tienen las mismas convergencias, pero con mayor velocidad.

15.3 Bases de codificación

Ordenando todos los cálculos, la tarea computacional del algoritmo QR, incluyendo un control de parada, consiste básicamente en un bucle de iteraciones $j = 1, 2, \ldots$, (con un máximo fijado para detener todo el proceso) donde en la iteración j-ésima se calcula la matriz A_{j+1} en las dos etapas siguientes:

$$i) \ A_j = Q_j R_j, \quad ii) \ A_{j+1} = R_j Q_j = Q_j^T A_j Q_j, \quad j \geq 1, \quad A_1 = A.$$

Emplearemos el índice j en lugar de k (como en la descripción) reservando éste para el método de factorización de Householder (sección 7.4.2) que se emplea en cada iteración j. Detallando los cálculos tendremos:

i) *Cálculo de la factorización* $A_j = Q_j R_j$. Calculamos $R_j = H_{n-1}^{(j)} \cdots H_1^{(j)} A_j$ mediante el algoritmo de factorización de Householder visto en la sección 7.4.2. La información sobre Q_j y R_j sobrescribe A_j con $\widetilde{A}_{j,n} = W_j + R_j - \mathrm{diag}(R_j)$ y también se suministran en salida los escalares $\alpha_k^{(j)}$ (que son los elementos diagonales de R_j):
$\alpha_k^{(j)} = r_{kk}^{(j)}$, $1 \le k \le n$.

ii) *Cálculo de* $A_{j+1} = R_j Q_j = R_j H_1^{(j)} H_2^{(j)} \ldots H_{n-1}^{(j)}$. Se utilizará el cálculo (7.31) estudiado en la sección 7.4.2 para calcular $C = BQ$ siendo B una matriz cualquiera dada. Aquí será $B = R_j$ y $Q = Q_j$. La matriz $A_{j+1} = R_j Q_j$ es una matriz llena que *no podemos guardar en las posiciones de* $\widetilde{A}_{j,n}$ porque esta información se necesita hasta el final de las $n-1$ etapas que nos dan A_{j+1}. Por tanto, utilizaremos una matriz auxiliar B para almacenar inicialmente R_j y las B_k sucesivas del cálculo (7.31) hasta tener A_{j+1}.

iii) *Verificar un control de parada*, que compruebe la convergencia de los elementos diagonales de las matrices A_j a los valores propios de A. Por ejemplo:

$$s_1 = \sum_{i=1}^{n} |a_{ii}^{(j+1)} - a_{ii}^{(j)}|; \quad s_2 = \sum_{i=1}^{n} |a_{ii}^{(j)}|; \quad \frac{s_1}{s_2 + 1} < \varepsilon.$$

iv) *Fin del bucle de iteraciones.*

Utilizando los procedimientos para el cálculo de la factorización $A = QR$ por el método de Householder y el cálculo de $C = BQ$ estudiados en la sección 7.4.2, resulta muy sencillo establecer un código para el método QR, similar al que mostramos en el algoritmo 15.1.

15.4   Ejercicios

Ejercicio 15.1. *Método QR para valores propios.* Utilizando el algoritmo 15.1, escribir el procedimiento `p_qrauto` para calcular el espectro de una matriz A de orden n. Se necesitan, para ello, los procedimientos `qrfact`, de factorización QR de una matriz (ejercicio 7.5), y `cbq` para calcular $C = BQ$, siendo B una matriz cualquiera y Q la matriz unitaria de la factorización QR, almacenada en la forma $W + R - \mathrm{diag}(R)$ (véase el algoritmo 7.5). Probar el código con diferentes matrices de las utilizadas en los últimos capítulos (en particular las del ejercicio 11.3). Utilizar también la orden `eig` de Matlab para corroborar resultados.

Ejercicio 15.2. Hacer una versión en Matlab del método de factorización QR para calcular los valores propios de una matriz A usando la orden `[Q,R]=qr(A)` y probarlo con matrices sencillas (por ejemplo, las del ejercicio 11.3).

Algoritmo 15.1 Método QR para valores propios de A.

procedure P_QRAUTO ▷ Valores propios de A-Sobrescribe A

  input $n, a = (a_{ij}), \varepsilon, nmaxit$

  for $i = 1, \ldots n$ **do**

    $c_i \leftarrow a_{ii}$ ▷ Primer término sucesión de convergencia: $c = \text{diag}(A_1)$

  end for

  for $j = 1, 2, \ldots, nmaxit$ **do** ▷ Bucle de iteraciones

    $a, deter, \Delta \leftarrow$ QRFACT$(n, a, deter, \Delta)$ ▷ $A_j = Q_j R_j$ - Sobrescribe A

    for $i = 1, \ldots, n$ **do** ▷ $B = R_j$

      for $k = 1, \ldots, i - 1$ **do**

        $b_{ik} \leftarrow 0.$

      end for

      $b_{ii} \leftarrow \Delta_i$

      for $k = i + 1, \ldots, n$ **do**

        $b_{ik} \leftarrow a_{ik}$

      end for

    end for

    $\Delta, b \leftarrow$ CBQ(n, a, b, Δ, b) ▷ $A_{j+1} = R_j Q_j$-Sobrescribe B

    $s_1 \leftarrow 0.; s_2 \leftarrow 1.$

    for $i = 1, \ldots, n$ **do**

      $d_i \leftarrow b_{ii}$ ▷ Sucesión de convergencia: $d = \text{diag}(A_{j+1})$

      $s_1 \leftarrow s_1 + |d_i - c_i|; \ s_2 \leftarrow s_2 + |c_i|$

    end for

    $e \leftarrow s_1/s_2$

    if $e < \varepsilon$ **then**

      Alerta: convergencia

      return $j, d = (d_i), e$

    end if

    $a \leftarrow b; c \leftarrow d$

  end for

  Alerta: máximo número de iteraciones

  return $d = (d_i), e$

end procedure

Índice bibliográfico

[1] G. ALLAIRE–S. M. KABER [2008]: *Numerical Linear Algebra*. Springer. New York.

[2] C. BREZINSKI–G. MEURANT–M. REDIVO-ZAGLIA [2023]: *A Journey through the History of Numerical Linear Algebra*. SIAM. Philadelphia.

[3] C. BREZINSKI–L. WUYTACK [2001]: Numerical analysis in the twentieth century. En *Numerical analysis: Historical Developments in the 20th Century*, C. Brezinski–L. Wuytack (Eds.), pp. 1–40, North-Holland, Amsterdam.

[4] Y. T. CHEN–R. P. TEWARSON [1972]: On the optimal choice of pivots for the Gaussian elimination. *Computing*, 9(3), pp. 245–250.

[5] P. G. CIARLET [1982]: *Introduction à l'Analyse Numérique Matricielle et à l'Optimisation*. Masson. París

[6] P. G. CIARLET [1989]: *Introduction to Numerical Linear Algebra and Optimisation*. Cambridge University Press. Cambridge. Reino Unido.

[7] P. G. CIARLET–B. MIARA–J. M. THOMAS [1995]: *Exercices d'Analyse Numérique Matricielle et d'Optimisation avec Solutions*. Masson. París.

[8] J. W. DEMMEL [1997]: *Applied Numerical Linear Algebra*. SIAM. Philadelphia.

[9] J. E. DENNIS–R. B. SCHNABEL [1983]: *Numerical Methods for Unconstrained Optimization and Nonlinear Equations*. Prentice Hall. Englewood Cliffs, New Jersey.

[10] J. J. DONGARRA–C. B. MOLER [1984]: Eispack: A package for solving matrix eigenvalue problems. En *Sources and Development of Mathematical Software*, W. R. Cowell (Ed.), pp. 68–87. Prentice-Hall. Englewood Cliffs, New Jersey.

[11] J. J. DONGARRA–G. W. STEWART [1982]: *Linpack - A package for solving linear systems*. Technical Report ANL-82-30, Argonne National Laboratory. Lemont, Illinois.

[12] J. J. DONGARRA–J. WASNIEWSKI [2000]: Lapack95 - high performance linear algebra package. *Math. Model. Anal.*, 5(1), pp. 44–54.

[13] G. DYSON [2012]: *Turing's Cathedral.* Vintage. New York.

[14] G. FORSYTHE–C. B. MOLER [1967]: *Computer Solution of Linear Algebra.* Prentice Hall. Englewood Cliffs, New Jersey.

[15] H. H. GOLDSTINE [1980]: *The Computer: From Pascal to von Neumann.* Princeton University Press. Princeton, New Jersey.

[16] G. H. GOLUB–F. UHLIG [2009]: The QR algorithm: 50 years later its genesis by John Francis and Vera Kublanovskaya and subsequent developments. *IMA J. Numer. Anal.,* 29(3), pp. 467–485.

[17] G. H. GOLUB–C. F. VAN LOAN [2013]: *Matrix Computation,* 4^a ed., The John Hopkins University Press. Baltimore, Maryland.

[18] A. R. GOURLAY–G. A. WATSON [1973]: *Computational Methods for Matrix Eigenproblems.* John Wiley and Sons Ltd. Chichester, Reino Unido.

[19] D. A. GRIER [2005]: *When computers were human.* Princeton University Press. Princeton, New Yersey.

[20] J. GUILLERA [2007]: Historia de las fórmulas y algoritmos para π. *Gac. R. Soc. Mat. Esp.,* Vol. 10.1, pp. 159–178.

[21] L. A. HAGEMAN–D. M. YOUNG [1981]: *Applied Iterative Methods.* Academic Press. New York.

[22] T. HAWKINS [1975]: Cauchy and the spectral theory of matrices. *Historia Math.,* 2, pp. 1–29.

[23] N. J. HIGHAM [1996]: *Accuracy and Stability of Numerical Algorithms.* SIAM. Philadelphia.

[24] R. A. HORN–C. R. JOHNSON [1991]: *Matrix Analysis.* Cambridge University Press. Cambridge, Reino Unido.

[25] A. S. HOUSEHOLDER [1958]: Unitary triangularization of a nonsymmetric matrix. *J. Assoc. Comput. Mach.* 5, pp. 339–342.

[26] A. S. HOUSEHOLDER [1964]: *The Theory of Matrices in Numerical Analysis.* Baisdell. New York.

[27] J. A. INFANTE–J. M. REY [2002]: *Métodos Numéricos. Teoría, Problemas y Prácticas con Matlab,* 2^a ed., Pirámide, Madrid.

[28] D. KINCAID–W. CHENEY [1994]: *Análisis Numérico. Las Matemáticas del Cálculo Científico.* Addison Wesley Iberoamericana. Wilmington, Delaware.

[29] S. LANG [1987]: *Linear Algebra.* Springer Verlag. New York.

[30] M. MINOUX [1983]: *Programmation Mathématique I-II.* Dunod. París.

[31] C. B. MOLER [2004]: *Numerical Computing with MATLAB.* SIAM. Philadelphia. http://www.mathworks.com/moler.

[32] J. M. ORTEGA [1963]: An error analysis of Householder's method for the symmetric eigenproblem. *Numer. Math.*, 5, pp. 211–225.

[33] J. M. ORTEGA [1972]: *Numerical Analysis. A second course.* Academic Press. New York, London.

[34] J. M. ORTEGA–J. RHEINBOLDT [1970]: *Iterative Solution of Nonlinear Equations in Several Variables.* Academic Press. New York, London.

[35] A. OSTROWSKI [1973]: *Solution of Equations in Euclidean and Banach Spaces.* Academic Press. New York, London.

[36] B. N. PARLETT [1980]: *The Symmetric Eigenvalue Problem.* Prentice Hall. Englewood Cliffs. New York.

[37] B. N. PARLETT [2000]: The QR algorithm. *Comput. Sci. Eng.*, 2(1), pp. 38–42.

[38] G. POOLE–L. NEAL [1992]: Gaussian elimination: when is scaling beneficial? *Linear Algebra Appl.*, 162, pp. 309–324.

[39] A. QUARTERONI–R. SACCO–F. SALERI [2000]: *Numerical Mathematics.* Springer. New York.

[40] B. RANDELL (Ed.) [1982]: *The Origins of Digital Computers.* Springer. Berlin, Heildeberg.

[41] Y. SAAD [1992]: *Numerical Methods for Large Eigenvalue Problems.* Manchester U. Press. Manchester.

[42] Y. SAAD [1996]: *Iterative Methods for Sparse Linear Systems.* PWS Publishing. Boston.

[43] L. A. STEEN [1973]: Highlights in the history of spectral theory. *Am. Math. Mon.*, 80(4), pp. 359–381.

[44] D. E. STEWART [2023]: *Numerical Analysis: a Graduate Course.* Springer. Cham, Suiza.

[45] G. W. STEWART [1973]: *Introduction to Matrix Computations.* Academic Press. Orlando, Florida.

[46] J. STOER–R. BULIRSCH [1980]: *Introduction to Numerical Analysis.* Springer–Verlag. New York.

[47] G. STRANG [1980]: *Linear Algebra and its Applications.* Academic Press. New York.

[48] E. SULI–D. F. MAYERS [2003]: *An Introduction to Numerical Analysis.* Cambridge University Press. New York.

[49] L. N. TREFETHEN–D. BAU III [1997]: *Numerical Linear Algebra.* SIAM. Philadelphia.

[50] H. A. VAN DER VORST [2002]: *Computational methods for large eigenvalue problems.* En Handbook of Numerical Analysis, Vol VIII, pp. 3–182. P. G. Ciarlet–J. L. Lions (Eds.), North–Holland. Amsterdam.

[51] R. S. VARGA [2000]: *Matrix Iterative Analysis,* 2^a ed., Springer. Berlin, Heidelberg.

[52] D. WATKINS [2010]: *Fundamentals of Matrix Computations,* 3^a ed., John Wiley and Sons Inc. New York.

[53] J. H. WILKINSON [1964]: *Rounding Errors in Algebraic Processes.* Prentice-Hall. Englewood Cliffs, New Jersey.

[54] J. H. WILKINSON [1965a]: *Algebraic Eigenvalue Problem.* Clarendon Press. Oxford.

[55] J. H. WILKINSON [1965b]: Error analysis of transformations based on the use of matrices of the form $I - 2ww^H$. En L. B. Rall (Ed.), *Error in Digital Computation,* vol. 22, pp. 77–101. John Wiley and Sons Inc. New York.

[56] J. H. WILKINSON–C. REINSCH [1971]: *Handbook for Automatic Computation, Volume II, Linear Algebra.* Springer-Verlag. Berlin, Heildelberg, New York.

Índice alfabético